"科学逻辑"丛书

科学分析
逻辑与科学演绎方法
第二版

周建武 著

Scientific Analysis
Logic and Scientific Deductive Method

U0299430

化学工业出版社

·北京·

内 容 简 介

提升科学分析能力的主要途径在于改进思维方法，作为"科学逻辑"丛书之一，本书从科学分析的实用角度来编写，不仅详细介绍了科学演绎的逻辑原理，而且结合丰富的科学案例来阐明如何发现问题、分析问题和解决问题，以此论述科学的分析方法，从而启发科学思维并提升读者的科学分析技能。

本书内容包括绪论以及概念分析、逻辑定义、直言推理、三段论、复合推理、等值推理、混合推理、模态推理、关系推理、分析推理，并附录了科学分析测试，具有科学性、系统性、实用性的特点。

本书适合作为高等院校逻辑学、科学逻辑与科学思维方法等相关课程的教材或参考用书，也适合对此感兴趣的各类读者阅读。

图书在版编目（CIP）数据

科学分析：逻辑与科学演绎方法/周建武著. —2版. —北京：化学工业出版社，2024.1
ISBN 978-7-122-44502-5

Ⅰ.①科… Ⅱ.①周… Ⅲ.①科学方法论 Ⅳ.①G304

中国国家版本馆CIP数据核字（2023）第226844号

责任编辑：廉　静　旮景岩　　　　　　　装帧设计：王晓宇
责任校对：宋　夏

出版发行：化学工业出版社（北京市东城区青年湖南街13号　邮政编码100011）
印　　装：大厂聚鑫印刷有限责任公司
710mm×1000mm　1/16　印张27½　字数494千字　2024年1月北京第2版第1次印刷

购书咨询：010-64518888　　　　　　　售后服务：010-64518899
网　　址：http://www.cip.com.cn
凡购买本书，如有缺损质量问题，本社销售中心负责调换。

定　　价：128.00元

版权所有　违者必究

宏伟壮丽的科学事业推动着人类社会的文明与进步，科学应用在社会生活的各个领域，使得人们在生活中的几十年，甚至几年的变化要超过现代科学出现之前的几百年甚至几千年的变化。科学与社会进步的相互作用，使得科学体系本身也不断发展与壮大，从而对实践的指导作用不断得到加强，对人类历史进程的影响日趋显著。

现代社会已进入知识经济时代，科学技术、智力资源日益成为生产力发展和经济增长的决定性要素，并正日益深刻地影响着我们的生活。从微观层面看，一个公民的科学素养程度影响到个人价值观和对自然和社会问题的看法，从而影响到个人的生存发展与生活质量。从宏观层面看，国民的科学素养已经关乎一个国家的综合国力。

经济合作与发展组织（OECD）认为，科学素养是运用科学知识，确定问题和作出具有证据的结论，以便对自然世界和通过人类活动对自然世界的改变进行理解和作出决定的能力。科学素养大致包括科学知识、科学方法和科学精神三个方面，现代公民应该理解和掌握基本的科学技术知识和成果、科学研究的方法，并具备好奇心、追求真理、严谨求实、质疑、尊重事实和证据、有实证意识、创新和合作的科学精神和科学态度。

科学方法是科学素养的核心因素之一，经典的科学方法有两大类：实验方法（包括观察方法、调查方法）和思维方法（即科学逻辑方法）。科学思维是从科学视角对客观事物的本质属性及内在规律的认识方式，是基于经验事实对事物间的相互关系的抽象概括和建构的反映，该反映以经验事实和科学知识为中介，借助推理和论证等形式，对多变量因果系统进行信息加工。

科学逻辑形成并运用于科学认识活动，是一个从具体到抽象，再从抽象到具体的过程，通过概念、判断、推理，在思维中再现客观事物的本质，并真实反映客观事物的运动规律。科学逻辑是在实验基础上经过概括、抽象、推理得出规律这样一种研究问题的方法，其本质就是科学思维，是归纳与演绎方法在科学领域的具体运用；是基于事实证据和科学推理，对不同观点和结论提出质疑、批判、检验和修正，进而提出创造性见解的能力，主要包括科学推理、科学分析、科学论证等核心思维能力。

科学是现代人世界观的基础，而逻辑是人们认识这个世界的方式。科学作为一个建立在可检验的解释和对客观事物的形式、组织等进行预测的有序的知识系统，极度依赖逻辑推理。科学知识固然重要，而科学的思维方法更具有重要意义。在思维技能培养中，演绎法与归纳法同等重要。相应地，科学思维能力的培养需要同等重要地培养公民的批判性推理（Critical Thinking，CT）、分析性推理（Analytical Reasoning，AR）两种能力。在北美及欧洲等发达国家，普遍把分析性推理和批判性推理能力的培养作为高等教育的核心目标。这两类能力的主要区别如下。

	批判性推理（CT）	分析性推理（AR）
核心理念	独立思考，怀疑精神，价值多元，包容不同意见	尊重事实、证据，重视事物的客观性，重视命题的可重复性和可检验性
逻辑	认识到形式逻辑的局限性	强调形式逻辑的重要性
	强调归纳逻辑、非演绎逻辑、非形式逻辑（实践逻辑、实质逻辑）	强调演绎逻辑、形式逻辑
语言	认识到语言的局限性	强调概念的明确清晰性，强调语言表达的准确性
数学模型	非线性模型、动态模型、随机性模型、多维模型	线性模型、静态模型、确定性模型、单维模型

逻辑推理分为演绎推理和非演绎推理两大类，其中，分析性推理（AR）的关注范围是演绎推理，批判性推理（CT）的关注重点是非演绎推理（即广义归纳推理）。在科学活动中，科学认识是一个由个别到一般，又由一般到个别的反复过程，达到归纳和演绎的统一。因此，科学逻辑既包括归纳逻辑，也包括演绎逻辑。

科学逻辑作为科学研究的思维方法，是处理科学问题的思维工具。在当今知识大爆炸的时代，任何人都不可能把某一专业领域的所有知识全部掌握。但一个人只要掌握基础理论，形成科学思维模式，学会获取知识的方法，就能够熟练获取需要的知识并获得创新能力。可见，科学的思维技能比具体的知识更为重要，好的教育要授人以鱼，更要授人以渔。好的思维技能在面对与日俱增的新鲜问题的时候，能够调动自我的知识体系找到最优解决方案。理解和掌握科学逻辑是培养和提高学生及公众普遍的科学素养的重要途径，而掌握科学的逻辑技能需要得到有效的指导和针对性的训练。

从科学问题和见解的提出到科学知识、科学原理的形成以及科学规律的应用，贯穿了逻辑方法与逻辑能力的综合运用和发挥。为此，本人先后撰写《科学推理——逻辑与科学思维方法》《科学分析——逻辑与科学演绎方法》《科学论证——逻辑与科学评价方法》三部著作，构成"科学逻辑"丛书。该套丛书自出版以来，被多家学术自媒体推荐，入选"社会科学研究方法的年度书单""思维升级必读书单"，被推荐为"值得阅读一生的8本思维方法论书籍"，受到了读者的广泛好评。

本套丛书以科学研究中的思维方法为核心论述科学的逻辑，书中有针对性地选用了科学史上一些典型案例，以及具有科学背景的逻辑推理与论证问题，并进行了深入的分析，以此论述科学逻辑的原理与方法，从而启发思维并提升读者的科学逻辑技能。

由于时间和水平所限，疏漏和不足之处在所难免，欢迎读者朋友批评指正。若有信息反馈请直接发至本人邮箱：zjwgct@sina.com。

著者

2023年6月

科学分析与演绎方法在科学认识中的作用巨大，是人们以一定的反映客观规律的理论认识为依据，从该认识的已知部分推知事物的未知部分的思维方法。

科学研究首先是假设和演绎，一般先有一个假说，然后按照演绎推导，得出一连串的命题，这就构成了一个理论或理论体系，也就是逻辑构造性的命题系统，当然这个理论或理论体系后续还需要得到检验和验证。

科学分析的关键是要掌握分析性推理（analytical reasoning），其关注重点在于演绎逻辑。演绎推理是必然性推理，是从一般性的前提出发，通过推导即"演绎"，得出具体陈述或个别结论的过程。具体而言，就是要根据已知的人物、地点、事件和项目中的关系进行演绎与分析，必然性地得出确定的结论。

科学分析的核心在于演绎推理，其根本特征是保真推理，即只要前提正确，结论必定正确的一种推理形式。关于演绎推理，有以下特征。

第一，演绎推理是从一般到特殊的推理。

第二，演绎推理是从前提已知事实必然得出具体结论的推理，即是用已知的一般原理考察某一特殊的对象，推演出有关这个对象的结论。

第三，它是结论在普遍性上不大于前提的推理。演绎推理之所以是必然性推理，是因为演绎推理的结论不超出前提所断定的范围。

第四，它是前提蕴涵结论的推理。一个演绎推理的前提真而结论假是不可能的。

第五，它是前提和结论之间具有必然联系的推理。任何一个演绎推理都或者有效或者无效：如果前提之真确实能够决定其结论为真，那么，这个推理就是有效的，否则就是无效的。总之，一个演绎推理只要前提真实并且推理形式正确，那么，其结论就必然真实。

本书内容包括绪论以及概念分析、逻辑定义、直言推理、三段论、复合推理、等值推理、混合推理、模态推理、关系推理、分析推理，并附录了科学分析测试，具有科学性、系统性、实用性的特点。

作为"科学逻辑"丛书之一，本书以科学研究中的演绎逻辑为范畴，详细论述演绎推理方法和分析性思维的原理与技法，旨在提升读者的科学分析技能。

著者

2023年6月

目　录

科学分析
逻辑与科学演绎方法（第二版）

Scientific Analysis
Logic and Scientific Deductive Method

绪　论

逻辑演绎

逻辑学堪称所有科学的语言。推理是逻辑思维的基本形式，即使用理智从某些前提产生结论。具体而言，是由一个或几个已知的判断（前提）推出新判断（结论）的过程。人们借助于思维都具有基本推理的能力，比如，听到天上雷声隆隆，我们得出结论"快要下雨了"；看到路上的人都朝一个方向奔去，我们得出结论"那边出事了"。这些经验推理往往是正确的，但也不一定。雷声隆隆，也有可能不下雨；人们都朝一个方向跑，也许是抢购什么东西。当然，有些推理却必然正确，比如，"京津冀地区属于北方"，"明天要么是休息日要么是工作日"。

演绎法是逻辑学最本质的思维方式。演绎法起源于古希腊的演绎思维方式，是一种根据元起点利用正确的逻辑推导出新知识的思维方式。古希腊的先哲相信，世上存在一个必然正确的元起点，从这个元起点出发，通过逻辑推导，人们就可以获得新知识。亚里士多德建立了"逻辑学"这门学科，其中有一个重要的特性表述——必然的导出。亚里士多德认为，从一件事物推导出另一件事物，中间存在一个必然的导出，而这个导出的过程就是所谓的逻辑。根据这种认知，亚里士多德创造了演绎法中的经典句式，即三段论。

演绎推理（deductive reasoning）是从一般性的前提出发，通过推导即"演绎"，得出具体陈述或个别结论的过程。比如：

直线是两点间最短距离（一般规律），线段 AB 是点 A 和点 B 间的最短距离，所以，AB 是直线（特殊情况）。

1. 演绎推理的根本特征

演绎推理是一种内在的、必然正确的推理。演绎推理的根本特征是保真推理，即只要前提正确，结论必定正确。

三段论是最基本的保真推理，它由大前提、小前提和结论组成。比如，"人皆有死；苏格拉底是人；苏格拉底会死"。这个推理是由一般向个别过渡，结论所包含的断定没有超出前提所断定的范围，似乎是"废话"。

简单的演绎推理貌似重复一些废话，但复杂的演绎推理不断地由一般向个别推进，因而展示了多样性，的确能提供"新知"。因此，很多潜在而又正确的知识，被掩盖着、遮蔽着，并不为人们所"知"，只有通过不断演绎才能把它们揭示出来。希腊哲学、数学包括平面几何的伟大成就就是明证，没有人敢说希腊哲学和希腊数学都只是一些人人皆知的废话。

演绎是由一般到特殊的推理方法，其推论前提与结论之间的联系是必然的，是一种确实性推理。演绎推理的形式有直言推理、三段论、联言推理、选言推理、假言推理和模态推理、关系推理等。

运用演绎法研究问题，首先要正确掌握作为指导思想或依据的一般原理、原则；其次要全面了解所要研究的课题、问题的实际情况和特殊性；最后才能推导出一般原理用于特定事物的结论。

　　演绎推理是有效的推理，是指那些在前提真的情况下"保证"结论真的逻辑推理。可以把有效的演绎推理比喻成一个可靠的计算机，只要在一端输入正确的数据，那么另一端一定会输出正确的结果，绝不会出错。但是，如果前提不真，输入的数据不正确，计算机再可靠，也出不来正确的结果。

　　演绎推理的逻辑形式对于理性的重要意义在于，它对人的思维保持严密性、一贯性有着不可替代的校正作用。这是因为演绎推理保证推理有效的根据并不在于它的内容，而在于它的形式。演绎推理最典型、最重要的应用，通常存在于逻辑和数学证明中。

阅读　演绎产生新知

　　"演绎产生新知"这个命题很多学生甚至学者都无法理解。演绎逻辑的大前提如"所有的人都是有死的"是常识或者公理，小前提如"张三是人"是明摆着的事实。"张三是有死的"，这一结论早已包含于大前提"所有的人都是有死的"。这个三段论不过是同义反复，它的有限的预见性，如果也可以算是预见性的话，已经包含在大前提中。而大前提又是通过归纳"张三是有死的""李四是有死的""王五是有死的"这些具体事例归纳得出的，不是通过什么推理得到的。而现在又要从大前提去"预见"那些具体事例，这不是循环论证吗？它产生了什么新知？

　　新知的来源有很多，演绎也产生新知识。所有的几何新知，甚至所有的数学新知都是由演绎获得的，都是由同义反复获得的。在亚里士多德举过的例子中，三段论涉及的三个类A、B、C往往都是从不同角度提出的。例如：

　　所有的阔叶植物都是落叶性的，并且所有葡萄树都属于阔叶植物，那么所有葡萄树都是落叶性的。

　　假定甲只知道大前提所表述的信息，乙只知道小前提所表述的信息，如果两人不互告所知，或者虽然互告所知，但都不懂三段论推理，那就得不出上述结论来。而把它们整体关联起来，当然能推出新东西（未知信息或新结论）。

　　再以几何学为例，其前提无非五条公理，完了推出一条定理又是一条，证完了一条推论又是一条。不同的公理定理交叉搭配作为大小前提，或者添加辅助线作为新的前提，"证毕"就是让我们知道哪些命题（在什么条件下）与哪些命题等价。就这么演绎、演绎、再演绎，演绎成整个让人敬畏两千多年的几何大厦。

让我们说得更详细点：

第一，只要大前提和小前提是独立来源的命题，得出的结论就有可能是新知识。

第二，不断更换小前提，可能得到新知识。

第三，把得到的结论再加小前提，又可能得到新知识。例如"三角形三条角平分线相交于一点"，这是连串演绎的结果，并不包含在原始的五条公理中。

第四，如此这般，只要其中某一环得到证实，我们就得到一连串的新命题——新知。

第五，如果甲仅知道大前提，乙只知道小前提，加起来，得出一个两人都不曾料想到的新命题。

第六，更重要的是，演绎的主要功能不是用于发现，而是用于证明，即保证新知的可靠性。而这是迄今为止其他所有方法（包括归纳）都做不到、也没资格做的。

第七，只要大前提不是教条，而是假说——思想的自由创造的产物，我们就有可能在演绎出来的结论中得到原先意想不到的新东西，并在检验这个结论（即预言）的过程中获得新知。也就是说，对于科学来说，它除了需要演绎来构造命题系统即理论外，还有一个实证要求。通过对演绎结论的验证，不论是证实还是证伪，都可得到新知识。

下面举一个例子。

【1. 直立野人】

1a. 所有直立行走的生物都是人（定义）。[甲知1a不知1b]

1b. 神农架野人直立行走（数十目击者的观察）。[乙知1b不知1a]

1c. 所以，神农架野人是人。

你觉得命题1c是个新认识吗？至少对甲、乙来说1c是新知。即使丙1a和1b都知道，但如果不知道如何建立它们和1c之间的逻辑通道，还是得不出1c。

从上述【1】进一步得出：

【2. 说话野人】

2a. 有且仅有人会说话（定义）。

2b. 神农架野人是人（已证）。

2c. 神农架野人会说话。

2c 对于我来说可是新知。你呢？

如果我们不相信结论2c，我们可以做些什么呢？可以修改定义【1a】，使之成为比如说，"并非所有直立行走的生物都是人"，这对于我来说又是新知。也可以修改定义2a，同样也能获得新知。我们还可以否定观察材料1b。不管是部分否定（神农架野人并非直立行走），还是全部否定（根本就没有神农架野人），对于我来说都是新知。更大的新知是：

*观察材料1b并不能直接用来作证据（想证明什么？）。

*不符合理论预期的材料实际上是视而不见的。

当然如果我从来不作假设1a/2a，直立行走是直立行走，人是人，说话是说话，那么对于1b也就"姑妄听之""宁可信其有，不可信其无"……在我们的传统学问集大成中（"集大成"不等于知识"系统"，知识系统是指能用演绎推理串联起来的命题集合），充满了此类似是而非的"观察"（也许是想象）记载，这些记载（也许是创作）又能随心所欲地证明你想证明的任何"命题"。问题出在哪儿？这个问题应该不难解答了。只有把知识建立在可靠的逻辑基础上，后人才可能靠着演绎推理的延伸踏在前人肩上不断攀高。如果建立在别的任他叫什么的基础上，那就会像我们延续或更应该说循环了三千年的传统学问，找不到可踩的前人之肩，只好原地打转瞎踩乎。

（摘自朱晓农《演绎逻辑在科学中的地位》）

2.演绎与归纳的主要区别

"归纳法"与"演绎法"相对，归纳法一般指归纳推理，归纳推理是一种由个别到一般的推理。由一定程度的关于个别事物的观点过渡到范围较大的观点，由特殊具体的事例推导出一般原理、原则的解释方法。例如：

归纳法：

前提：

我养的一条甲狗喜欢吃鱼；

邻居家的一条乙狗喜欢吃鱼；

丙狗喜欢吃鱼；

......

　　结论：狗喜欢吃鱼。

演绎法：

　　前提：

　　狗喜欢吃鱼；

　　我家养的阿欢是一条狗；

　　结论：阿欢喜欢吃鱼。

　　演绎推理与归纳推理的主要区别概括如下。

比较项目	演绎推理	归纳推理
	演绎法 (Deduction)	归纳法 (Induction)
代表学者	笛卡儿（法国）	培根（英国）
属性	确定性、必然性推理	不确定性、或然性推理
衡量标准	有效性	合理性
特点	从既有的普遍性结论或一般性事理，推导出个别性结论的一种方法。即由已知的一项定理接着推导出下一项的定理，如此层层下去，来得到一些东西。演绎法基于假设，运用科学方法验证假设正确与否。演绎法必须在前提中运用已有理论提出假设，假设即为结果的范围	从多个个别事物中获得普遍的规则，从大量的试验和观察结果中寻找和总结规律的方法。即对观察、实验和调查所得的个别事实，加以分析，概括出一般原理的一种思维方式和推理形式。归纳法不局限于前提，运用逻辑推理，以求普遍适用的理论
从思维运动过程的方向来看	从一般性的知识的前提推出一个特殊性的知识的结论，即从一般过渡到特殊	从一些特殊性的知识的前提推出一个一般性的知识的结论，即从特殊过渡到一般。这种推理对于扩展知识有重要价值
优点	由定义、根本规律等出发一步步递推，逻辑严密，结论可靠，且能体现事物的特性	能体现众多事物的根本规律，且能体现事物的共性。优点在于判明因果联系，然后以因果规律作为逻辑推理的客观依据，并且以观察、试验和调查为手段，从而增强结论的可靠性
缺点	结论缩小了范围，推理结论的可靠性受前提的制约，而前提是否正确在演绎范围内是无法解决的	容易犯以偏概全的谬误。几乎不可能做到完全归纳，总有许多对象没有包含在内，因此，结论不一定可靠
主要方法	三段论、假言推理、选言推理等。演绎推理是严格的逻辑推理，一般表现为大前提、小前提、结论的三段论模式：	完全归纳法、简单枚举法、判明因果联系的归纳法。先列事例后归纳，或例证法（得出结论再举例说明）。

比较项目	演绎推理	归纳推理
	演绎法 (Deduction)	归纳法 (Induction)
主要方法	1.大前提,是已知的一般原理或一般性假设; 2.小前提,是关于所研究的特殊场合或个别事实的判断,小前提应与大前提有关; 3.结论,是从一般已知的原理(或假设)推出的,对于特殊场合或个别事实作出的新判断	其中,科学研究主要是探究事物和现象的因果联系,找到支配的规律性。即在观察和实验的基础上,通过审慎地考察各种事例,并运用比较、分析、综合、抽象、概括以及探究因果关系等一系列逻辑方法,推出一般性猜想或假说,然后再运用演绎对其进行修正和补充,直至最后得到物理学的普遍性结论
典型推理	根据案例及结果,导出规则。其基本结构为: 案例(A) 结果(B) 所以,规则(若A则可能B)	根据规则及案例,导出结果。其基本结构为: 规则(若A则B) 案例(A) 所以,结果(B)
从前提与结论联系的性质来看	演绎推理的结论不超出前提所断定的范围,其前提和结论之间的联系是必然的,一个演绎推理只要前提真实并且推理形式正确,那么,其结论就必然真实	归纳推理(完全归纳推理除外)的结论所断定的知识范围超出了前提所断定的知识范围,其前提和结论之间的联系不是必然的,而只具有或然性,即其前提真而结论假是有可能的
主要作用	1.检验假设和理论:演绎法对假说作出推论,同时利用观察和实验来检验假设。 2.逻辑论证的工具:为科学知识的合理性提供逻辑证明。 3.作出科学预见的手段:把一个原理运用到具体场合,作出正确推理	1.科学试验的指导方法:为了寻找因果关系而利用归纳法安排可重复性的试验。 2.整理经验材料的方法:运用归纳法从材料中找出普遍性或共性,从而总结出定律和公式

 阅读 逻辑比事实更真实

关于演绎法和归纳法之间的争论由来已久,争论的核心就是逻辑与实践的关系,是逻辑引导实践,还是实践引导逻辑。换句话说,这个问题涉及逻辑是真实的,还是实践是真实的。关于这个问题的答案,我们可以从历史中获取。

东方古老文明的本质是技术和艺术,而技术和艺术是建立在实践操作之上的,实践操作在先,经验总结在后,这是典型的归纳法。换句话说，这是一种运行在操作上的试错法，俗话说"实践出真知"，这就是东方人思维的原型。我们相信实践第一，真知第二，真知建立在实践之上。与以实践引导真知的归纳法不同，起源于古希腊对哲学和科学思考的演绎法思维模式更倾向于相信逻辑假设在先，实践检验在后。

在实际操作过程中，我们可以先用一个抽象的理论假设来指导未来的生活和工作，然后用未来的实践结果来检验这个理论是否成立。这种思维方式的缺点是速度慢，想要找到一个深刻的抽象理论并不是一个简单的过程。但其优点也非常明显，根据这种思维模式确认出来的理论，往往具备可迁移性，只要在逻辑上成功地推导出一个共同的抽象概念，与此相关的所有具象问题就都可以解决。

例如，在伟大的英国物理学家艾萨克·牛顿（Isaac Newton）之前，世界上并没有"力学"这个概念，大家都是在日常经验中，从一些与力和运动相关的事物去揣测。而牛顿提出$F=ma$（力的大小＝物体的质量×加速度）这一公式之后，与力相关的问题一下子全部迎刃而解。在这之后，英国的发明家詹姆斯·瓦特（James Watt）把力学基本原理应用于蒸汽机的发明制造中，由此引发了第一次工业革命，工业文明由此诞生。

对牛顿而言，他并没有解决任何实际问题，他提出的力学公式也不是从蒸汽机发明和改善的经验中归纳出来的。他只是发现了一个抽象的逻辑，然后帮助后世的人们解决了大量的力学问题，这就是演绎法思维模式的力量。

（摘自李善友"第一性原理"）

3.演绎与归纳的辩证联系

归纳推理与演绎推理虽有上述区别，但它们在人们的认识过程中是紧密联系的，两者互相依赖、互为补充、不可分割。

① 演绎必须以归纳为基础。

人们先运用归纳的方法，将个别事物概括出一般原理，演绎才能从这一般原理出发。

② 归纳必须以演绎为指导。

人们在为归纳作准备而搜集经验材料时，必须以一定的理论原则为指导，才能按照确定的方向，有目的地进行搜集，否则会迷失方向。

③ 没有归纳就不可能有演绎。

演绎是以归纳所得出的结论为前提的，演绎推理的一般性知识的大前提必须借助于归纳推理从具体的经验中概括出来，从这个意义上我们可以说，没有归纳推理也就没有演绎推理。

④ 没有演绎也不可能有归纳。

归纳推理也离不开演绎推理。比如，归纳活动的目的、任务和方向，以及归纳过程的分析、综合过程所利用的工具（概念、范畴）是归纳过程本身所不能解决和提供的，这只有借助于理论思维，依靠人们先前积累的一般性理论知识的指导，而这本身就是一种演绎活动。而且，单靠归纳推理是不能证明必然性的，因此，在归纳推理的过程中，人们常常需要应用演绎推理对某些归纳的前提或者结论加以论证。从这个意义上我们也可以说，没有演绎推理也就不可能有归纳推理。

第一章

概念分析

科学概念是指组织起来的、系统的科学知识。作为一种科学知识，科学概念必须是基于实证研究的，而且是被科学家共同体所接受和承认的。科学上对于概念的提出和认定是严格的，必须与一定的理论和体系相关。由于科学知识是不断发展的，所以科学概念也可以发展，甚至纠正，但都必须基于科学研究的结果。

第一节　逻辑概念

概念是思维形式最基本的组成单位，是构成命题、推理的要素，是组织起来的经验，是基于事实、事件、特性、感知信息进行分类、推理和抽象出来的知识，它使我们能有效地认知、交流、发展我们对世界的认识。

案例　关于"人"的概念理解

在《认识我们自己》一文中，美国著名科普作家阿西莫夫罗列了对"人"这一概念的不同理解。

柏拉图说："人是无羽毛的两足动物。"

塞涅卡说："人是社会的动物。"

马克·吐温说："人是唯一知道羞耻或者需要羞耻的动物。"

赫胥黎说："人是受他的器官奴役的智慧的生物。"

物理学家说："人是熵的减少者。"

生物化学家说："人是核酸-酶相互作用器。"

化学家说："人是碳原子的产物。"

天文学家说："人是星核的孩子。"

人类学家说："人代表着如下特征的缓慢积累：两足的外表，敏锐的目光，勤劳的双手和发达的大脑。"

考古学家说："人是文化的积累者，城市的建设者，陶器的制造者，农作物的播种者，书写的发明者。"

心理学家说："人是复杂非凡的大脑的拥有者，具有思维和抽象能力，这种能力压倒他从其他动物祖先那里继承下来的天性和感性。"

神学家说："人是犯罪和赎恶这出大闹剧的恭顺的参与者。"

社会学家说："人是他所归属的社会的依次更替的塑造者。"

逻辑是研究思维的形式及其规律的科学，概念是反映思维对象特性或本质的一种思维形式，因此，要研究逻辑，首先要从概念出发。

一、概念的逻辑特征

概念都既有一个内涵意义又有一个外延意义。澄清概念就是首先要分析概念的内涵（含义）和外延（指称）是否明确。

（一）词项、语词与概念

在逻辑学中，词项（terms）作为符号是进行逻辑分析和推演的基本单位，概念（concept）是对词项的意义的解释。词项从语法的角度强调它作为命题的一个成分，概念从语义的角度强调它的含义，二者各有自己的适用范围。形式逻辑的词项是和理性思维的概念对等的，可看作是概念和语词在逻辑中的统一。

1. 词项的含义

在逻辑中，凡是能充当简单命题主项和谓项的词或词组，都称为词项。在区别词项与非词项时，人们必须确定该词或词组能否被用作陈述的主语。凡是能够充当命题的主项或者谓项的语词或者词组，也就是属于语词的实词的指代符号，都属于词项的范围。

词项是指通过揭示对象特有属性来指称和表达对象的思想。词项指称表达的对象可分为两大类：一类是客观存在的对象。客观存在的对象包括客观存在的实体以及这些实体所具有的属性。另一类是主观想象、猜测或虚构的对象。

词项之所以能指称表达对象，是因为它揭示了对象的特有属性。所谓特有属性是指只为一个对象所具有，因此能将该对象与其它对象区分开来的属性；而非特有属性则是那些虽然为对象所有，但不具有区别性的属性。

例如：就人来说，人作为一种动物，具有如下多方面的属性：①能思维，有语言；②会制造和使用工具；③能直立行走，没有羽毛；④能血液循环，用肺呼吸；⑤需要水，离不开氧；⑥有耳朵、鼻子等。

分析：其中，属性①②③只有人具有，这些属性是人的特有属性。而属性④⑤⑥虽然为人所具有，但不能将人和其它哺乳动物、生物区分开来，因此，它们是人的非特有属性。

2. 词项与语词

词项以语词为载体，任何词项都是用语词来表达的，但词项与语词也有根本的区别。

首先，词项是一种思想，是指称和表达对象的思想。语词则不同，它是一种符号。语词只有表达了词项才有意义，就是说，词项是语词的含义。

其次，并不是所有语词都表达词项。既然词项是指称表达对象的，因此只有那些其含义是确有所指的语词才表达词项。一般来说，虚词是不能表达词项的，只有实词才能表达词项。

再次，语词与词项之间也不存在一一对应关系。有些是多个语词表示同一个词项，这就是同义词。如"土豆""山药蛋""马铃薯"等不同语词是同义的，它们表达的是同一个词项。有些则是一个语词可以表达不同的词项，这就是多义词。

例如：有个人不小心把自己的手表掉进了装满咖啡的杯子里。他急忙伸手从杯子中取出手表。可是，他的手指和手表都没有湿。这是为什么呢？

分析：这是个脑筋急转弯。"咖啡"这一语词表达的意义可以是一种液体饮料，也可以是一种固体粉末。

3. 概念与语词

语词是概念的语言形式，概念可以看作是语词的思想内容。

概念和语词的主要区别是：当我们说到概念的时候，它是我们的一个思想单元，这个思想单元可以用书面语词来表达，也可以用声音、图片等其他形式来表达。而语词只是承载信息的符号，不同国家和民族语言的不同书写和发音的语词符号完全可以表达同样一个概念。

 案例　什么是"东西"

某高校汉语教师教外国学生学习汉语，讲解"东西"这个词时，告诉学生：

凡是属于物质和精神的一般事物均可泛称"东西"，有时也可指人。可是外国学生初学汉语，弄不清"东西"的指代范围和语言状况，更不知修辞效用和感情表达色彩。

老师问："什么是'东西'？"

学生答："桌子是东西，椅子是东西，我是东西，你是东西。"

课堂内出现了笑声。老师提醒："不对，不对。"

学生一听自己的回答出了错，连忙更正："啊，对不起，我答错了，我不是东西，你也不是东西。"

课堂内又出现了一片笑声。老师又好气又好笑，再次提醒："更不对了，'你不是东西'这是句骂人的话。"

这时学生愕然，问道："那么你到底是不是东西？如果是东西的话，你是个什么东西？"

课堂里笑声更响了，老师连忙说："不行，不行，'你是什么东西'这也是骂人的话。"

学生茫然不解，无所适从。

老师耐心地向学生解释："'东西'这个词一般指非人的事物，而且有严格的语用和修辞限制，一般不说肯定句，如'张三是东西'；而否定句和疑问句则带有贬斥、责骂的意味，如'张三不是东西？''李四是什么东西！'如果再加上感情修饰词语，则修饰色彩更为丰富，有时加强贬斥意味，如'你这狗东西！'有时表示厌恶色彩，如'这老东西活得不耐烦了？'有时表示诙谐和笑谑意味，如'你这个鬼东西，尽跟我捣蛋！''你真是个笨东西，我讲三句话，你有两句听不懂。'有时表示喜爱色彩，如'这小东西真可爱！'"

学生惊叹道："呀，那么复杂！"

老师语重心长地说："所以语言这东西不是随便可以学好的，非下苦功夫不可。"

学生更加惊奇，问："语言也是东西？"

老师回答："语言也可称为'东西'，前面加'这'字，表示强调。"

学生若有所悟，感叹道："'东西'这东西真是个怪东西！"

4. 概念的清晰性

由于自然语言具有多义、歧义、含糊、含混等不明确性，因此，理性思维的首要标准是要求概念具有清晰性。

正如美国著名法学家博登海默所说："概念乃是解决法律问题所必需的必不可少的工具。没有概念，我们便无法将我们对法律的思考转变为语言，也无法以一种易懂明了的方式将这些思考传达给他人。如果我们试图完全摒弃概念，那么整个法律大厦就将化为灰烬。"

例1：年轻人不小心将酒店的地毯烧了三个小洞，退房时服务员说根据酒店规定，每个洞要赔偿100元。

年轻人：确定是一个洞100元吗？

服务员：是。

年轻人点燃烟头将三个小洞烧成一个大洞。

分析：酒店规定中对"洞"这一概念没有定义清晰，被年轻人抓住了破绽。

例2：一只松鼠站在树上，两个猎人围绕它转了一圈。他们走动时，松鼠也跟着他们转。这时，一个猎人说，他们已经围绕松鼠转了一圈，因为他们已经围绕松鼠画了一条封闭的曲线；而另一个猎人却说，他们没有围绕松鼠转一圈，因为他们始终只看到松鼠的正面，没有看到它的其他面。两人争得不可开交。

分析：上述争论产生问题在于"绕着松鼠转一圈"这个短语的意义是不清晰的，两个猎人对这一概念有不同的理解，不解决这一分歧，无论怎么争论，都不会有确定的结果。

如果意思是，猎人从它的北边转到它的东边，再到南边，再到西边，然后又回到它的北边，很明显，猎人的确绕着它转，因为猎人处于这些连续的方位。

但是如果意思是，猎人首先在它的前面，然后在它的右边，然后到它的后面，然后到左边，最后又回到前面的话，非常明显猎人没有绕着它转，因为松鼠作了补偿运动，它使自己的肚子始终对着该猎人，而使它的背部朝着相反的方向。

（二）概念的两个基本逻辑特征

概念有两个基本的逻辑特征：内涵和外延。概念的内涵是概念所指称对象的特有属性，通常称之为概念的含义。概念的外延就是概念所指称的那类对象，通常称之为概念的适用范围。

案例 "定金"与"订金"

甲看中了乙房地产公司正在建设中的房子，于是与乙公司签订了认购书，并交付了3万元定金。但在认购书及收款收据中均写成了"订金"。后乙公司因资金周转不灵而导致工程停工，房子无法交付。甲便要求乙公司双倍返还定金，而乙公司认为3万元是订金，不能适用定金规则，仅同意原数返还。于是甲将乙公司告上法庭。经法院审理，认为双方将该3万元冠名为"订金"，并且在认购书和收据中均无对符合定金特性的定金罚则的约定，因此不能适用于特定的定金规则，于是判决乙公司返还甲3万元并承担该款同期银行存款利息。在这场诉讼中，法院为什么没有支持甲的诉讼请求？

分析：甲支付的3万元冠名为"订金"，并且在认购书及收款收据中也没有约定定金，也无定金的意思。因此，在乙公司违约时，不能适用定金规则进行处理，只能按照预付款的规则进行处理。根据我国有关法律规定，当事人交付留置金、担保金、保证金、押金等，但没有约定定金性质的，当事人主张定金权利的，法院不予支持。

1. 概念的内涵

在逻辑中，概念的内涵是指反映在概念中的思维对象的特性或本质，是该概念所指称的那个或那些对象所具有的并且被人们认识到的事物的特有属性或区别性特征。具体地说，内涵是概念的质，它说明概念所反映的对象是什么样的。

例1："人"这个概念的内涵就是："会语言、能思维、能够制造和使用劳动工具的动物。"

例2："人工智能"的内涵就是："用人工方法在机器（计算机）上实现的智能。"

例3："商品"这个概念的内涵是："被用来交换的劳动产品。"

（1）内涵的理解

关于概念的内涵需要强调以下两个方面。

一方面，在日常交际中，内涵是多层次和多方面的。

在人们的日常交际活动中，究竟把握了对象的哪些特有属性才算正确把握了概念的内涵，这是由交际的语境决定的，往往只要我们所把握的对象属性能够将其同其它对象区分开来就行了。由于在不同语境中需要把握的对象特有属性是不同的，因此我们所理解的概念，其内涵是多层次多方面的。

首先，事物的特有属性是一种客观的存在，是该事物本身所具有的；而概念的内涵具有某种程度的主观性，是被人们认识到的事物的特有属性，是人们对事物属性的一种认识和反映。

其次，由于概念的内涵具有某种主观性，这就意味着它是可变的，在不同的时期会有很大的不同。

再次，概念的内涵是被一定时期的社会共同体所公共接受的意义，是被整个社会约定俗成的东西，对于该时期、该共同体内的个别使用者来说是同样的。

另一方面，在科学研究中，内涵是唯一的和确定的。

一个科学理论往往是从某个特定的方面分析研究对象，它必须抽象掉对象的其它属性才能将研究深入下去。因此，在特定的科学理论研究中，概念指称的是具有某种特定属性的对象，这样理解的概念，不仅外延，而且内涵也是唯一的和确定的。

每个科学理论都对本理论中概念所指称对象的特有属性作出规定，人们是通过这种属性去识别概念所指称的对象，即通过把握概念的内涵去识别把握其外延。正由于概念的内涵是由特定科学理论的定义规定的，即使是同一个概念，在不同理论中作为该理论的概念，它具有不同的表述。

例如：就概念"水"而言，作为化学概念，"水是化学式为 H_2O 的化合物"；作为物理概念，"水是无色无味的液体"。在科学理论中只有理解把握了定义才能理解把握"水"这个概念。

案例　关于"命运"的争论

古希腊的斯多亚派在解释因果决定论时提出了三个概念：命运、天命和幸运。"命运"表示最严格的必然性，如天体在特定的轨道上运行。产生命运的原因是宇宙理性或"逻格斯"。按照"同类相知"的原则，命运能够被人的理性所理解。

斯多亚派用以表示必然性的另一个术语是"天命"。天命和命运的区别在于，天命暗示着人格神的预见和前定。"天命"就是"神的天命"。为了解释人的道德选择和责任，斯多亚派又用"幸运"来表示一种非严格决定的原因。也就是说，人可以自主地选择生活的目标和途径，如果做出正确的选择，那么他就是幸运的人。

斯多亚派"命运"、"天命"和"幸运"三个概念在不同层次上解释了不同程度的必然性。命运观对世界整体所作的严格的必然性解释，遭到了很多人的反对。有人说，这种所谓的命运观其实是一种"懒惰学说"。

好像对病人说："如果你命定要康复，找不找医生看病都不起作用。如果你命定不能康复，找医生也是无济于事。因此，无论你的命运是什么，你都不用找医生看病。"

斯多亚派反驳说：每一个事件都有自身的原因，命运是这些原因的合成。一个病人命定康复的合成原因包括找医生看病这一原因。把命运解释为合成原因的意义在于排除超自然的奇迹，使命运观成为因果决定论。

（2）内涵的类型

概念的内涵是指由一个概念所指称的全部对象集合所共同具有的性质。内涵本身至少可以从主体内涵、客体内涵、规约内涵三个不同的角度来加以理解。

① 主体内涵。概念的主体内涵也叫主观内涵，是指主体在说出这个概念时，该主体所相信的这个概念所具有的性质。概念的主体内涵是相对于概念的说出者而言的，语词的内涵就是认为该语词指谓对象所具有的属性集。这种集合显然是因人而异的，甚至对同一个人也因时而异。

具体而言，一个概念的说出者在说出某个概念的时候，这个概念的内涵会因主体对概念的理解而有所不同。说出者心中的该概念性质的集合，会因为主体的不同而不同；即使是同样的主体，也会因为说出的时间不同、地点不同、对象不同，甚至是主体的动机不同，而使概念的内涵产生变化。尽管语言不是私人的语言，但是概念是一个动态发展的思维工具，概念的动态性决定了概念的内涵在主体那里也是具有动态变化性的。

当然，人们所感兴趣的是概念或语词的公共意义的解释，而不是它们的私人解释。

② 客体内涵。概念的客体内涵也叫客观内涵，是指一个概念的外延所指称的对象共有的全部性质。

一个概念的内涵显然是独立于我们主观意识之外的一个客体对象，可以看作是概念内涵的理想总成。由于没有任何一个人能够知道一个概念的全部内涵，就此而论，理想的客体内涵不可能成为我们试图寻找的公共意义。

例如：对于任意一个具体的人来讲，他不可能对哪怕是最普通的"人"这个概念，知道它的全部内涵，也就是客体内涵。

概念的客体内涵是相对于概念所指称的对象而言的，是概念外延的所有对象共同拥有的属性全集。

例如："圆"这个词的客体内涵可以拥有圆的各种普遍特性（圆包围的面积比其他任何封闭的与其具有相等周长的平面图包围的面积都大），而我们很多人在运用这个词时完全没有注意到这些普遍属性。

要知道大多数概念的指谓对象所共同拥有的全部属性，就要求完完全全的全知，而由于没有人能够具有这样的全知，所以客观内涵也不是我们所追求的公共意义的解释。

③ 规约内涵。概念的规约内涵，也叫公共内涵，是指约定俗成的内涵，即概念为公众使用并广泛理解的内涵。通常意义上，"内涵"这个词就是用来指"规约内涵"，这种内涵是概念当中最重要的意义，我们在定义理论中所讲到的内涵正是这种约定俗成的内涵。

人与人之间一定有一个潜藏的、不成文的约定，使得人们对一个概念的内涵形成某种认同。这种内涵既不是主体的，也不是客体的，而是公共的，即公众普遍认可和理解的。在此基础上，才可以进行人与人之间的交流和讨论，我们建立的知识和理论才得以传播和发挥作用。

概念之所以具有稳定的意义，乃是因为对任何对象来说，在决定其是否是某概念外延的一部分时，我们都同意使用同样的标准。

例如：从规约的角度看，按照"圆"这个词的通常用法，圆之所以为圆，就在于它是这样一种封闭的平面曲线，其线上所有的点到一个叫作圆心的点的距离都相等。

人们能够相互交流常常是在一般的用法上来理解概念的，通过非正式的承诺，我们建立了普遍概念的规约内涵。就定义之目的而言，这是内涵最为重要的含义，因为它既是公共的，也不为使用它而要求全知。

2. 概念的外延

在逻辑中，概念的外延是指具有概念的内涵所反映的那些特性或本质的具体思维对象，就是该概念所指的某个对象或某些对象的集合或类别。

具体地说，外延是概念的量，它说明概念所反映的是哪些对象。就外延的含义来说，它是本质属性的对象，说明概念反映了哪些事物，其范围程度及其所能达到的极限。一个思维对象只有具备内涵所反映的全部特性或本质属性的时候，才属于该概念的外延。

例如："人"的外延是指"由古往今来、属于不同的民族、有不同的肤色、操不同的语言、有不同的文化和传统的所有个体构成的集合或类"，你、我、他或她都是该集合或类别中的个体，因此都属于"人"的外延。

又如："自然数"的外延是一个无穷集合，单个自然数都是其中的元素。

再如："商品"这个概念的外延是指古今中外的、各种性质的、各种用途的、在人们之间进行交换的产品。

一般来说，概念的外延是唯一的和确定的，但有些概念在现实世界中没有外延。

例如："独角兽""飞马"等，人们常常把它们叫作"空概念"，并人为地给它们指定外延——空集合，即没有任何元素的集合。

案例　盲人与"火"

当一个天生的盲人听到人家谈烤火取暖而自己也被领去烤火取暖时，他很容易认识并确信有某种东西是人们所谓的火，而且是他所感受到的热的原因，但想象不出是什么样子，并且他的心中也不可能具有看见过火的人的那种观念。

3. 内涵和外延的关系

概念的内涵意义又被称为含义，在于该概念所具备的性质或者属性。概念的内涵从质的方面规定对象，它表明对象"是什么"。

概念的外延意义又被称为指称，在于该概念所指称的类的那些成员。概念的外延从量的方面规定对象，它表明对象"有哪些"。

内涵和外延大致分别相当于比较现代的术语"意思"和"所指"。

例如："发明家"这一概念

属性（内涵）：聪颖、富直觉力、富创造力、富想象力。

类的成员（外延）：爱迪生、贝尔、莱特兄弟等。

（1）概念的内涵和外延是相互依存、相互制约的

任何概念都有内涵和外延，内涵和外延是相互依存、相互制约的。确定了某一概念的内涵，也就相应确定了该概念的外延；确定了一个概念的外延，也影响了这个概念的内涵。

① 内涵决定外延。当一个概念的内涵固定下来时，它的外延也就固定了。

例如："商品"，如果确定了它的内涵是"用来交换的劳动产品"，那么它的外延就可以确定为包括"通过货币方式买卖的劳动产品"和"用以物易物方式交换的劳动产品"。

一般认为，概念的内涵是识别它的外延的向导、依据和标准，换句话说，概念的内涵决定概念的外延。特殊的情况是空概念。

例如：我们在根据"永动机"的内涵去找它的外延时，却怎么也找不到，原来该概念表达的外延是空的。

② 外延不能决定内涵。外延确定以后，内涵一般也会相应地确定下来。但要注意，概念的外延并不能决定它的内涵。

例如："等角三角形"这个概念的外延与"等边三角形"这个概念的外延是完全相同的。但是，确认了这两个概念的外延而其内涵却处于不确定状态。"等边三角形"的内涵是由三条等长的直线所围成的平面图形的性质。而"等角三角形"的内涵却不同，它是指由三条相互相交而形成等角的直线所围成的平面图形的性质。

③ 内涵与外延的变化关系。一方面，一般而言，概念的内涵与外延具有"反变规律"。

递增的内涵的次序通常与递减的外延的相同。相反地，递减的内涵的次序通常与递增的外延的相同。即一个概念的内涵越多（即一个概念所反映的事物的特性越多），那么，这个概念的外延就越少（即这个概念所指的事物的数量就越少）；反之，如果一个概念的内涵越少，那么，这个概念的外延就越多。

当给一个概念的内涵添加性质时，我们就说该内涵增加了。

例如：以下每个概念的内涵都比其前的那些概念的内涵多；但是，这些概念是按照外延减少的次序排列的。

递增的内涵：动物，哺乳动物，猫科动物，老虎。

递增的外延：老虎，猫科动物，哺乳动物，动物。

另一方面，内涵与外延所谓的"反变规律"并不完全正确。

有时存在内涵增加但外延不变的情况，我们可以按照增加内涵的数量构成一系列概念，但外延却保持不变。

例如：活人，有遗传密码的活人，有遗传密码和头脑的活人，有遗传密码和头脑的不超过一千岁的活人。

在这个系列中，每个概念都正好与其余者有相同的外延。故而，当内涵随每个后继的概念递增时，外延并没有减少。

（2）概念的内涵和外延是确定性与灵活性、主观性与客观性的统一

概念的内涵和外延的确定性是指在一定条件下，概念的含义和适用对象是确定的，不能任意改变或加以混淆。概念的内涵和外延的灵活性是指在不同的条件下，随着客观对象的发展变化和人们认识的深化，概念的含义和适用对象是可以变化的。

作为反映对象本质属性的思维形式，概念就其内容来说，反映客观，来自客观，有其客观根据。因此，概念的内容是客观的。但概念同时也是一种认识形式，属于意识的范畴，从其形式来说，又有其主观的一面。

例如：原子这个概念的内涵和外延就是随着科学的发展和人们对于原子的认识的不断深入而变化的。关于原子的学说已经经历了几个发展阶段。在古代，原子学说还只是一种天才的猜测，到18世纪已经发展为科学的假说，而在19世纪最后30年里才变成科学的理论。

 案例　太阳系的大行星

"太阳系的大行星"这个概念的外延在天王星、海王星和冥王星被发现以前，就是当时人们所认识并反映在该概念中的六大行星。在天王星、海王星和冥王星被发现以后，它的外延就是多年来人们所认识并反映在该概念中的九大行星。但在2006年8月24日于布拉格举行的第26届国

际天文联会中通过的第5号决议中，冥王星被划为矮行星，并命名为小行星134340号，从太阳系九大行星中被除名。所以，现在太阳系只有八颗大行星，即水星、金星、地球、火星、木星、土星、天王星和海王星。可是，作为客观存在的天体，"太阳系的大行星"并不是以人们的概念是否反映了它的本质和范围而存在，也许哪一天又发现了新的大行星，"太阳系的大行星"这个概念的外延就又会有所变化。

（三）关于概念的批判性问题

质疑精神是科学精神的体现，一个事物或认识只有被怀疑，才会被关注，被思考。一些怀疑通过思考走向肯定和认同，一些怀疑则因思考而深化，并通过批判而达到认知的清晰。下面所列是关于概念的一些批判性问题。

- 概念之间的本质区别究竟是什么？
- 所使用的概念在前后陈述中的内涵是否一致？是不是同一个概念？
- 提出的概念的内涵是什么？合理不合理？合适不合适？
- 概念使用者是否模糊了关键词语？
- 概念的含义是否模糊不清？
- 概念的含义是否存在歧义？其使用语境的影响是什么？
- 如何认识概念的确定性？
- 如何理解概念确定性与灵活性的关系？
- 如何理解概念形成的历史文化特点？
- 如何理解网络语言的使用环境？
- 是否滥用了集合概念？

以上问题不一一展开论述，下面重点分析其中的两个问题。

1. 集合概念与非集合概念

根据概念所指称的是否是集合体，我们可以把概念分为集合概念与非集合概念两大类。

所谓集合体是指由若干同类对象依据特定联系所构成的整体。集合体不同于一般的整体，它必须由同类分子构成。因此，一辆汽车是个整体但不是集合体，因为它由车轮、车厢、发动机等部分构成，而这些构成部分不是同类的。其次，同类分子构成一个集合体必须依据特定的联系。

例如： 军队是一个集合体。军队是由同类分子军人构成的，但并不是若干军人在一起就一定是支军队，军人构成军队必须依据军事编制。

集合概念是指所指称对象是集合体的概念，如"车队""中国女子排球队""森林"等。集合概念的特征在于构成整体的分子不具有整体的属性。车队由车构成，但车不具有车队的属性，我们看见停车场里停有许多的车，我们并不就认为停车场里有一支车队。

非集合概念是指所指称对象不是集合体的概念。如下都是非集合概念："汽车""中国女子排球队队员""树"。

有时候，一个概念是否是集合概念是由语境决定的。语境不同，概念的指称就有所不同。我们判定一个概念是否是集合概念，就是看它是否指称一个集合体。

例如：下列两个语句

A．"鲁迅的著作不是一天能读完的"

B．"《祝福》是鲁迅的著作"

分析：两个语句中都出现了概念"鲁迅的著作"。

在A中出现的"鲁迅的著作"是一个集合概念，因为只有作为整体的"鲁迅的著作"才具有"不是一天能读完"的属性，而作为整体构成分子的每篇鲁迅的著作不具有这个属性。

在B中出现的"鲁迅的著作"是一个非集合概念。既然B中的"鲁迅的著作"表达的是每个分子都具有的属性，它指称的就不是集合体，因此是一个非集合概念。

2. 歧义的揭示

运用对内涵与外延的区分，我们可以把玩弄"意义"歧义的谬误论证揭露出来。

例1：下述论证的提出旨在证明上帝的存在

"上帝"这个词不是无意义的，因此它有意义。但是按照定义，"上帝"这个词的意思是全能的至善的存在。因此，全能的至善的存在，即上帝，必然存在。

分析：这里的歧义在于"意义"这一概念的含义，在一种含义上指的是内涵，而在另一种含义上指的却是外延。"上帝"这个词不是无意义的，因此可以肯定，存在一个内涵是它的意义。但是，由此并不能得出：一个具有内涵的概念，其内涵一定指谓一个存在物。

例2：一农民锄地时发现一青铜器皿，上面铸着"公元前七十九年造"，就拿到博物馆。馆长一瞧，大笑起来说是假的。请问馆长从哪里看出来是假的？

分析：只要稍微有一些常识，就知道"公元"这个概念在当时不可能存在。

例3：有某单位领导请法学专家来给职工讲法律知识。当他听到"法人不是人"的时候，非常生气，认为自己是在花钱买骂。

分析：这位领导混淆了三个相互有联系的概念：法人、法人代表、法定代表人。

所谓"法人"是"自然人"的对称，指具有权利能力和行为能力的、依法独立享有民事权利和承担民事义务的组织，包括企业、事业单位、机关、社会团体等。

所谓"法人代表"，含义宽泛，只要有授权，法人的机关、法人的业务员都可以成为法人的代表，即法人代表。

所谓"法定代表人"，是指依照法律或法人组织章程规定，代表法人行使职权的负责人，是法人的法定代表人，如董事长、总经理是企业的法定代表人。

这三个不同的概念，都有其确定的内涵和外延，企事业单位的领导不能认为只有自己才是"法人代表"，也不必为"法人不是人"而愤怒。

二、概念间的外延关系

不同概念所指称的对象可以有相同的，也可以完全不同。概念之间的关系则是分析讨论概念外延之间的重合情况。

两个概念之间的关系有两种情况：如果两个概念所指称的对象有相同的，那么这两个概念的外延有重合；如果两个概念指称表达的是完全不同的对象，那么，这两个概念外延不重合。相应地，两个概念之间有相容关系和不相容关系两种情况。

（一）概念间的相容关系

相容关系是指两个概念的外延至少有一部分是重合的。相容关系又分为三类，即同一关系、属种关系和交叉关系。

1. 同一关系

同一关系也叫全同关系，是指外延完全重合的两个概念之间的关系，即两个概念指称的是同一个对象。

如果用一个圈代表一个概念的外延，那么 S、P 两个概念具有全同关系可用下图表示。

即可表示为：所有 S 是 P，并且所有 P 是 S（S=P）。

例1：如下两组概念，每组中的 A、B 两个概念之间都有同一关系：

"北京"与"中华人民共和国首都"

"世界上幅员最大的国家"与"俄罗斯"

例2：据报载，罗马教皇的称呼长得不得了，这个称呼用了八个同一关系的概念：

罗马主教、耶稣基督教在世上的代表、使徒精神的继承者、所有天主教教会首长、西欧的总大主教、意大利的首席大主教、罗马管区的大主教兼首都大主教、梵蒂冈城国元首。

2. 属种关系

属种关系也叫从属关系，是指一个概念的外延全部包含在另一个概念外延之中，并且只是另一个概念外延的一部分。

显然，具有属种关系的两个概念中一定有一个外延大，一个外延小。我们把外延大的概念叫作属概念，外延小的概念叫作种概念。属种关系又分为两类。

① 包含于关系。包含于关系是种概念相对于属概念的关系，显然种包含于属。亦称种属关系，一个概念的外延包含在另一个概念之中，并仅仅作为其外延的一部分。

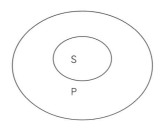

例1："伪造货币罪"包含于"破坏金融秩序罪"。

例2："森林"包含于"自然资源"。

② 包含关系。包含关系是属概念相对于种概念的关系，属包含种。亦称属种关系，一个概念的外延包含着另一个概念的全部外延，并且另一概念的外延仅仅是其外延的一部分。

例1："教师"和"教授"这两个概念，前者的外延就包含着后者的全部外延。

例2："工程师"和"高级工程师"这两个概念，前者的外延就包含着后者的全部外延。

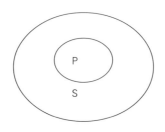

案例　白马非马

战国末年的名辩家公孙龙提出了一个"白马非马"的论题。

马者，所以命形也；白者，所以命色也；命色者，非命形也，故曰白马非马。

公孙龙的论证如下：马是用来称谓马的形体的，白是用来称谓马的颜色的，称呼马的颜色不是称呼马的形体，所以说白马不是马；再从概念的外延上对"白马"与"马"加以区别，"马"这个概念的外延广，包括所有各种不同颜色的马，"白马"这个概念的外延狭，只限于白色的马，与黑马、黄马的外延排斥，所以"白马非马"。

分析：这一论题涉及汉语的歧义，非即不是，"是"可以认为"等于"，也可以认为"属于"。白马与马是从属关系，既有联系又有区别，既不能等同也不能割裂开来。公孙龙看到了白马与马这两个概念在内涵和外延上的区别，这是正确的；但他把这种区别绝对化，把"马""白""白马"这些概念都理解成全是孤立的，否认了白马是马的一种，即割裂了一般和个别统一的关系，把差异和统一绝对对立起来，认为一般可以脱离个别存在，这是典型的诡辩。

例1：1918年，因海牙一个牙医绕开电表试图免费用电而被指控盗窃电。

而当时《荷兰刑法》第310条规定，为了保护个人的财产，盗窃"物品"是要受到惩罚的。争议在于"电"是否是"物品"。

最后，荷兰最高法院裁定盗用电就是盗窃物品，其解释的论证链条：首先表明了电是具有一定价值的东西，其次表明了具有一定价值的东西是财产，最后表明了财产就是第310条意义上的物品。

例2：德国的一个城市发布了一条规定：任何进入城市公园的运输工具的速度不得超过每小时20公里。一天，该市有一名中年男子进入了某一城市公园。这名中年男子是一位残疾人，平时以电动轮椅代步。当他坐着电动轮椅进入城市公园时，他突然加大了速度。根据电子监测装置的测算，该男子电动轮椅的速度达到了每小时42公里。城市公园里的行人纷纷避让，警察要求该男子停下轮椅接受询问，但是该男子置之不理。警察只好强行使该名男子停下轮椅。

警方声称将根据上述规定对该男子进行处罚。该男子则认为因为其身体残疾，电动轮椅是其日常的行动工具，仅仅起到了代步的作用，并不是一种运输工具。而关于城市公园的这条规定，仅仅限定了进入城市公园的运输工具的最高速度，电动轮椅不在限定范围之内，因此他的行为并不违法，而是符合法律规定的。

分析：本案的关键在于电动轮椅算不算运输工具。按照立法目的是确保在城市公园游玩的公民和公园环境不受来自高速行驶物体的伤害，从而电动轮椅应当包含在该规则的运输工具之内，也就是说，电动轮椅和运输工具这两个词项外延间的关系是从属关系。

3. 交叉关系

交叉关系是指两个概念的外延有且只有一部分重合的关系。

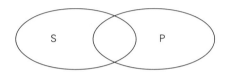

例1："球迷"与"影迷"这两个概念的外延具有交叉关系。

例2："成年人"与"限制行为能力人"这两个概念的外延也具有交叉关系。

例3：高中某班级进行一次义务劳动。到工地后，班长向大家宣布劳动安排："同学们，今天的劳动任务是这样安排的，班干部去挖土，男同学去搬砖，女同学清理场地，身强力壮的跟我去搬运石头，其他同学帮助检修工具。"听了班长宣布后，大家不知道自己应干什么。阿强作为班干部，他应去挖土；作为男同学，他应去搬砖；作为身强力壮的，他应去搬运石头。其他人也同样面临困境。

分析：班长概念不清，因为班干部、男同学、女同学、身强力壮者、其他同学的概念间存在交叉关系。

例4：让24个人排成6列队伍，每列队伍的人数分别是5个人。能否完成这种排列呢？

分析：答案是能完成，排出一个正六边形即可。

在把握概念时，要正确地把握概念的外延。讲到排列队伍，总是想到横平竖直地排，但是总缺少6个人。能不能反过来想，把其中的6个人当成两个人来用呢？

例5：老师给学生出了一道有趣的数学题："两个爸爸，两个儿子，分三个烧饼，每人要分到一个，怎么分？"

有的同学说："大人两个人共一个，小孩一人一个。"

张老师说："那不行，不能分半个，每人要分到一个。"

有的同学说："除非再买一个来，否则，没法分。"

请问你有什么好的方法？

分析：本题中概念的外延可以是重合的。"两个爸爸，两个儿子"实际上可以是三个人，即爷爷、爸爸、儿子。其中一个既是儿子又是爸爸。三个人分三个烧饼，当然是一个人一个。

（二）概念间的不相容关系

不相容关系亦称全异关系，是指外延是互相排斥、没有任何部分重合的两个概念之间的关系。换句话说，如果两个概念的外延完全不重合，即两个概念所指称的是完全不同对象，那么两个概念之间具有不相容关系。

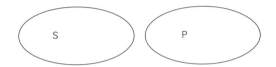

例如：下面两对概念都是全异关系。

• "动物"与"植物"这两个概念是全异关系。

• "有效合同""非有效合同"这两个概念也是全异关系。

全异关系中有两种特殊情况，即矛盾关系和反对关系。

1. 矛盾关系

矛盾关系是指这样两个概念之间的关系，即两个概念的外延是互相排斥的，而且这两个概念的外延之和穷尽了它们属概念的全部外延。

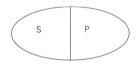

换句话说，具有全异关系的两个概念，如果它们有共同的属概念，并且它们的外延之和等于其属概念，那么，这两个概念间具有矛盾关系。一般来说，正概念与负概念之间具有矛盾关系。

例如：下面两对概念都是矛盾关系。

• "正义战争"和"非正义战争"。

• "生物"与"非生物"。

2. 反对关系

反对关系是指这样两个概念之间的关系，即两个概念的外延是互相排斥的，而且这两个概念的外延之和没有穷尽它们属概念的全部外延。

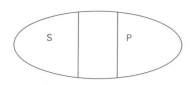

换句话说，具有全异关系的两个概念，如果它们有共同的属概念，但它们的外延之和小于其属概念，我们就称这两个概念间具有反对关系。

例1："白色"与"红色"这两个概念，有共同的属概念"颜色"，而它们的外延之和小于"颜色"，因为除了白色和红色外还有许多其它颜色。因此它们之间具有反对关系。

例2："抢劫行为"与"盗窃行为"有共同属概念"犯罪行为"，并且它们的外延之和小于属概念。因此它们之间也具有反对关系。

例3："合法行为"与"违法行为"是不相容关系的两个概念，针对属概念法律行为来说，二者不是矛盾关系，而是反对关系——存在既不具备合法的属性也不具备违法的属性的法律行为。这样，一个法律行为是合法行为则一定不是违法行为，是违法行为则一定不是合法行为；但不是合法行为却不一定就是违法行为，不是违法行为也不一定就是合法行为。

案例　胜败如何

明人冯梦龙的《笑府》中有这样一个笑话：有个人很喜欢下棋，棋艺不高，但总不服输，自以为挺不错。有一天去朋友家对弈，连下三局，全输了。

回来时有人问他："今天可下棋了？"

"下了三局。"他说。

"胜败如何？"那人接着问。

"第一局，我没有赢；第二局，他没有输；第三局，我说'和了吧'，可他说什么也不肯。"

分析：这个下棋者利用"输"和"赢"之间是反对关系来为他失败作掩饰。

当然，反对关系与矛盾关系只是全异关系中的两种特殊情况。只有对那些具有共同属的概念，我们才能说它们之间若不具有反对关系，那就具有矛盾关系。对于两个毫不相干的概念，如概念"法院"与"植物"，我们只能说它们之间是全异关系，因为它们各自指称完全不同的对象，即两个概念的外延完全不重合。

（三）欧拉图分析法

欧拉图分析法是一种逻辑学上的图解，借用18世纪瑞士数学家欧拉（Euler）的做法，就是用圆圈或封闭的曲线，即被后人称为"欧拉圈"的图形来表示概念间的外延关系。上述概念间的逻辑关系所用的图示即为欧拉图。针对三个及以上的概念进行欧拉图分析，其画图步骤和相应的注意事项如下。

1. 画图步骤

① 判定各概念之间的外延关系。如果题目所提供的几个概念是现实生活中的具体概念，则应根据客观情形去判定；如果题目所提供的仅是A、B、C这种抽象形式的概念，则应根据题目的假设条件去判定。

② 画出概念之间的关系图形。在判定各概念之间的外延关系基础上画出能从整体上反映这几个概念彼此之间外延关系的综合图形。如果适合题目要求的情形不止一种，则应把所有的合适情形都找出来，然后画出与每一合适情形相对应的欧拉图。

③ 在每个圆圈的适当位置上标注。

2. 注意事项

① 先用实线画固定的部分；

② 再用虚线画不固定的部分；

③ 要考虑：一是，实线是否有重合的可能，即同一关系；二是，虚线可能出现的位置。

例1：根据下面的文字陈述，作出相应的欧拉图：

好人是赚不到钱的，坏人也常常赚不到钱，赚到钱的一定是坏人，赚不到钱的不一定是好人。你没赚到钱，所以，你不一定是好人。

分析：根据以上陈述，可作出的欧拉图如下。

例2：某个饭店中，一桌人边用餐边谈生意。其中，2人是成都人，3人是四川人，2人只做机电生意，3人兼做通信生意。

假设以上的介绍涉及了这餐桌上所有的人，那么，这餐桌最少可能是几个人？最多可能是几个人？

分析： 根据题意，成都人一定是四川人，这样按地域有3个人；

2人只做机电生意，3人兼做通信生意。这样按职业，就是5个人。

求最少，地域包含于职业，就是5人。

求最多，地域与职业不相容，就是8人。

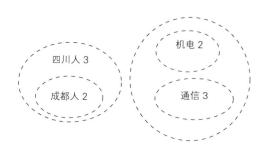

第二节　概念明晰

科学分析需要健全的理性思维，而理性思维的首要标准是清晰性，这种清晰性首先是对概念的要求。由于自然语言具有不明确性，常常包含歧义和含混，进而妨碍交流，因此，澄清概念对科学认识有重大意义。

明确概念的基本逻辑方法包括概念的限制与概括、划分与分类以及定义。本节讲解概念的限制与概括、划分与分类，而定义理论放到第二章专门讲解。

一、概念的限制与概括

凡是从属关系的两个概念，它们的外延和内涵具有反变关系。即：一个概念的外延越大，则它的内涵越少；一个概念的外延越小，则它的内涵越多。反之，一个概念的内涵越少，则它的外延越大；一个概念的内涵越多，则它的外延越小。根据这一反变关系，就能懂得如何缩小、扩大概念的外延，使之形成一个新的概念。这就是概念的限制和概括。

（一）概念的限制

概念的限制，就是指通过增加概念的内涵、缩小概念的外延来明确概念的逻辑方法。限制的目的与作用在于，有助于人们对事物的认识从一般过渡到特殊，掌握具体事物的特质，使人们的认识更加具体化，从而在表达思想过程中，概念表达按需要更加准确，论证更加严密。

概念的限制，在语言上通常表现为增加修饰语。

例1：据说有位著名的女演员曾经发过这样一番感慨：做人难，做女人更难，做名女人尤其难，做单身的名女人难上难。这句话，从"人"到"女人"到"名女人"再到"单身的名女人"，通过逐渐增加的修饰语对原概念一步一步加以限制，形成了新的概念。

不过，也有不通过增加修饰语，而是直接换语词进行限制的。

例2：傅雷给傅聪的临别赠言是：第一，做人；第二，做艺术家；第三，做音乐家；最后才是钢琴家。这里的连续限制过程是：人→艺术家→音乐家→钢琴家。经过限制，我们得到了以原来的概念为属概念的种概念。

外延大的概念可以连续多次进行限制，但限制是有极限的，这个极限就是单独概念，因为单独概念的外延只有一个。比如，把"钢琴家"限制为"傅聪"就不能再限制了。

有时候我们写文章时不注意修饰语的合理使用，就会出现一些对概念的不合理的限制。

案例　天体

据英国《自然》杂志报道，一个英国天文学家小组发现了宇宙中最亮的一个天体。据称，这个天体也是宇宙中最遥远的天体之一。

分析：宇宙是无限的，现在发现是最亮的，未必就是整个宇宙中最亮的。可惜，该例在传播科学信息的同时，却又不自觉地违反了科学。如果学会明确概念的逻辑方法，则可以避免此类错误。如将外延过大的概念"发现宇宙中最亮的一个天体"限制为"迄今为止所发现的宇宙中最亮的一个天体"，则可以纠正该例的错误。

例3：修改前的《婚姻法》规定准予离婚的条件是夫妻"感情确已破裂"。怎么确定"破裂"，较为模糊，在操作上如何判定"感情破裂"，可能会带来一些主观因素，因此操作上有一定的困难。

现行的《民法典》则在第一千零七十九条对"破裂"做出了明确的规定："（一）重婚或者与他人同居；（二）实施家庭暴力或者虐待、遗弃家庭成员；（三）有赌博、吸毒等恶习屡教不改；（四）因感情不和分居满二年；（五）其他导致夫妻感情破裂的情形。"

分析：这种条件的明确规定，实际上就是对"感情确已破裂"的"破裂"概念的进一步限制，从而使离婚条件不再模糊。

（二）概念的概括

概念的概括是指通过减少概念的内涵以扩大概念的外延，由一个外延较小的概念过渡到一个外延较大的概念，即由种概念过渡到属概念的逻辑推演方法。

例1：鲁迅先生说过："有缺点的战士终究是战士，完美的苍蝇也终究是苍蝇。"

由"有缺点的战士"到"战士"，由"完美的苍蝇"到"苍蝇"都是概念的概括。

概括的推演方法也有两种。

一种方法是在被概括的概念前去掉种概念的限制词。

例2："现代中国男性小说家"可以概括为"现代中国小说家"。这里，种概念"现代中国男性小说家"的修饰语"男性"被去掉了，内涵减少了，外延得到了扩大，过渡到了它的属概念"现代中国小说家"。

另一种方法是将表示属概念的词语替换掉种概念的词语。

例3："教师"概括为"知识分子"。

概括同样可以连续进行，但也有极限，概括的极限是哲学范畴。因为哲学范畴是外延最大的属，没有比它更大的属概念了。

例如："物体"概括为"物质"，物质是一个哲学范畴，这时就不能再概括了。

（三）限制和概括要避免的逻辑错误

错误的概括和限制，可称为"不当限制"和"不当概括"。

在进行限制和概括的过程中要注意以下两个问题，以避免犯逻辑错误。

一是，可以通过增加或减少修饰语的方法对概念进行限制或概括，但并不是所有的修饰语的增加或减少都是限制或概括。

例1：把"天安门"加上修饰语变成"雄伟的天安门"，这并不是对概念的限制，而只是单纯的修饰。

例2："能导电的金属"与"金属""不必要的浪费"与"浪费"都不构成种属关系，因为前者都不是对后者的限制，后者也不是对前者的概括。

二是，要注意区分整体与部分关系和属种关系。由部分到整体或由整体到部分并不是概括和限制。

例3：以下例子里的概念都没有属种关系，不能限制和概括。

- "厦门大学哲学系"和"厦门大学"是部分与整体关系而非属种关系。
- "星期一"与"星期一下午"是整体与部分的关系。
- "勇敢"与"勇敢的战士"是全异关系。

- "省政府"与"县政府"不是属种关系。
- "美洲""美国""加利福尼亚州"是整体与部分的关系。

总之，通过限制和概括之后形成的概念与原概念应当构成属种关系，如果不是，那么这种限制和概括就是错误的。

案例 不当概括

下列两个案例都存在不当概括。

案例一：

某年中秋节前夕一家媒体以"都是冠生园惹的祸"，披露了南京冠生园使用过时月饼馅的事件，但其后不久就遭到上海冠生园等几家冠生园起诉。

案例二：

广州一家媒体曾以"进口涂料惊现致癌魔影"为题，报道了广州出入境检验检疫部门检测出多种进口涂料含有重金属、游离甲醛等有害物质，某些检测指标甚至超标几十倍的事件。这一报道立刻引起一些进口涂料公司的激烈反应。据瑞典福乐阁涂料公司在北京向各媒体称，由于这篇报道，福乐阁涂料8月份仅在深圳的销售额就下降了近60%。按福乐阁公司的说法，在欧洲，媒体报道中，事件主体A就是A，B就是B，如果由于媒体的报道而使A公司的产品问题株连了其他公司，媒体是要承担法律责任的。

例4：有以下四组物品。

第一组：苹果、梨、西红柿、橘子；

第二组：刮脸刀、剪刀、铅笔、铅笔刀；

第三组：斧子、钉子、电锯、电钻；

第四组：小号、小提琴、大号、萨克斯管。

问题：在这四组物品中，有无"多余的"第四个？

分析：本题考查的思维能力涉及概念、概念的内涵与外延、限制与概括等问题。

第一组：西红柿是蔬菜，其他是水果。

第二组：铅笔是书写工具，其他是刀具。

第三组：钉子为钉接物，其他为木匠工具。

第四组：小提琴为弦乐器，其他为管乐器。

二、概念的划分与分类

概念的划分和分类在人类生活中非常重要，如果我们对概念没有划分和分类的方法的话，这个世界就混同在一起，要理解和有条理地进行管理则是不可能的。

（一）概念的划分

划分是指把一个概念的外延，按照一定的标准，分为若干小类的明确概念外延的逻辑方法。

1. 划分的类型

概念的划分可以分为一次划分、连续划分和复分。

（1）一次划分

就是依据一个标准，把母项分为若干子项。这种划分只有母项和子项两层。

例1：有理数可分为整数和分数。

例2：三角形（根据边是否相等）可分为不等边三角形、等腰三角形和等边三角形。

一次划分的常用方法是对分法，也叫二分法，把被划分的概念（B）分成一对具有矛盾关系的概念A和负A。可表示为：B=A+﹣A。

例3：战争可分为正义战争和非正义战争。

（2）连续划分

就是逐层地多次划分，把划分后的子项作为母项继续划分，直到满足需要为止。在连续划分中，每次划分得到的概念属于同一层次，不同次划分得到的概念属于不同层次。连续划分的母项和子项至少有三层。

例如：实数可以分为有理数和无理数，有理数可以再分为整数和分数，整数可以分为正整数、零和负整数。

（3）复分

就是按照不同的标准，把同一母项分为若干子项。

例如：文学按照体裁分为小说、散文、诗歌和戏剧，按照国别分为外国文学和中国文学，按照时代分为古典文学、近代文学和现代文学，等等。

2. 划分的规则

概念的划分应满足以下基本规则。

（1）各子项之间的关系应当是不相容的

若不满足此条规则，就会犯"子项相容"的逻辑错误。

例如：在一次划分中把"学生"划分为"大学生""中学生""小学生""男学生""女学生"五个子项，前三个子项与后两个子项交叉，就犯了子项相容的错误。

又如：把"学生"划分为"大学生""中学生""小学生""职业中学学生"四个子项，其中"职业中学学生"从属于"中学生"，也犯了子项相容的错误。

（2）各子项外延之和必须等于母项的外延

若不满足此条规则，就会出现"多出子项"（划分过宽）或"划分不全"的逻辑错误。

例如：有被调查者疑惑地问道："你们的调查表中，只设计了'未婚'和'已婚'两个项目，那我填哪项？我结过婚，但已丧偶。填'未婚'吧，我确实结过婚；填'已婚'吧，我现在又没有配偶。我填什么好？"

分析：这份抽样调查表中的"未婚""已婚"两个子项的外延相加，小于"婚姻状况"母项的外延，犯了"划分不全"的逻辑错误。应将"婚姻状况"设计为"未婚""已婚""丧偶""离婚"。这才能符合逻辑划分的要求。

（3）每次划分必须使用同一划分标准

若不满足此条规则，就会犯"多标准划分"或"子项相容"的逻辑错误（同一划分中包含多个划分标准，子项之间相互包容）。

例1：以下三例的划分标准不一致，都存在多标准划分的逻辑错误。

• 四足类包括两栖类、爬行类、哺乳类和鸟类。

• 木本植物有乔木、灌木、半灌木、针叶木和阔叶木。

• 我最爱阅读外国文学作品，英国的、法国的、古典的，我都爱读。

例2：有人跟一个小朋友开玩笑，要他来分四个苹果，挑一个最大的给爸爸，最好的给妈妈，最红的给姐姐，最圆的留自己。这可难为了他，因为有一个是最大的，也是最好的，还是最红的，而且是最圆的。给谁好呢？

分析：在一次划分中提出了"大""好""红""圆"四个标准，可面对的实际情况是，所分对象兼容，无法操作。这种在一次划分中用两个以上标准的做法，在语言文字表达上便会造成层次不清，子项势必交叉重叠。

（4）划分不能越级

若不满足此条规则，就会犯"概念不当并列"的逻辑错误。具体是指，在划分过程中对概念分类的标准不一致，把不同层次的概念，或把具有交叉或属种关系的概念并列使用。

例如：以下两例的划分都犯了"概念不当并列"的错误。

· 音乐分为古典音乐、乡村音乐、流行歌曲和民乐等。

· 出席座谈会的有著名的社会科学家、数学家和核物理学家。其中，社会科学家、数学家和核物理学家是不同层次的概念。

3. 划分的批判性问题

· 如何确定划分标准？

· 如何通过正确的划分明确概念的外延？

· 如何发现划分标准中的价值冲突？

（二）概念的分类

从逻辑上讲，分类是指以对象的本质属性或显著特征为依据的划分。如果我们对外延对象的划分依据一定的原理和规则来进行，这种划分我们就称为分类。

分类对科学研究非常重要，研究分类的科学称为分类学。概念分类是一项复杂的工程，涉及各个学科。18世纪的欧洲学者林奈就进行了植物和动物的分类学研究，这个研究是人类智慧的一个伟大成果。林奈的分类学既是生物学研究的伟大成果，也是逻辑学领域的伟大成果。

要对一个概念的外延对象有一个好的分类，就需要有一个好的分类模式。分类多，看一个单独事物就更细致，能更好地认识这一类的特性，特性就突出。分类少，能从个体里发现的特点就很少，特性就被忽视，结果导致很多应该发现的规律都没有发现。分类可以区分为两种类型。

一种类型是无评价的分类。

例1：我们对一个单位所有的人，按照出生地分成若干类。

另一种类型是有评价的分类。

例2：我们把学生按照其考试成绩分为优、良、中、差，把研究人员分为研究员、副研究员、助理研究员等。

1. 分类的逻辑要求

一般而言，一个好的分类模式应该有一些基本的逻辑要求。

（1）穷尽性

一个好的分类应该是穷尽的，这就是说，该外延对象的每个成员，经过分类之后，都被放置在某个子类之中，没有遗漏任何一个成员。

例如：以购买火车票的乘客分类为例，有如下两种规定。

规定A

1.1米以下　　　　　免票乘车

1.1米到1.5米　　　　半票

| 1.5米以上 | 全票 |

规定B

1.1米以下	免票乘车
1.11米到1.5米	半票
1.51米以上	全票

分析：规定B的分类似乎更精确，精确到了厘米，但正是规定B忽略了分类的穷尽性要求，它的分类没有覆盖乘客的所有成员，1.1米到1.11米、1.5米到1.51米的乘客给漏掉了。当起了争执的时候，就会产生一些麻烦。

（2）不重复性

一个好的分类模式不仅是穷尽的，而且分类后的子类成员是不重复的。这就是说，一个成员只能够在某个子类之中，它不能既在一个子类之中，又在分类后的另一个子类之中。

仍以火车乘客为例。

规定A

1.1米以下	免票乘车
1.1米到1.5米	半票
1.5米以上	全票

规定B

1米以下	免票乘车
1米到1.5米	半票
1.4米以上	全票

如果规定B的分类把1.4米以上作为买全票的高度标准，这个规定B的分类规定就违反了分类的不重复性要求，也就是说，1.4米到1.5米之间的乘客，既属于买半票的人，也属于买全票的人。这就造成了逻辑上的混乱。

假定政府要给残疾人提供资助，那么就得对残疾人和健全人作出分类。如果我们的分类是具有重复性的，可能出现的情形就是，当政府提供资助的时候，他就是残疾人，而当残疾人的身份对他不利的时候，他又成了健全人。一个好的分类是应该避免这种重复的。

（3）清晰性

一个分类的依据是清晰的，这意味着我们进行分类的时候有一个标准，而这个标准是清楚明白的。

例1：依身高为标准来对乘客进行分类，这个标准的选择就是一个清晰的选择，是一个便于操作的选择。你用其他的标准来分类当然也不是不行，例如重量、年龄等，但这些标准容易造成含糊和麻烦。

例2：法官对一个案犯进行判决，如果这个案犯声称自己为未成年人，就需要法官对成年人和未成年人的分类有清楚的了解，对成年人和未成年人的分类，一定是精确的，应该精确到"天"这个单位，而且这个分类必须是穷尽的，否则就会有人既不是成年人，也不是未成年人。

案例　生物分类

生物分类也称生物分类学，是研究生物的一种基本方法。了解生物的多样性，保护生物的多样性，都需要对生物进行分类。

生物分类主要是根据形态结构和生理功能等方面的特征，把生物划分为种和属等不同的等级，并对每一类群的形态结构和生理功能等特征进行科学的描述，以弄清不同类群之间的亲缘关系和进化关系。

分类系统是阶元系统，通常包括七个主要级别：界、门、纲、目、科、属、种 。种（物种）是基本单元，近缘的种归合为属，近缘的属归合为科，科隶于目，目隶于纲，纲隶于门，门隶于界。

一、生物的五界分类系统

生物的分类不是一成不变的，而是随着生物科技的进步逐步完善的。下面介绍一下生物分类学上使用较广的五界分类系统：原核生物界、原生生物界、真菌界、植物界、动物界。

★原核生物界（kingdom monera）

原核生物是一种无核膜包围的细胞核的单细胞生物，它们的细胞内没有任何带膜的细胞器。原核生物包括细菌和以前称作"蓝绿藻"的蓝细菌，是现存生物中最简单的一群，以分裂生殖繁殖后代。原核生物曾是地球上独一无二的生命形式，它们独占地球长达20亿年以上。如今它们还是很兴盛，而且在营养盐的循环上扮演着重要角色。

★原生生物界（kingdom protista）

真核原生生物界的生物都是有细胞核的，且几乎都是单细胞生物。某些真核原生生物像植物（如硅藻），某些像动物（如变形虫、纤毛虫），某些既像植物又像动物（如眼虫）。

★真菌界（kingdom fungi）
本界成员均属真核生物，它是真菌的最高分类阶元。

★植物界（kingdom plantae）
本界成员均属真核生物，是能够通过光合作用制造其所需要的食物的生物的总称。

★动物界（kingdom animalia）

该界成员均属真核生物，包括一般能自由运动、以（复杂有机物质合成的）碳水化合物和蛋白质为食的所有生物。

二、动物和植物的基本分类

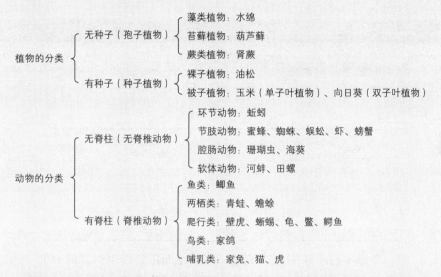

常见动物和植物的分类举例如下。

级别	白菜	大熊猫	猕猴	人
界	植物界	动物界	动物界	动物界
门	种子植物门	脊索动物门	脊索动物门	脊索动物门
纲	双子叶植物纲	哺乳纲	哺乳纲	哺乳纲
目	白花菜目	食肉目	灵长目	灵长目
科	十字花科	熊科	猴科	人科
属	芸薹属	大熊猫属	猕猴属	人属
种	白菜种	大熊猫	猕猴	智人

知识分类是知识管理工作中的重要环节，能恰当运用科学的方法将知识分类，有助于实现知识便于利用的目标。

2. 复分

复分（subdivision）在图书馆情报与文献学里面是一个专业名词，具体是指在分类时将某一类目划分成分类表主表中未列出的细目的过程。一般根据划分要求选用适当的复分表,然后按一定规则将复分表中的复分号附加于基本类号之后,形成新的专指性较强的类目的分类号。其中,复分是档案管理中的常用分类方法,档案管理中的多级目录多以简单铺陈序列的方式被使用。

通常意义上,复分是指从两个或两个以上的维度同时进行划分的分类方法。相应地,也可称为二维划分或多维划分。

案例 时间管理的四象限法则

如果把要做的事情按照紧急、不紧急、重要、不重要的排列组合分成四个象限,这四个象限的划分有利于我们对时间进行深刻的认识及有效的管理。

（第一象限） 紧急而重要 马上做	（第二象限） 不紧急但重要 计划做
（第三象限） 紧急但不重要 授权做	（第四象限） 既不紧急也不重要 减少做

第一象限:这个象限包含的是一些紧急而重要的事情,这一类事情具有时间的紧迫性和影响的重要性,无法回避也不能拖延,必须首先处理优先解决。它表现为重大项目的谈判、重要的会议工作等。我们要优先解决第一象限,既紧急又重要的事情要优先处理,马上做。

第二象限:第二象限不同于第一象限,这一象限的事件不具有时间上的紧迫性,但是,它具有重大的影响,对于个人或者企业的存在和发展以及周围环境的建立维护,都具有重大的意义。第二象限的事情很重要,而且会有充足的时间去准备,有充足的时间去做好。可见,投资第二象限,它的回报才是最大的。因此,要计划做。

第三象限:第三象限包含的事件是那些紧急但不重要的事情,这些事情很紧急但并不重要,因此这一象限的事件具有很大的欺骗性。很多人认识上有误区,认为紧急的事情都显得重要,实际上,像无谓的电话、附和别人期望的事、打麻将三缺一等事件都并不重要。这些不重要的事件往往因为它紧急,就会占据人们很多宝贵的时间。所以,最好是授权让别人做 。

第四象限:第四象限的事件大多是些琐碎的杂事,没有时间的紧迫性，没有任何的重要性，这种事件与时间的结合纯粹是在扼杀时间，是在浪费生命。发呆、上网、闲聊、游逛，这是饱食终日无所事事的人的生活方式。所以，要尽量减少做。

四象限法指将事物（事件、工作、项目等）的两个重要属性作为分析的依据，进行分类分析，找出解决问题的办法的一种分析方法。

 案例　达克效应

达克效应，也叫邓宁-克鲁格心理效应，是指一种认知偏差，即能力欠缺的人往往会有一种虚幻的自我优越感，错误地认为自己比真实情况更优秀。

来自Cornell University的Justin Kruger和David Dunning两位学者通过对人们阅读、驾驶、下棋或打网球等各种技能的研究发现：

1. 能力差的人通常会高估自己的技能水平；

2. 能力差的人不能正确认识到其他真正有此技能的人的水平；

3. 能力差的人无法认知且正视自身的不足，以及其不足之极端程度；

4. 如果能力差的人能够经过恰当训练大幅度提高能力水平，他们最终会认知到且能承认他们之前的无能程度。

一个人的认知，有这样四个层次：

1. 不知道自己不知道；

2. 知道自己不知道；

3. 知道自己知道；

4. 不知道自己知道。

大多数人都处于第一种认知状态中，他们并不知道自己在做什么，有没有做对，反过来还会觉得自己什么都懂，狂妄自大，进入到一种自以为是的认知状态。这样的人就是图中站在愚昧山峰的那类人。所以他们往往会习惯这样，你和他提到一个东西，他潜意识会先否定。结果就是他把自己的大脑封闭起来，认知开始僵化。

有人说无知者无畏，可是无知者同时也冒着巨大的风险。这就像一个拿着火把的人横穿一个炸药库，肆无忌惮地到处乱跑，却不知道自己正处于随时可能被炸毁的险境。

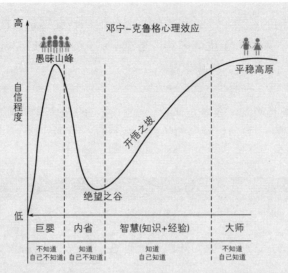

邓宁-克鲁格心理效应

大部分人的碌碌无为，往往都因为他们处于这种"不知道自己不知道"的状态。这种认知状态给了人们一种虚假的自满，让他们丧失了好奇心，也丧失了探索欲，而这些特质恰恰是一个人不能快速成长、认知升级的关键。

3.维度

分类只是基础，更精细化思考才是思考的目的。如果你在维度上进一步量化，那么你的分类将更细致，思考也将更精细。从多维度和高维度思考问题，才能全面理解事物，获得更优质的答案。你拥有什么样的思维维度，决定了你思考的层次。

阅读 如何成为高维度的思考者？

"维"是表示方向的概念。维度（dimension），又称为维数，是数学中独立参数的数目。"维"是一种度量，在物理学和哲学的领域内，指独立的时空坐标的数目。

从广义上理解，维度是事物"有联系"的抽象概念的数量，"有联系"的抽象概念指的是由多个抽象概念联系而成的抽象概念，和任何一个组成它的抽象概念都有联系，组成它的抽象概念的个数就是它变化的维度。

从哲学角度看，人们观察、思考与表述某事物的"思维角度"，简称"维度"。维度即认知，从几个思维角度去观察与思考问题，称作几维。思维维度决定命运，你拥有什么维度决定了你能看到什么。一个人的思维维度越高，他的思维就更宽广，能看到别人看不到的许多东西。

1. 零维

零维是一个无限小的点，没有长宽高，单纯的一个点，即奇点，黑洞也是奇点。

★零维空间

从一个点开始，和几何意义上的点一样，它没有大小、没有维度。它只是被想象出来的、作为标志一个位置的点。它什么也没有，空间、时间通通不存在，这就是零维度。

★零维思考

从思维的角度，失去知觉的人，没有明显的思维活动，称作"零思维"，即"零维"。

2. 一维

一维空间是由一个方向确立的空间模式，呈直线性。一维是一条无限长的直线，只有长度，没有宽度和深度。

★一维空间

一维空间简单来说就是一条直线。现在想象一下，如果我们生活在一维空间，那么我们可以运动的方向就是要么左，要么右，也就是说要么往前要么往后。在这种情况下，我们是感知不到二维空间的存在的，感知不到更高维度的存在。

★一维思考

从思维的角度，维度即认知。头脑单纯，一条道跑到黑，其思维方式称作"一维"。单一维度致命的地方在于，它用单一视角固化地理解这个宽广的世界。

比如盲人摸象，盲人只能从触觉一个维度来了解大象。最后，有人认为大象是墙，有人认为大象是树干，有人认为大象是水管，有人认为大象是玉。显然，一维认知会看不见很多东西，单一的维度并不能全面了解事物。

3. 二维

二维空间是由两个方向确立的空间模式。二维是一个平面，是由长度和宽度（或部分曲线）组成面积，但是没有深度。

★二维空间

笛卡儿坐标系是由两条互相垂直的x轴和y轴形成的直角坐标系统。根据定义，笛卡儿平面是一个二维空间，因为我们需要两个坐标值来描述其中的任意一点。

在这个平面内，可以将几何图形和代数公式联系起来。例如，半径为 1 的圆就可以用$x^2+y^2=1$来描述。

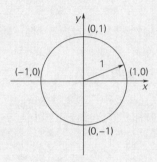

这就是"解析几何"，或者"笛卡儿几何"，很快就成为微积分的基础。

★二维世界

日常生活中的纸张、电视屏幕以及任何有平面的东西都是二维空间。

让我们想象一下二维世界里的生活，就像电视机或者平板电脑或动画片里面的人物，只有一个二维空间。1884年，英国作家埃德温·A·艾勃特（Edwin A. Abbott）写出了经典的文学作品《平面国》（Flatland: A Romance of Many Dimensions），书中描述了一个神奇的平面国——这个国家存在于二维空间中，它的国民都是一些活生生的几何形状的人。书的最后讲到，一个三维空间国的球形人来到了平面国，把一个正方形人从平面国带到了三维世界。

蚂蚁近似地处于二维空间，我们姑且把蚂蚁看作是"二维生物"。二维世界里的生物，因为维度的局限，感受不到三维空间的存在。蚂蚁的认知能力在二维平面上，只对前后（长），左右（宽）所确立的平面性空间有感应，而不知道有上下（高）。蚂蚁上树也并不知有高，蚂蚁在树上只会感应到前后和左右。

★二维思考

从思维的角度，一维思考者只能沿着一条线进行粗放式思考，而二维思考却能在一个平面处理多种问题。

二维思考只需要在原来的单一维度之上增加一个维度，就把原来杂乱无序的事物进行了更合理更细致的分类，从而使得思考变得更加清晰、精细、具体和有条理，就能够处理更多的问题。

二维思考把事物划分四个象限。四象限法与笛卡儿数学坐标系有异曲同工之妙，只不过用事物的关键维度取代了 x 轴和 y 轴。它将原本复杂难以清晰思考的事情转化为四个象限的小问题。四象限法既可定性又可定量分析，有助力于人们更精确地理解每一个象限的事物的性质；而且，每一个象限都可以向附近象限转化，为人们制定针对性的解决方案提供了方向。

案例：产品

波士顿矩阵认为一般决定产品结构的基本因素有两个：即市场引力与企业实力。市场引力包括整个市场的销售（额）增长率、竞争对手强弱及利润高低等。通过以上两个因素相互作用，会出现四种不同性质的产品类型，形成不同的产品发展前景：

① 销售增长率和市场占有率"双高"的产品群（明星类产品）；

② 销售增长率和市场占有率"双低"的产品群（瘦狗类产品）；

③ 销售增长率高、市场占有率低的产品群（问题类产品）；

④ 销售增长率低、市场占有率高的产品群（金牛类产品）。

4. 三维

三维是二维加上高度组成体积，三维空间是立体性的，被长、宽、高三个方向确立。客观存在的现实空间就是三维空间，具有长、宽、高三种度量。

★三维空间

三维坐标系是由二维坐标出发，添加第三个坐标轴而构成。可以用 x、y 和 z 轴来描述一个球面，这三个轴能够用来描述三维空间的形式。比如半径为 1 的球面就可以用公式 $x^2+y^2+z^2=1$ 来表示。

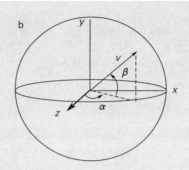

三维空间是长宽高的立体世界。我们亲身感觉到的，肉眼看到的世界就是三维空间，每个点需要由三个坐标共同确定。

★三维世界

三维世界其实很简单，我们把无数个二维空间叠加在一起，无数个纸张叠加在一起，这样就形成了一个立体的空间。

有些现代物理学家猜测：我们的世界也许被禁锢在一个三维的膜空间里，而这个膜空间本身处在一个更高维的空间中。

案例：蚂蚁的世界

人类作为三维生物，可以轻而易举地决定二维生物蚂蚁的行进方向。我们可以做这样的游戏：

游戏一：一群蚂蚁搬运一块食物向巢里爬去。若我们用针把食物挑起，放在它们头上很近的地方，蚂蚁只会前后左右地在平面上寻找，绝不会向上搜索。

对于蚂蚁来说，这块食物神秘失踪了，其原因是蚂蚁的认知能力是二维的，但食物已从二维空间进入了三维空间里！只有当食物再被放回它们的感知面上，蚂蚁才可能重新发现它。这对蚂蚁来说：食物又神秘出现了！

游戏二：一张报纸上面有一只蚂蚁，若要让它从纸的一边爬到另一边，那么这只蚂蚁需要爬过整个纸张。

若我们把这张纸卷成一个圆柱，这时蚂蚁只需要走过接缝的位置，就到达了目的地。换句话说，卷曲产生新的维度！把二维空间弯曲，就得到了个三维空间里的物体。

★三维思考

虽然三维思考只比二维思考多一维，但是三维思考的思考量却翻了一倍，变成了八个象限。这是一种升维思考，用这种方式分析问题比二维思考更加立体和系统。

案例　RFM模型

RFM模型是衡量客户价值和客户创利能力的重要工具和手段。在众多的客户关系管理（CRM）的分析模式中，RFM模型是被广泛提到的。该机械模型通过一个客户的近期购买行为、购买的总体频率以及花了多少钱3项指标来描述该客户的价值状况。

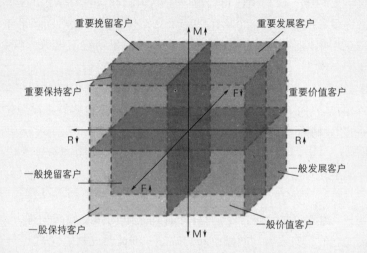

RFM模型较为动态地显示了一个客户的全部轮廓，这为个性化的沟通和服务提供了依据，同时，如果与该客户打交道的时间足够长，也能够较为精确地判断该客户的长期价值（甚至是终身价值），通过改善三项指标的状况，从而为更多的营销决策提供支持。

5. 四维

四维空间呈时空流动性，被长、宽、高和时间四个方向确立。

四维通常是指关于物体在时间线上的转移。在三维空间坐标上，加上时间，时空互相联系，就构成四维空间。

★四维空间

在笛卡儿三维坐标系上，添加第四个维度，比如说再加个t轴，公式$x^2+y^2+z^2+t^2=1$，这代表一个四维球。

N维空间，就是过一个点有N条互相垂直的线。例如：

零维空间：只有点没有线；

一维空间：一条线不存在垂直关系；

二维空间：两条线互相垂直，需要2个坐标表示，每一个点的坐标都用（x，y）表示；

三维空间：三条线互相垂直，需要3个坐标表示，每一个点的坐标都用（x，y，z）表示；

N维空间：N条线互相垂直，需要N个坐标表示。如果是四维空间就需要四个坐标（x，y，z，t）才能把它表示出来。

四维空间里，过其中任意一点，可以做出四条相互垂直的直线。在三维世界里，没法画出一个真正的四维立方体，因为没法找到第4个轴，让它们互相垂直。虽然画不出来这个物体，但是从数学上讲，再增加一个维度是合理的，"合理"意味着没有任何逻辑上的错误。

从数学的角度来看，一个"维度"只是一个自由度（即一个坐标轴），它最终成为一个纯粹的符号，不再需要和物质世界联系在一起。

★四维世界

想象一下，左边有一个1分钟之前的我，右边则是1分钟之后的我，将这"两个我"看成两个点，穿过他们连线，就是四维空间里的线。

但在现实当中我们看不到过去和未来的我，因为我们是活在三维空间中的三维生物，就如二维生物只能看到三维物体的截面一样，作为三维生物的我们，只能看到四维空间的截面，即此时此刻的世界。

当时间不存在的时候，你就会知道，你的过去、现在、未来都是一体的。你既没有过去，也没有未来，都在现在这一刻，现在这一刻是你能把握的最核心的一刻，这一刻既包含了过去，也包含了未来。

对于四维世界来说，三维世界里面所有的限制都不存在了。四维空间的模式没有"过去"、"现在"和"将来"的概念，它打破了我们三维空间的体与时间的结合只能局限于一点（现在）的认知极限。

案例　爱因斯坦的"四维时空"

日常生活所提及的"四维空间"，大多数都是指阿尔伯特·爱因斯坦提及的"四维时空"概念。二十世纪以前的物理学，描述世界由三维空间和一维时间组成，空间维度和时间维度完全独立，即所谓的绝对空间和绝对时间。

爱因斯坦把时间作为新的维度，添加在经典的三维空间上。狭义相对论把空间和时间统一起来，称为四维时空，时间和空间再也不是独立的事物，而是在某些情况下，时间维度和空间维度可以被压缩或者拉长，甚至相互转化。

爱因斯坦发现，只有在四维世界中，才能完全、精确地描述电磁学。在牛顿的世界图景中，空间、时间、物质和力是不同的现实范畴。在狭义相对论中，爱因斯坦证明时间和空间是统一的，从而将基本物理范畴从四个缩减为三个：时空、物质和力。

爱因斯坦又将"狭义相对论"扩展到"广义相对论"，将引力加入时空的结构中。从四维角度来看，引力只是空间形变的产物。这样，多维空间已经不再虚空，它饱含深刻的物理意义。

6. 多维

随着科学理论的发展，科学家开始思考，在四维时空之外，是否还存在更高的维度。五维及以上的维度，可称为多维空间，目前只是在理论上存在可能。

N维就是N条直线两两垂直所形成的空间，在想象的世界中，是可以无限维的。

★五维空间

在笛卡儿三维坐标系上，添加第四个维度变成四维。我们还可以继续添加更多的维度，可以在五维空间定义一个五维球（五维坐标x，y，z，p，q）：$x^2+y^2+z^2+p^2+q^2=1$。尽管无法画出更高维的球面，但是我们能够把它们用符号表示出来。

在现实世界中，三维的我们沿着四维空间里的时间线向前走。假如我们是四维空间生物，我们就可以看到过去、现在、将来各个时段的自己。

但是，时间线只有一条，若在四维这条时间线的基础上，再加一条时间线和这条时间线交叉，五维空间就出现了！

举例说明，比如你大学毕业参加工作，工作了5年，现在是一名律师，那么四维空间里你只能看到大学毕业的你以及成为白领的这条时间线上的你。如果当初你初中毕业就去学机械，现在是一名钳工，那么这就是另一条时间线上的你。在五维空间中，你可以看到成为律师的你，也可以看到成为钳工的你。总的来说，在五维空间，你可以看到你未来的不同分支。

现在我们再扩展一下想象力，假设在我们这个三维世界里，有无数条金属丝，细细的线，这个金属线遍布在整个三维空间里。一条金属线就是一维的空间，一维的线遍布在整个三维空间里。对生活在一维世界这条线上的人来说，他其实是感受不到三维世界的存在的。

假设把这条金属丝的直径想象得无限大，比如说960万亿光年等。假如我们生活的三维世界是金属丝里的世界，那么金属丝外的这个三维世界就升级成为一个五维世界。

★六维空间

时间存在的第四维度，就相当于一个新的点，一个存在于时间中的点，就让我们叫它时间点，参照空间关系，四维空间是时间点与时间点的关系，也就是时间轴，五维就是轴与轴的关系了，构成时间平面，而将五维曲折形成六维，也就构成了完整的时间。

还是拿"律师的你"和"钳工的你"举例子，现在，作为钳工的你感觉日子很艰辛，你想成为律师，安安静静在办公室里坐着。怎么办？五维空间中，你可以穿越到初中毕业的时候，告诉以前的你，一定要继续好好读书，上高中，考大学，做白领。

弯曲一个空间产生一个新的维度。因此，我们可以直接把五维空间弯曲，产生六维空间。这样，你就可以穿越到"律师的你"这条时间线，看一看另一个版本的你。

多维空间的模型，在数学上进行描述相对容易，最简单的就是增加维度变量。比如著名的卡拉比-丘成桐空间，就是数学家丘成桐从数学上证明存在的六维空间。物理上预言，该空间存在于普朗克尺度，当前物理手段无法探测该空间的存在。

★七维空间

前面提到两个时间线：律师与钳工。初中毕业的你，不可能只有这两种选择，而是近乎无限，每一个选择又会塑造一个不同的你。"初中毕业的你"开始的无限种可能：律师、教师、会计、公务员、运动员、军人、商人、工人、农民等。

假如以"小学毕业的你"为开端，就会产生另一个包含着无限时间线的点。将这两点连成一条线，就是七维空间的线。

★八维空间

第八维度就是由第七维度组成的线——时空的延长线，也就是时空线。我们再找到两个点为开端，一个是由"大学毕业的你"为开端产生的七维无限点，另一个是由"40岁的你"为开端产生的无限点。

将这两点连线，与上文中那条连接"初中毕业的你"无限点"小学毕业的你"无限点的线相交，我们就得到了八维空间！

★九维空间

将八维空间继续卷曲，就得到了九维空间！

我们把八维空间理解成那张平平的报纸，将报纸再一次卷起来，虫洞出现了。

即第八维度中面的曲折与扭曲就构成了第九维度——时空面。

★N维空间

十维空间里的一个点，充满着九维空间中所有可能性的连线。

如果九维是面，那么十维就是体——时空体，而十维所代表的时空体，也就是真正的无限。

以目前的理论和实验结果来看，只能够推测宇宙可能是高维的，但是不能完全证实。多维宇宙的思想来源于弦理论，弦理论是为了解决四大基本作用力的统一而被提出的一种大统一理论，当然，弦理论还有望能够实现解决相对论和量子理论的兼容性问题。弦理论认为物质并非是各种粒子组成的，而是一根根很小的弦，而基本粒子则是由弦的不同振动和运动所产生！弦理论表示有 10 个维度存在，它的扩展理论 M 理论（超弦理论）甚至认为宇宙有 11 个维度。

在额外维理论里，所有的物质以及除了引力以外的其他力，都被禁锢在一个膜空间上。电子、质子、光子以及所有其他标准模型粒子，都不可能在额外维里面传播，包括电磁场。

科学家只有通过观测引力效应，才能感知这些额外维度的存在。在额外维理论里，暗物质被认为是处在其他平行宇宙中的物质。暗物质占宇宙中所有物质质量的90%，虽然不可见，但科学家可以通过引力效应观测到它们。

★降维打击

在科幻小说《三体》之中，高维生物之所以能够轻而易举地降维攻击低维生物，一个重要原因就是高维生物拥有更多的维度，能够看到低维生物看不到的许多东西。

高维空间和低维空间有什么关系呢？其实N维空间沿某维度的投影是N-1维空间，任何一级低维空间都是高一级空间的横截面。

维度之间是单向透明的关系。低维度的人看不到高维度的人，但高维度看低维度是非常清楚透明、一览无遗的。相当于你看一个审讯室的单面镜子一样，你是看不见他的，但是他是可以看见你的。

假设我们在生活的世界里头有一个看不到的薄膜，那么这个薄膜就是我们向外看不出去的，我们在 $N-1$ 维世界的薄膜里看不到 N 维世界，但是在 N 维世界可以透过这个薄膜看到 $N-1$ 维世界。

例1：有位散文家说："智慧与聪明是令人渴望的品质。但是，一个人聪明并不意味着他很有智慧，而一个人有智慧也不意味着他很聪明。在我所遇到的人中，有的人聪明，有的人有智慧，但是，却没有人同时具备这两种品质。"

若这位散文家的陈述为真，以下哪项陈述不可能真？

Ⅰ.没有人聪明但没有智慧，也没有人有智慧却不聪明。

Ⅱ.大部分人既聪明，又有智慧。

Ⅲ.没有人既聪明，又有智慧。

分析：散文家认为，他所遇到的人中，有的人聪明，有的人有智慧，但没有人既聪明又智慧，即他肯定遇到过聪明不智慧、智慧不聪明这两种人。

不聪明但智慧	既聪明又智慧
既不聪明又不智慧	聪明但不智慧

若散文家的陈述为真，则散文家遇到的人肯定是存在的，但要引起注意的是：散文家没遇到的人不等于不存在。

"聪明但没智慧"和"智慧却不聪明"这两类人散文家都遇到过，必定是存在的，因此，Ⅰ不可能为真。

虽然散文家所遇到的人中没有人既聪明又智慧，但社会上绝大部分人他没遇到过，因此，"大部分人既聪明，又有智慧"这种可能性是存在的，Ⅱ可能为真。

Ⅲ显然可能为真。

例2：在某国某年进行的人口普查中，婚姻状况分为四种：未婚，已婚，离婚和丧偶。其中，已婚分为正常婚姻和分居；分居分为合法分居和非法分居；非法分居指分居者与人非法同居；非法同居指无婚姻关系的异性之间的同居。普查显示，非法同居的分居者中，女性比男性多100万。

如果上述断定及相应的数据为真，并且上述非法同居者都为该国本国人，则以下哪项有关该国的断定必定为真？

Ⅰ.与分居者非法同居的未婚、离婚或丧偶者中，男性多于女性。

Ⅱ.与分居者非法同居的人中，男性多于女性。

Ⅲ.与分居者非法同居的分居者中，男性多于女性。

分析：上文中"非法同居指无婚姻关系的异性之间的同居"是指两个同居的异性无婚姻关系。因此，与分居者的非法同居包括两种类型：分居者和分居者非法同居；分居者与非已婚者（未婚、离婚或丧偶者）非法同居。

情况一：分居者与分居者非法同居

包含一个数学等式：　男分居者X ＝ 女分居者$X*$　　　　　　　　　（1）

情况二：分居者与非已婚者非法同居

包含两个数学等式：　男分居者Y ＝ 女非已婚者$Y*$　　　　　　（2）

　　　　　　　　　　　男非已婚者Z ＝ 女分居者$Z*$　　　　　　（3）

由此可得，题干条件关系为（$X*+Z*$）－（$X+Y$）＝100

从中可推出：$Z*-Y$＝100。因此，$Z* > Y$

非已婚者（未婚、离婚、丧偶）				
已婚	正常婚姻			
	分居	合法分居		
		非法分居 （分居者与人 非法同居）	分居者与分居者非法同居	男分居者X ＝ 女分居者$X*$
			分居者与非已婚者非法同居	男分居者Y ＝ 女非已婚者$Y*$
				男非已婚者Z ＝ 女分居者$Z*$

Ⅰ项：$Z > Y*$，成立，因此必定为真。

Ⅱ项：（$X+Z$）>（$X*+Y*$），成立，因此必定为真。

Ⅲ项：$X > X*$，不成立，实际上应该是相等的，因此不一定为真。

案例　垃圾分类的科学分析

　　垃圾分类是对垃圾进行有效处置的一种科学管理方法，进行垃圾分类收集可以减少垃圾处理量和处理设备，降低处理成本，减少土地资源的消耗，具有社会、经济、生态三方面的效益。2019年7月1日，《上海市生活垃圾管理条例》正式实施，上海步入立法强制垃圾分类的时代，成为国内首个通过人大立法方式强制垃圾分类的城市。随着社会文明的发展，越来越多的城市和地方将实行垃圾分类。

一、垃圾分类的难题

实施垃圾分类所面临的挑战很大，一方面是处罚措施能否落实到位，另一方面是垃圾分类的专业知识能否贯彻落实。毋庸置疑，对公众来说，垃圾如何分类是个难题。

上海把日常垃圾分为四种：可回收物、有害垃圾、湿垃圾、干垃圾。但公众还是有很多迷惑，比如：

为什么胶水明明是液体，却属于干垃圾？

为什么瓜子壳明明是干的，却属于湿垃圾？

为什么会划伤手的碎玻璃不属于有害垃圾，却属于可回收物？

……

这个分类给公众造成困扰的原因在于，分类逻辑标准不明确：可回收物对应的是不可回收物；有害垃圾对应的是无害垃圾；干垃圾对应的是湿垃圾（表面上看是指是否包含水分，实际上在垃圾分类里面是指是否可分解）。

如此分类的依据到底是什么？有段子说，请猪一试便知，猪吃的是湿垃圾，连猪都不吃的是干垃圾，猪吃了会死的是有害垃圾，卖了可以买猪的是可回收物。这个说法虽然有些道理，但毕竟从逻辑上讲并不严谨。这里给出垃圾分类的逻辑分析。

二、垃圾分类的逻辑次序

如果搞清垃圾分类的逻辑，分类就不那么令人头疼了。逻辑上讲，垃圾分类有三个标准：是否有害、是否易腐、是否可回收。要注意的是这三个标准并不是在同一层面分类的，而是要在三个层面依次分别按三个标准进行分类。

垃圾分类的判断次序

		第一问：是否对人体健康或自然环境有毒有害？	
一次分类		无害垃圾	
二次分类	有害垃圾（有害）	第二问：是否易腐可自然分解（可降解）？	
		不可降解垃圾	
三次分类		湿垃圾（易腐）	第三问：是否可回收循环利用（可再生）？
		可回收物（可回收）	干垃圾（不可回收）

三、垃圾类型的详细解释

下面对四种垃圾类型提供进一步的详细解释。

序号	类型	属性特征	主要范围	处理方式
1	有害垃圾	有害（有毒、不环保）	废电池、废灯管、废药品、废油漆及其容器等对人体健康或者自然环境造成直接或者潜在危害的生活废弃物	单独回收或填埋
2	湿垃圾	①无害 ②易腐（有机物为主、易粉碎、可发酵、可分解、可降解）	主要指厨余垃圾，包括食材废料、剩菜剩饭、过期食品、瓜皮果核、花卉绿植、中药药渣等易腐、可被自然分解的生物质生活废弃物	生物处理堆肥
3	可回收物	①无害 ②不易腐 ③可回收（可再生、可循环利用）	主要包括未被严重污染的纸张、废塑料、废玻璃制品、废金属、废织物等适宜回收、可循环利用的生活废弃物	回收利用
4	干垃圾	①无害 ②不易腐 ③不可回收利用	指除有害垃圾、湿垃圾、可回收物以外的其他生活废弃物	卫生填埋

备注：

1. 确定是否属于有害垃圾的注意事项

① 不能将有害和有危险混作一谈，比如，菜刀很锋利很危险，但不属于有害垃圾。

② 也不能将有害和有污染联系到一起，比如用过的纸尿裤已经被污染了，也不属于有害垃圾。

③ 其实，有害垃圾指的是内含重金属或者有毒物质，如果不进行妥当的处理，容易扩散到空气、水源、土地里面去，对人体、环境造成危害的那些垃圾。

2. 确定是否属于湿垃圾的注意事项

① 不能将是否带有水分与易腐、可被自然分解混淆，比如，湿纸巾就不属于湿垃圾。

② 湿垃圾的处理方式一般是先进行粉碎，粉碎完通过发酵做成肥料。所以，湿垃圾大多以有机物为主。

③ 一般来说，厨房里的垃圾是能够被粉碎处理的，但是像猪的大骨、椰子壳、榴莲壳等因为太坚硬了，所以机器切不碎，这才使得它们

成了其他垃圾（干垃圾）。粽子叶会缠着机器切割的刀，导致无法进行粉碎，所以也归类到了干垃圾当中。所以，一般可这么理解，凡是厨房内产生的可以切割的垃圾都属于厨余垃圾（湿垃圾），难以切割的东西就属于其他垃圾（干垃圾）。

④ 严格意义上，厨余垃圾的处理需要破袋，也就是到了垃圾投放点，要把厨余垃圾（湿垃圾）倒进去，而把袋子放到干垃圾当中。

四、常见生活垃圾分类图

 有害垃圾	 湿垃圾	 可回收物	 干垃圾
漆桶	菜叶	塑料瓶	旧浴缸
干电池	橙皮	食品罐头	盆子
打火机	葱	玻璃瓶	坏马桶
创可贴	饼干	易拉罐	旧水槽
酒精	番茄酱	报纸	贝壳
调色板	蛋壳	旧书包	化妆刷
油漆	西瓜皮	旧手提包	坛子
过期的胶囊药物	马铃薯	旧鞋子	海绵
温度计	鱼骨	牛奶盒	花生壳
过期药片	甘蔗	旧塑料篮子	菜板
荧光灯	玉米	旧玩偶	砖块
蓄电池	骨头（鸡鸭鹅）	玻璃壶	卫生纸
医用棉签	虾壳	旧铁锅	篮球
杀虫剂	蛋糕	垃圾桶	桃核
水彩笔	面包	旧镜子	杯子
农药瓶	草莓	牙刷	陶瓷碗
医用纱布	西红柿	塑料梳子	一次性筷子
口服液瓶	梨	旧帽子	西梅核
香水瓶	蟹壳	旧夹子	坏的花盆
荧光棒	香蕉皮	废锁头	木质梳子
过期化妆品	辣椒	牙膏皮	脏污衣服
发胶	巧克力	雨伞骨架	烟蒂

有害垃圾	湿垃圾	可回收物	干垃圾
注射器	茄子	旧纸袋	渣土
废弃灯泡	豌豆皮	纸盒	湿垃圾袋
煤气罐	苹果	旧玩具	瓦片
医用手套	树叶		扫把

五、垃圾分类的逻辑简图

根据上面的论述，垃圾分类可依次按是否有毒有害、是否易腐可分解、是否可回收循环利用来判断，可列简表如下。

第一判断：是否有害？			第二判断：是否易腐？
有害垃圾 （有害）	湿垃圾 （无害、易腐）		
	可回收物 （无害、不易腐、可回收）	干垃圾 （无害、不易腐、不可回收）	
第三判断：是否可回收利用？			

根据上表可看出，垃圾分类可按如下次序判断。

（1）首先找出"有害垃圾"，即对人体健康或自然环境有毒有害的垃圾。

（2）其次找出"湿垃圾"，即无害、易腐（可自然分解）的垃圾。

（3）再次找出"可回收物"，即无害、不易腐、可回收利用（可再生）的垃圾。

（4）最后剩下的是"干垃圾"，即无害、不易腐、不可回收利用的其他垃圾。

简而言之，判断次序依次是：是否有害、是否易腐、是否可回收。

六、垃圾分类的实例分析

根据上面的逻辑分析，下面举例回答一些容易令人疑惑的问题。

1.水银温度计属于什么垃圾？

第一判断：是否有害？水银温度计里的水银外泄会对环境造成现实危害或者潜在危害，因此，属于有害垃圾。

2.瓜子属于什么垃圾？

第一判断：是否有害？瓜子无毒害，因此不属于有害垃圾。

第二判断：是否易腐？瓜子易粉碎，在自然环境中易腐可分解，因此属于湿垃圾。

3. 碎玻璃属于什么垃圾？

第一判断：是否有害？碎玻璃无毒害，因此不属于有害垃圾。

第二判断：是否易腐？碎玻璃在自然环境中不易腐不可分解，因此不属于湿垃圾。

第三判断：是否可回收？碎玻璃可回收再生，可循环利用，因此，属于可回收物。

4. 胶水属于什么垃圾？

第一判断：是否有害？胶水无毒害，因此不属于有害垃圾。

第二判断：是否易腐？胶水是复杂的精细化学品，不易腐不可分解，因此不属于湿垃圾。

第三判断：是否可回收？废胶水不可回收利用，因此，不属于可回收物。

所以，胶水属于干垃圾。

5. 废纸尿裤、湿纸巾分别属于什么垃圾？

废纸尿裤无毒害，在自然环境中不易腐不可分解，不可回收利用，所以属于干垃圾。

湿纸巾无毒害，在自然环境中不易腐不可分解，不可回收利用，所以属于干垃圾。

6. 卫生纸属于什么垃圾？

卫生纸无毒害，在自然环境中不易腐，并且卫生纸水溶性太强，不可回收利用，因此，不属于可回收物，所以属于干垃圾。

7. 鸡骨、小碎骨和大棒骨分别属于什么垃圾？

鸡骨、小碎骨的特征是无毒害、易腐（可自然分解），所以属于湿垃圾。

大棒骨的特征是无毒害、不易腐（难以自然分解）、不可回收利用，所以属于干垃圾。

8. 坏掉的核桃是什么垃圾？

核桃肉无害、易腐（是有机物），因此是湿垃圾。

核桃壳无害、不易腐、不可回收，因此是干垃圾。

9. 为什么都是壳子，螃蟹壳就是湿垃圾，而蛤蜊壳却是干垃圾？

螃蟹壳的特征是无毒害、易腐（易粉碎，可自然分解），所以是湿垃圾。

而蛤蜊壳的特征是无毒害、不易腐（不易粉碎，难以自然分解），不可回收利用，所以就是干垃圾。

类似地，同样是龙虾壳，大龙虾壳是干垃圾，小龙虾壳却是湿垃圾。

第二章

逻辑定义

定义是澄清概念和语言意义的方法。人们通过提供一个代号或公式来把被定义的词转换成其他易懂的用语，或者通过揭示该词所涉及的事物的特征（既包括此事物与同类事物的共有特征，也包括使之与其他种类事物区别开来的特征）来划定它的范围，这就是定义。

第一节　定义概论

定义可以用来澄清含糊不清的概念，使模糊的术语更明确。日常生活中，说话有逻辑性，就要把概念定义清楚。要想掌握"精确的语言"，首先就要掌握语词"精确的定义"，否则公说公有理，婆说婆有理，因为不是基于同一个定义。

一、定义的意义与作用

无论是在科学理论中，还是在日常思维中，定义都是一种普遍使用的逻辑方法，发挥着十分重要的作用。具体来说，定义的意义与作用有以下几点。

1. 认识作用

通过定义，人们能够把对事物的已有认识总结、巩固下来，作为后续的认识活动的基础。

例1：爱因斯坦提出相对论，凝结出许多新的概念，如"四维空间""同时性的相对性"等，要真正弄懂这些概念，就必须去学习、理解相对论本身。这几乎是一个普遍的现象：一个理论就是靠其核心概念来支撑的。

例2：万有引力定律是物体间相互作用的一条定律，1687年为牛顿所发现。自然界中任何两个物体都是相互吸引的，引力的大小跟这两个物体的质量乘积成正比，跟它们的距离的二次方成反比。

案例　苏格拉底法

苏格拉底在论辩中形成了具有自己特色的方法，一般称为"苏格拉底法"。"苏格拉底法"在教学上有其可取之处，它可以启发人的思想，使人主动地去分析、思考问题。他用辩证的方法证明真理是具体的，具有相对性。

苏格拉底法可以分为四个部分：讥讽、助产术、归纳和下定义。所谓"讥讽"，就是在谈话中让对方谈出自己对某一问题的看法，然后揭露出对方谈话中的矛盾，使对方承认自己对这一问题实际上一无所知。所谓"助产术"，就是用谈话法帮助对方把知识回忆起来，就像助产婆帮助产妇产出婴儿一样。所谓"归纳"，是通过问答使对方的认识能逐步排除事物的个别的特殊的东西，揭示出事物的本质的普遍的东西，从而得出事物的"定义"。这是一个从现象、个别到普遍、一般的过程。

道德是什么？

苏格拉底习惯到热闹的雅典市场上去发表演说和与人辩论问题。他同别人谈话、讨论问题时，往往采用一种与众不同的形式。

有一天，苏格拉底来到市场上。他一把拉住一个过路人说道："对不起！我有个问题弄不明白，向您请教。人人都说要做一个有道德的人，但道德究竟是什么？"

"忠厚诚实，不欺骗别人。"那人答道。

"但为什么和敌人作战时，我军将领却千方百计地去欺骗敌人呢？"苏格拉底继续问道。

那人马上解释道："欺骗敌人是符合道德的，但欺骗自己人就不道德了。"

苏格拉底反驳道："当我军被敌军包围时，为了鼓舞士气，将领就欺骗士兵说，援军已经到了，大家奋力拼杀突围，最后突围成功了。这种欺骗也不道德吗？"

那人说："那是战争中出于无奈才这样做的，日常生活中这样做是不道德的。"

苏格拉底又追问道："假如你儿子生病了，又不肯吃药，作为父亲，你欺骗他说，这不是药，而是一种很好吃的东西，这也不道德吗？"

那人只好承认："这种欺骗是符合道德的。"

苏格拉底并不满足，又问道："不骗人是道德的，骗人也可以是道德的。那就是说，道德不能用骗不骗人来说明。那究竟用什么来说明呢？还是请你告诉我吧！"

那人想了想，道："不知道道德就不能做到道德，知道了道德便能做到道德。"

苏格拉底这才满意地笑起来，拉着那个人的手说："您真是一个伟大的哲学家，您告诉了我关于道德的知识，使我弄明白一个长期困惑不解的问题，我衷心地感谢您！"

分析：这一典故说明要给事物下个确切的定义并不容易，虽然这一故事中并没有明确"道德"的定义，但排除了一些认识上的谬误，逼近了"道德"的本质。

2. 分析作用

通过定义，人们能够揭示一个词项、概念、命题的内涵和外延，从而明确它们的使用范围，进而弄清楚某个词项、概念、命题的使用是否合适。

例1：粒子对撞机是一种通过两束相向运动的粒子束对撞的方法提高粒子有效相互作用能量的实验装置。

例2：脑死亡被作为判定人是否死亡的一个重要证据。那么，什么是"脑死亡"？弄清楚这一点显然是非常关键的。哈佛大学医学院给出的定义是：脑死亡是整个中枢神经系统的全部死亡，包括脑干在内的整个人脑机能丧失的不可逆转的状态。具体标准是：①不可逆转的深度昏迷，对外界刺激无感应性，无反应性；②无自主呼吸和自主运动；③生理反射作用消失，对光无反应；④脑电图平坦。以上四项要在24小时内反复测试多次，结果无变化。

例3：如果一个儿童体重与身高的比值超过本地区80%的儿童的水平，就称其为肥胖儿。根据历年的调查结果，15年来，临江市肥胖儿的数量一直在稳定增长。那么，能否推出，临江市非肥胖儿的数量15年来是增长还是下降？

分析：上述肥胖儿的定义是，如果一个儿童体重与身高的比值超过本地区80%的儿童的水平，就称其为肥胖儿。这意味着，一个地区肥胖儿的比例始终占所有儿童的20%。而且以上断定，15年来，临江市肥胖儿的数量一直在稳定增长。因此，20%的儿童的数量在增加，也就是儿童的总数在增加，当然80%的儿童的数量也肯定增加，这就必然能推出，临江市非肥胖儿的数量15年来不断增长。

案例　男女平等

甲：男女天生有不同的性格和生理状况，要做到男女平等是没有可能的。

乙：无论是男人还是女人的生命，均同等价值，应受到同等的尊重，因此男女是平等的。

到底甲和乙的意见是否真的有冲突呢？我们可以应用定义，把"平等"的两个意思分开。

"平等"的其中一个意思，是指拥有相同的性情或身体特征。从这个意义来看，男女平等确实是没有可能的。

但"平等"的另一个意思，是指拥有相同的基本权利，如生存的权利、宗教信仰自由等。

甲用"平等"一词时是第一个意思，而乙则是用了第二个意思，那么他们的意见并无矛盾。

3. 解释作用

通过定义，人们对事物的特征、事理加以具体的解释说明，使说明更通俗易懂。

例1：电位即电势，是衡量电荷在电路中某点所具有能量的物理量。在数值上，电路中某点的电位，等于正电荷在该点所具有的能量与电荷所带电荷量的比。电位是相对的，电路中某点电位的大小，与参考点（即零电位点）的选择有关，这就和地球上某点的高度，与起点选择有关。电位是电能的强度因素，它的单位是伏特。

例2：本体指天地万物的内在基础，在天地形成之后，作为天地基础的本体并不消失，而继续作为天地万物的内在依据永恒存在着。

例3：社会生活噪声是指人为活动所产生的除工业噪声、建筑施工噪声和交通噪声之外的干扰周围生活环境的声音。

下列属于社会生活噪声的是哪项？

Ⅰ.一个月以来新邮政大楼施工声。

Ⅱ.火车鸣笛划过夜空的声音。

Ⅲ.楼上小李夫妇在中午下班后因争执发生的摔砸声。

分析：Ⅰ属于建筑施工噪声。Ⅱ属于交通噪声。只有Ⅲ符合定义，属于社会生活噪声。

定义的解释作用在法律中应用广泛，法律语言是一种自然语言，自然语言的模糊性决定了法律语言的模糊性。某一法律规范的条件是否得到满足常常并不清楚明了，如"数额较大""情节严重"等一些典型的模糊性术语。在《中华人民共和国刑法》中，仅"情节严重"就出现了124次，"数额较大"出现了37次。然而，什么是"情节严重"呢？刑法没有也不可能作出具体规定，只能根据具体案情委托法官去判断。这里问题就产生了：对于同一案件，如果由不同的法官去审理的话，就可能得出不同的甚至截然相反的结论。因为人的主观判断不可能完全一致，有的法官认为已经达到"情节严重"，而其他的法官则完全可能有相反的意见。尽管司法解释在一定程度上可以弥补立法上的不足，但是司法解释毕竟不能也不可能涵盖所有情况，因为司法解释本身所使用的语言有时就是模糊的。但法律具有开放性，法律总是处于不断修订和完善之中。

 案例 公园睡觉

在某个城市有这样一条法规："任何人都不得在城市公园里睡觉。"在第一个案件中，一位绅士被发现在午夜的时候，直立于公园的长椅上——他的下巴搭在胸前，闭着眼睛，同时鼾声可闻。在第二个案件中，一个蓬头垢面的流浪汉被发现在午夜的时候躺在同一条椅子上——头下枕着枕头，身上有一张报纸像毯子一样盖着。但是，该流浪汉患有失眠症。根据上述规则，他们两个人皆被逮捕并送交法院。谁将被判罪？这取决于法律对"睡觉"的解释。

4. 交流作用

通过定义，人们在理性的交谈、对话、写作、阅读中，对于所使用的词项、概念、命题能够有一个共同的理解，从而避免因误解、误读而产生的无谓争论，大大提高成功交际的可能性。

 案例 什么是牛奶

两个人在饭店里，其中一个是盲人。

"您想喝杯牛奶吗？"不是盲人的那一个问道。

"什么是牛奶？"盲人问。

"是一种白色的液体。"

"懂了。那么白色是什么呢？"

"嗯——例如天鹅就是白色的。"

"什么是天鹅呢?"

"天鹅? 就是那脖子又长又弯的鸟。"

"弯是什么意思?"

"我把我的胳膊弯起来,你来摸摸,就知道什么是弯了。"

盲人小心地摸着他向上弯曲的胳膊,然后兴奋地喊道:"我现在知道什么是牛奶了!"

分析:这则笑话反映了不能正确定义,所带来的交流上的障碍。

定义对于解决语言上的争执非常有用。日常交流中的分歧有时候是真正立场上的分歧,有时候则是情感态度上的分歧,但也有时候实际上没有分歧,只是由于误解而造成了分歧。这点虽然看起来简单,但却是辩论台上大多数争执发生的原因。因此,你首先应该给争辩下一个定义,然后再想想你下的定义完整吗,和别人一样吗。而如果争辩的概念都有这么多分歧,那你又要如何去确信裁判、观众或对方辩友会与你采取同一概念呢? 而如果他们连概念都与你不同,那你所谓的"说服"又从何而来呢?

案例 "停下来"与"慢下来"

有位来自美国纽约的资深律师在美国南部一个小镇上误闯了停车线,一位警察拦住了他,示意他马上靠边停车,出示驾驶证。这位律师认为自己受过的高等教育绝对高过这个南部警察,智商也肯定在其之上,于是便装出一副很疑惑的样子问:"为什么?""刚才你在停车线没有把车完全停下来,闯过了停车线。""但我的确把车慢下来了。""你必须把车完全停下来,这就是法律。"但律师还要争辩:"这有什么不同吗? 如果你能告诉我'停下来'和'慢下来'这两个概念在法律意义上的区别,我才会交出我的驾驶证,否则你就得让我离开。""好吧,请你下车,我来告诉你。"当律师刚一出车,这位警察抢起警棍就打律师,一边打一边问:"你是让我停下来,还是慢下来呢?"

分析:在这个言语交际过程中,律师的要求就是让警察对"停下来"和"慢下来"分别作出解释,即给出定义,而警察也以自己的行为语言给出了言简意赅的解释。

二、定义的结构与规则

定义就是以简短的形式揭示语词、概念、命题的内涵和外延，使人们明确它们的意义及其使用范围的逻辑方法。

例1：原子指化学反应不可再分的基本微粒，原子在化学反应中不可分割，但在物理状态中可以分割。原子由原子核和绕核运动的电子组成。

例2：太阳风，是太阳外层大气（日冕）因高温膨胀不断向外抛射出的稳定的粒子流。1958年，美国物理学家柏克把这种粒子流定名为"太阳风"。

（一）定义的一般结构

定义的一般结构是：被定义项X具有与定义项Y相同的意义。

例如："组成分子的所有原子的原子量的总和"和"分子量"是相同的意义。

这种相同的意义也意味着，定义项和被定义项指的是完全相同的对象。定义就是用更易于理解的概念来替换另一个概念。

定义包括三个部分：被定义项、定义项和定义联项。

D_S 就是 D_P

被定义项   联项   定义项

被定义项就是在定义中被解释和说明的语词、概念或命题。内涵定义的被定义项，即被揭示内涵的概念，在陈述句中一般是主语。

定义项就是用来解释、说明被定义项的语词、概念或命题。定义项用来揭示被定义项的概念，在陈述句中一般是宾语。

定义联项是连接被定义项和定义项的语词，例如"是""就是""是指""当且仅当"等。定义联项联结被定义项与定义项的概念，在陈述句中一般是谓语。

根据定义，定义项是与被定义项具有相同意义的另一种符号或符号串。我们已经看到，在推理中，定义的主要用途是消除歧义。

例1：量子是能表现出某物质或物理量特性的最小单元。

例2：大爆炸宇宙论是现代宇宙学中最有影响的一种学说。它的主要观点是认为宇宙曾有一段从热到冷的演化史。在这个时期里，宇宙体系在不断地膨胀，使物质密度从密到稀地演化，如同一次规模巨大的爆炸。

 案例 温度到底是什么

近代之前，人们可以直观地感受到物质的冷热，但对温度的本质却并不了解。

虽然人们不知道温度到底是什么，但科学家很早就知道物体的热胀冷缩现象。利用这一点，人们很早就发明了温度计，利用液体不同体积和其温度的对应关系，来测量温度。

为了描述温度的高低，人们发明了不同的温标。例如摄氏温标（℃）规定，水的凝固点是0℃，沸点是100℃，将其中的温度差平均分为100份，每份就是1℃。

而华氏温标（℉）规定，水的凝固点是32℉，沸点是212℉，其中的温度差平均分为180份，每份就是1℉。

直到近代，物理学家才了解到物质都是由小微粒组成的，而且这些小微粒都在不停地做着无规则的运动。人们发现，越热的物体，其中的小微粒的运动也越快，而越冷的物体，其中的小微粒的运动就越慢。（其实准确地说，热的物体其单独的某一分子运动并非一定比冷的物体快，只是整体平均来看，热的物体所有分子的"平均速度"比冷的物体的分子平均速度快。）

此时我们才真正理解温度的本质：温度是构成物体的微粒的平均运动速度的量度。（按定义来说，温度是构成物体的微粒的"平均动能"的量度，温度正比于这一平均动能，而动能正比于运动速度的平方。为了方便理解，此处简化为温度与微粒的运动速度相关。）

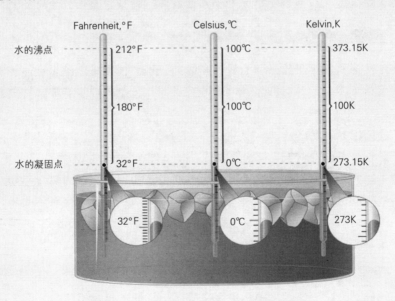

于是，人们就找到了一个真正意义上的温度的零点，也就是当微粒

的随机运动完全停止的时候，此时的温度就应当定义为零度。这就是我们通常所说的"绝对零度"（absolute zero）。

经过理论计算可以发现，这一绝对零度的数值约为-273.15℃。如果把摄氏温标中的零点位置向下挪动273.15℃，这样所有的温度就都是正数，这种温标也被称为开尔文温标（K）。

（二）定义的规则

定义的目的是通过揭示概念的内涵和外延，明确概念的适用范围，并因此判定该概念的某一次具体使用是否适当。

一个好的定义，或者说一个可以接受的定义，必须满足一定的条件或标准，遵守一定的规则。下面列出定义的基本规则：

1. 定义必须揭示被定义对象的区别性特征

定义应当揭示被定义项的规约内涵，即定义应当揭示种的本质属性，即定义应该陈述被定义项重要的和约定俗成的性质。为了做到特定的概念与特定的事物相配，该概念的定义就必须反映一类事物区别于其他事物的那些特性或特征，只有这样才不会在思维中造成混乱。

例1：水是一种透明的液体。

这一定义显然没有揭示水区别于其他液体的特征，不是一个好的或可以接受的定义。

例2：千里马是善于奔跑的马。

这个定义不能把千里马与一般的马区别开来。根据古文献记载，千里马不仅有速度的要求，而且有形体、风度的表现，并且更多地喻指那些特别有才能的人才。

下面给出好的定义：

千里马，原指特别善于奔跑的骏马；喻指有特殊才能的人才。

既然事物本身具有几乎无穷多的属性，由于认识和实践的需要不同，这些属性中能够起区别作用的并不是唯一的，从不同的角度去看会有不同的起区别作用的属性。但不管怎样，定义必须揭示被定义对象的区别性特征，这一点却是确定无疑的。

2. 被定义项的外延和定义项的外延必须是全同关系

正确的定义，应该定义项和被定义项所指称的外延是相等的。定义项指谓的事物既不应当比被定义项指谓的事物多，也不应当比被定义项指谓的事物少。

否则，会犯"定义过窄"或"定义过宽"的逻辑错误。

（1）定义过窄

"定义过窄"是指定义项的外延小于被定义项的外延，即一个定义把本来属于被定义概念外延的对象排除在该概念的外延之外。

例1：古生物学是研究各个地质时代的动物形态、生活条件及其发展演变的科学。

上述定义过窄了，因为古生物学除了研究古动物之外，也研究古代植物、古代微生物。

例2：商品是通过货币交换的劳动产品。

上述定义过窄了，因为在人类社会发展的早期，或在当代某些不发达地区和角落，以物易物的"物"也是商品；或者通过给人家干某件活，来换取对方的某件物，这也是在进行商品交换。

例3：直系亲属是指和当事人具有直接血缘关系的人。

上述定义过窄了，具体来说，直系亲属是指和自己有直接血缘关系或婚姻关系的人，包括直系血亲和直系姻亲：①直系血亲是指彼此之间有直接血缘联系的亲属，包括己身所从出和从己身所出两部分血亲。己身所从出的血亲，即是生育己身的隔代血亲，如父母、祖父母等；从己身所出的血亲，即是己身生育的后代，如子女、孙子女等。值得注意的是，直系血亲除自然直系血亲外，还包括法律拟制的直系血亲，如养父母与养子女、养祖父母与养孙子女，有抚养关系的继父母与继子女等都是直系血亲。②直系姻亲即配偶的直系血亲，包括儿媳与公、婆，女婿与岳父、岳母。所以，直系亲属的范围包括配偶、父母(公婆、岳父母)、子女及其配偶、祖父母、外祖父母、孙子女(外孙子女)及其配偶、曾祖父母、曾外祖父母。

（2）定义过宽

"定义过宽"是指定义项的外延大于被定义项的外延，即一个定义把本来不属于被定义概念外延的对象也包括在该概念的外延之中。

例1：汽车是适用于街道或公路的自动车辆。

根据上述定义，摩托车、电动自行车似乎应归于"汽车"之列。

例2：哺乳动物是有肺部并要呼吸空气的脊椎动物。

上述定义过宽了，鸟类、爬行动物及大多数成熟的两栖动物也都属于哺乳动物了。

例3：平反是对处理错误的案件进行纠正。

分析：处理错误的案件包括重罪轻判、轻罪重判和无罪而判。对后两种案件进行纠正都可以叫作平反，而对于第一种进行纠正，即对原来重罪轻判的案件进行纠正不能叫作平反。可见，本例犯了"定义过宽"的逻辑错误。

案例　什么是人

相传古希腊时期，有人问当时的大哲学家苏格拉底："什么是人？"

苏格拉底说："人是有两条腿的动物。"

问话的人又指着一只鸡说："这是人吗？"

苏格拉底发现自己给"人"下的定义有问题，又补充说："人是有两条腿的而无羽毛的动物。"

问话的人又找来一只被拔去了羽毛的鸡说："那这就是人？"

苏格拉底无言以对。

分析：这个传说里苏格拉底对人下了一个过宽的定义，因此受到了别人的讥讽。

另有传说，当柏拉图在雅典学园的继承者最终决定把"人"定义为"无羽毛的两足动物"时，他们的批评者第欧根尼把一只鸡的毛拔光后，把它从墙上扔进了学园。一个无羽毛的两足动物出现在他们面前，但它肯定不是人，可见，这个定义依旧过宽了。

找到或构建适当的定义项，使之具有精确的正确宽窄度来说明被定义项，常常具有很大挑战性。

例如：如果"鸟"被定义为任何有翅膀的温血动物，那么这个定义就太宽了，因为那将包括蝙蝠，而蝙蝠不是鸟。而如果"鸟"被定义为任何长有羽毛能飞的温血动物，那么这个定义就太窄了，因为那将排除不能飞的企鹅、鸵鸟等。

3. 定义项中不得直接或间接包含被定义项

这是要求定义不能循环。定义的功能在于用更易于理解的概念或语词替换不好理解的概念或语词。如果定义是循环的，那么它就达不到解释被定义项的意义的目的。违反了这条规则将犯"同语反复"或"循环定义"的逻辑错误。

（1）同语反复

"同语反复"是逻辑学中的专用名词，是在定义项中直接地包含了被定义项。

如果被定义项本身出现在定义项之中，那么就只有已经理解被定义项的人才能理解定义项的意义，这就不是一个合适的定义。

例如：下述定义都犯了同语反复的错误。

- 一个赌博迷就是对赌博着迷的人。
- 形式主义者就是形式主义地观察和处理问题的人。
- 物理学就是研究物理的科学。
- 逻辑学是研究思维的逻辑规律的科学。

需要区别的是，"同语反复"是定义中的逻辑错误，而"同义反复"是语言中的一种修辞手法，就是用不同的词句重复同一个意思，同语表达的命题在任何情况下都为真值，具有特定的语用功能。同义反复可以用作定义和说明，比如同义词定义。说明的词语虽然和被说明的词同义，但因为可能更通俗，可以帮助人理解新词。比如："单身汉是没有结婚的成年男子。"

但是，当人们把同义反复的句子当作事实陈述（综合陈述）、当作因果陈述来推理、论证时，就会产生空洞的问题。

例如："为何鸦片使人睡觉？因为鸦片中有一种效力使人昏昏欲眠。"这"使人睡觉"和"使人昏昏欲眠"有什么区别？其实是一样的意思。这是在需要指出起因的地方把结果又说了一遍，它不是证明，也没有给人任何信息。

（2）循环定义

"循环定义"是指在用定义项去刻画、说明被定义项时，定义项本身又需要或依赖于被定义项来说明。

"循环定义"之所以不是合适的定义，是因为如果两个概念的定义相互循环，那就表明它们同样是难以理解的，因为一个语词自己定义自己，等于没有完成有助于理解的替换。循环定义的典型实例是一组定义连环相套，但没有通过定义揭示出自己的内涵。

例1：

原因是引起结果的事件；

结果就是原因引起的事件。

分析：用原因定义结果，用结果来定义原因，这就是循环定义。

例2：

甲：什么是生命？

乙：生命是有机体的新陈代谢。

甲：什么是有机体？

乙：有机体是有生命的个体。

分析：乙的回答犯了"循环定义"的逻辑错误，即为了定义"生命"要用到"有机体"，而定义"有机体"时又用到"生命"的概念。

例3：

甲：什么是逻辑学？

乙：逻辑学是研究思维形式结构的规律的科学。

甲：什么是思维形式结构的规律？

乙：思维形式结构的规律是逻辑规律。

分析：通过上述定义，我们还是没搞明白什么是逻辑学，什么是思维形式结构的规律。

例4：

人是有理性的动物。

理性是人区别于其他动物的高级神经活动。

高级神经活动是人的理性活动。

分析：通过这三个定义，我们既没有明白什么是人，也没有明白什么是理性和什么是高级神经活动，因为它们相互依赖，谁也说明不了谁。

4. 定义项中不得有含混的、晦涩的、歧义的词语

定义必须清楚确切，如果一个定义项中的词项是有歧义的或者是模糊的，这个定义就起不到揭示被定义项的内涵的作用。违反了这条规则将会犯"定义含糊不清"的错误。

当然，普遍的清楚和明白是困难的，定义的清楚确切也只是相对的。因为，第一，任何一个词项都有相对的模糊性，行内人清楚的词项对行外人就可能是模糊的。例如，对比特币等数字货币，不是对数字货币和区块链技术非常在行的人，都只可能是一种模糊的理解。第二，晦涩也是一种相对的东西，对业余者来说晦涩的词语对专业人员来说却可能是很熟悉的，对儿童晦涩的词语对大多数成年人来说却可能是合理清晰的。

但不管如何，人们应该在定义中使用尽可能最简单明晰的词语。在科学技术领域，概念清楚明白肯定是非常必要的，我们弄懂一个专业术语，既要其定义清楚明白，也需要专业的背景知识。对于人文科学和日常生活世界中的概念，更需要有清楚明白的定义，否则人们若不能理解这些概念，就不能进行有效的交流。

例1：一个晦涩定义的例子是萨缪尔·约翰森博士关于"网"这个词的著名定义："在交点之间有等距离空隙的任何栅格状的或交叉成X形的东西。"

例2："信任"的意思是真的相信。

这个定义就是有歧义的，因为包含了一个有两种可能含义的词。"真的相信"在这里的意思是"真诚的或真正的相信"还是"相信它是真的而不是假的"？两种意思在"信任"定义的上下文中似乎都可以。

英国哲学家斯宾塞给出了以下两个定义。

生命是内在关系对外在关系的不断适应。

进化就是物质以及伴随着运动的耗费这两者的整合，在这个整合过程中，物质从不确定的、不一致的同质性转化成为确定的、一致的异质性，而且，在这个整合过程中，那个仍在进行的运动经历了平行的转换。

这两个定义都很模糊，缺乏明晰性，让人感觉不知所云，人们很难从这个定义中知道"生命""进化"这两个概念究竟是什么含义。

5. 定义不能用比喻

排除定义的模糊歧义还要求在定义中不能使用比喻或者隐喻。违反了这条规则将会犯"用比喻下定义"的错误。

因为通过比喻不能指出概念的内涵，任何含有或者依赖比喻性语言的定义，都不可能是对被定义项的精确解释。这样通过比喻来对概念下定义，人们还是不能了解这些概念本身确切的内涵和外延，它们就是不合宜的定义。

例如：下面这些句子作为一般的句子，是好的句子，甚至含有深刻的意义，但这是修辞，作为定义却是糟糕的。

- 眼睛是心灵的窗户。
- 面包是生命的拐杖
- 建筑是凝固的音乐。
- 音乐是流动的建筑。
- 儿童是祖国的花朵。
- 书是人类进步的阶梯。
- 记忆像一条狗，躺在它怡然自得的地方。
- 爱情是一根魔杖，能把最无聊的生活点成黄金。
- 艺术是人类心灵中贮藏的蜜，聚集在苦难和艰苦生活的翅膀上。

在定义中使用比喻或隐喻可以表达关于被定义项用法的一些情感，可以是有趣的、生动的，但是却不能对被定义项的意义给出清楚解释。任何一个事物都可以比喻为任何一个其他的事物，但通过这样的比喻，却不能真正认识一个事物，或者弄清楚一个概念。

6. 定义尽量不用否定

定义在可以用肯定的地方就不应当用否定定义。除非必要，定义不能用否定形式或负概念。

给概念下定义是把一个概念的内涵和外延圈定在一定的范围之内，而不是把概念的意义排除在某个范围之外。把一个概念的意义排除在某个范围之外，一般来说，我们还是没有确定这个概念的意义。

定义是要说明一个概念具有什么意义，而不是要说明它没有什么意义。通过定义，我们是要弄明白一个事物本身是什么，而不是它不是什么。因为一个事物除了是它本身之外，不是世界上其他的一切事物，而这样的事物是列举不完的。

例1：将"长椅"定义为"一件既不是床也不是椅子的家具"来说明它的意义，就是一个完全失败的定义，因为还有其他很多种既不是床也不是椅子的家具，"长椅"这个词也不意指它们。

例2：下面是用否定作定义的一些不合适的例子。

- 圆是不方的几何图形。
- 平行四边形不是三角形。
- 商品不是为自己使用或消费而生产的劳动产品。
- 健康就是没有不良的自我感觉。
- 忠诚是你相信的某些不真实的东西。
- 矿物是一种非动物非蔬菜的物质。
- 哺乳动物是一种非爬行类动物、非两栖类动物以及非鸟类的动物。

案例　真理

德国哲学家黑格尔曾有一句名言：

真理不是口袋中现存的铸币。

它具有深刻的哲理，但不能作为"真理"的定义。黑格尔的意思是：真理不是唾手可得的，真理是一个过程，人们要真正学会、领悟一个真理，就必须以压缩的形式去重复人类认识和掌握这个真理的全过程。因此，他说：同一句格言，在一位初涉人世的小伙子嘴里说出来，与在一位饱经风霜的老人嘴里说出来，具有完全不同的内涵。

需要特别指出的是，一个相对肯定性的定义比一个相对否定性的定义更有信息含量，因而它是首选的。然而，有些概念本质上的意义就是否定的，对于这类概念，这个规则就是例外，它们只能用否定的方式来定义。

适合用否定的定义举例如下。

- "秃头"意指缺乏头发。
- "黑暗"意指缺乏光亮。
- "孤儿"这个词的意思是"没有父母的孩子"。
- "未婚妇女"一词被定义为"一个从未结过婚的年长妇女"。

7. 定义应该避免情感的用辞

情感用辞是指各种煽动受众情感的用法，包括讽刺和幽默以及任何其他种类的能影响看法的语言。

例如："有神论"意指相信天空中的那位伟大慈祥的圣诞老人。

上述用了情感的用辞，因此不是合适的定义。

案例 家庭的定义

目前关于家庭的定义，主要有三种类型：第一种是本原论，家庭是为法律道德所承认的两性结合；第二种是目的论，家庭是人类进行人口生产的一种社会组织形式；第三种是经济论，家庭是建立在生产和生活需要基础上的社会组织形式。

正常定义的家庭可以概括为：家庭是指以婚姻关系、血缘关系、收养关系为基础的小型社会单位，它具有独立的经济单元，以人本身的再生产为其基本职能。这是正常定义的家庭概念。

那么非正常定义的家庭呢？所谓非正常家庭是指为习俗或亚文化等所认可的，或社会结构为了运行的方便而接纳的、部分地具备正常定义家庭的某些性质或特征的家庭形式。目前，在世界范围内，存在着几种非正常定义的家庭，这几种家庭分别是同居家庭、同性恋家庭和单身家庭。

同居家庭是两个未经过法律承认的男女组成的社会单元，这种家庭同传统家庭相比，其婚姻关系是不被法律承认的或是不稳定的。但是，同居家庭仍然具有传统家庭的一些特点，比如说，它可能产生血缘关系，成员具有特殊的互助和亲切感，成员之间可以互相依赖，同社会保持一定关系并努力适应社会，具有独立的经济，具有家庭的基本职能等。而且，在这些同居家庭中，有一部分通过法律手续有可能转化为传统家庭。目前，我国已有相当一部分同居群体存在，他们完全过着传统家庭式的生活，所以很难找出理由把他们排除出家庭。

对于同性恋，这是一种很难给予判定的社会现象，由于他们中有些人公然模仿男女结婚的样子，举行结婚仪式，同时，又具备了家庭特点中具有独立的经济，成员之间具有特殊的互助和亲切感，成员之间相互依赖等特点，所以我们只能作为一种特殊的、不正常的社会现象暂时存放于非正常家庭中，而不能把它看作传统的正常家庭。目前，在西方同性恋被默认，并且有一些政府官员和社会学家也在替同性恋者说话。尽管如此，也只能看作一种非正常的社会现象。

至于单身家庭，这是在世界范围内存在的一种家庭形式，我之所以把它当作家庭看待，是因为，它虽然没有明显的婚姻关系、血缘关系，也就是说没有成员间的互相依赖（这些就是其非正常的部分），但是，它具有独立的经济单元，同社会保持着如同正常家庭一样的关系并努力适应于社会，更重要的是它已被人们的观念和文化所认可和接纳，所以，我认为，单身家庭一定程度上具有家庭的特点，不能排除在家庭之外。但是，鉴于它又具有特殊性，所以就作为非正常定义的家庭处理。目前，我国已有相当数量的单身家庭存在。

同性恋家庭、同居家庭、单身家庭这三种家庭形式，虽然在很大程度上与我们传统的家庭观念不相符合，但是，我们不能因此就否认其存在。既然它有些不正常，就暂且放入不正常之列，也许多少年以后，我们的观念会接受它，也许随着时代的潮流，它将被淘汰掉。

分析：可以从"核心家庭"和"非核心家庭"来考虑。

"核心家庭"定义为：由夫妇和受抚养的孩子所组成的群体。核心家庭的典型特征是"夫妇式的"，这个群体的巩固依赖于夫妇关系。

以这个核心家庭的定义为中心，可以将其他各种类型的"家庭"放在一个"非核心家庭"之中：单亲家庭、单身家庭、同居家庭、同性恋家庭。

非核心家庭缺少核心家庭的某个或某几个因素，但仍具备家庭的特点：共同生活、社会经济单元、住户等。

三、定义的评价与判断

定义是对于一种事物的本质特征或一个概念的内涵和外延所作的确切表述，是认识主体使用判断或命题的语言逻辑形式，是确定一个认识对象或事物在有关事物的综合分类系统中的位置和界限，使这个认识对象或事物从有关事物的综合分类系统中彰显出来的认识行为。

1. 定义评价

对定义的评价需要批判性思维，推理和论证的关键步骤往往就是定义的澄清或者再定义的过程。定义澄清之后原来的论证就改变了。可以通过对定义的思考和讨论，从而对问题的认识得到进一步深化。

案例　替富人说话

　　某经济学者指出如今社会上有仇富心理，这正是历史上中国穷的原因之一，所以他要"替富人说话，替穷人办事"。为此他遭到一些人的批评。记者访问他：

　　记者：但现在民众中有不少富人"为富不仁"的观点。

　　学者：我这里所说的富人不包括贪污盗窃、以权谋私、追求不义之财的那些人，而是指诚实致富，特别是兴办企业致富的企业家和创业者。我愿意为这样的富人说话，那些是寄生虫甚至害虫的不在此列。

　　通过澄清他的富人概念，是诚实致富的人，而不是那些"寄生虫甚至害虫"，学者愿意为这样的富人说话，看来是有道理的，他的批评者会少得多。然而，这样一来，原来说的社会的"仇富心理"指的是什么呢？有没有可能那些民众的"仇富"对象是"为富不仁"的富人，而不是这位学者要保卫的"诚实致富"的富人？所以，概念澄清之后，问题就转化了，他面临的任务，是要证明：他说的那种有危害的社会"仇富"倾向，仇视的是正当致富的人，而不是为富不仁者。

下面列出一些对定义进行深入思考的问题，以助于我们更加深刻地认识概念。

- 如何准确理解概念的定义？
- 定义的标准是什么？
- 定义是否揭示了种概念的区别性特征？

- 定义是否清晰、精确？
- 在对词语的解释中有无一定的约定俗成性？
- 如何通过语词解释判定不同概念之间的区别？
- 是否存在曲解概念？是否存在偷换或混淆概念？
- 定义是在何种语境下完成的？
- 如何发现和评价定义中的价值冲突？

案例　关于"学习"的巧辩

古希腊时期，智者尤苕谟斯和狄奥尼索德鲁曾用巧辩法击败了认为"学习者比不学习者更聪明"的人。他们首先把人分成聪明的和无知的两类，然后把学习者归为无知的人一类。下面是他们和一个孩子之间的对话：

"当你正在学习的时候，你的处境和你在不知道你在学习的东西之时的处境有区别吗？"

"没有。"

"当你在不知道这些东西的时候，你是聪明的吗？"

"根本不是。"

"那么，如果你没有智慧，你是无知的吗？"

"当然。"

"因此，在学习你不知道的东西时，你是在无知状态中从事学习的。"

这个孩子点头同意。

"因此，你看，学习的人是无知的，而不是聪明的。"

分析：上面这段对话显示出了古希腊智者巧辩术的几个特征：

1. 不适当的区分（如把人分为"聪明的"和"无知的"两类）；
2. 混淆概念（如把"不知道"混同为"不知道正在学习的东西"）；
3. 不适合的定义（如把"无知"笼统地定义为"不知道"）；
4. 在对话中通过提问方法逐步使对手接受自己预先设计的答案。

2.定义判断

定义判断是公务员等相关考试固定测试的一种题型，具体考查的是应试者运用标准进行判断的能力。在每一道定义判断题中，上文先给出一个概念的定义，然后再给出一组事件或行为的例子，要求应试者根据上文中给出的定义，从备选项中选出一个最为符合或最不符合该定义的典型事物或行为。其解析要点如下。

① 上文给出的这个定义假设是正确的，不容置疑的。

② 紧扣题目中给出的定义，尤其是定义中那些含有重要内涵的关键词。

③ 然后再阅读下面给出的事例选项，把选项依次和定义对照，判断选项是否符合定义的规定与要求。如果能够区分开哪些符合哪些不符合，则正确答案不难得到。

例1：根据学习在动机形成和发展中所起的作用，人的动机可分为原始动机和习得动机两种。原始动机是与生俱来的动机，它们是以人的本能需要为基础的，习得动机是指后天获得的各种动机，即经过学习产生和发展起来的各种动机。

根据以上陈述，以下哪项最可能属于原始动机？

Ⅰ.尊敬老人，孝敬父母。

Ⅱ.窈窕淑女，君子好逑。

Ⅲ.不入虎穴，焉得虎子。

分析：上文断定，原始动机是与生俱来的动机，它们是以人的本能需要为基础的。

"窈窕淑女，君子好逑"是与生俱来的，属于原始动机。其余两项说法都是后天获得的各种动机。

例2：如果一个用电单位的日均耗电量超过所在地区80%用电单位的水平，则称其为该地区的用电超标单位。近三年来，湖州地区的用电超标单位的数量逐年明显增加。

如果以上断定为真，并且湖州地区的非单位用电忽略不计，则以下哪些断定也必定为真？

Ⅰ.近三年来，湖州地区不超标的用电单位的数量逐年明显增加。

Ⅱ.近三年来，湖州地区日均耗电量逐年明显增加。

Ⅲ.今年湖州地区任一用电超标单位的日均耗电量都高于全地区的日均耗电量。

分析：由上文，湖州地区用电单位中，超标单位占20%，不超标单位占80%。又近三年来，湖州地区的用电超标单位的数量逐年明显增加，因此，显然可以得出结论：近三年来，湖州地区不超标的用电单位的数量逐年明显增加。所以Ⅰ一定为真。

Ⅱ不一定为真。因为由上文，一个单位是否为用电超标单位，不取决于自己的绝对用电量，而取决于和其他单位比较的相对用电量。因此，用电超标单位的数量的增加，并不一定导致实际用电量的增加。

Ⅲ不一定为真。例如，假设该地区共有10个用电单位，其中8个不超标单位分别日均耗电1个单位，2个超标单位中，一个日均耗电2个单位，另一个日均耗电30个单位。这个假设完全符合上文的条件，但日均耗电2个单位的超标单位，其日均耗电量并不高于全地区的日均耗电量（8+2+30）/10＝4个单位。

第二节　定义方法

逻辑学的现代定义理论有各种不同的分类体系，如果从是否保持一个概念的常规意义范围的角度出发，定义可分为告知性定义、扩展性定义、倾向性定义三大类型以及特殊性定义，每种类型又有具体细分的类型：

定义类型	细分类型
告知性定义（语词定义、词典定义）	外延定义：示例定义（穷举定义、列举定义）、实指定义（示范定义、直指定义）、准实指定义
	内涵定义：同义定义、操作定义、属加种差定义
扩展性定义	规定性定义（名义定义、约定性定义）、精确性定义（限定定义）、理论性定义
倾向性定义	说服定义、诱导定义
特殊性定义	语境定义、递归定义、修正性定义

定义的目的是消除歧义，或者是增加人的词汇量。下面详细论述上述各种类型的定义。

一、告知性定义

告知性定义，也叫语词定义、词典定义，是由词典来规定词项的意义，包括六种方法：

A. 外延方法：①示例定义，②实指定义，③准实指定义；

B. 内涵方法：④同义定义，⑤操作定义，⑥属加种差定义。

语词定义的对象是语词，常常涉及该语词的词源、意义、用法等，而不涉及该语词所代表、指称的事物和对象。如果被定义的概念不是一个新概念，而是有固定用法的概念，这种定义就是语词定义。

语词定义是由词典给出的独立和已知的意义。语词定义并不给一个被定义项某个到目前为止还没有的意义，而是给出被定义项已经具有的意义。因此语词定义是有真假的。

例如：以下就是对"乌托邦"下的一个语词定义。

乌托邦是一个希腊词，按照希腊文的意思，"乌"是没有，"托邦"是地方。乌托邦是一个没有的地方，是一种空想、虚构和童话。

对于语词定义需要注意的一点是，语言是在不断发展的，语词的意义是动态变化的，书面语言、文学语言、学术语言总是与活生生的生活语言存在差距。被某些学术贵族、精神贵族所接受的语词意义很可能是过时的，在词典中固定的语词意义当然也有这种过时的可能，原先标准的用法可能是不正规的，而原先不正规的意义反倒成了标准的意义。

因此我们用语词定义来消除歧义，一定要使用好的词典作为语词定义的依据。好的词典会伴随语言的演进而随时调整词典的内容，指出一个概念的哪一种意义是古代的，哪一种是现当代的，哪一种是过时的，哪一种是口语的，哪一种是书面语的。这样，我们对语词定义的使用才是有说服力的。当然，一个人在脱离字典的时候对语言的敏锐感觉，即所谓直觉把握语言的能力，在言语交际中所形成的语感能力，也是我们把握语词定义所需要的。

语词定义的典型是词典定义，也叫描述性定义或者报道定义，语言词典上的定义大多是这种类型，它是对被定义语词既有用法的报道或描述，被定义项并不是新词而是已具有固定的用法。

词典定义不能给予被定义项一个迄今还没有的意义，而是报告一个词在一种语言中已经具有的意义。词典中的定义全都是词典定义的实例，可以视它是否报告了一个词实际使用的方式而是真的或假的。由于词经常被用于不止一种方式，词典定义又具有消除歧义的目的，消除如这些意义彼此混淆就将发生的歧义。

例1：山脉，是指高出周围地区达到相当高度的大量的泥土和岩石。

由于词典定义的被定义项的确具有一个先在的和独立的意义，所以它或真或假，这取决于其意义是得到正确的还是错误的报道。有时，我们所谓的"词典定义"可以指"真实"定义，即它的被定义项确实具有独立意义。但是，定义是规定定义还是词典定义，却与被定义项是否指称某个"真实的"或存在的事物无关。

例2："独角兽"这个词的意思是一种像马的动物，但其额头上长着一只挺直犄角。

这无疑是一个"真实"或词典定义，并且是个正确定义，因为它的被定义项是个有着长期固定用法的词，准确指称了定义项所意味的事物。然而，在这种情况下，这个被定义项并不命名或代表任何存在物，因为本来就没有独角兽。

词汇的用法是一种统计问题，不可避免地要服从统计变化。因此，我们不可能总具体地给出一个词的"这个意义"，而是在大多时候对那个词的各种意义给出说明，这由它在实际话语和写作中的用法来决定。文学和学术词汇往往落后于活生生的语言增长，因此定义报道的意义仅仅是为某些学术贵族接受但可能过时的意义；一时的非权威用法随后不久就可能变成权威用法。词典定义一定不要忽视某种语言的大量使用者对概念的使用方式，否则，词典定义对实际用法将不真或不完全正确。

◆词典定义的规则：

（1）词典定义应该符合正确文法的标准

一个定义，像任何其他形式的表达式那样，应该文法上正确。

（2）词典定义应该指出定义项所属的语境

定义项的语境对被定义项的意义是非常重要的。当然，并不总是必须明白地提示语境，但是至少定义项的措辞应该显示语境。每当被定义项是在不同的语境中意指不同事物的词时，提示语境就是很重要的。

例3：胡：①古代泛称北方和西方的民族，如"胡人"；②古代称来自北方和西方民族的（东西），也泛指来自国外的（东西），如"胡琴""胡桃""胡椒"；③表示随意乱来，如"胡闹""胡说""胡写一气"；④姓。(《现代汉语词典》)

词源定义是词典定义或描述性定义的一种特殊类型，通过刻画某个词的来源、演变来说明该词的意义。在某种意义上，词源是一种重要的文化密码。对于有些学科如哲学、语言学、文化人类学来说，词源定义具有特别重要的意义。

案例　香格里拉

"香格里拉"一词，源于藏经中的香巴拉王国，在藏传佛教的发展史上，其一直作为"净土"的最高境界而被广泛提及。英国作家詹姆斯-希尔顿在小说《消失的地平线》（1933）中描述了有关香格里拉的故事，并由好莱坞于1944年拍成电影。香格里拉由此声名大噪，成为"伊甸园、理想国、世外桃源、乌托邦"的代名词。至于它究竟位于何处，久具争议。经国务院批准，云南省迪庆藏族自治州中甸县于2001年12月17日更名为香格里拉县，2002年5月5日举行了更名庆典。2014年，香格里拉撤县改市。

根据不同的标准，语词定义可以区分为不同的类型。依据一个概念具有外延和内涵这两个逻辑意义的特征，因此，要明确一个概念，既可以从内涵角度着手，也可以从外延角度着手，于是语词定义的方法可以分成两大类：外延的定义方法和内涵的定义方法。

（一）外延定义

外延定义方法就是通过确认一个被定义的普遍概念所应用到的对象集合来给一个概念下定义。通过列举一个概念的外延，也能够使人们获得对该概念的某种理解和认识，从而明确该概念的意义和适用范围。

用语词的外延定义来明确一个概念的意义，可以通过独自地或分组地给外延中的元素命名来做到这一点。通常，我们不能全部把它们指出来，只能指出一些具有代表性的样本。

1. 示例定义

在外延定义方法中，一个最明显而且最有效的方式是：通过给出一个概念所指称对象的实例，来给出这个概念的定义。这就是示例定义，就是给外延中的元素独自命名。

（1）示例定义的类型

这样的定义可能是部分的也可能是完全的，前者是不完全列举定义，后者是完全列举定义。

① 穷举定义。穷举定义也叫完全列举定义，如果一个概念所指的对象数目很少，或者其种类有限，则可以对它下穷举的外延定义，即列出外延中的所有元素。

例1："斯堪的纳维亚"的意思是丹麦、挪威、瑞典、芬兰、冰岛和法罗群岛。

例2：氧族元素是位于元素周期表上的ⅥA族元素，包含氧（O）、硫（S）、硒（Se）、碲（Te）、钋（Po）、铊（Lv）六种元素。

很显然，列举全部外延对象的方式只适于少数语词，因为大多数普遍概念的外延对象的数目是列举不尽的。因此，如果要使用列举定义的方法的话，一般地，总是对概念所指称对象进行部分列举。

② 列举定义。这里特指不完全列举定义，即没有列出外延中的所有元素。这种情况是属于一个概念的外延的对象数目很大，或者种类很多，无法穷尽地列举，于是就举出一些例证，以帮助人们获得关于该概念所指称的对象的一些了解。

例1："哲学家"的意思是，像苏格拉底、柏拉图、亚里士多德、笛卡儿、康德或黑格尔这样的人。

例2：中国的少数民族有藏族、维吾尔族、蒙古族、回族、壮族、土家族、苗族等。

例3：什么是自然语言？例如汉语、英语、俄语、德语、日语、西班牙语都是自然语言。

③ 子类定义。另一种示例定义叫子类定义，是按组（而不是独自地）给外延中的元素命名。子类定义也可以是部分的或完全的。我们可以设法换一种列举方式，即不是每次列举一例，而是列举一整组例子。使用这种方法，也就是通过子类来定义，有时可能做到完全列举。

例1："脊椎动物"定义为两栖动物、鸟类、鱼类、哺乳动物和爬行动物。

上述子类定义是完全列举。

例2："猫科动物"的意思是老虎、熊猫、狮子、豹子、美洲狮、猎豹、野猫、家猫，诸如此类。

上述子类定义是部分的，因为猫科动物的一些类（种类或类型）被省略了，如美洲豹和山猫。

（2）示例定义的局限性

虽然示例定义有时很好用，但它们也有自身的局限性：

① 外延可以完全列举出来的概念是极少的。

就大多数普遍概念来说，完全列举其外延都是不可能的。比如，要列举出"恒星"这个词所指谓的天文数字的对象，实际上是绝对不可能的。

这样，外延定义通常就要限定于所指谓对象的部分列举，这是个引起严重困难的局限。任何给定对象都具有许许多多性质，因而被包括在许许多多不同的普遍概念的外延之中。

例如：在定义"摩天大厦"这个词时，我们可以使用帝国大厦、克莱斯勒大厦和沃尔华斯大厦等明显的范例，但是，这三座大厦作为实例同样也完全可以作为概念"二十世纪的伟大建筑""曼哈顿的昂贵房地产"或"纽约城的地面标志物"的外延。然而，每个这些普遍概念都指谓其他概念不指谓的对象，因此通过使用部分列举，我们甚至不能在具有不同外延的概念之间做出区分。

② 有些概念不能通过外延来定义，因为它们的外延为空。

特别是我们所使用的有些语词并未指谓任何对象，因此这样一类语词不可能使用外延定义。"上帝""鬼神""未来世界"等语词，都是无法确定其外延对象的概念，但它们都毫无例外地具有意义。我们不能说这些概念是无意义的，我们对这些概念都有自己的理解，并且可以用这些概念进行有效的交流。这些概念的定义也就十分必要，但对它们使用外延定义显然是不可能的，只能从其内涵角度来加以理解。

例如："独角兽"的意思是一种前额中间长着一个长且直的角的像马一样的生物。

因为独角兽是一种虚构的生物，所以概念"独角兽"的外延为空。这类概念不仅仅展示了外延定义的局限性，也显示出"意义"的确更适用于内涵而不是外延。虽然"独角兽"这个词的外延是空的，但肯定不是说它就是无意义的。的确，它不指谓任何事物，因为根本就没有独角兽；但是，如果"独角兽"这个概念毫无意义，那么说"不存在独角兽"也就是无意义的。所以，可以通过内涵定义的方法来明确其意义。

③ 外延定义不能把它与另一个指谓同样对象的概念区分开来。

以"等边三角形"和"等角三角形"为例，具有不同意义即不同内涵的两个概念可以具有恰好相同的外延。

④ 在论证和理性对话时，外延定义的作用通常是不足的。

通过列举定义，无论是完全列举还是部分列举，无论是列举类的个体元素还是列举子类，虽然都具有某些心理上的用处，但是要完全确定被定义项的意义，在逻辑上都是不充分的。

2. 实指定义

实指定义，也叫示范定义、直指定义，或者指示性定义，是外延定义方法的一种，是借助手势或者其他的非语言符号方式来说明一个概念的定义，即通过用手或其他姿势指着对象来定义，而不是通过命名或描述被定义概念指谓的对象来定义。

我们用手指着一台笔记本电脑，然后说，这就是笔记本电脑，这样以语言描述伴随着我们的手势，就构成了直指定义的一个例子。实指定义很可能是人们学习语词最初级、最原始的方法。儿童的看图识字应该是这种方法的一个延伸，我们掌握语言也许是从这种方法开始的。通过用手指着某一个对象，从而教会儿童去认识事物和使用语言。

例如：指着鼻子教孩子说"鼻子"，摸着耳朵教孩子说"耳朵"，拍着桌子教孩子说"桌子"。如果你正试图教外国人你自己的母语，而且你们双方对对方语言一个词都不懂，指示性定义就几乎无疑地是你将使用的方法之一。

实指定义既有前面所提到的各种局限性，也有其自身的某些特殊局限性：

① 所指着的东西究竟是什么，是异常不确定的。

例如：当我们用手指着桌子的时候，我们也同时在指着桌子的表面、桌子的腿、构成桌子的木料、桌子所在的那个位置、桌子上的器具……

② 地域局限：一个人只能指着看得见的东西。

我们用身体部位所指示的对象，常常只能是我们的视觉功能所能感觉到的对象，视力觉察不到的概念，无法使用这种定义方法。

例如：他不能在乡村来实指定义"摩天大厦"，也不能在内陆山谷中去实指定义"海洋"。

③ 感觉的不可靠性。

当然，有少数概念可以用身体的其他感觉加上相应的描述来说明。

例1：对于什么是交响乐，我们可以放一张交响乐的光盘来告诉别人，你听，这就是交响乐。

例2：对于什么是美味佳肴，我们可以拿出一盘菜让人品尝，然后说：这就是美味佳肴。对于什么是玫瑰型香味，也可以用同样的方式让人闻一闻。

但是这样的概念实在有限，而且，人们对同一对象的感觉并不一定是一致的。对美的感觉和对滋味的感觉会因人而异。因此，这样一种外延定义方法很难有可靠性。

④ 抽象的概念无法实指。

实指定义的对象毕竟是感觉把握的对象，对于抽象的语词，则无法实指定义。

例如：像"哲学""社会"这样的概念，无论你用什么身体姿势来作辅助说明，人们也无法知道这些概念有些什么意义。

⑤ 通过实指定义去学习语言之前，必须学会分辨手指和指着这个姿态的意义。

当我们用手指指向婴儿床沿时，如果那个婴儿的注意力被吸引，其注意力可能放到被指向的东西上，也可能放到我们的手指上。

例如：当我们用手指着某个东西的时候，我们同时也在显示该手指，该手指的形状，该手指的漂亮程度，该手指在空中所画的那个弧形，该手指在空间中的位置……

⑥ 姿势也有着不可避免的歧义。

指着一张桌子也是指着它的一部分，以及它的颜色、大小、形状、质料，等等，事实上，也就是指着位于桌子所在的方向上的所有东西，包括它后面的墙壁或者更远处的花园。

3. 准实指定义

准实指定义，也叫半直指定义，是在运用直指定义方法的同时还辅之以其他的说明方式来对概念下定义。

实指定义显然会产生模糊，我们指着一把椅子来说明椅子是什么，究竟是指的椅子的整体，还是椅子的颜色，或者是椅子的形状？没有一定的背景说明，这个直指的含义就是模糊的。因此，很少使用纯粹的直指定义的方式。而用得更普遍的是准实指定义，即在使用直指方式来说明某个概念的时候，辅之以其他的语言说明，为这个直指确定适当的范围。

例如："桌子"这个词意指"这件"家具（伴随以相应的姿势）。但是，因为这种附加假设了对"家具"这个短语的事先理解，就使实指定义的宗旨难以达到。

（二）内涵定义

内涵定义即揭示一个概念的内涵的定义，具体是这样一种方法，它通过确认一个被定义的普遍概念所涉及对象具有的性质，从而确定一个概念的定义。内涵定义是揭示概念内涵的逻辑方法，是通过简明的陈述解释某个概念具有什么含义。这样既可明确某个概念是什么意思，又可使这个概念与其他概念区别开来。通过定义，明确这个概念所反映的对象的特点和本质。

从前面的论述中可以看出，外延定义方法的适用范围是非常有限的，概念的外延只是一个概念的一部分意义，而且不是一个概念的意义理解中最重要的部分。我们常常可以用概念的内涵来确定该概念的外延。

例如：用"能够使用语言"的内涵来确定人的外延。但用外延对象来确定内涵却不是那么简单，对于"椅子"这个概念我们能了解其外延，但究竟什么是椅子的内涵，我们并不能简单地从我们知道椅子所指称的对象是什么而推出椅子概念的内涵是什么。

概念的内涵，由概念指谓的所有对象共有且仅为这些对象特有的属性构成。

例如：如果"椅子"的内涵由属性"单个座位并且有一个靠背"构成，那么就意味着每一张椅子都是具有靠背的单个座位，并且只有椅子才是具有靠背的单个座位。

一个概念的内涵，则是该概念所代表、指称的对象的特有属性或区别性特征，通过这些属性或特征，能够把这类（或这个）对象与其他对象区别开来。因此，对于定义理论，外延定义方法有一定作用，但是内涵定义方法才是关键。

人们实际上是怎样定义一个概念的呢？就是要识别概念的规约内涵，即这个概念的指谓对象为人们认同的共同与特有属性。在内涵定义方法中，可分为同义定义、操作定义和属加种差定义这三种方法。

1. 同义定义

同义定义就是给一个概念以内涵定义，使用的是给出另外一个概念的方法，这个概念的意义更为人所熟知和理解，并且和被定义的那个概念的意义是相同的。

最简单且最常用的方法就是提供另一个意义已经被理解的词，而且它与被定义的词具有相同的意义，两个具有相同意义的词被称作"同义词"，因此这种定义就被称作同义定义。

词典就主要依靠这种方法来定义概念。当需要解释另一种语言的词义时，同义定义特别有用，往往是不可或缺的。学习古代汉语，古汉语中的许多概念今天很少用，我们就用今天人们熟悉的概念来说明这些古代语词。人们学习外语词汇也要依赖于同义定义。

同义定义也有很大局限性：

首先，很多词汇并没有真正的同义词，很多语词是很难有对等的同义词的，对这样的概念我们就无法定义。

其次，同义定义常常不够完全精确并引入误解。当寻求的是一个理论定义或精确定义时，同义词是不可能满足要求的。

再次，今天这样一个全球文化交流频繁的社会，新的概念层出不穷，不同语种之间也很难有对应概念来定义这些新语词。

2. 操作定义

操作定义是通过一整套相关的操作程序或者操作标准的描述，来给被定义项下定义。

例如：X是酸类，如果将X与石蕊试纸接触，石蕊试纸就呈现出红色。

可见，操作定义实际上是一种实验定义的方法，定义的过程就是一个实验的操作过程。在操作定义中，仅仅涉及公共的可重复的操作。

操作定义的方法是由诺贝尔物理学奖获得者布里奇曼引入的，他在《现代物理学的逻辑》（1927）一书中首次使用这一术语。他认为：当且仅当在所讨论的情形下，一组特定的操作能够导致特定的结果，才能把被定义概念正确地用于该情形。之后，一些科学家就引进了这一方法。

例如：在爱因斯坦的相对论获得成功并被广泛接受之后，"空间"和"时间"就不能再按照牛顿所用的那种抽象方式来定义了。于是，有人提出操作定义它们，即以在测量距离和时间中所使用的操作方法来定义之。

由于在社会科学中，对一些重要术语的传统定义常常引起混淆和分歧，而这些混淆和分歧已经使一些关键术语的传统定义备受质疑。为避免不必要的质疑，有些社会科学家也试图把这种定义方法结合到他们的研究领域中。

例如： 心理学家只参照个体行为或可观察的反应，来给一些造成麻烦的术语如"心灵""知觉""意识"下操作定义，从而在研究者中间引入某种中性的、公共的标准，以替代原来的抽象定义。

再如： 有些心理学家已经寻求用仅仅涉及行为或者心理学的观察的操作定义；在心理学和其他社会科学中，操作定义的理论和实践常常与作为哲学学说的"行为主义"联系在一起。

操作定义是一个比较严格的定义方式，但它的适用范围也是有限的。一个普适性更强的定义方式，揭示概念约定俗成内涵的定义方式是属加种差定义。

3.属加种差定义

一般说，内涵定义在很大程度上优于外延定义，而实质定义（属加种差义）是最常见的内涵定义形式。

在不可用同义定义也不适合用操作定义的地方，我们通常可以使用属加种差定义来解释一个概念的规约内涵。这种方法也被称作划分定义、分析定义、属种定义，或者直接称作"内涵定义"。

属加种差定义可以非常简明并且常常是极其有用的，这种方法比任何其他方法都有更广泛的可应用性。这一构造定义的技术能应用于各种各样的情况，是消除歧义和模糊的最好方法之一。

（1）属加种差定义的方式

属加种差定义就是把一个指称一个属的词与一个或一组意涵一种种差的词组合起来，以便该组合确定指称该种的那个词项的意义。

先找出被定义词项的属词项，然后找出它与同一个属下的其他物种之间的区别，简称"种差"。属加种差定义的方式是：

被定义的概念 = 种差 + 邻近的属

属加种差定义很容易构造。只要选择一个比要定义的词项更一般的词项，然后把它变窄使它意指与要定义的词项相同的事物。

属和种是生物学上的概念，是生物分类"界、门、纲、目、科、属、种"系列中的最后两位。在逻辑中，属和种具有与生物学中略微不同的意义。在逻辑中，属只是意指一个相对较大的类，而种意指属的一个相对较小的子类。换句话说，属和种不过是相对的分类。

我们在定义的基本概念中，提到类和子类、属和种的概念，属加种差的定义方法就是建立在这些概念的基础之上的，属加种差定义是外延定义和内涵定义的综合应用。

例如：以下几个定义都可以看作是属加种差的实例：

· 商品是用来交换的劳动产品。

· 数学是研究现实世界中的空间形式和数量关系的科学。

· 质数就是任何大于1而且又仅能为它自己和1整除的自然数。

· 圆是在平面上绕一定点作等距离运动而形成的封闭曲线。

· 社会生物学是以生物学知识为手段，深入探索社会现象的一门科学。

· 彗星是围绕太阳运行的一种质量较小的天体。它的形状很像一把倒立的扫帚，民间俗称"扫帚星"。

通过属加种差来定义概念的可能性取决于有很多属性的复杂事实，即它们可以分析为两个或更多的其他属性。这种复杂性和可分析性可以依据类这个概念而得到最好的说明。

（2）属加种差定义的步骤

属加种差定义方法的被定义项由这样两部分构成：一个部分是该定义项的属，即定义项是这个属的子类；另一个部分是该定义项和这个属的种差，即属并不具有的性质。

可见，通过属加种差来定义一个概念，一般需要两个步骤：

第一步，必须找出一个属，即包括被定义的那个种的较大的类；

给一个词项进行属加种差的定义首先要找出这个词项的邻近的属，一个比被定义项更大的类，被定义的这个词项作为这个更大的类的种，或者是子类，包含在大类之中。即选择一个比被定义的词项更一般的词项，这个词项叫作属。

第二步，找出种差，即将被定义的那个种的元素与那个属的其他所有种的元素区分开来的性质。正是这个性质为被定义的词项所具有，而其上属的词项其他成员都不具有。即找出一个词或短语来识别同一属中相关的种和别的种不同的属性。

种（species）仅仅是属（genus）的真子类。这些术语在这里的使用不同于它们在生物学意义上的使用。

真子类是指，X类是另外一个Y类的子类，即X中的每一元素也是Y中的元素。

例如：牧羊犬这个类是犬类的子类。即X中的每一元素也是Y中的元素，并且Y拥有X所没有的元素。这样，牧羊犬类是犬类的真子类，但是牧羊犬类不是牧羊犬类的真子类。

种差（difference）（或具体差别）就是区分开同一个属当中某一种的元素与另一种的元素的属性。由于一个类就是具有某些共同特征事物的一个汇集，所以给定的属的所有元素都具有某些共同特征。一般地，一个给定的属的所有种的元素共享某些属性，这些共享属性使它们成为该属的元素；但是，任何一个种的元素都共享某些更进一步的属性，而这些属性将它们与该属的任何其他种的元素区分开来。那种用来区分它们的性质叫"种差"。

换种说法，如果两个词项的外延是类和子类的关系，也就是它们属于属和种之间的关系，种词项的外延包含在属词项的外延之中，但种词项的内涵则要多于属词项的内涵。由此，这两个具有子类和类之间关系的词项内涵的差别就可以描述为，种概念总有一个属概念所不具有的性质，这个性质就是种差。种差就是在一个属里区别各不相同的种的那个或那些属性，由于种差是区别那些种的东西，当一个属被一种种差限定的时候，就认定了一个种。

例1：人是有理性的动物。

这里，属是"动物"，"人"是其下的种，通过理性把人与其他所有的种区别开来。

例2：中国人是有中国血统的人。

上述"人"和"中国人"这两个词项，"中国人"被包含在"人"这个词项的外延之中，但"中国人"这个词项的内涵则要多于"人"这个词项的内涵。"中国人"具有"人"这个词项的所有性质，而"人"的全部外延则显然不具有"中国人"这个词项的所有性质。"有中国血统的"这个性质就可以说是"人"和"中国人"之间的种差。

例3：生产关系是指人们在生产过程中所发生的社会关系。

在上述给"生产关系"这个概念下定义时，"社会关系"是属概念，"人们在生产过程中所发生"这一性质，就是区别生产关系和一切其他社会关系的种差。

例4：怎么定义"民主"，我们先留意到民主是一种统治模式。当然，民主并非唯一的统治模式，独裁统治便是另一个例子。应用属加种差定义的第二步骤，便要找出民主体制与其他统治模式的分别。也许我们可以说，民主的特点是政府能够充分代表人民意愿。结合两部分，民主可界定为一个政府能够充分代表人民意愿的统治模式。

在很多情况下，种差是一个复杂的属性，需要许多词语去描述。下面再举些例子：

种	种差	属
哺乳动物	以分泌乳汁喂养初生后代的	脊椎动物
恐龙	一种中生代的拥有四肢和一个长长的尖端很细的尾巴的已绝种的	爬行动物

种	种差	属
核能	在核反应过程中，原子核结构发生变化所释放出来的	能量
质谱仪	分析各种元素的同位素并测量其质量及含量的	仪器
摩擦学	研究相对运动的作用表面间的摩擦、润滑和磨损，以及三者间相互关系的理论与应用的	学科

（3）属加种差定义的类型

属加种差定义有多种表现形式。这些不同表现形式从不同的认识需要和认识角度出发，把不同类的事物区别开来。

① 发生定义：从被定义词项所指称的事物的发生、来源方面揭示种差的定义形式。

例如：配位化合物，指由过渡金属的原子或离子与含有孤对电子的分子或离子通过配位键结合形成的化合物。

② 功用定义：以某种事物的特殊用途作为种差的定义形式。

例如：自整角机是利用自整步特性将转角变为交流电压或由交流电压变为转角的感应式微型电机。

③ 关系定义：以事物之间的特殊关系作为种差的定义。

例如：原子量，即原子的质量。科学家规定以一个碳原子（指碳−12）质量的十二分之一为标准，其他的原子质量同这一标准相对照得出相对质量，称为这个原子的原子量。

（4）属加种差定义的局限

属加种差定义可以满足构造定义的各种目的：它们可以帮助人们消除歧义、减少模糊、阐释理论，甚至影响态度，也可用于增加和丰富人们的词汇。

属加种差的定义是精确的，而且是非常有用的一种内涵定义方法。但是，这种定义方法也有其局限性，主要表现在以下两个方面：

一方面，这种方法仅能运用于那些暗含有复杂属性的词汇。当一个词项的性质不可分解时，当一个词项只有一个外延对象时，该词项就无法确定其种差，当然就无法对其作属加种差定义。如果是简单得不可再分析的属性，那么暗含这些属性的词汇就不能由属加种差来定义。有人提出，人们所感知的具体光谱段的颜色性质就是这种简单属性的范例。是否存在这样不可再分析的属性仍然是一个未解决的问题，但是如果这种属性存在，那就限制了属加种差定义的运用。

另一方面，当一个词项具有最高范畴性质时，也就是我们无法寻找一个词项的上属词项时，比如说哲学的那些最普遍、最一般的概念"存在""属性""性质""实体""本体""主体""客体""物质"等等，这些词都不能通过属加种差的方法来定义，因为它们本身就是最高的类或最高的属。

鉴于属加种差定义的局限性，我们还需要其他的一些定义形式。

4. 类比定义

类比定义就是通过比较的方式来给语词或概念下定义。在某种意义上说，这种方法也可以看作是属加种差定义方法的一个特殊形式。

一个类比是两个或者多个对象之间的比较，因为类比总是同类对象的比较，它们有相同的属，但又是不同的种。这种定义属于同类对象相同属性和不相同属性的比较。

例如："狼"的定义

我们可以把狼定义为：一种和狗相似但比狗大的动物。

也可以用这种方法来定义狼：狼和狗的相似恰如虎和猫的相似。

后一种类比定义方法是在前一种类比的基础上发展起来的，它似乎不是那么规范的定义方式，但是这种关系和关系之间的比较却是我们理解概念的内涵，理解概念和概念之间的微妙差别的一种合理的定义方式。

（三）内涵定义和外延定义的结合使用

内涵定义和外延定义常常合在一起使用。例如，先给出某个概念的一些或全部内涵，再列举该概念的一些或全部外延。

例如：人文科学是研究人类的信仰、情感、道德和美感等的各门科学的总称，包括语言学、文学、哲学、考古学、历史学等。

案例　太阳系

太阳系是指由太阳和在太阳强大引力的作用下环绕它运动的行星及其卫星、小行星、彗星以及行星际物质所构成的天体系统。太阳系的成员包括太阳系8大行星，2000多颗小行星，34颗卫星，还有彗星，以及为数众多的流星体和尘埃等。太阳系的年龄，一般认为大于46亿年。

二、扩展性定义

扩展性定义，也叫建议性定义，是给概念建议增加新的意义。扩展性定义因为扩展的范围各不相同，又可以分为若干子类，这些子类分别是规定性定义、精确性定义、理论性定义。

1. 规定性定义

规定性定义，也叫名义定义、约定性定义或者创造新语词的定义，是指我们对一个符号的意义的规定是通过自由指派而产生的。

在科学研究和日常交往中，为了保密、简便和实用，或者为了避免一些熟知词语往往带有的某些不相关意义的干扰，需要发明新词，或者使用"缩略语"，这都要求对该新词或缩略语的意义有所规定。

例1：黑洞，指引力完全崩溃的星体。

这个新术语是由普林斯顿大学的约翰·威勒博士在1067年于纽约召开的空间研究组织的一次会议上引进的。

例2：因特网，英语词"internet"的音译加意译，指通过软件程序把世界各地的计算机连接起来，以便于信息资源的共享。

告知性定义（语词定义）和规定性定义的重要区别是，规定性定义在给概念下定义之前，该概念是没有意义的，由于规定性定义的被定义项除了定义引进的意义外或在定义引进之前没有意义，所以其定义不存在真假。因此，这种定义不是作为一个陈述来看待的，它应该作为一个建议，或者看作是使用被定义项去意指由这个定义项所意味的东西。

规定性定义应当被视为运用被定义项去意指定义项所意味的东西的一个建议或方案，或者被视作那样做的一个请求或指令。在这种意义下，规定性定义就是指令性的而不是信息性的。建议可能会遭到抛弃，请求可能被拒绝，指令可能被违背，但是它们既非真也非假。

如果一个人引入了一个新符号，那么他就完全能够自由地规定这个新引入的符号的意义。这个新定义的概念本身并不需要是新出现的，它可能仅在某一个语境中是新的，定义就发生在这个语境中。

规定性定义引入的原因在于：

第一，出于简便的需要。在信息编码时可以使用"缩略语"，例如用"WHO"来表示世界卫生组织。

第二，出于保密的需要。规定性定义仅仅为信息的发送者和接收者或者行内人才能理解，如军事通信中的密码仅局内人可以读懂。

第三，出于表达的节约。表达的经济要求是信息能够用较少的符号来表达，比如在科学表述中，常常引入和定义新符号以表示那些原来需要一长串熟悉的词语去表达的意思，科学家由此而节约了写作研究报告和表述理论所需要的时间和空间。

第四，出于心理的意图。一些熟悉的语词往往因为有感情上的含义而会影响人们对它的理解，为此，科学家用规定性符号来表示这些有情感因素的概念，就免于产生一些联想。比如，在现代心理学中用"g因子"来表示与语词"智能"同样的意义，而免除其情感上的意义。另外，一个悦耳易记的名字会增加人们对科学的兴趣，比如"黑洞"这样的术语使科学语言不至于那么枯燥乏味。

第五，出于冲突的避免。因为规定性定义是指示性的而非信息性的，所以对信息性话语的澄清和降低语言的情感作用，好的规定性定义可以帮助避免毫无结果的言语冲突。

案例 "虎狮"和"狮虎"

规定性定义是第一次给一个词指派意义，这可以是生造一个新词，或者是给一个旧词以新的意义。规定性定义的目的通常是用一个比较简单的表达式替代比较复杂的表达式。对约定性定义的需要时常是由某新的现象或发展引起的。

多年前，某一动物园曾尝试让老虎和狮子异种交配。由于这两个物种的遗传基因类似，尝试成功了。子女产自一只公虎与一只母狮，以及一只公狮与一只母虎。子女出生了，就该给它们个名称。自然，可以使用名称"公虎与母狮的子女"和"公狮与母虎的子女"，但是这些名称未免不那么方便，于是选择名称"虎狮"和"狮虎"。"虎狮"被用来意指一只公老虎和一只母狮子的子女，而"狮虎"意指公狮子与母老虎的子女。这些意义的指派是通过规定性定义完成的。

2. 精确性定义

精确性定义也叫限定定义，目的是减少概念或语词的模糊性或含混性，具体指的是对一个已经有某种习惯用法的概念，在一个确定的范围之内给以确定的意义。

精确性定义既不同于规定性定义也不同于告知性定义（语词定义、词典定义）。规定性定义和告知性定义（语词定义、词典定义）的作用是减少歧义；精确性定义的作用则是减少模糊或含混，而模糊或含混是推理论证混乱的一个源泉。

模糊（或含混）与歧义是不同的。一个概念在给定语境中是歧义的，是指该概念在这个语境中使用的时候有不止一个意义，而这个语境又不能够使这个概念的意义明确；如果一个概念具有多个不同意义并且在特定语境中弄不清楚哪个是它要表述的意义，那么这个概念在该语境中便是歧义的。一个概念在给定语境中是模糊的，是指存在若干意义的边界线，我们不能够判定该概念应用它的哪一个意义；即如果存在"临界状况"，但人们不能确定概念是否适用于该状况，那么该概念便是模糊的。当然，一个概念可能既是歧义的又是模糊的，例如短语"正确生活"或"正确选择"就是如此。

① 如果存在不可能告诉我们它是否适用于它们的边界情况，那就是模糊（或含混）的。

例1：如果倡导立法给穷人以直接的财政资助，就必须提供一个限定定义来确切地细述谁是穷人谁不是。定义"穷人意指年收入小于4000美元而净资产小于20000美元"是精确性定义（限定定义）的一个例子。

例2：加州的一场审讯解决了一个醉酒骑自行车的男人是否违反车辆法规的问题。问题在于自行车能否被认为是"车辆"。法庭的判决是肯定的，其判决等于对已经存在的"车辆"一词的限定定义的增扩。

② 度量衡单位也是需要精确定义的，若将这些单位更为精确地定义出来，很多科学和世俗的利益都可以得到更好的维护。

例1："马力"长期用来表示电机的动力，但是当其定义过于模糊时，使用者便会受骗。"1马力"现在精确定义为"在1秒钟内提升550磅重物1英尺高所需要的能量"，即745.7瓦。

例2：量度距离的单位"米"，原先是个规定的定义，已经是够精确的了。但是，科学家要求它有更为精确的定义，现在"1米"就被更为精确地定义为：光在真空中1/299792458秒的时间间隔内所经过的距离。

上述对精确性定义的要求当然不会出现在日常普通的用法中，但相对精确的定义仍然是需要的，只要一个定义帮助我们解决了概念模糊的问题，判定了一个语词的意义界限，这样一种定义就是精确性定义。精确性定义既不同于规定性定义，也不同于语词性定义。它不同于规定性定义是因为，其被定义项并不是一个新概念，而是一个有固定用法又有一些模糊的概念。因此，我们给一个概念以精确性定义，不能自由地指派我们选择给被定义项的任意意义，我们必须保留原先定义的真。同时，我们也不能够仅给出一个简单的报告，必须让这个被定义项的模糊程度减少。

在某种程度上，任何一个概念都是模糊的。但是过分模糊所造成的困难不能忽视。日常用法没有足够的准确性，否则，概念就不会模糊了。临界状况的断定常常必须超越日常的语言范围，因而帮助解决临界状况问题的定义将超出普通用法表示的范围。

在赤道时，当地人会介绍赤道周长的数字：40076千米。

我首先开始想，赤道周长单位"千米"中的这个"米"是怎么定下来的呢？研究后发现，这个问题太有意思了。

原来最早是没有"米"这个度量单位的，后来人们跑到赤道上，用弧度仪去量出了赤道离北极的地表距离，再把这个长度的千万分之一，定义为"米"。

按定义，赤道到北极点的距离就是10000千米，是地球周长的四分之一，地球的周长就是40000千米了。

所以是先有了赤道到北极点的长度，才定义出了"米"，而不是先有了"米"再量出赤道，这个逻辑恰好相反。

至于为什么不是40000千米整呢？

这个就不难想了，地球不是标准的球体，赤道周长比北极点处的周长要稍微宽一点。

知道这个"米"的定义之后，你可以接着"刨根问底"：这样定义出来的"米"太不靠谱了吧。

万一地球稍微一转动，这个距离变宽或者变窄，这"米"不就变形了吗？

这个人太不严谨了吧。今天的"米"还是这么定义的吗？

研究后你会发现，"米"一开始虽是这么定义的，但后来人们觉得总得把这个距离固定下来。

于是人们做了一个叫"米原器"的铂金棒，不管地球怎么变，米原器的长度就是一米了。

但米原器也会受外界因素影响，比如热胀冷缩怎么办？

另外，微观世界，不能用"米"做单位，有没更好的办法？

人们接着想办法，找到了一种稳定的元素"氪"，然后把氪86同位素的辐射波长的1650763.73倍定义为1米。

用氪元素的波长来衡量，精确度可以达到0.001微米，相当于一根头发直径的十万分之一，已经相当精确了。

但是"氪"这个东西没那么容易取得啊，怎么办呢？

于是人们又找到了光。因为光速是恒定的。

于是人们就量出了光在真空中 1 秒钟所走的距离，然后把这个距离的 299792458 分之一定义为 1 米。

从此，"米"就变成"光秒"的一个子集了。

所以你看，一旦你刨根问底往下追，你就把"米"的定义跟历史都捋清楚了。

到这里就停了吗？你还能继续刨根问底。

比如，跟"米"相关的，中国有个度量单位"尺"，你有没想过，一米为什么等于三尺呢？

中国是在很久以前就用"尺"这个单位，哪有这么凑巧，直接等于欧洲定出来的一米的三分之一呢？

肯定是其中一个单位去凑了另外一个单位。

那是谁凑了谁呢？你就要刨根问底了。

原来大概在 1930 年，南京国民政府为了跟国际接轨统一了度量衡，把一米等于三尺。在此之前，"尺"的长度是不确定的，西汉时，约等于 0.231 米。

宋朝时，相当于 0.307 米，接近三分之一，所以 1930 年的时候才取了个近似的数字：1/3。

同样的道理，你又可以想到一个问题，公斤是不是也这样呢？

一公斤现在等于两市斤，也是 1930 年国民政府定的。

那在此之前是用什么单位呢？在此之前，人们用的计重单位叫"司马斤"，约等于今天的 600 克，而且是 16 进制，即一司马斤等于十六两。

是不是恍然大悟？"半斤八两"这个词就是这么来的。

今天，香港还用着司马斤的计重方式，你去那买一两黄金，回来一称，不对啊，怎么短斤少两了？其实人家没有缺斤少两。

大陆一两等于 50 克，而香港大概 37.5 克。

如果你觉得不公平，你去买香港"一斤"鱼试试。买回来一称，这个鱼会是 600 克，一斤二两，主要就是计重单位"斤"的定义是不同的。

（摘自《刘润：我的人生算法之"逻辑思维"》）

③ 精确性定义在一个法治社会中的重要性是非常明显的。

公民必须理解法律中使用的词汇是什么意义，既要理解它包含的意义也要理解它排除的意义，以便遵守法律。法律中的关键概念一般都是使用精确性定义，如果法律条文中的关键概念是模糊的，人们就很难知道如何来遵守法律，如何来确定自己的行为限度。

　　为了避免不可接受的模糊性，立法机关非常普遍地为新法律做一个称作"定义"的前言部分；在这个部分中，对法令中所运用的关键词语应怎样理解进行精确具体化。同样的做法也广泛地用于保险合同、劳动管理合同，其中用于标明协议条款的词语进行详细且精确的定义。

　　例如：美国宪法第四修正案禁止"不合理的搜查和扣押"，因此，由不合理扣押而取得的证据在法庭上一般是不被采用的。但是，什么是"扣押"呢？设想一个嫌疑人从警察身边撒腿逃跑时，扔了一包毒品，这包毒品随后被没收。那包毒品是被扣押的吗？为了解决这样的问题，美国高等法院就需要制定一个精确定义。"扣押"，他们解释说，必须是涉嫌使用某些控制运动的有形暴力，或者是涉嫌使用了令嫌疑人屈服的威权式强硬陈词，如命令站住。但是，只要嫌疑人继续奔跑，高等法院接着解释道，就不会发生扣押问题。因此，当嫌疑人从警察身边逃跑时，他扔的任何东西都不是不合理的扣押物，可以被采用为证据。

 案例　医学中的精确性定义

　　医学中对于关键概念的精确定义非常重要，是及时治疗与解决医学法律纠纷的依据所在。

　　案例一：严重的精神疾病

　　精神疾病治疗的设备和基金常常是供应短缺，在这样一种情况下，判定哪一类人最需要及时治疗就显得非常重要，这就要对概念"严重的精神疾病"作出精确的定义。1993年，当联邦精神健康服务中心要对哪种疾病处于其治疗范围给出一个相对精确的说明时，就有这种需要。

　　为此，"严重的精神疾病"精确定义为，必须包括"功能损伤"，其特征是，"在一种或更多的主要生活活动中，功能非常紊乱或作用有限"，主要生活活动包括"辅助性生活技能"，诸如"操持家务，管理钱财，说服公众和按方抓药"等等，也包括基本的日常生活技能，如"吃饭、洗澡和穿衣"，等等。

　　案例二：死亡时刻

　　之所以需要定义"死亡"，是因为只有被判定死去的人才可以捐出器官。在能实施心脏移植之前，捐赠人必须死了，否则外科医生将会被指控为谋杀。然而，如果捐赠人死了太长时间，则将危及移植的成功。可是一个人究竟什么时候算是死了呢？是心脏停止跳动的时候，是人停止呼吸的时候，是身体僵硬的时候，还是其他某个时候？此问题涉及概念"死亡时刻"的意义。

以往所使用的脑死亡的标准不明确，不好执行，因为人脑分为大脑和小脑两部分，大脑永久性受损并不表示小脑和脑髓体不能继续正常工作。因此，"死亡"需要有一个更精确的、易于判定和操作的定义。1983年，由美国总统委任的一个医学道德委员会发表了一份报告书，里面给出了死亡定义，后来被广为接受，作为判定死亡的标准。

任何人遇到以下情况之一，即死亡：Ⅰ.循环系统和呼吸系统的功能永久停顿；Ⅱ.整个脑部（包括脑髓体）所有功能永久停顿。

3. 理论性定义

理论性定义是指提出一种理论以给予该概念指派意义。如果我们意在对这个概念所应用的对象，构成一个理论上合宜的或者科学上有用的描述，那么，这种定义就是一个理论性定义。

科学家和哲学家要建立的是说明自然界和人文社会的理论体系，建立这种称为理论的东西，先要确定一些基本概念。当科学家或哲学家在其定义上互相发生争论时，所涉及的问题通常就不仅仅是精确或模糊，他们都在寻求全面的理解。科学和合理的理论是世界性的，是人类智慧的结晶。创造理论的智者往往要超越人们对语言的常规理解，在使用语言来说明某个理论的时候，给这个理论的基本概念以理论性定义。

案例 什么是"热"

"热"这个常用语词，物理学家给它下的定义，既有"热"这个语词的原创意义在内，在物理学热学中又肯定超越了它的常规意义。不同时期给出的"热"的理论性定义是不同的，因为不同时期所接受的关于热的理论是不同的。在"热"的定义上，物理学家之间的论战持续了几代人。在这种问题上，论战者都在寻求对争议主题发展一种融贯的理论说明，这种说明的一部分就将是对关键词语进行定义。他们会不断地追问：究竟什么是"热"？物理学家曾长期将"热"定义为一种难以察觉的无法衡量的流体，但他们现在将"热"定义为"意指与物质分子的随机运动相关的能"。这一定义暗示物质的分子加速使该物质的温度增高这一演绎后承。此外，它暗示若干实验——探究分子的速度与放射线现象、气体压力、分子的弹力和分子的结构之间的关系的实验。简言之，"热"的这个定义为关于热的一种完整的理论提供动力。

提出理论性定义对理论的接受是建设性的，而各种理论，正如这个名称所表明的，毫无例外都是可合理争论的。正像关于某种主题的知识和理论理解可以改进一样，一种理论性定义也可以为另一种理论性定义所取代。

理论性定义是使得语言丰富的一个重要源泉。"逻辑"这个语词，西方很早就有，中国的文字中原先是没有的，西方的科学理论传入中国，中国人就创立了一个和西方逻辑对应的中文语词——逻辑。西方人创造的逻辑学，含有希腊文"逻各斯"的原创意义，又有逻辑作为一门哲学理论的理论意义。人文学科概念的理论意义也要超越我们对它的常规理解。

柏拉图的《国家篇》中就详细讲述了苏格拉底与特拉西马库斯在"正义"的定义上的论战。那些对理论性定义有争议的学者，其目的远远超出了对词语的关心。苏格拉底并不是在寻找人们怎样使用词语"正义"或"虔敬"的报道，他的目标宏大，正像当今哲学家们和科学家们在他们的研究领域中所追求的那样，他追求的是一种理论，这种理论可以把那些重要词语的定义阐释得完整而充分。当今哪个国家称得上"民主"？获得健康关爱是一种"权利"吗？当我们争论这样的话题时，烦扰我们的就不仅仅是一个言语问题了。我们也在寻求理论定义；我们在构建理论，构建政治的、科学的或者伦理的理论，由此可使我们对相关问题的理解获得提高。

案例 "艾滋病"的定义

生物和医学领域的理论性定义的完善与理论的改良密切相关。怎样定义我们所谓的"艾滋病"呢？几乎所有感染了人体免疫缺乏症病毒的人最终都死于致命的感染，他们通常被称作患了"艾滋病"（自身免疫缺乏综合征）。但是，由于重要的实践原因，考虑到患者的利益和其他权益，我们需要知道，在那些感染HIV的人中，谁实际上被视作患了"艾滋病"。更进一步讲，我们需要了解HIV的感染特征和症状，所有这些，我们都需要一个这种感染所导致疾病的良好理论性定义。

从1987年到1992年，很多人仅仅是患有某种机会性感染或其他情况，之后，他们就被断言患了艾滋病。但是1992年，美国联邦疾病控制和防治中心的科学家们修订了这种可怕疾病的已有理论解说，以如下方式来定义艾滋病：如果不仅表现为（甚至还没有表现出来）机会性感染，而且免疫系统已经恶化到一个明确规定的程度，那么，就是患了艾滋病。某种被称作CD-4的人体细胞，是免疫系统的关键成分；CD-4细胞是逐渐遭受HIV破坏的。健康人每立方毫米血液中大约有1000个CD-4细胞。根据修订的艾滋病的理论性定义，当CD-4细胞的数量降低到200个或以下时，HIV感染者就是患了艾滋病。这种变化（以及对其他某些艾滋病症状的鉴别）导致了1993年报告的艾滋病新病例数目一时激增。更为重要的是，这个修订的定义已经证明在理解这种致命疾病的发展中非常有用；在某些地区，这种疾病已经达到流行病的比例；现在，这个定义也已经被社会安全局以及疾病控制和防治中心正式采用了。

理论性定义既不同于规定性定义，也不同于精确性定义。规定性定义的作用主要在于方便、保密和经济，精确性定义的作用主要在于便于操作、减少模糊。理论性定义的作用则不是那么实际，它超越了实际生活的需要，间接地为我们的实际生活服务。我们给一个概念以理论性定义是建立一个理论系统的需要，是不断地提升我们对这个世界的理解的需要。

三、倾向性定义

倾向性定义是指给概念以感情色彩、派别色彩、说服色彩，在定义中就带有某种倾向性，它的作用在于影响人的感情，从而改变人的信仰、态度和行为。

倾向性定义可以作为定义的一个另类来看待，因为一般而言，概念作为我们进行理性思维的工具，它应该是中性的，不带感情色彩的。但是倾向性定义的功能恰恰是要影响人的感情。煽情是论辩、演说、竞选等公共活动中赢得胜利、谋求观众认同、获得选民选票的手段，这种手段表现在定义中，就是给概念以倾向性定义。

这样一类定义明显是带有倾向性的。当说话者这样表述其定义的时候，就在表明他的立场。如果一个语词是用倾向性定义来说明，并作为一个理论体系中的基本概念，那么这个理论的学理性就是值得怀疑的，我们就需要对这样的理论保持一点警惕。

1. 说服定义

说服定义是指这样的定义，可能被精确构造出来并用来说服他人，即通过影响读者或听者的态度或者激发他们的情感以解决争论。

 案例　堕胎之争

很多年前，夏威夷州立法院的一位工作人员向外分发的一封关于堕胎话题的信，就例证了说服定义的威力。这封信被诙谐地推荐为"对选民关于堕胎问题来信的通用回复"，全文如下。

亲爱的先生：

您问我对堕胎问题持何立场，那就让我坦率而明确地来回答您吧。

如果"堕胎"是指谋杀毫无自卫能力的人，剥夺我们最年幼的公民的权利，鼓吹我们无知的青少年滥交，反对自由生存和幸福的；那么，我向各位保证，我永远坚决反对堕胎。愿上帝帮助我。

但是，如"堕胎"指的是给予我们的公民平等的权利而不论他们的肤色、性别和种族，取消残害无助妇女的坏制度，使青年都有机会得到爱护，以及给予公民天赋全力去以良知来行事；那么，身为一个爱国和有人道精神的人，我向各位保证，我永远都替你们争取这些基本的权利，绝不放弃。

感谢您询问我在这个紧要问题上的观点，让我再一次向您保证我的坚定立场。

谢谢您，再见！

上述堕胎之争类似以下一个经典案例。

罗伊（Jane Roe）遭强奸而怀孕，而得克萨斯州法律禁止堕胎，她又付不起钱到那些可以合法堕胎的州进行手术，故不得不生下孩子交不知身份的人收养。

罗伊告到美国联邦最高法院，罗伊认为，根据宪法（未经正当法律程序不得剥夺任何人的自由），她有隐私权以及自由处理自己身体事务的权利，得州刑法（堕胎为刑事犯罪）剥夺了她的选择权，因而违反了美国联邦宪法。被告得州政府辩称：宪法所称之"人"包括胎儿，剥夺胎儿生命为法律所禁止之行为。得克萨斯州的法庭判决罗伊败诉，案件上诉到美国联邦最高法院。

最高法院法官需要判明以下问题：其一，按照美国宪法第14条修正案，未经正当程序而不可剥夺的"个人自由"是否包括"妇女堕胎的自由"，以及未经正当程序不可剥夺的"个人生命"是否包含"胎儿生命"？其二，一旦发现上述两种权利的保护发生冲突，要判断哪一种权利的保护更为必要与正当？这就涉及法律的发现或获取问题。

1973年，美国最高法院第一次介入对堕胎案的裁决，通过了维护妇女权益的"罗伊"堕胎法（在此之前，堕胎与婚姻等事项均属州政府管辖范围）。这是在美国历史上具有标志性的胜利。经过了几十年的争论和质疑，最高法院终于裁定，妇女堕胎时无需征得配偶的同意，她们的自主堕胎权受宪法保护。

分析：上述案件其中一方将其姿态描述为"赞同已婚或未婚妇女选择是否继续受孕或流产"，而另一方则将其姿态描述为"主张保护胎儿权利"，很明显双方都是积极表述。如果一方描述自己支持堕胎，意味着他们支持结束一个未出生的生命，那么听起来就很糟。如果另一方把自己描述成反对堕胎，或许在某种程度上意味着他们正在强制约束某人做想做之事的自由，这听起来甚至更糟。因而，双方都会选择术语来设计争论，他们用一些积极术语来突出某事，使之听起来好听一些。

与这种想要给自己观点"穿上"积极表述的持续趋势有关的问题是：争论参与者提出一个具有说服力的定义，这个定义有一个有利于己方的表述。例如，主张保护胎儿权利的一方可以把堕胎定义为在杀死婴儿，而赞同已婚或未婚妇女选择是否继续受孕或流产的一方则可以把堕胎定义为妇女实施移除无用包袱的自由。这种定义冲突可以引发许多问题。首先，如果双方使用术语"堕胎"是指不同的意义，那么如何解决关于堕胎应该被允许与否或在什么情况下允许与否的分歧呢？答案是他们不能。定义的不一致阻碍了对堕胎对错的伦理讨论进程。

摘自《法律逻辑的理论与实践》

说服定义在政治辩论中是常见的。在这些定义中，情感语言的操纵意图是明显的。但是，操纵也可以是微妙的；情感色彩可以被偷偷地注入一个定义语言里，而这个定义却是伪称准确并表面上显得客观的。

2. 诱导定义

诱导定义是指这样的定义，目的是产生对被定义项所指称的事物持赞许的或者否定的态度。这个目的是这样达成的：给一个词指派一种充满感情的或者承载价值的意义，而且使该词看起来真的具有（或者应该具有）在它被用于其中的语言中的那种意义。

这里是诱导定义的某些双双对立的例子：

例1："征税"意指借以保存和维持我们的公共财富的手段。

"征税"意指官僚们用来剥削选举出他们的人民的手段。

例2："资本主义"意指个人在其中得到神授的自由以拥有财产和从事他们选择的生意的经济体系。

"资本主义"意指在其中人性为恣意追求钱财而被牺牲，而相互理解和尊敬让位于疏远、贪欲和自私的经济体系。

诱导定义的目的是影响读者或听者的态度；故而，这样的定义在政治演说和编辑专栏中可以有相当可观的效力。

四、特殊性定义

定义的方法还有一些其他特殊类型，包括语境定义、递归定义、修正性定义等。

1. 语境定义

将被定义项放在一定的语言环境（上下文）之中，然后用一个意义相同但被定义项在其中不出现的语句来给被定义项下定义。对于有些关系概念，常常采取、有时候也只能采取这种定义形式。

① x 是一位祖父，当且仅当，存在一个 y，并且存在一个 z，x 是 y 的父亲，并且 y 是 z 的父亲。

② 关系 R 是传递的，当且仅当，对于任一的 x、y、z，如果 xRy，并且 yRz，则 xRz。

案例　人是有理性的动物

"人是有理性的动物"的定义被认为把全部的人都包括了，即使每个人都有许多不同，没有一个人因为这个定义被排除在外；同时它也只包括了人，即使很多动物和人有相似之处，没有一个猩猩被这个定义算成了人。

当然，逻辑需要考虑得更周密，哲学家蒯因指出，可以争辩说我们还是不能把"有理性的动物"当作人的同义词，比如病房里有个植物人，一点理性也没有，但医生仍然把他当作人治疗。所以，人和有理性的动物的"同义"，在一定的语境和文化中可以不成立，即使是本质性的定义也可以随语境而变化。

2. 递归定义

递归定义是数理逻辑和计算机科学用到的一种定义方式，使用被定义对象的自身来为其下定义（简单说就是自我复制的定义）。递归定义与归纳定义类似，但也有不同之处。递归定义中使用被定义对象自身来定义，而归纳定义是使用被定义对象已经定义的部分来定义尚未定义的部分。不过，使用递归定义的函数或集合，它们的性质可以用数学归纳法，通过递归定义的内容来证明。

用数学归纳法给对象下的定义，由三部分构成：

① 初始条件，刻画一些个体属于一给定集合；

② 归纳条件，当在条件①中列出的第 n 个个体属于给定集合时，第 $n+1$ 个个体也属于该集合；

③ 此外没有别的个体属于该集合。

这样就定义出了一个集合。

例如：在命题逻辑中，将合式公式（简称"公式"）递归定义如下：

合式公式是按以下规则构成的有穷长符号串：

① 每个原子公式是合式公式；

② 若 A 是合式公式，则 ¬A 是合式公式；

③ 若 A,B 是合式公式，则（A→B）是合式公式；

④ 若 A 是合式公式，x 是变元，则 ∀xA 是合式公式。

递归定义只适用于具有自然数性质的对象。它相当于给出了得到某个集合的元素的方法，根据这种方法，我们可以判定任一事物属于还是不属于该集合，在这一点上它类似于操作定义；但它又等于给出了一个集合的全部元素，也就是给出了得到其全部外延的方法，在这一点上它相当于外延定义。

3. 修正性定义

修正性定义既有描述性成分，也有约定性或规定性成分。因为在日常语言中，许多词语的意义常常不那么规范、标准，满足日常交往的需要尚可，当要把它们用于严格、精确的目的时，就需要对它们的意义作出某些修改、订正和限制，使其具有清楚、明确、独一无二的意义，这在科学研究中，在法律、法规等政策性文件中用得比较多。

例如：关于著作权的定义，根据最新修订的2019年《中华人民共和国著作权法》规定，著作权包括下列人身权和财产权。

（一）发表权，即决定作品是否公之于众的权利；（二）署名权，即表明作者身份，在作品上署名的权利；（三）修改权，即修改或者授权他人修改作品的权利；（四）保护作品完整权，即保护作品不受歪曲、篡改的权利；（五）复制权，即以印刷、复印、拓印、录音、录像、翻录、翻拍等方式将作品制作一份或者多份的权利；（六）发行权，即以出售或者赠予方式向公众提供作品的原件或者复制件的权利；（七）出租权，即有偿许可他人临时使用电影作品和以类似摄制电影的方法创作的作品、计算机软件的权利，计算机软件不是出租的主要标的的除外；（八）展览权，即公开陈列美术作品、摄影作品的原件或者复制件的权利；（九）表演权，即公开表演作品，以及用各种手段公开播送作品的表演的权利；（十）放映权，即通过放映机、幻灯机等技术设备公开再现美术、摄影、电影和以类似摄制电影的方法创作的作品等的权利；（十一）广播权，即以无线方式公开广播或者传播作品，以有线传播或者转播的方式向公众传播广播的作品，以及通过扩音器或者其他传送符号、声音、图像的类似工具向公众传播广播的作品的权利；（十二）信息网络传播权，即以有线或者无线方式向公众提供作品，使公众可以在其个人选定的时间和地点获得作品的权利；（十三）摄制权，即以摄制电影或者以类似摄制电影的方法将作品固定在载体上的权利；（十四）改编权，即改变作品，创作出具有独创性的新作品的权利；（十五）翻译权，即将作品从一种语言文字转换成另一种语言文字的权利；（十六）汇编权，即将作品或者作品的片段通过选择或者编排，汇集成新作品的权利；（十七）应当由著作权人享有的其他权利。

著作权人可以许可他人行使前款第（五）项至第（十七）项规定的权利，并依照约定或者本法有关规定获得报酬。

著作权人可以全部或者部分转让本条第一款第（五）项至第（十七）项规定的权利，并依照约定或者本法有关规定获得报酬。

第三章

直言推理

逻辑是关于推理与论证的科学，推理与论证是由命题组成的，而命题是由词项构成的，但推理或者论证的基本单元并不是词项而是命题，即使是词项之间的推导也是在命题的形式中进行的。

命题和推理是人类思维中的重要形式，无论日常思维还是科学思维，都要借助于命题和推理，来把握客观事物的本质和规律。因此，为了更好地研究推理与论证，必须对命题及其逻辑特征进行深入了解和把握。

何谓命题？简单地说，命题也叫判断，是对事物情况有所断定的一种思维形式，是通过语句对对象情况有所反映的思维形式。命题的一个重要逻辑特征就是命题都有真假之分。在通常情况下，或者说在经典逻辑的范围内，任何一个命题都要么为真，要么为假，即不能既真又假也不能既不真也不假，这一特征谓之"二值原则"。

逻辑研究的命题分成简单命题与复合命题（不严格地说，这种分法有点类似于语言中的单句与复句之分）。简单命题就是指自身不再包含其他命题的命题；对简单命题来说，其组成成分是词项，它不再包含命题，因此，我们也可以把简单命题称作"原子命题"。

直言命题是典型的简单命题，是演绎理论的基石，而直言推理是关于直言命题的推理，本章详细讲解直言命题及其推理。

第一节　直言命题

直言命题是关于范畴和类的，都是对类与类之间关系的直接肯定或否定。要了解这种关于类的演绎理论，首先必须对直言命题进行非常精细的分析。

一、直言命题的组成

直言命题也叫性质命题或直言判断、性质判断，是断定对象具有或不具有某种性质的简单命题。直言命题由主项、谓项、量项和联项四种词项组成。

1. 直言命题的标准式
标准式直言命题的一般模式由四个部分组成：首先是量项，其次是主项，再次是联项，最后是谓项。可以记为：

量项（主项）联项（谓项）。

例如：所有的金属都是导体。

其中：量项就是量词，"所有""没有"或"有"这些词被称为量词，因为它们明白列示主项类有多大部分包含或排除于谓项类。如上例中的"所有"是量项。

主项是表示直言命题中事物对象的概念。通常用大写字母"S"表示主项。如上例中的"金属"是主项。

联项是表示直言命题中联结主项和谓项的动词，包括肯定联项和否定联项。一般情况下，肯定联项为"是"，否定联项为"不是"，当然，依据不同的措辞需要，有时可能用其他形式的联项更为适当。如上例中的"是"是联项。

谓项是表示直言命题中事物性质的概念。通常用大写字母"P"表示谓项。如上例中的"导体"是谓项。

在直言命题中，谓项要对主项有所断定，因此，称这种命题为直言命题。从命题形式的角度说，直言命题可以看作是表达主项和谓项的包含关系的。如上例可以看作是断定了金属的集合包含于导体的集合之中。

下面再列表举几例说明：

例句	量项	主项	联项	谓项
所有哺乳动物都是恒温动物	所有	哺乳动物	是	恒温动物
所有哺乳动物都不是冷血动物	所有	哺乳动物	不是	冷血动物
有些哺乳动物是冷血动物	有些	哺乳动物	是	冷血动物
有些哺乳动物不是恒温动物	有些	哺乳动物	不是	恒温动物

需要注意的是，"主项"和"谓项"在逻辑中的所指不同于"主语"和"谓语"在语法中的所指。上述陈述的主语包括量词"所有"在内，而主项不包括。同样，谓语包括系词"是"在内，而谓项不包括。

2. 直言命题的质与量

（1）质

每个标准式直言命题或是肯定的或是否定的，这叫作命题的质。

如果一个命题肯定了类与类间的包含与关系，不管是全部地还是部分地肯定，那么，它的质就是肯定的。因此全称肯定命题和特称肯定命题的质都是肯定的。它们的简写名称，即 A 和 I，分别来自拉丁文。

如果一个命题否定类与类间的包含关系，不管是全部地还是部分地否定，那么，它的质就是否定的。因此全称否定命题和特称否定命题的质都是否定的。它们的简写名称，即 E 和 O。

（2）量

每个标准式直言命题或是全称的或是特称的，这称为直言命题的量。

如果一个命题述及主项所指称的类的所有元素，那么，它的量就是全称的。因此A命题和E命题的量都是全称的。

如果一个命题只述及主项所指称的类的某些元素，那么，它的量就是特称的。因此I命题和O命题的量都是特称的。

二、直言命题的种类

直言命题从质分，有肯定和否定两种；从量分，有全称、特称和单称三种。由此，直言命题可分为六种基本类型：

类型	逻辑形式	写为	简称	例如
①全称肯定判断	所有S都是P	SAP	"A"判断	所有胎生的动物都是哺乳动物
②全称否定判断	所有S都不是P	SEP	"E"判断	所有冷血动物都不是恒温动物
③特称肯定判断	有S是P	SIP	"I"判断	有的哺乳动物是卵生的
④特称否定判断	有S不是P	SOP	"O"判断	有的哺乳动物不是胎生的
⑤单称肯定判断	某个S是P	SaP	"a"判断	鸭嘴兽是哺乳动物
⑥单称否定判断	某个S不是P	SeP	"e"判断	鸭嘴兽不是恒温动物

直言命题是关联两个类或范畴的命题，所说的类分别被叫作主项和谓项，而该命题主项的类全部或部分包含在谓项的类之内，或者排除在其外。从这个角度来看，单称命题作为全称命题的特例来处理。这样，直言命题的主要类型为四种：

类型	逻辑形式	形式简称	含义
①全称肯定判断	所有S都是P	A	断言整个主项类包含在谓项类之内的
②全称否定判断	所有S都不是P	E	断言整个主项类排除在谓项类之外的
③特称肯定判断	有S是P	I	断言部分主项类包含在谓项类之内的
④特称否定判断	有S不是P	O	断言部分主项类排除在谓项类之外的

三、直言命题的标准化

在日常语言中，直言命题的表达形式并不是那么规范，存在着大量不规范的、非标准的表达方式。因此，在考察直言命题的特征和直言命题间的关系时，需要把不规范的、省略的、非标准的直言命题变换为规范的、标准的直言命题表达形式。下面举例来说明：

日常用语	标准逻辑语言	形式简称
低碳技术都绿色	所有低碳技术都是绿色的技术	A
没有低碳技术是绿色的	所有低碳技术都不是绿色的技术	E
有低碳技术是绿色的	有的低碳技术是绿色的技术	I
有低碳技术不绿色	有的低碳技术不是绿色的技术	O

由于日常语言内容丰富、形式多样，因而无法找出一套通用的翻译规则。在各种情形中，最关键的是理解已知的非标准命题的真实含义，这样才能按照原意翻译成直言命题的标准式。虽然没有统一的翻译规则，但仍有处理一些特定种类的非标准直言命题的翻译技巧，下面分别简述：

（1）标准形式的各成分都出现，却没有按标准顺序排列的陈述句

这需要把各个成分重新排列一下，使之成为标准式直言命题。

例如："爬行动物全是冷血动物"可翻译为"所有爬行动物都是冷血动物"。

（2）具有各种全称量项的直言命题

全称量项的标准表达形式是"所有"，在自然语言中，"每一""任何""每人""任何人""无论谁""不管是谁""每个……的人"等等，表达的意思都是全称。

例如："每只雄鹿都有角"可翻译为"所有雄鹿都是有角的动物"。

（3）具有各种特称量项的直言命题

特称量项的标准表达形式是"有""有的"或"有些"，在自然语言中，有时候把对象的数量或范围更加具体化一些，例如"极少""很少""几个""少数""一半""许多""大多数""绝大多数""几乎全部"，这些表达都可转化为"有些……是"，而"不都是"则可表达为"有些……不是"，等等。

例如："几个警察在场"，一般只述及某些警察，转化为标准形式为"有的警察是在场的人"。

（4）不含量词的直言命题

这种情况只有考察该陈述所处的语境才能确定其含义。

例如："羊是食草动物"，很可能述及了所有的羊，可以转化为"所有羊都是食草动物"。

（5）谓项为形容词或形容词短语，而非名词或类词项的直言命题

这种情况，需要把形容词或短语替换为指称由所有具有形容词表示之属性的事物所组成的类这样的词项。

例如："有树叶是黄色的"，其相应的标准式直言命题是"有树叶是黄色的事物"。

再如："没有科学家是懒惰的"，其相应的标准式直言命题是"所有科学家都不是懒惰的人"。

（6）主要动词不是标准的联项"是"或"不是"的直言命题

转化的方法是把主项和量项之外的所有成分看作类的定义特征。

例如："所有人都追寻幸福"，其相应的标准式直言命题可翻译成，"所有人都是幸福的追寻者"。

（7）排斥命题

含有"只""只有"的直言命题通常叫作排斥命题，一般可以按以下途径转化为A命题：将主、谓项互换位置，把"只有"换为"所有"。因此"只有S是P"通常被理解为"所有P是S"。

例如："只有知识分子能成为科学家"转化为标准形式是"所有能成为科学家的都是知识分子"。

当然，在某些语境中，"只""只有"被用于表达某种更多的含义，这个时候就需要语境的辅助了。

（8）完全不像标准式直言命题但也可以有标准式翻版的命题

例如："玫瑰不都是红色的"可以翻译成"有的玫瑰不是红色的花"。

再如："没有人能逃过死亡的宿命"可以翻译成"所有人都逃不过死亡的宿命"，进一步翻译成标准式"所有人都是逃不过死亡的宿命的人"。

第二节　对当关系

从概念的外延间的关系来说，判断主项"S"的外延与谓项"P"的外延之间的关系，共存在五种：全同关系、被包含关系、包含关系、交叉关系和全异关系。

逻辑学中可把单称命题作为一种特殊的全称命题处理，因为从对主项概念的断定看，全称和单称命题有共同性。因此，直言命题的主要类型分为四种：全称肯定判断、全称否定判断、特称肯定判断、特称否定判断。归纳起来，可列表如下：

类型	全同关系	被包含关系	包含关系	交叉关系	全异关系
SAP	真	真	假	假	假
SEP	假	假	假	假	真
SIP	真	真	真	真	假
SOP	假	假	真	真	真

　　根据上表，可以清楚地看出具有同一素材的A、E、I、O四种判断之间的真假关系。

一、对当方阵及其推理关系

　　对当关系就是具有同一素材的A、E、I、O四种判断之间的真假关系。根据对当关系，我们可以从一个判断的真假，推断出同一素材的其他判断的真假。

　　① 所谓同一素材的判断，就是指具有相同主项和谓项的判断，S、P不变，仅逻辑常项变化。

　　② 这里所谓的真假，并不是各种判断内容的真假，而是同一素材的A、E、I、O四种判断之间的一种相互制约关系。

　　四种主要的直言命题之间的真假关系可归纳为四种对当关系，分别是矛盾关系、反对关系、下反对关系以及从属关系。逻辑学中，用一个重要且广为应用的图示来表示，称为"对当方阵"，如下图：

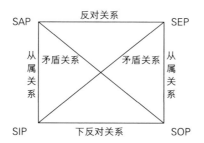

　　根据上图，可以清楚地看出具有同一素材的A、E、I、O四种判断之间的真假关系。直言命题的对当关系具体描述如下。

1. 矛盾关系

　　矛盾关系是A和O、E和I之间存在的不能同真、不能同假的关系。

例1："我们班所有同学都学过逻辑"与"我们班有些同学没学过逻辑"之间是矛盾关系。

例2："有些绿色科技是高科技"与"所有绿色科技都不是高科技"之间是矛盾关系。

（1）矛盾关系的真假推理

A和O之间，E和I之间，必然是一真一假。其真假制约关系如下：

若A真则O假，若A假则O真；

若O真则A假，若O假则A真；

若E真则I假，若E假则I真；

若I真则E假，若I假则E真。

（2）负命题

① 负命题就是通过对原命题断定情况的否定而做出的命题。

若用P表示原命题，则¬P表示负命题，其真值表如下：

P	¬P
1	0
0	1

任何一个命题都可对其进行否定而得到一个相应的负命题。

② 双重否定就是肯定。用公式表示为：¬¬P=P

③ 日常语言的意义经常是含混的并且随语境而变化，而逻辑算子的意义是清楚的、准确的、不变的。

④ 矛盾关系是真正意义上的逻辑否定，这一点可能与日常语言中的否定不大相同。

日常生活中经常有否定特称判断以强调全称判断的情况。

例如：考察下面的对话。

甲：有些来上学的人是为了学习科学知识。

乙：不对。应该是所有来的人都是为了这个目的。

在形式逻辑意义上，上面的反对是错误的，因为，乙的反对最终含义是：所有来的人都不是为了这个目的。

⑤ 直言命题的负命题也不等于直言命题的否定命题。否定命题所否定的只是一个概念，而负命题所否定的则是一个完整的命题。

例如：并非"发亮的东西都是金子"，等值于"有的发亮的东西不是金子"（不等于"发亮的东西都不是金子"）。

（3）负命题与矛盾关系

直言命题的负命题实质上即为对当关系中相应的矛盾关系命题。用公式表示如下：

① ¬SAP↔SOP 包括两个推理：

公式	意义	举例
¬SAP→SOP	SAP的负命题是SOP	从"并非所有哺乳动物都是胎生的"，可以推出"有些哺乳动物不是胎生的"
SOP→¬SAP	SOP是SAP的负命题	从"有些哺乳动物不是胎生的"，可以推出"并非所有哺乳动物都是胎生的"

② ¬SOP↔SAP 包括两个推理：

公式	意义	举例
¬SOP→SAP	SOP的负命题是SAP	从"并非有些被子植物不是种子植物"，可以推出"所有被子植物都是种子植物"
SAP→¬SOP	SAP是SOP的负命题	从"所有被子植物都是种子植物"，可以推出"并非有些被子植物不是种子植物"

③ ¬SEP↔SIP 包括两个推理：

公式	意义	举例
¬SEP→SIP	SEP的负命题是SIP	从"并非所有哺乳动物都不是卵生的"，可以推出"有的哺乳动物是卵生的"
SIP→¬SEP	SIP是SEP的负命题	从"有的哺乳动物是卵生的"，可以推出"并非所有哺乳动物都不是卵生的"

④ ¬SIP↔SEP 包括两个推理：

公式	意义	举例
¬SIP→SEP	SIP的负命题是SEP	从"并非有的孢子植物是种子植物"，可以推出"所有孢子植物都不是种子植物"
SEP→¬SIP	SEP是SIP的负命题	从"所有孢子植物都不是种子植物"，可以推出"并非有的孢子植物是种子植物"

案例　风水

清朝诗人袁枚在《随园随笔》一书中举了一些实例来驳斥风水先生的迷信说教。迷信风水的人认为：祖先坟墓用地的好坏，会影响子孙后代的兴衰。对此，袁枚作了有力的反驳：汉朝的廷尉吴融，埋葬母亲的坟地，风水先生认为不当，子孙必遭灭族之患，可他的子孙却很昌盛。

唐高祖、郭子仪的祖坟，分别被隋朝的长安留守和鱼朝恩挖掉，但李渊后来当了皇帝，郭子仪七子八婿，贵显满朝。

分析：不难发现，风水先生和迷信风水的人对祖坟用地风水好坏与子孙后代的兴衰作出了两个全称判断：凡祖坟风水好的子孙就会兴旺；凡祖坟风水不好的子孙就不会兴旺（即衰败）。前者是具有SAP形式的全称肯定判断，后者是具有SEP形式的全称否定判断。

袁枚用实例体现的两个特称判断来驳斥风水先生和迷信风水的人断言祖坟用地好坏与子孙后代兴衰相关的观点。这两个判断是：有些人的祖坟风水很好子孙却不兴旺；有些人的祖坟风水不好（被人挖了祖坟）子孙却很兴旺。前者是具有SOP形式的特称否定判断，后者是具有SIP形式的特称肯定判断。

2.从属关系

从属关系又称差等关系，这是A和I、E和O之间的关系。其真假制约关系如下：

① 如果全称判断真，则特称判断真。

当A"所有被子植物都是种子植物"真，则I"有的被子植物是种子植物"也必为真；

当E"所有孢子植物都不是种子植物"真，则O"有的孢子植物不是种子植物"也必为真。

② 如果特称判断假，则全称判断假。

当I"有的孢子植物是种子植物"假，则A"所有孢子植物都是种子植物"必为假。

当O"有的被子植物不是种子植物"假，则E"所有被子植物都不是种子植物"也必为假。

③ 如果全称判断假，则特称判断真假不定。

当A"所有哺乳动物都是卵生的"假，则I"有的哺乳动物是卵生的"真假不定。

当E"所有哺乳动物都不是胎生的"假，则O"有的哺乳动物不是胎生的"真假不定。

④ 如果特称判断真，则全称判断真假不定。

当I"有的哺乳动物是卵生的"真，则A"所有哺乳动物都是卵生的"真假不定。

当 O "有的哺乳动物不是胎生的" 真，则 E "所有哺乳动物都不是胎生的" 真假不定。

3.反对关系

反对关系是 A 和 E 之间不能同真，可以同假的关系。其真假制约关系如下：

① 在 A、E 两个判断中，如果其中一个是真的，就可推知另一个是假的。

当 A "所有被子植物都是种子植物" 真，则 E "所有被子植物都不是种子植物" 假。

当 E "所有孢子植物都不是种子植物" 真，则 A "所有孢子植物都是种子植物" 假。

② 在 A、E 两个判断中如果我们知道其中一个是假的，那么另一个真假不定。

当 A "所有哺乳动物都是卵生的" 假，则 E "所有哺乳动物都不是卵生的" 真假不定。

当 E "所有哺乳动物都不是胎生的" 假，则 A "所有哺乳动物都是胎生的" 真假不定。

4.下反对关系

下反对关系是 I 和 O 之间可以同真但不能同假的关系。其真假制约关系如下：

① 在 I、O 两个判断中，如果其中一个是假的，那就可以断定另一个是真的。

当 I "有的孢子植物是种子植物" 假，则 O "有的孢子植物不是种子植物" 为真。

当 O "有的被子植物不是种子植物" 假，则 I "有的被子植物是种子植物" 为真。

② 在 I、O 两个判断中，如果其中一个是真的，那么另一个真假不定。

当 I "有的哺乳动物是卵生的" 真，则 O "所有哺乳动物都不是卵生的" 真假不定。

当 O "有的哺乳动物不是胎生的" 真，则 I "有的哺乳动物是胎生的" 真假不定。

案例　道歉启事

　　1870年，美国的著名作家马克·吐温在《镀金时代》这部长篇小说发表后，在一次酒会上答记者问时说："美国国会中有些议员是狗娘养的。"记者把这句话在报上发表之后，华盛顿的议员们大为愤怒，纷纷要求马克·吐温道歉或予以澄清，否则将以法律手段对付。

过了几天，《纽约时报》上果然刊登了马克·吐温致联邦议员的"道歉启事"。全文如下：日前鄙人在酒席上发言，说"美国国会中有些议员是狗娘养的"。事后有人向我兴师动众。我考虑再三，觉得此话不妥，而且也不符合事实。故特登报声明，把我的话修改如下："美国国会中有些议员不是狗娘养的。"

分析："美国国会中有些议员是狗娘养的"是I判断；"美国国会中有些议员不是狗娘养的"是O判断；I判断的负命题并不是O判断，马克·吐温故意违反逻辑规则来讽刺国会议员。

需要说明的是，如果涉及同一素材的单称判断，那么对当关系要稍加扩展：虽然一般来说，单称命题作为全称命题的特例来处理；但是，在考虑严格的对当关系时，单称命题不能等同于全称命题。对同质的命题来说，单称肯定判断和单称否定判断是矛盾关系；全称判断和单称判断是从属关系，单称判断和特称判断是从属关系。

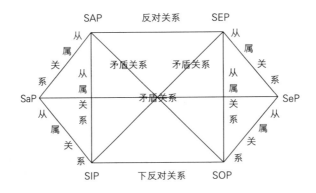

二、特称量项的逻辑意义

逻辑语言是指形式逻辑中的语言，自然语言是指日常用语，逻辑语言只表示自然语言的真值抽象。形式逻辑要求我们只能按照其语言的字面意思来理解，而不能考虑其"言外之意"。也就是说，对逻辑语言来说，陈述中说到的一定有，没说到的则不一定。而自然语言（日常语言）则要考虑日常语言的隐含关系。

在自然语言中，当我们说"有些S是P"时，一般理解为"仅仅有些是"，因此它同时还意味着"有些S不是P"。反之亦然。即日常语言往往带有隐含，日常用语中的"有些"，大多指"仅仅有些"，因而当讲"有些是什么"的时候，往往意味着"有些不是什么"。

但在逻辑语言中，不存在隐含。特称量项"有的"或"有些"的意思仅仅局限于"存在"或"有"，因此特称命题又被称为"存在命题"。特称命题的"有些"则只是表明判断对象肯定"存在着"，至于存在多少不一定，可能是一些，也可能是全部，但至少有一个"存在"。因此，当我们判断"有S是P"这样的命题时，只表明至少有一个S是P，并没有同时断定"有S不是P"。同样，从"有些S不是P"，也不能推出"有些S是P"。即特称量项"有些"只是对主项的部分外延做了断定，并没有对它的全部外延做断定。即形式逻辑里的"有些"，则是指"至少有些""至少有一个"，只表示一类事物中有对象被断定具有或不具有某种性质，而这类对象的具体数量究竟有多少，则没有做出断定。也许有"一个"，也许有"几个"，也许"所有"。

例1：日常语言"我班有些同学学过物理化学"，可能隐含了"我班有些同学没学过物理化学"这个意思。从形式逻辑上讲，"我班有些同学学过物理化学"只知道确实"有些同学学过物理化学"，至于"其他同学学过还是没学过物理化学"并没告诉我们，我们就不知道其他同学是否学过物理化学。

例2："有些哺乳动物是恒温动物"，这只是说"至少有些哺乳动物是恒温动物"（也可能包含了"所有哺乳动物都是恒温动物"这样的情况），它并不意味着"有些哺乳动物不是恒温动物"。

三、对当关系的直接推理

逻辑推理可以分为直接推理和间接推理。如果从唯一的前提出发，不经过任何中介推得结论，这样的推理叫作直接推理，而包括一个以上前提的推理叫作间接推理。

直接推理是一种最简单的演绎推理，是以一个命题为前提而推出结论的推理。直言命题的直接推理，是以一个直言命题为前提而推出一个直言命题的结论的直接推理。

1. 运用对当方阵的直接推论

以对当方阵为基础，可以得到许多直接推论。即给定任一标准式直言命题的真假情况，就可以直接得到其他某个或者所有其他相应命题的真假情况。具体推论结果如下：

① 如果A真，那么，E假，I真，O假；

② 如果A假，那么，O真，E、I真假不定；

③ 如果E真，那么，A假，I假，O真；

④ 如果E假，那么，I真，A、O真假不定；

⑤ 如果I真，那么，E假，A、O真假不定；

⑥ 如果I假，那么，A假，E真，O真；

⑦ 如果O真，那么，A假，E、I真假不定；

⑧ 如果O假，那么，A真，E假，I真。

根据逻辑方阵，我们可以由其中一命题的真假推知其他命题的真假。

例1：已知"有些树叶有叶绿素"为真，则：

有些树叶没有叶绿素。（不确定）

所有树叶都有叶绿素。（不确定）

所有树叶都没有叶绿素。（假）

柳树叶没有叶绿素。（不确定）

杨树叶有叶绿素。（不确定）

例2：如果A真，那么有几条途径可以求得E假？

分析：根据反对关系，可知A真必可以推出E假。（A+ → E−）

根据差等关系，由A真可推出I真；又根据矛盾关系，I真可以推出E假。（A+ → I+ → E−）

根据矛盾关系，由A真可推出O假；再根据差等关系，特称假则全称一定假推出E假。（A+ → O− → E−）

根据矛盾关系，由A真可推出O假；再根据下反对关系，一假，另一必真，O假可推出I真；再根据矛盾关系，由I真推出E假。（A+ → O− → I+ → E−）

2. 直言推理中的形式谬误

直言推理中的形式谬误是指无效的直言推理，即违反直言命题的对当关系的推理规则所犯的谬误。

例1：所有喜欢数学的学生都喜欢自然科学，所以，有些学生喜欢数学但是不喜欢自然科学。

分析："所有喜欢数学的学生都喜欢自然科学"与"有些学生喜欢数学但是不喜欢自然科学"矛盾，因此，上述推理错误。

例2：中国运动员也有人获得法国网球公开赛（简称法网）的冠军。所以，有的中国运动员不能获得法网冠军。

分析：上述论证的前提是，有的中国运动员获得法网冠军。"有的"表示存在，可以是全部，可以是有些，也可以只是一个。因此，从这一前提推不出"有的中国运动员不能获得法网冠军"。

例3：死亡是我们共同的宿命，没有人能逃过这个宿命；所以，并非人都不能逃过死亡的宿命。

分析：没有人能逃过死亡的宿命，这意味着，所有人都逃不过死亡的宿命。并非人都不能逃过死亡的宿命，意思是，有的人能逃过死亡的宿命。

这两个意思矛盾，因此，上述推理错误。

3. 直言推理的步骤

从陈述中给出的内容出发，从中抽象出同属于对当关系的逻辑形式，根据对当关系来分析判断。

① 要把非标准的日常语言转为标准的逻辑语言。

② 看清问题的条件和推理方向。审查问题时要注意两点：

一是，注意问题的条件：如果上述断定为真，还是为假；

二是，注意问题的方向：下列哪项一定为真，一定为假，还是可能为真（即真假不确定）。

③ 根据已知直言命题的真假，根据对当关系，来确定其他直言命题的真假。

例1：企鹅是鸟，但企鹅不会飞。

根据这个事实，以下哪项一定为假？

Ⅰ.不会飞的鸟一定是企鹅。

Ⅱ.鸵鸟是鸟，但鸵鸟不会飞。

Ⅲ.不存在不会飞的鸟。

分析：根据"企鹅是鸟，但企鹅不会飞"，可得出：存在不会飞的鸟。

因此，Ⅲ项所述"不存在不会飞的鸟"必定是假的。

其余两项陈述都不能确定为假，都有可能为真（注意：逻辑推理只是根据前提来推得结果，不能用日常知识来推理）。

例2：蝴蝶是一种非常美丽的昆虫，大约有14000余种，大部分分布在美洲，尤其在亚马孙河流域品种最多，在世界其他地区除了南北极寒冷地带以外都有分布。在亚洲，中国台湾也以蝴蝶品种繁多著名。蝴蝶翅膀一般色彩鲜艳，翅膀和身体有各种花斑，头部有一对棒状或锤状触角。最大的蝴蝶翅展可达24厘米，最小的只有1.6厘米。

根据以上陈述，可以得出以下哪项？

Ⅰ.有的昆虫翅膀色彩鲜艳。

Ⅱ.最大的蝴蝶是最大的昆虫。

Ⅲ.蝴蝶品种繁多，所以各类昆虫的品种繁多。

分析：根据所给断定，第一，蝴蝶是一种昆虫；第二，蝴蝶翅膀一般色彩鲜艳。

从而可推出：有的昆虫（比如某些蝴蝶）翅膀色彩鲜艳。即可推出Ⅰ项。

其余两项从以上陈述不必然推出。

例3：已知"基本粒子不都可分"真，则据此可以确定真假的命题是下列哪项？

Ⅰ.所有的基本粒子都可分。

Ⅱ.所有的基本粒子都不可分。

Ⅲ.有的基本粒子可分。

分析：基本粒子不都可分 = 有的基本粒子不可分，这是 O 命题。

由 O 命题为真，可进一步推出：

Ⅰ.所有的基本粒子都可分。这是 A 命题，必为假。即该项可以确定真假。

Ⅱ.所有的基本粒子都不可分。这是 E 命题，不能确定真假。

Ⅲ.有的基本粒子可分。这是 I 命题，不能确定真假。

第三节　变形推理

直言命题的直接推理可以运用不同方法来进行：一类是运用"对当方阵"中命题间的真假关系进行推理，前面已介绍过；另一类是运用命题变形的方法。命题变形推理是由一个直言命题出发，通过改变它的形状，得到一个新的直言命题的推理。

一、直言命题的周延性

为了更好地把握直言命题的逻辑特点，特别是要有效地进行命题变形推理，首先要搞清直言命题的周延性。

1.什么是周延性

如果一个概念的外延在命题中被全部作出了断定，那么这个概念就是一个周延的项；反之，则是一个不周延的项。具体对直言命题来说，其主谓项的周延性问题就是指主项和谓项概念的外延在命题中被断定的情况。在直言命题中，如果断定了一个词项的全部外延，则称它是周延的，否则就是不周延的。

关于直言命题的周延性问题，应注意以下两点：

① 主、谓项的周延性是直言命题的形式决定的，而不是相对于直言命题所断定的对象本身的实际情况而言的。

② 只有直言命题的主项和谓项才有周延与否的问题，离开直言命题的一个单独词项，就不存在是否周延的问题。

只有把这个概念置身于与它相关的那个判断的关系，使其在思维中构成一个完整的有内在联系的判断形式，才能从本质上确立是周延或不周延这个问题。

例如：我们可以谈论在直言命题"有些金属不是固体"中，词项"金属""固体"是否周延；但我们无法谈论独立存在的概念"笔记本电脑""机器人""天气"究竟是周延还是不周延。

2. 直言命题主项和谓项的周延情况

直言命题主项和谓项的周延情况分析如下：

（1）全称命题（A、E）的主项周延

全称命题的逻辑形式是"所有S都是（不是）P"，既然其中有"所有S……"出现，那么，总是断定了主项"S"的全部外延，因此S在其中是周延的。

例如：所有金属都是导体。

这一全称命题的主项"金属"是周延的，因为该直言命题对"金属"的全部外延做出了断定。

再如：①鲸是哺乳动物。②鲸不是鱼。

这两个全称命题都对"鲸"这个主项的全部外延作了断定。

（2）特称命题（I、O）的主项不周延

特称命题的逻辑形式是"有的S是（不是）P"，它断定了至少有一部分外延是谓项P的部分外延或全部外延，没有指明主项"S"的全部外延，很明显的只涉及S的一部分外延，所以，主项S在其中是不周延的。

例如：①有的金属是固体。②有的金属不是固体。

这两个特称命题的主项"金属"的外延，仅仅一部分被肯定或被否定是谓项"固体"的外延，所以"金属"是不周延的。

（3）肯定命题（A、I）的谓项不周延

肯定命题的逻辑形式是"所有（有的）S是P"，不论谓项P具体代表什么，它只断定了所有或某个数量的S"是P"，并没有具体说明究竟是全部的P还是一部分P，即断定了主项S的全部或部分外延是谓项P的部分外延，并没有断定主项S的全部或部分外延是谓项P的全部外延，因此谓项P在其中总是不周延的。

例如：①所有金属都具有延展性。②有的金属具有延展性。

这两个肯定命题的谓项"延展性"仅仅一部分被肯定为主项"金属"的全部或部分外延，所以"延展性"是不周延的。

（4）否定命题（E、O）的谓项周延

否定命题的逻辑形式是"所有（有的）S不是P"，该命题断定了所有或某个数量的S"不是P"，那么P也一定不是这个数量的S，即把所有P都排除在有些S之外。即该命题否定了主项S的全部或部分外延是谓项P的全部外延，也就是说谓项P的全部外延都不是主项S的全部或部分外延，这就断定了谓项"P"的全部外延，所以，谓项P是周延的。

例如：①所有的事物都不是静止的。②有的事物不是静止的。

不管命题的主项"事物"的外延是全部还是部分，它都不具有谓项"静止"的属性，即把谓词的外延全部排除在外。所以，谓词"静止"是周延的。

3. 四种直言命题的周延情况

基于以上分析，A、E、I、O四种直言命题主项和谓项的周延情况可概括如下表：

命题类型	命题形式	主项S	谓项P
全称肯定命题	SAP	周延	不周延
全称否定命题	SEP	周延	周延
特称肯定命题	SIP	不周延	不周延
特称否定命题	SOP	不周延	周延

下面再分别论述：

（1）A命题的周延性

例如：所有被子植物都是种子植物。

该命题断定了任何一个被子植物都是种子植物。整个被子植物的类都包含在种子植物的类之内。由于全称肯定命题述及了主项指称的类的全部元素，因此可以说全称肯定命题的主项是周延的。同时，由于断定了所有被子植物的类被包含在种子植物的类之内，因此，它并没有涉及谓项指称的类的全部元素。

可见，全称肯定命题的主项周延，谓项不周延。

（2）E命题的周延性

例如：没有孢子植物是种子植物。

该命题断定了任何一个孢子植物都不是种子植物。整个孢子植物的类都被

排除在种子植物的类之外。由于全称否定命题述及了主项指称的类的全部元素，因此可以说全称否定命题的主项是周延的。同时，由于断定了整个孢子植物的类被排除在种子植物的类之外，这个命题也就断定了整个种子植物的类也被排除在整个孢子植物的类之外。上述例句显然断定了任何一个不是孢子植物的素食者，因此，它就涉及了谓项指称的类的全部元素。

可见，全称否定命题的主项周延，谓项也周延。

（3）I命题的周延性

例如：有哺乳动物是冷血动物。

该命题既没有对所有哺乳动物进行断定，也没有对所有冷血动物进行断定。不能说一个类完全包含于另一个类之中，也不能说完全排除在外。

可见，在特称肯定命题中，主项、谓项都是不周延的。

（4）O命题的周延性

例如：有哺乳动物不是恒温动物。

该命题并不言说所有的哺乳动物，而只述及主项指称的类的一些元素。它说的是所有哺乳动物中被排除在恒温动物之外的那一部分，亦即这部分被排除在后一个类的全体之外。假如谈的只是特定的这部分哺乳动物，那么，任何一个是恒温动物的元素都不在这部分之中。说某事物被排除在一个类之外，也就述及了这个类的全部。

可见，特称否定命题的谓项是周延的，但主项不周延。

4. 周延情况的归纳与应用

（1）周延性的归纳

针对直言命题的周延性，可归纳如下：

第一，主项看量项，全称（包括单称）周延，特称不周延；

即标准式直言命题的量决定了主项的周延情况。

全称命题，包括肯定的和否定的，其主项是周延的；

特称命题，不管是肯定的还是否定的，其主项都是不周延的。

第二，谓项看联项，肯定不周延，否定周延。

即标准式直言命题的质决定了谓项的周延情况。

肯定命题，无论全称的还是特称的，其谓项都是不周延的；

而否定命题，包括全称的和特称的，其谓项都是周延的。

（2）周延性的应用

周延问题在处理整个直言命题推理时是非常重要的。周延的用处是在推理中，结论周延的项，前提中该词项也必须周延。否则，如果结论周延的项，前提中该词项不周延，这样的推理一定是错误的。

因为演绎推理是一种必然性推理，它的结论是从前提中抽引出来的，因而结论所断定的情况不能超出前提所断定的。这一点在直言命题推理中的表现就是要求"在前提中不周延的项在结论中不得周延"，否则推理的有效性就得不到保证，就会犯逻辑错误。

案例 一切鸡蛋都是圆的

《伊索寓言》中有这样一段文字：有一只狗习惯于吃鸡蛋。久而久之，它认为"一切鸡蛋都是圆的"。有一次，它看见一个圆圆的海螺，以为是鸡蛋，于是张开大嘴，一口就把海螺吞下肚去，肚子疼得直打滚。

分析：这只狗为什么上当？逻辑上讲，就是它把不周延的项变成周延的。在"一切鸡蛋都是圆的"这个全称肯定判断中，其谓项"圆的"不周延。而当它由这个判断进而得出"圆的就是鸡蛋"时，就把"圆的"变成周延了。在直言命题推理中的表现，就是要求"在前提中不周延的项在结论中不得周延"，所以狗犯了逻辑错误。

（3）直言命题的直接推理规则

直言命题的直接推理要满足以下两条规则：

① 要满足词项的周延性。

② 肯定的判断其结论是肯定的（或双重否定），否定的判断其结论只能是否定的。

例如：已知所有金属都是导体，可否推出：

有些导体不是金属？——推不出，上文是肯定判断，而本句是否定判断。

有些导体是金属？——可推出，肯定。

所有非导体不是金属？——可推出，双重否定。

有些非金属不是导体？——推不出，上文导体不周延，而本句周延。

二、直言命题的变形推理

在日常交流中，我们常常会遇到某个句子所表达的意思很重要，需要对它们予以强调，这时我们常常采用"换句话说"的说法。

例如：明天的技术研讨会很重要，所有科研人员都要出席会议，换句话说，所有科研人员都不能不出席，再换句话说，不准有的科研人员不出席。这就涉及直言命题的变形推理。

直言命题的变形推理包括换质法、换位法、换质位法以及这些方法的连续运用。

1. 换质法

换质法是指改变直言命题的质的方法，具体是指将一个直言命题由肯定变为否定，或者由否定变为肯定，并且将其谓项变成其矛盾概念，由此得到一个与原直言命题等值的直言命题。

（1）换质法的步骤和规则

换质法应用到任何标准式直言命题，都是有效的直接推论。其步骤和规则如下：

① 改变原命题的质，即由肯定联项改变为否定联项，或者由否定联项变为肯定联项。

② 将原命题的谓项改变为它的矛盾概念或负概念。

③ 仍然保持原命题的量项，并且主谓项的位置也保持不变。

④ 所得到的新命题是与原命题等值的命题，其真假完全相同。

直言命题A、E、I、O四种命题都可以按此方法变形。如果原命题是真的，则变形后的命题也是真的。

（2）换质法的有效形式

换质前后的两个命题在逻辑上是等价的，因此从一个可以有效地推出另一个。换质法有以下有效形式：

① SAP ↔ SE¬P。

例如：从"所有被子植物都是种子植物"，经过换质，可以得到"所有被子植物都不是非种子植物"。

反之，从"所有被子植物都不是非种子植物"，经过换质，可以得到"所有被子植物都是种子植物"。

② SEP ↔ SA¬P。

例如：从"所有行星都不是自身发光的"，经过换质，可以得"所有行星都是非自身发光的"。

反之，从"所有行星都是非自身发光的"，经过换质，可以得"所有行星都不是自身发光的"。

③ SIP ↔ SO¬P。

例如：从"有些天鹅是黑色的"，经过换质，可以得到"有些天鹅不是非黑色的"。

反之，从"有些天鹅不是非黑色的"，经过换质，可以得到"有些天鹅是黑色的"。

④ SOP ↔ SI¬P。

例如：从"有的哺乳动物不是胎生的"，经过换质，可以得到"有的哺乳动物是非胎生的"。

反之，从"有的哺乳动物是非胎生的"，经过换质，可以得到"有的哺乳动物不是胎生的"。

关于直言命题A、E、I、O四种命题的换质情况，可概括并举例如下表：

原命题	换质命题	举例
SAP	SE¬P	所有的金属是导体，所以，所有的金属不是非导体
SEP	SA¬P	所有的金属都不是绝缘体，所以，有的金属是非绝缘体
SIP	SO¬P	有的金属是液体，所以，有的金属不是非液体
SOP	SI¬P	有的金属不是固体，所以，有的金属是非固体

（3）换质法的理解

一个类就是具有某种共同属性的所有对象的汇集，这种共同属性叫作"类的定义特征"。任何一个属性都可以确定一个类。

例如："黄皮肤、黑眼睛并且是学生"这个复杂属性就确定了一个类——所有是黄皮肤、黑眼睛的学生的类。

所有的类都有一个相应的补类，或简称补，即不属于原来的类的所有东西的汇集。

例如：所有金属的类的补就是所有不是金属的东西组成的类，包括沙石、泥土、海水和蔬菜等等。

词项S所指称的类的补则由词项非S指称，因而可以说词项非S就是词项S的补。一个词项是另一词项的词项补，仅当第一个词项指称第二个词项所指称的类的补。应当说明的是，正如一个类是其（类）补的补一样，一个词项也是其（词项）补的补。其中用到了"双重否定"法则，这样就可以省去许多用作前缀的"非"字。

例如：如果把词项"金属"的补写作"非金属"，而"非金属"的补就简记为"金属"，而不是"非非金属"。

必须注意不要把反对词项当作互补词项。

例如："赢者"的补不是"输者"而是"非赢者"，因为并非所有人必须或是赢者或是输者（也有不输不赢者），但每个人必定或是赢者或是非赢者。

在换质法中，主项保持不变，被换质命题的量也不需改变。对一个命题进行换质，就是改变其质，并用谓项的补替换原来的谓项。换质法直接推论中的前提叫作被换质命题，结论叫作换质命题。所有标准式直言命题与其换质命题在逻辑上都是等价的，所以，对任何一个标准式直言命题而言，换质法都是有效的。要得到一个命题的换质命题，不需改变原命题的量和主项，而是要改变它的质，并用谓项的补替换原来的谓项。

2.换位法

换位法是把命题主项与谓项的位置加以更换的方法。具体是将一个直言命题的主项和谓项互换位置，但让它的质保持不变，原为肯定仍为肯定，原为否定仍为否定，并相应地改变量项，由此得到一个新的直言命题。

（1）换位法的步骤和规则

换位法是一种仅仅通过交换命题中主、谓项的位置而进行的推论。其步骤和规则如下：

① 调换原命题主谓项的位置，即将原命题的主项变成谓项，谓项变成主项。

② 不改变原命题的质，原为肯定仍为肯定，原为否定仍为否定。

③ 在调换主谓项的位置时，在原命题中不周延的词项在结论中仍不得周延。

如果换位时扩大了原来项的周延性，那就犯了项的外延不当扩大的逻辑错误，而使换位后的命题与原命题不能等值。

（2）换位法的有效形式

换位命题是指通过交换另一个标准式直言命题的主、谓项的位置而得到的直言命题。换位法直接推论中的前提叫作被换位命题，结论叫作换位命题。换位法有以下有效形式：

① SAP→PIS。

全称肯定命题"所有S是P"，通过换位只能推出一个特称肯定命题"有些P是S"，不能推出"所有P是S"，因为"P"在前提中是全称肯定命题的谓项，是不周延的，如果推出"所有P是S"，"P"作为全称命题的主项就是周延的了，违背了"在前提中不周延的词项在结论中不能周延"的换位规则，不正确，这叫作"限量换位"。

限量换位即交换主谓项的位置，同时将命题的量由全称改为特称。可见，作为限量换位结论的换位命题与原来的A命题并不等价，原因在于限量换位需要改变命题的量，把全称改为特称。因此，限量换位的结果不是一个A命题而是I命题，它不可能与被换位命题有同样的意义，从而不可能在逻辑上等价。

例1：从"所有的植物都是需要阳光的"，可以推出"有些需要阳光的东西是植物"，但不能推出"所有需要阳光的东西都是植物"，因为在这后一个命题中，主项"需要阳光的东西"周延，而它在前提中是不周延的。

例2：从"被子植物都是种子植物"出发，通过换位只能得到"有些种子植物是被子植物"，不能得到"所有种子植物都是被子植物"。因为"被子植物"和"种子植物"二者外延大小不同，"种子植物"不一定是"被子植物"，不能简单换位。

② SEP↔PES。

全称否定命题"所有S都不是P"，通过换位推出"所有P都不是S"。其被换位命题与换位命题有同样的量，并且在逻辑上是等价的，这叫"简单换位"。即E命题的换位命题仍是一个E命题，它们可以通过换位有效地互推。

例1：若断言"所有行星不是自身发光的"，也就可以断言"所有自身发光的都不是行星"。这两个命题可以通过换位法进行有效的互推。

例2：从"所有的唯物论者都不是有神论者"，可以推出"所有有神论者都不是唯物论者"。这两个命题也可以通过换位法进行有效的互推。

③ SIP↔PIS。

特称肯定命题"有的S是P"，通过换位推出"有的P是S"。其被换位命题与换位命题在逻辑上是等价的，这也是"简单换位"。即I命题的换位命题仍是一个I命题，它们可以通过换位有效地互推。

例1："有的哺乳动物是卵生动物"与"有的卵生动物是哺乳动物"在逻辑上也是等价的，可以通过换位从其中一个有效地推出另一个。

例2：从"有些低碳经济是绿色经济"，可以推出"有些绿色经济是低碳经济"。这两个命题也可以通过换位法进行有效的互推。

④ SOP不能换位。

特称否定命题"有的S不是P"，不能通过换位推出"有的P不是S"。

因为SOP换位为POS，S就由特称命题的主项（不周延）变为否定命题的谓项（周延）了，违反换位规则，有可能由真命题得到假命题。

例1："有些科研工作者不是科学家"这样的否定命题，换位后还应是否定命题，即"所有的科学家都不是科研工作者"或"有的科学家不是科研工作者"，而否定命题的谓项都周延，这样一来，原命题中不周延的项（"科研工作者"）在换位后的命题中变得周延了。这就犯了不当扩大外延的错误。因此，特称否定命题都不能换位。

例2：真命题"有些种子植物不是被子植物"，若换位就会得到假命题"有些被子植物不是种子植物"。

关于直言命题A、E、I、O四种命题的换位情况，可概括并举例如下表：

原命题	换位命题	举例
SAP	PIS	所有金属都是导体，所以，有的导体是金属
SEP	PES	所有金属都不是绝缘体，所以，所有绝缘体都不是金属
SIP	PIS	有的金属是液体，所以，有的液体是金属
SOP	不能换位	"有的导体不是金属"不能换位为"有的金属不是导体"

案例　倒过来说

逻辑学教师编写了下面一段相声：

甲：会说话的人可以把舌倒过来说。不信，我这就说。用人不疑，疑人不用；会者不难，难者不会；男人不是女人，女人不是男人。

乙：好啦，不必往下说了。这样倒过来说，我也会。你听，来者不善，善者不来；狗是动物，动物是狗。

甲：不对，不对。难道动物都是狗吗？　和尚都是剃光头的，但你不能说剃光头的都是和尚呀！

乙：怎么我倒过来说就不行了呢？还是您说，我再好好学学。

甲：好，您再听听。有医生是妇女，有妇女是医生；有学生是观众，有观众是学生。

乙：好了，好了，现在我真的会了。有姑娘是演员，有演员是姑娘。这可以吗？

甲：行，再往下说。

乙：好，有人不是演员，有演员不是人。

甲：咳！有您这样说话的吗？您自己就是演员，您不是人了？

分析：在日常表达中，有时在一句话顺着说了一遍后，还需要倒过来说一遍，这样才有助于把话说得更透彻。但不是所有人都能准确地把话倒过来说。

"倒过来说"在逻辑上就是换位法直接推理的运用。在上面这段相声中，乙两次闹笑话。乙之所以两次出洋相，是由于不懂得把话倒过来说，即没有掌握直言命题换位法推理的规则。

用人不疑，疑人不用，SEP可换成PES。

但不能从狗是动物推出动物是狗，SAP只能换成PIS，不能换成PAS。

有医生是妇女，有妇女是医生。SIP可换成PIS。

但不能从有人不是演员换成有演员不是人，SOP是不能换位的。

3.换质位法

换质位法也叫戾换法，是换质法和换位法的相继运用，即把换质法和换位法结合起来连续交互运用的命题变形法。通过换质推理得到的结论还可以进行换位，通过换位推理得到的结论还可以进行换质，当然要分别遵守它们的程序和规则。

运用换质位法时可以先换质，再换位，再换质，再换位……，也可以先换位，再换质，再换位，再换质……这关键是要看具体推理过程的需要，只要在换质、换位时遵守相应的规则即可。

通过换质位推理，我们可以从一个真的直言命题推出一系列必然真的新直言命题来，从而获得关于某类事物性质的全面、深刻的正确认识。

直言命题A、E、I、O四种命题的换质位情况，有以下有效形式：

（1）A命题的换质位

换质位法用于A命题是最有用的，换质位可以分为先换质和先换位两种推理路径。

① $SAP \rightarrow SE\neg P \rightarrow \neg PES \rightarrow \neg PA\neg S \rightarrow \neg SI\neg P \rightarrow \neg SOP$。

对A命题首先换质，再换位，然后再换质，到最后是特称否定命题而不能换位为止。

例1：S——蔬菜；P——含叶绿素

从"所有蔬菜都是含叶绿素的"	SAP
先换质，得到"所有蔬菜都不是不含叶绿素的"	$SE\neg P$
再换位，得到"所有不含有叶绿素的东西都不是蔬菜"	$\neg PES$
再换质，得到"所有不含有叶绿素的东西都是非蔬菜"	$\neg PA\neg S$
再换位，得到"有的非蔬菜是不含叶绿素的"	$\neg SI\neg P$
再换质，得到"有的非蔬菜不是含叶绿素的"	$\neg SOP$

例2：再列表举例如下：

序号	原命题 SAP	先换质 $SE\neg P$	再换位 $\neg PES$	再换质 $\neg PA\neg S$	再换位 $\neg SI\neg P$	再换质 $\neg SOP$
1	所有大学生都是青年	所有大学生都不是非青年	所有非青年都不是大学生	所有非青年都是非大学生	有些非大学生是非青年	有些非大学生不是青年

序号	原命题	先换质	再换位	再换质	再换位	再换质
	SAP	SE¬P	¬PES	¬PA¬S	¬SI¬P	¬SOP
2	所有科学家都是科研工作者	所有科学家都不是非科研工作者	所有非科研工作者都不是科学家	所有非科研工作者都是非科学家	有的非科学家是非科研工作者	有的非科学家不是科研工作者
3	所有被子植物都是种子植物	所有被子植物都不是非种子植物	所有非种子植物都不是被子植物	所有非种子植物都是非被子植物	有的非被子植物是非种子植物	有的非被子植物不是种子植物

案例　抢劫罪

1998年6月7日晚，魏某与两个同伴共开两辆货车拉沙子。路上，魏某以前面同向行驶的一辆山西货车靠了其汽车为借口追逐该车。待山西车停靠路边后，魏某将车停放在该车前面，故意找茬儿殴打该货车上的司机，抢走汽车钥匙和装有营运证、行驶证等手续的一个黑色皮包后驾车离去。检察院以魏某犯有抢劫罪提起公诉。

法院审理认为，本案的发生是因魏某原来去山西跑车时经常挨打受气，现在本地看到山西车后就想报复出气，其目的并不是为了非法占有他人财物。而根据《刑法》的有关规定，抢劫罪是以非法占有他人财物为目的的，因此不以非法占有他人财物为目的的不是抢劫罪。遂依据相关法律判决魏某犯有寻衅滋事罪。

分析：该法院根据我国《刑法》的有关规定，并运用了直言命题直接推理中的换质位法。其推理形式为：

抢劫罪是以非法占有他人财物为目的的　　　　　　SAP
先换质，抢劫罪不是不以非法占有他人财物为目的的　　SE¬P
再换位，不以非法占有他人财物为目的的不是抢劫罪　　¬PES
因此，人民法院的推理是合乎逻辑的。

摘自《法律逻辑学案例教程》

② SAP→PIS→PO¬S。

对A命题先换位，再换质，于是就从最初的"所有S是P"转化为"所有P都是非S"。

例1：从"所有蔬菜都是含叶绿素的"，

先换位，得到"有些含有叶绿素的东西是蔬菜"，再换质，得到"有些含有叶绿素的东西不是非蔬菜"。

例2：再列表举例如下：

序号	原命题	先换位	再换质
	SAP	PIS	PO¬S
1	所有大学生都是青年	有的青年是大学生	有的青年不是非大学生
2	所有科学家都是科研工作者	有的科研工作者是科学家	有的科研工作者不是非科学家
3	所有被子植物都是种子植物	有的种子植物是被子植物	有的种子植物不是非被子植物

（2）E命题的换质位

E命题的换质位可以分为如下先换质和先换位两种推理路径。

① SEP→SA¬P→¬PIS→¬PO¬S。

E命题"没有S是P"，换质后得A命题"所有S是非P"。一般说来，A命题只能进行限制换位，于是得到"有非P是S"，再换质得"有非P不是非S"。

例1：从"所有爬行动物都不是哺乳动物"　　　　SEP

先换质，得到"所有爬行动物都是非哺乳动物"　　SA¬P

再换位，得到"有的非哺乳动物是爬行动物"　　　¬PIS

再换质，得到"有的非哺乳动物不是非爬行动物"　¬PO¬S

例2：再列表举例如下：

序号	原命题	先换质	再换位	再换质
	SEP	SA¬P	¬PIS	¬PO¬S
1	所有宗教都不是科学	所有宗教都是非科学	有的非科学是宗教	有的非科学不是非宗教
2	所有孢子植物都不是种子植物	所有孢子植物都是非种子植物	有的非种子植物是孢子植物	有的非种子植物不是非孢子植物
3	凡有关国家机密的案件都不是公开审理的案件	凡有关国家机密的案件都是非公开审理的案件	有的非公开审理的案件是有关国家机密的案件	有的非公开审理的案件不是无关国家机密的案件

② SEP→PES→PA¬S→¬SIP→¬SO¬P。

对E命题先换位，再换质，再换位，再换质，于是就从最初的"所有S不是P"得到"有的非S是非P"。

例1：从"所有爬行动物都不是哺乳动物"　　　　SEP

先换位，得到"所有哺乳动物都不是爬行动物"　　PES

再换质，得到"所有哺乳动物都是非爬行动物"　　PA¬S

再换位，得到"有的非爬行动物是哺乳动物"　　　¬SIP

再换质，得到"有的非爬行动物不是非哺乳动物"　¬SO¬P

例2：再列表举例如下：

序号	原命题 SEP	先换位 PES	再换质 PA¬S	再换位 ¬SIP	再换质 ¬SO¬P
1	所有宗教都不是科学	所有科学都不是宗教	所有科学都是非宗教	有的非宗教是科学	有的非宗教不是非科学
2	所有孢子植物都不是种子植物	所有种子植物都不是孢子植物	所有种子植物都是非孢子植物	有的非孢子植物是种子植物	有的非孢子植物不是非种子植物
3	凡有关国家机密的案件都不是公开审理的案件	公开审理的案件都不是有关国家机密的案件	公开审理的案件都是无关国家机密的案件	有的不公开审理的案件是有关国家机密的案件	有的不公开审理的案件不是无关国家机密的案件

（3）I命题的换质位

I命题的换质位可以分为如下先换质和先换位两种推理路径。

① SIP→SO¬P（先换质，就不能得到换质位命题）。

I命题"有S是P"换质后得命题"有S不是非P"，后者一般不能有效换位。

例1：从"有些教授是科学家"，

换质后得到"有些教授不是非科学家"。

例2：从"有的哺乳动物是卵生动物"，

换质后得到"有些哺乳动物不是非卵生动物"。

② SIP→PIS→PO¬S。

例1：从"有些教授是科学家"，

先换位，得到"有些科学家是教授"。

再换质，得到"有些科学家不是非教授"。

例2：再列表举例如下：

序号	原命题 SIP	先换位 PIS	再换质 PO¬S
1	有的金属是液体	有的液体是金属	有的液体不是非金属
2	有的哺乳动物是卵生动物	有的卵生动物是哺乳动物	有的卵生动物不是非哺乳动物
3	有的等腰三角形是直角三角形	有的直角三角形是等腰三角形	有的直角三角形不是非等腰三角形

（4）O命题的换质位

O命题的换质位可以考察如下先换质和先换位两种推理路径。

① SOP→SI¬P→¬PIS→¬PO¬S。

可把其中的推论用公式表示为：从"有S不是P"换质得"有S是非P"，再换位得"有非P是S"，继续换质得"有非P不是非S"（换质位命题）。

例1：从"有些科学家不是受过正规高等教育的" SOP

先换质，得到"有些科学家是未受过正规高等教育的" SI¬P

再换位，得到"有些未受过正规高等教育的人是科学家" ¬PIS

再换质，得到"有些未受过正规高等教育的人不是非科学家" ¬PO¬S

例2：再列表举例如下：

序号	原命题 SOP	先换质 SI¬P	再换位 ¬PIS	再换质 ¬PO¬S
1	有些便宜货不是假货	有些便宜货是真货	有些真货是便宜货	有些真货不是非便宜货
2	有些爱吃辣椒的不是湖南人	有些爱吃辣椒的是非湖南人	有些非湖南人是爱吃辣椒的	有些非湖南人不是不爱吃辣椒的
3	有的哺乳动物不是胎生的	有的哺乳动物是非胎生的	有的非胎生动物是哺乳动物	有的非胎生动物不是非哺乳动物

② SOP→（不能先换位）。

特称否定命题"有的S不是P"不能通过换位推出"有的P不是S"。

4. 注意事项

① 传统逻辑中的换质位法，是假设了S、P、¬S和¬P分别表示的事物都是存在的，即它们都不是"空类"。如果不满足这个假设，那么换质位后就可能由真的前提推出假的结论。

例如：我们由"所有有机物都是发展变化的"（SAP），通过连续换质位就得到"有些非有机物（即无机物）是不发展变化的"（¬SI¬P）。显然，这里前提是真的，而且换质位是符合逻辑规则的，但得出的结论却是假的。问题就出在"不发展变化的"即"¬P"所表示的事物是不存在的，是空类。

② 通过限制性换质位法，我们可从一个E命题推得一个O命题，即从"没有S是P"推出"有非P不是非S"，这与限制换位有同样的特点。由于从全称命题只能推特称命题，结果得到的换质位命题与原命题意义不同，与作为原命题的E命题逻辑上不等价。而A命题的换质位命题仍是A命题，O命题的换质位命题仍是O命题，在这两种情况下，换质位命题与其前提是等值的。

③ 若要解决关于命题之间关系的某些问题，最好的方法就是研究从其中一个可以推得另一个的各种直接推论。

例如：如果"所有两栖动物都是卵生动物"为真，是否可以推知"没有非两栖动物是非卵生动物"的真假情况？在此可以给出一个有用的方法，就是尽可能从给定命题推出多个有效结论，来看要考察的命题——或其矛盾命题和反对命题——是否能从为真的原命题有效地推出。

分析：上面的例子中，已知"所有S是P"，我们可以有效地推出其换质位命题"所有非P是非S"，再限制换位得"有非S是非P"。按照传统逻辑，它是已知命题的有效结论，因此是真的。根据逻辑方阵，它与被考察的命题"没有非S是非P"为矛盾关系，因此被考察的命题"没有非两栖动物是非卵生动物"就是假的。

一个有效推理，如果前提为真，其结论必然为真。但如果前提为假，结论却可能为真。因此，如果已知一个命题为假，那么另一个（与之有关系的）命题的真假情况就成了问题。比较好的方法是，从已知命题的矛盾命题或被考察命题本身着手。因为一个假命题的矛盾命题必然为真，所有从后者开始的有效推理也必然是真命题。而如果从被考察命题能够推出已知为假的命题，那么它本身也必然是假的。

例1：生物处于污染条件下，可以通过结合固定、代谢解毒、分室作用等过程将污染物在体内富集、解毒。其中生物的解毒能力是生物抗性的基础，解毒能力强的生物都具有抗性，但解毒能力不是抗性的全部，抗性强的生物不一定解毒能力就强。

由此可以推出以下哪项？

Ⅰ.解毒能力不强的生物不具有抗性。

Ⅱ.具有抗性的生物一定具有较强的解毒能力。

Ⅲ.不具有抗性的生物解毒能力一定不强。

分析：本题涉及直言命题的变形推理：SAP=¬PA¬S

从上文断定"解毒能力强的生物都具有抗性"，通过换质位，可推出"不具有抗性的生物解毒能力一定不强"。因此，Ⅲ项正确。其余两项不能由上文必然推出。

例2：出于安全考虑，使用年限超过10年的电梯必须更换钢索，在必须更换钢索的电梯中有一些是S品牌的，所有的S品牌电梯都不存在安全隐患。

由此可以推出：

Ⅰ.所有必须更换钢索的电梯使用年限都超过了10年。

Ⅱ.有些S品牌的电梯必须更换钢索。

Ⅲ.有些S品牌的电梯不需要更换钢索。

分析：本题涉及直言命题的变形推理：SIP→PIS

根据"在必须更换钢索的电梯中有一些是S品牌的"可以推出"有些S品牌的电梯必须更换钢索"，Ⅱ项正确。

其余两项都不能从上文推出。其中：

Ⅰ项，"所有的S都是P"，不能推出"所有的P都是S"。

Ⅲ项，"有的S是P"不能推出"有的P不是S"。

例3：清华大学的学生都是严格选出来的。其中，有些学生是南方人；有些学生学理科，有些学生学文科；有些学生今后将成为杰出人士。

以下哪些命题能够从前提推出？

Ⅰ.并非所有清华学生都不是南方人。

Ⅱ.并非所有学文科的都是非清华学生。

Ⅲ.有些今后不会成为杰出人士的人不是清华学生。

分析：

从"有些清华学生是南方人"，根据对当关系推理，可以推出来Ⅰ项。

从"有些清华学生学文科"出发，通过连续的换位质，SIP→PIS→PO¬S，可以推出"有些学文科的不是非清华学生"，再根据对当关系，可以推出Ⅱ项。

从"有些清华学生今后将成为杰出人士"出发，经过换质，可以推出"有些清华学生不是今后不会成为杰出人士的人"，而后者不能换位为Ⅲ项。

第四章

三段论

三段论是演绎推理的常见模式。所谓演绎推理，就是真前提必然得真结论的推理，即前提真，且形式有效，则结论必真。广义的三段论是由两个前提（大前提和小前提）和一个结论组成的演绎推理。一般形式是：

前提：P，Q；结论：R

案例　上帝存在的本体论证明

"关于上帝存在的本体论证明"源于中世纪，17世纪法国哲学家笛卡儿进一步发挥，做出了如下证明：

"上帝是无限的，即上帝具有一切性质。（1）

存在是性质的一种。（2）

所以，上帝具有存在性，即上帝存在。"

分析：大前提（1）错误。上帝不可能具有一切性质，因为上帝不可能是万能的。"上帝能不能创造一块他自己举不起来的石头"即可证明。如果你回答"能"，则说明有一块石头上帝搬不动，即上帝不是万能的。如果你回答"不能"，则说明上帝创造不出一块它自己搬不动的石头，即上帝不是万能的。所以，上帝不可能具有一切性质。

批判的矛头同时指向前提（2），认为存在并不是性质（谓词）。否则，不存在也是性质。

演绎推理包括直接推理、选言推理、假言推理等多种推理形式，因为它们都是由三个在结构上完全相似的判断组成的，所以在具体应用中又被分别称为直言三段论、假言三段论、选言三段论等。

本章所述为狭义的三段论，即直言三段论。一个三段论是直言三段论，是因为其所包含的命题都是直言命题，即都是肯定或否定概念之间、类之间的包含或排斥关系。

第一节　结构形式

直言三段论是由包含一个共同的项的两个直言命题推出一个新的直言命题的推理。由于直言命题又叫性质命题，所以直言三段论又叫性质三段论。

一、三段论的结构组成

三段论是常见的科学思维方法之一，是以一个一般性原则（大前提）以及一个附属于一般性原则的特殊化陈述（小前提），引申出一个符合一般性原则的特殊化陈述（结论）的过程。

1. 三段论的组成

三段论由大前提、小前提和结论组成，具体包括：一个包含大项和中项的命题（大前提）、一个包含小项和中项的命题（小前提）以及一个包含小项和大项的命题（结论）三部分。

例如：

所有的偶蹄目动物都是脊椎动物，

所有的牛都是偶蹄目动物，

所以，所有的牛都是脊椎动物。

其中，结论中的主项叫作小项，用"S"表示，如上例中的"牛"；

结论中的谓项叫作大项，用"P"表示，如上例中的"脊椎动物"；

两个前提中共有的项叫作中项，用"M"表示，如上例中的"偶蹄目动物"。

在三段论中，含有大项的前提叫大前提，如上例中的"所有的偶蹄目动物都是脊椎动物"；含有小项的前提叫小前提，如上例中的"所有的牛都是偶蹄目动物"。

这个推理就是三段论。三段论推理是根据两个前提所表明的中项M与大项P和小项S之间的关系，通过中项M的媒介作用，从而推导出确定小项S与大项P之间关系的结论。

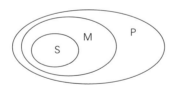

如果注意这些项所指的对象范围（外延），就会发现它们的大小是按照S<M<P的顺序排列的。由于这种外延关系，所以分别称之为小项、中项和大项。

案例　食草动物

居维叶（1769—1832）是法国古生物学家，又是比较解剖学的奠基者。有一次，他在睡午觉，被一阵怪里怪气的声音吵醒了。他发现窗口上有一个狰狞怪物，便仔细打量了一番，只见那怪物头上长角，脚上一双蹄子，于是笑道："有角和蹄子的动物呀，都不是吃肉的。我才不怕呢。"说完又高枕而卧。这是一个调皮学生在跟老师捣蛋，但他没料到西洋镜这样轻易被戳穿。原来，根据比较解剖学，食草动物外表的特点是有蹄子，而凡是有蹄子的动物都有食草特性而且性情温和。因此，在居维叶脑子里很快就形成了一个正确的三段论推理：

> 凡是有角和蹄子的动物都是不吃肉的，
>
> 这个动物是有角和蹄子的动物，
>
> 所以，这个动物是不吃肉的。

2. 三段论的格

由于中项在前提中位置的不同而形成的三段论的各种形式称作三段论的格。如果中项在前提中的位置确定了，那么大项、小项的位置也随之可以确定了。因此，三段论的格也可以定义为由于各个项在前提中位置的不同而形成的各不相同的三段论形式。

按照语言描述的顺序决定的大项、小项、中项在三段论中不同的位置分布，根据中项在前提中的不同位置，三段论可分为以下四个格：

第一格	第二格	第三格	第四格
M—P	P—M	M—P	P—M
S—M	S—M	M—S	M—S
S—P	S—P	S—P	S—P

可见，在这四个格中，结论中的主项和谓项的位置（在下面）是固定的。这些格的主要区别是，前提中的中项的位置不同。其中，第一格的主谓项前提与结论没有发生变化，第二格的中项都是谓项，第三格的中项都是主项，第四格的主谓项位置都发生颠倒。

例如：

第一格举例如下：

所有的生物都是能够进行新陈代谢的，人是一种生物，所以，人是能够进行新陈代谢的。

第二格举例如下：

绿色植物都是能进行光合作用的，鸟类不能进行光合作用，所以鸟类不是绿色植物。

第三格举例如下：

蛇是一种爬行动物，蛇是要冬眠的，所以，需要冬眠的动物是爬行动物。

第四格举例如下：

有的水生动物是海豚，所有海豚是哺乳动物，所以，有的哺乳动物是水生动物。

3. 三段论的式

同一格的三段论也有差异，即它们的前提和结论中所涉及的直言命题的量词（全称、特称）和质（肯定、否定）是不同的，也就是说它们的"式"是不同的。

三段论的式就是构成三段论前提和结论的直言命题的组合形式。即，由于A、E、I、O四种命题在前提和结论中组合的不同而形成的三段论的各种形式称为三段论的式。例如，如果有一个三段论，其大前提为E命题，小前提为A命题，结论为O命题，那么这个三段论的式为EAO式。

例1：所有的绿叶植物都是富含维生素的，所有的油麦菜都是绿叶植物；所以，所有的油麦菜都是富含维生素的。（第一格AAA式）

例2：所有的偶蹄目动物都不是昆虫，牛是偶蹄目动物；所以牛都不是昆虫。（第一格EAE式）

例3：所有商品都是用来交换的，所有封建地租都不是用来交换的；所以所有封建地租都不是商品。（第二格AEE式）

例4：鸵鸟不会飞，鸵鸟是鸟；所以一些鸟不会飞。（第三格EAO式）

例5：有些不会飞的动物是鸵鸟，鸵鸟是鸟；所以有的鸟是不会飞的动物。（第四格IAI式）

阅读 三段论的可能式和有效式

逻辑学把单称命题作为一种特殊的全称命题处理。因为从对主项概念的断定看，全称和单称命题有共同性，即都具有周延性。在三段论中，单称判断常常作全称处理。

由于三段论的大、小前提及结论均可为A、E、I、O四种命题，其组合数量是：4×4×4=64。因此，就其可能性而言，每格有64个式。由于三段论有四个格，因此三段论的可能式有4×64=256个。

当然，三段论的可能式，并非都是有效的。事实上，其大部分是无效的。经后续的三段论规则的检验，符合三段论规则的有效式只有24

个，其余为无效式。

三段论的24个有效式如下表：

第一格	第二格	第三格	第四格
AAA	AEE	AAI	AAI
EAE	EAE	EAO	EAO
AII	AOO	AII	AEE
EIO	EIO	EIO	EIO
（AAI）	（AEO）	IAI	IAI
（EAO）	（EAO）	OAO	（AEO）

验证一个三段论正确的方法是：一个三段论是有效的，必须实现，当且仅当它是这24个有效式中的一个。

上述24个有效式中，有5个带括号，称为弱式。所谓弱式，是指本来可以得出全称的结论，却只得出了特称的结论。在逻辑学中，可以不把弱式看成是独立的有效式。这样，如果不算5个弱式，三段论共有19个"有效式"。

三段论的各个有效式，其实没必要一个个地熟记。其实，判定三段论是否有效，依据后续讲解的三段论的推理规则或者图示法就可以正确判断了。

二、三段论的标准形式

直言三段论是由三个直言命题组成、能够被翻译成标准形式的演绎论证。

1.标准形式三段论的满足条件

标准形式的直言三段论符合下面四个条件：

① 所有三个陈述都是标准形式的直言命题。

② 每个词项的两次出现都是相同的。

③ 在整个论证中每个词项始终在同一意义上被使用。

④ 首先列出大前提，其次列出小前提，最后列出结论。

例如：下面的三段论由于违反第四个条件而不具标准形式：

所有的外科医生都是医术精湛的医生。

有的外科医生是协和医科大学八年制的博士毕业生。

所以，有些医术精湛的医生是协和医科大学八年制的博士毕业生。

把这个三段论弄成标准形式，则须颠倒前提的次序。必须首先列出大前提

（含有作为结论的谓项的"协和医科大学八年制的博士毕业生"的那个前提），其次列出小前提（含有作为结论的主项的"医术精湛的医生"的那个）。

2. 三段论结构分析的方法步骤

给出一个三段论，要能准确地分析出它的标准形式结构，其分析步骤如下：

① 首先找出结论，确定大项P和小项S。

根据逻辑联结词或论述重心来确定三句话中哪一句为结论，注意结论不一定是最后一句话，也可以是第一或第二句话。

确定了结论，也就确定了S、P：

结论的谓项为P，即三段论的大项；

结论的主项为S，即三段论的小项。

② 然后确定中项M和大、小前提。

剩下的两句话为大、小前提，其共有的项即为中项M。

确定大前提，即含有大项P的前提；

确定小前提，即含有小项S的前提。

③ 再将三段论写成标准的形式结构。

列出三段论的顺序：第一位是大前提，第二位是小前提，结论在最后。

最后分别确定大前提、小前提和结论的AEIO判断类型，并写出它们的标准形式，也就确定了这个三段论的式与格。

注意：

第一，大、小前提的顺序不影响三段论结构；

第二，如果三段论不是三个概念，其中出现相反的概念，把它们转化为三个概念，化为标准形式；

第三，在三段论中，单称判断近似作全称处理。

例1：写出以下三段论的结构形式

没有核潜艇是商船，所以，没有战船是商船，因为所有核潜艇是战船。

分析：

第一步：找出结论，确定大、小项

结论是"没有战船是商船"。

"商船"是结论的谓项，因此是整个三段论的大项。

"战船"是结论的主项，因此是整个三段论的小项。

第二步：确定中项和大、小前提

除结论外的剩下两个命题为前提，其共有的项"核潜艇"为中项。

大前提即含有大项的前提，是"没有核潜艇是商船"。

小前提即含有小项的前提，是"所有核潜艇是战船"。

第三步：写成标准形式

没有核潜艇是商船，

所有核潜艇是战船，

所以，没有战船是商船。

最后抽象成标准的形式结构：

MEP

<u>MAS</u>

SEP

此三段论的三个命题依次为：E命题、A命题和E命题。中项"核潜艇"在两个前提中都做主项，所以，这个三段论为第三格。总之，此三段论的式与格是：第三格EAE式。

例2：所有的克里特岛人都说谎，约翰是克里特岛人，所以，约翰说谎。

上述三段论的推理结构是：MAP，SAM；所以SAP。

（其中S为"约翰"，单称近似作全称；M为"克里特岛人"；P为"说谎"）

例3：会走路的动物都有腿，桌子有腿，所以，桌子是会走路的动物。

上述三段论的推理结构是：PAM，SAM；所以SAP。

（其中S为"桌"子；M为"有腿"；P为"会走路的动物"）

案例　谋财杀人案

查理是个亿万富翁，有一天，他两岁的独生子突然失踪了，不久查理也暴病身亡。查理的妻子玛丽继承了丈夫的全部遗产。但玛丽有严重的心脏病，随时都可能死去。她日夜盼望失踪的儿子归来。十年后，她失踪的"儿子"回来了，脖子上挂着一个带有金项链的金盒子，小盒子里嵌着母亲玛丽的照片。玛丽验证后，确实无误，悲喜交集，就认下了儿子，并准备立一份她死后由儿子继承全部财产的遗嘱。玛丽的朋友建议她先化验一下儿子的血型再立遗嘱。遗憾的是，为他家服务多年的家庭医生一个月前辞职了。她们只得到医院去化验，经过化验，新来的儿子是A型血，玛丽是O型血，按照血型遗传法则，O型血的母亲是可以生出A型血的子女的。但是只知道母亲一方的血型，还不能完全断定儿子的真假，而其父查理已死多年，除了家庭医生谁也不知道查理的血型，可家庭医生辞职后已不知去向。但聪明的玛丽千方百计查找到了早已故去的查理父母的血型，其父母都是O型。按照血型遗传法则，父母双方都是O型血的，子女只能是O型血，所以查理必然是O型血。

查理是O型，玛丽是O型，那么他们的儿子也应该是O型，而新来的少年是A型。因此可以断定：这个新来的少年不是十年前玛丽失踪的儿子。这些疑团使玛丽下决心把这件事情查个水落石出。最后真相大白：原来十年前她儿子的失踪，她丈夫的暴病而亡，十年后"儿子"的归来，都是家庭医生精心策划的骗局。如果不是查清了查理的血型，就无法识破这个骗局，查理的亿万财产就会被家庭医生窃取。

分析：三段论推理是根据已知的一般原理、普遍规则，推断到尚未认知的特殊事例，从而获得关于特殊事例的新知识。在进行上述三段论推理之前，查理的血型怎么样、他们儿子的血型怎么样、新来的少年是不是他们的儿子，这些特殊事例的情况都是未知的。通过三段论推理，才获得了关于这些特殊事例的新知识，而获得这些新知识是解决问题的关键所在。

首先，确定查理的血型，运用的是三段论推理的第一格：凡父母均为O型血的子女为O型血，查理是父母均为O型血的子女，所以，查理是O型血。

其次，确定查理夫妇儿子的血型，运用的也是三段论推理的第一格：凡父母均为O型血的子女是O型血，查理夫妇的儿子是父母均为O型血的子女，所以，查理夫妇的儿子是O型血。

再次，确定新来的少年不是查理夫妇的儿子，运用的是三段论推理的第二格：查理夫妇的儿子是O型血，新来的少年不是O型血（是A型），所以，新来的少年不是查理夫妇的儿子。

3. 三段论推理结构比较

三段论结构比较着重考虑从具体的、有内容的思维过程的论述中抽象出一般形式结构，即用命题变项表示其中的单个命题，或用词项变项表示直言命题中的词项，每一个推理中相同的命题或词项用相同的变项表示，不同的命题或词项用不同的变项表示。进行三段论的结构比较时只需考虑抽象出推理结构和形式，而无需考虑其叙述内容的真实与否。

例1：所有的金属都导电，铁导电，所以，铁是金属。

以下哪项与上述推理结构最为相似？

I.所有的金属都导电，铜是金属，所以，铜导电。

Ⅱ.所有的鸟都是动物，人是动物，所以，人是鸟。

Ⅲ.所有的鸟都不是植物，麻雀是鸟，所以麻雀不是植物。

分析：这需要比较上文和各项的推理结构，下面是其标准化后的三段论结构：

上文推理结构为：PAM，SaM，所以，SaP。

Ⅰ项推理结构为：MAP，SaM，所以，SaP。

Ⅱ项推理结构为：PAM，SaM，所以，SaP。

Ⅲ项推理结构为：MEP，SaM，所以，SeP。

可见，只有第Ⅱ项与上文结构相同。

例2：科学不是宗教，宗教都主张信仰，所以主张信仰都不科学。

以下哪项最能说明上述推理不成立？

Ⅰ.所有渴望成功的人都必须努力工作，我不渴望成功，所以我不必努力工作。

Ⅱ.商品都有使用价值，空气当然有使用价值，所以空气当然是商品。

Ⅲ.台湾同胞不是北京人，北京人都说汉语，所以，说汉语的人都不是台湾同胞。

分析：这需要比较上文和各项的推理结构，下面是其标准化后的三段论结构：

上文的推理结构是：PEM，MAS，所以，SEP。

Ⅰ项的推理结构是：MAP，SeM，所以，SeP。

Ⅱ项的推理结构是：PAM，SAM，所以，SAP。

Ⅲ项的推理结构是：PEM，MAS，所以，SEP。

可见，只有第Ⅲ项与上文结构相同，同时该项的推理明显的前提真而结论假。因此，该项最能说明上文的推理不成立。

例3：患红绿色盲的人不可能分辨绿色和褐色，G不能分辨绿色和褐色，所以，G是患红绿色盲的人。

以下哪项中的推理与上述论证最相似？

Ⅰ.白皮肤的人易于被太阳灼伤，W是白皮肤，所以，W易于被太阳灼伤。

Ⅱ.患鼻窦炎的人不能辨别味道，M不能辨别味道，所以，M是患鼻窦炎的人。

Ⅲ.肝炎患者不能献血，J是献血者，所以，J没有患肝炎。

分析：这需要比较上文和各项的推理结构，下面是其标准化后的三段论结构：

上文的推理结构是：PEM，SeM，所以，SaP。

Ⅰ项的推理结构是：PAM，SaM，所以，SaP。

Ⅱ项的推理结构是：PEM，SeM，所以，SaP。

Ⅲ项的推理结构是：PEM，SaM，所以，SeP。

可见，只有第Ⅱ项与上文结构相同。

第二节　有效评判

判断一个直言三段论推理是否有效，主要有以下两种方法：

一是，规则判定法。对一个标准形式的直言三段论，它是否有效可以通过检视其形式来确定，即根据三段论必须遵守的推理规则，判定一个具体的三段论是否有效。如果一个三段论是非标准形式，必须先进行标准式化归，转成标准形式的直言三段论之后再去根据推理规则进行判定。

二是，图解判定法。即用图示法（比如欧拉图）去辅助判定一个三段论是否有效。

一、三段论的推理规则

一个三段论并非都能推得其结论，为避免推理错误，人们制定了一系列规则用来规范三段论推理。在三段论论证中，必须谨防违反推理规则，避免产生谬误。三段论谬误是指无效的直言三段论推理，即违反直言三段论的推理规则所犯的谬误。

三段论规则是进行三段论推理时必须遵守的规则，违反三段论的任一条规则，都不能得出正确的结论。三段论规则可分为关于词项的规则和关于前提的规则两个部分。

（一）关于词项的规则

关于词项的规则包括两个方面：

一方面有且只有三个不同的项。

另一方面，要满足词项的周延性：①中项在前提中至少周延一次；②在前提中不周延的项在结论中也不得周延。

具体包括以下三条规则：

规则1：在一个三段论中，必须有而且只能有三个项。

这个规则的依据是一个有效的标准式直言三段论必须仅仅包含三个项，即大项、中项和小项，三段论的实质就是借助于一个共同项即中项作为媒介，使大小项发生逻辑关系，从而导出结论。如果一个三段论只有两个词项或有四个词项，那么大小项就找不到一个联系的共同项，因而无从确定大小项之间的关系。因此，一个正确的三段论仅允许有三个不同的词项。在整个论证中，每一个项都须在相同的意义上使用。即三个项所对应的三个概念，在其分别重复出现的两次中，所指的必须是同一个对象，具有同一的外延。

违背这条推理规则，就要犯"四概念错误"。所谓四概念的错误就是指在一个三段论中出现了四个不同的概念。这种谬误通常源于语词歧义，即用同一个词或短语表达两种不同的含义。最常见的是中项的含义发生转换，中项的概念未保持同一，即同一个词以某种用法与小项发生联系，而以另一种用法与大项发生联系。这样一来，与结论中的两个项发生联系的是两个不同的项（而不是同一个中项），所以结论断定的关系也就不能成立。

例1：我国的大学是分布于全国各地的；清华大学是我国的大学；所以，清华大学是分布于全国各地的。

分析：这个三段论的结论显然是错误的，但其两个前提都是真的。为什么会由两个真的前提推出一个假的结论来了呢？原因就在中项（"我国的大学"）未保持同一，出现了四概念的错误。即"我国的大学"这个语词在两个前提中所表示的概念是不同的。在大前提中它是表示我国的大学总体，表示的是一个集合概念。而在小前提中，它可以分别指我国大学中的某一所大学，表示的不是集合概念，而是一个个体概念。因此，它在两次重复出现时，实际上表示两个不同的概念。这样，以其作为中项，也就无法将大项和小项必然地联系起来而推出正确的结论。

例2：某食品公司的负责人因发售出去大批变了质的鲮鱼罐头，而被告发。这位被告在法庭上对于出售变质鲮鱼罐头的事实完全承认，但他为自己辩护说：保证公司的利益是作为一个公司负责人的责任；我出售变了质的鲮鱼罐头就是为了保证公司的利益；所以，我这样做是尽自己作为一个公司负责人的责任。

分析：大前提中的"公司利益"是指合法的利益；而在小前提中的"公司利益"则是非法的利益；两个前提中的"公司利益"虽是同一个词，但实际上却是两个不同的概念。

案例　有角论证

你没有失去的东西，就是你具有的东西；你没有失去角；所以，你头上有角。

分析：这则论证是古希腊的诡辩家欧布利德的诡辩"你头上有角"，我们将其整理成下面一个三段论的形式：

凡是你没有失去的东西就是你具有的东西；

角是你没有失去的东西；

所以，角是你具有的东西。

在这个三段论中，中项"你没有失去的东西"在大前提中是指"原来你有这种东西"，在小前提中是指"原来你没有的东西"。原来没有的东西无所谓"失去"。显然，这则论证犯了"四概念错误"。

规则2：中项在前提中必须至少周延一次。

这个规则的依据是小项和大项之间的联系需要中项做中介。而要建立这种联系，结论的主项或者谓项就必须与中项所指称类的全部对象相关联。

违背这条推理规则，就要犯"中项不周延"谬误。因为如果中项在前提中一次也没有周延，那么，中项在大、小前提中将会出现部分外延与大项相联系，并且部分外延与小项相联系，这样大、小项的关系就无法确定。因而推出结论所需要的词项关联就不能建立，从而无法通过推理得出确定的结论。

例1：大学生都是青年，小张是青年；所以小张是大学生。

这个三段论是无法得出确定结论的。原因在于作为中项的"青年"在前提中一次也没有周延（在两个前提中，都只断定了"大学生""小张"是"青年"的一部分对象），因而"小张"和"大学生"究竟处于何种关系就无法确定，也就无法得出必然的确定结论。

例2：一切金属都是可塑的，塑料是可塑的；所以，塑料是金属。

在这个三段论中，中项的"可塑的"在两个前提中一次也没有周延（在两个前提中，都只断定了"金属""塑料"是"可塑的"的一部分对象），因而"塑料"和"金属"究竟处于何种关系就无法确定，也就无法得出必然的确定结论，所以这个推理是错误的。

案例　绅士

富兰克林（18世纪美国著名科学家）有一次曾十分鄙夷地对客人说："绅士都是些能吃、能喝、又能睡，可什么也不干的东西。"这话让他的仆人听到了。

> 过了几天，仆人对富兰克林说："主人，我现在终于明白了原来猪都是绅士，因为它们都是些能吃、能喝、又能睡，可什么也不干的东西。"
>
> 富兰克林听后大笑起来。
>
> 分析：在这则笑话中，仆人的推理是这样的："绅士都是能吃、能喝、又能睡，可什么也不干的东西，猪都是能吃、能喝、又能睡，可什么也不干的东西；所以，猪都是绅士。"
>
> 仆人的逻辑错误在于违反了"中项在前提中必须周延一次"的逻辑规则。

规则3：在前提中不周延的词项，在结论中不得周延。

这个规则的依据是有效的论证要求其前提必须能合乎逻辑地推出结论，结论绝不能比前提断定得更多。

违背这条推理规则，就要犯"不当周延"的谬误。因为如果前提中的大项或小项是不周延的，那么它们的大项或小项的外延就没有被全部断定，若结论中的大项或小项变为周延的，那么就等于断定了大项或小项的全部外延。这样，就造成了前后不一致，结论所断定的对象范围就超出了前提所断定的对象范围，结论所断定的就不是从前提中所必然推出的，前提的真实就不能保证结论的必然真实，也就不能得出必然的结论。"不当周延"的谬误可分为两类：

（1）大项不当周延

"大项不当周延"也叫"大项不当扩大"或"非法大项"，举例如下。

例1：金属都是导电体，橡胶不是金属，所以橡胶不是导电体。

分析：这个论证不对，"导电体"在前提中不周延，但在结论中周延了，所以此处的谬误就是"非法大项"。

例2：所有的狗是动物，没有猫是狗，所以，没有猫是动物。

分析：很明显，这个论证是不对的，但错在哪里呢？就错在结论是对所有动物的断言，即结论断定的是所有动物都在猫的类之外，而前提并没有对所有动物做出断言，故结论不当地超出了前提的断定。

例3：科学家需要懂得科学思维方法，我不是科学家；所以，我不需要懂得科学思维方法。

分析：这个推理从逻辑上说错在哪里呢？主要错在"需要懂得科学思维方法"这个大项在大前提中是不周延的（即"科学家"只是"需要懂得科学思维方法"中的一部分人，而不是全部），而在结论中却周延了（成了否定命题的谓项）。这就是说，它的结论所断定的对象范围超出了前提所断定的对象范围，因而在这一推理中，结论就不是由其前提所能推出的。其前提的真也就不能保证结论的真。这种错误逻辑上称为"大项不当扩大"。

（2）小项不当周延

"小项不当周延"也叫"小项不当扩大"或"非法小项"，举例如下。

例1：凡薯类都是高产作物，凡薯类都是杂粮；所以，凡杂粮都是高产作物。

在这个三段论推理中，小前提是一个肯定判断，因而小项"杂粮"在小前提中是不周延的。但是，结论是一个全称判断，小项"杂粮"在结论中却是周延的。因此，这个三段论推理的结论不是必然地推导出来的，它犯了"小项不当周延"的逻辑错误。

例2：所有传统教徒都是原教旨主义者，所有传统教徒都是宽容堕胎行为的；所以，所有宽容堕胎行为的都是原教旨主义者。

我们立刻会感觉到这个论证也有问题，其错误就在于：结论断定了所有堕胎行为的宽容者，而在前提中并没有这样的断言，没有述及所有宽容堕胎行为者的情况。这样，结论就不能为前提所担保。这个例子中"宽容堕胎行为的"是小项，所以此处的谬误就是"非法小项"。

案例　吃鱼的好处

甲："吃鱼的好处是什么？"

乙："可以预防近视"。

甲："为什么？"

乙："你见过猫有近视的吗？"

分析：在这段对话中，乙的话隐含着这样一个直言推理：

猫都不是近视的，猫都是吃鱼的；所以，吃鱼的都不近视。

猫都是吃鱼的，"吃鱼的"这个小项在小前提中是肯定判断的谓项，不周延；

吃鱼的都不近视，"吃鱼的"变成全称判断的主项，周延了。

乙的推理把只断定部分外延的项，扩大为断定全部外延，犯了"小项不当周延（小项扩大）"的逻辑错误。

（二）关于前提的规则

关于前提的规则也包括两个方面：

一方面，要有正确的质（肯定或否定）：①两句前提都否定，得不出结论；②两句前提一肯定一否定，结论必然否定；③两句前提都肯定，结论必然肯定。

另一方面，要有正确的量（全称或特称）：①两句前提都特称，得不出结论；②两句前提一全称一特称，结论必然特称；③两句前提都全称，结论必然全称。

具体包括以下四条规则：

规则4：两个否定前提推不出结论。

这个规则的依据是直言否定命题都否认类的包含关系，断定一个类的部分或者全部被排除在另一类的全体之外，因此，由两个断定这种排斥性的前提不能得出结论中的联系。

违背这条推理规则，就要犯"两个否定前提"谬误。因为如果两个前提都是否定的，那么中项同大、小项都发生排斥。这样，中项就无法起到联结大、小前提的作用，小项同大项的关系也就无法确定，因而推不出结论。

例1：中学生不是大学生，这些学生不是中学生；所以，这些学生？

分析：上例不能推出必然性的结论，因为，如果推出"这些学生是大学生"，但也有可能这些学生刚好是小学生呢，小学生显然也不是中学生；如果推出"这些学生不是大学生"，但也有可能这些学生刚好是大学生呢，大学生显然也不是中学生。

例2：请分析下面两例的推理是否正确：

① 铜都不是绝缘体，铁不是铜，所以铁不是绝缘体。

② 羊不是肉食动物，虎不是羊，所以虎不是肉食动物。

分析：上面两例的前提都是真实的，但都有"两个否定前提"，由于形式无效，所以推出的结论不具有必然性。

规则5：前提之一是否定的，结论也应当是否定的。如果结论是否定的，则前提中必有一个是否定的。

这条规则的依据如下：

第一，如果前提中有一个是否定命题，另一个则必然是肯定命题（否则，两个否定命题不能得出必然结论）。这样，中项在前提中就必然与一个项（大项或小项）是否定关系，与另一个项是肯定关系。这样，大项和小项通过中项联系起来的关系自然也就只能是一种否定关系，因而结论必然是否定的了。

第二，如果结论是否定的，那一定是由于前提中的大、小项有一个和中项结合，而另一个和中项排斥。这样，大项或小项同中项相排斥的那个前提就是否定的，所以结论是否定的则前提之一必定是否定的。

这条规则还可派生出如下两个意思：

第一，两个肯定的前提推不出否定的结论。即两个肯定的前提得出的必然是肯定的结论。因为如果结论是否定的，那就意味着它否定了包含关系。但是，肯定的前提则是反映了包含关系。

第二，肯定的结论只能由两个肯定的前提得到。因为如果结论是肯定的，也就是说，如果它断言两个类中的一个（S或P）完全或部分地包含在另一个之中，那么，前提必须断定这样的第三个类存在才能推出结论，即第三个类必须包含第一个并且被第二个包含，而类之间的这种包含关系只能由肯定命题表示。

违背这条推理规则，就要犯"不正确的肯定或否定"谬误。

例1：有些动物是哺乳动物，哺乳动物是胎生动物；所以，有些胎生动物不是哺乳动物。

分析：这个例子从两个肯定的前提中得出了否定的结论，违反了这条规则，因此是不正确的推理。

例2：没有医生是工程师，有科学家是医生；所以，有科学家是工程师。

分析：这个例子从一个肯定前提和一个否定前提得出了肯定的结论，违反了这条规则，因此是不正确的推理。

规则6：两个特称前提推不出结论。

这个规则的依据是如果两个前提都是特称的，那么前提中周延的项最多只能有一个（因为两个前提中最多只可以有一个是否定命题，而这一否定命题的谓项是周延的，其余的项都是不周延的）。而这就不可能满足正确推理的条件，详细分析如下。

如果两个前提都是特称判断，对于三段论来说，共有四种组合情况。即II、OO、IO、OI。下面分别进行分析。

如果两个前提是II式，则两个前提中的主谓项均是不周延的。这样，不论中项位于两个前提的主项还是谓项，都不能够周延，必然违反规则2，其推理形式也是无效式。

如果两个前提是OO式，则违反了规则4，因此其推理形式也是无效式。

如果两个前提是IO式，则违反规则3。因为大项无论是I判断的主项还是谓项，都不可能是周延的，而据规则5结论应是否定的，这样结论的大项是周延的，从而就一定违反规则3，其推理式也是无效式。

如果两个前提是OI式，则或违反规则2，或违反规则3。若中项是大前提O判断的主项，同时小前提中的中项或是主项或是谓项，则两个中项在大小前提中都不周延，必然违反规则2。若大项P是大前提O判断的主项，而据规则5结论必是否定的，这样大项P在大前提中不周延而在结论中周延，就必然违反规则3。

综上所述，大小前提若都是特称的，则必然是无效式。

违背这条推理规则，就要犯"两个特称前提"谬误。

例1：有的技术员是球迷，有的球迷是影星；所以，有的技术员是影星。

分析：由这两个特称前提，我们无法必然推出确定的结论。因为，在这个推理中的中项（"球迷"）一次也未能周延。

例2：有的同学不是南方人，有的南方人是商人；所以？

分析：这里，虽然中项有一次周延了，但仍无法得出必然结论。因为，在这两个前提中有一个是否定命题，按前面的规则，如果推出结论，则只能是否定命题；而如果是否定命题，则大项"商人"在结论中必然周延，但它在前提中是不周延的，所以必然又犯大项扩大的错误。

规则7：前提之一是特称的，结论必然是特称的。如果结论是特称的，则前提中必有一个是特称的。

这个规则的依据是当前提中有一个判断是特称命题时，如果结论是全称命题就必然会违反三段论的另几条规则（如出现大、小项不当扩大的错误等）。详细分析如下。

根据规则6，两个特称前提推不出结论，所以，一个正确三段论，前提若有一个是特称，则另一个前提就必然是全称的。这样有一个前提是特称的三段论，其大小前提的组合则有四种类型八种形式：AI、IA、AO、OA、EI、IE、EO、OE。

上述四组中的"EO、OE"因两个前提都是否定的，违反规则4，所以该组可以直接排除，这样，可分析的就剩下三组。

如果大小前提是由AI组成，不管它们谁是大小前提，那么它们的周延项只有A判断的主项，为了遵守规则2，中项必须位于A判断的主项，这样大小项就位于A判断的谓项和I判断的主谓项，并且都是不周延的。若在此情况下，结论的小项周延，必违反规则3，所以，以AI为前提的三段论，其结论的小项只能是特称的。

如果大小前提由AO组成，不管它们谁是大小前提，那么它们的周延项有A判断的主项和O判断的谓项。根据规则5，结论只能是否定判断，若结论是否定判断，则大项在结论中是周延的，为了遵守规则3，大项只能在A判断的主项或O判断的谓项的位置上，为了遵守规则2，中项也只能在A判断的主项或O判断的谓项的位置上，这样，小项只能在不周延的项即A判断的谓项或O判断的主项的位置上，若结论的小项是全称的，就必然违反规则3，所以结论的小项只能是特称的。

如果大小前提是IE，那么，由于大前提I主谓项都不周延，而根据规则5，其结论又只能是否定判断，即大项在结论中是周延的，这样只要大项在I判断主项或谓项的位置上，就必然违反规则3，所以IE为前提不能成立。若大小前提是EI，那么其周延项有E判断主项和谓项，为了不违反规则2，保证中项周延一次，为了不违反规则3，保证大项在结论中不扩大，小项只能位于I判断主项或谓项，这样，若结论的小项是周延的就必违反规则3。所以以EI为前提，其结论也只能是特称判断。

根据这条规则，还可以派生出这两个意思：第一，两个全称前提得不出特称结论，即两个全称前提得出的必然是全称的结论。

第二，全称的结论只能由两个全称的前提得到。

违背这条推理规则，就要犯"不正确的特称或全称"谬误。

例1：所有大学生都是青年，有的职工是大学生；所以，所有职工是青年。

分析：这个例子从一个全称前提和一个特称前提中得出了全称的结论，违反了这条规则，因此是不正确的推理。

例2：所有宠物都是家养动物，所有独角兽都不是家养动物；所以，有独角兽不是宠物。

分析：这个例子从两个全称前提得出了特称的结论，违反了这条规则，因此是不正确的推理。

（三）小结

以上给出的规则只适用于标准式直言三段论，用以检验三段论论证的有效性。对于任一标准式直言三段论，如果违反了任一规则就是无效的。

三段论的七个规则为方便记忆总结如下：

三个规则是关于词项的，要求"三个词项，一个周延，一个不周延"。

四个规则是关于前提的，要求"两否无结，一否则否；两特无结，一特则特"。

例如：请判定下列三段论推理是否有效。

Ⅰ.所有具有延展性的都是可塑的，金属是可塑的；所以，金属是具有延展性的。

Ⅱ.所有具有延展性的都是可塑的，木头不可塑；所以，木头具有延展性。

Ⅲ.所有具有延展性的都是可塑的，有的金属是具有延展性的；所以，所有金属是可塑的。

分析：

Ⅰ.中项在两个前提中都不周延，违反了规则2，推理无效。

Ⅱ.前提之一否定，结论却肯定，违反了规则5，推理无效。

Ⅲ.前提之一特称，结论却是全称，违反了规则7，推理无效。

二、三段论的标准式化归

直言三段论出现在日常用语中时，往往偏离标准形式，即并不按照标准形式的三段论措辞，因此，要对其进行逻辑考察，必须转化为规范的标准化形式。

1.直言命题特殊形式的标准化

日常语言中许多直言三段论都是由非标准的命题组成的，要把这些三段论论证化归为标准形式，就要把构成命题都翻译为标准形式。在前一章论述了直言命题的标准化表达，除此之外，下面补充两种直言命题特殊形式的标准化方法。

（1）单称命题

单称命题是指肯定或否定的是一个特定的个体或对象属于某个类的命题，例如"爱因斯坦是科学家""这个苹果不是蔬菜"等。

虽然单称命题肯定或否定的不是一个类与另一个类的包含关系，但我们可以把单称命题解释为处理类与类间关系的命题。理由如下：

断定一个对象S属于类P，在逻辑上等价于断定了只含有一个元素的单元集S完全包含于类P之中。据此，我们就可以将任何一个单称肯定命题"S是P"看作逻辑上等价的A命题"所有S是P"。而断定一个对象，不属于类P，在逻辑上等价于断定只含有一个元素的单元类S完全排斥在类P之外。同样，可以简单地将单称否定命题"S不是P"看作逻辑上等价的E命题"没有S是P"。然而，特称命题有存在含义，而全称命题没有。如果把"S是P"当作"所有S是P"，那么，就丢掉了单称命题的存在含义，实际上这里S非空。

因此，一方面，对单称命题不需要进行明确的翻译，一般可以直接把它们看作全称（A或E）命题；另一方面，对于含有单称命题的三段论，引用规则检验其有效性时，我们需要记住其中有存在含义。

（2）除外命题

除外命题都是复合句，因此，不能转化为单一的标准式直言命题。比如，"除了S都是P"、"S之外的都是P"与"只有S不是P"。实际上表达了两个意思，即"所有非S是P"和"没有S是P"。确切地说，每一个除外命题应当翻译为一个合取式，即两个标准式直言命题的合取式。上述命题可以翻译为"所有非S是P，并且没有S是P"。

含有类数字量词的推理无法直接译为标准形式，但有些可以按照上述除外命题来处理，比如，"并非所有S是P"，可以翻译为"有S是P，并且有S不是P"。

例如："几乎所有科研人员都参加了学术交流会"、"并非所有科研人员都参加了学术交流会"、"除少数几个之外，科研人员们都参加了学术交流会"和"只有一些科研人员参加了学术交流会"，它们都肯定了有些科研人员参加了学术交流会，同时又否定了所有科研人员都参加了学术交流会。从三段论推论的观点看，它们给出的类数字信息并不相干，转化之后都是"有科研人员是参加了学术交流会的人，并且有科研人员不是参加了学术交流会的人"。

由于除外命题不是直言命题，而是合取式，因此，含有除外命题的论证，要依据该命题所处的位置来进行检验。如果它是前提，那么就要分两次进行检验。

例如：每个看过科技展览的人都参加了学术交流会，不是全体科研人员都参加了学术交流会，所以，有科研人员没有看过科技展览。

分析：上述论证的第二个前提是一个除外命题，不是简单句而是复合句。因此，要分别检验两个三段论。先检验第一个三段论：

所有看过科技展览的人都是参加了学术交流会的人，

有科研人员是参加了学术交流会的人，

所以，有科研人员不是看过科技展览的人。

这个标准式的直言三段论是无效的，但不能由此就得出结论说原来的论证是无效的，因为受检验的三段论只包含它的一部分前提。现在再来检验第二个三段论：

所有看过科技展览的人都是参加了学术交流会的人，

有科研人员不是参加了学术交流会的人，

所以，有科研人员不是看过科技展览的人。

这个三段论是有效的。原来的论证与这个有效式的结论相同，并且前者的前提包含后者的前提，所以原来的论证也是有效的。

因此，如果一个论证中有一个前提是除外命题，那么，对其有效性的检验要分为两次，即分别对两个不同的标准式直言三段论进行检验。如果前提都是直言命题，但结论是除外命题，那么我们就可断言它是无效的。尽管两个直言命题可以蕴涵其中一个，即蕴涵结论复合句的一半，但不可能同时蕴涵两个。

2. 三段论词项数量的归约

若日常语言中看起来有三段论的论证形式，但包含着三个以上的词项，那么不能简单地把它看成犯了四项谬误的无效论证。只有化归为三段论的标准式才能根据规则判定是否有效。因此，需要考察包含着三个以上词项的论证能不能被化归为与之逻辑上等价的只有三个词项的标准形式三段论，这样的方法叫作三段论词项数量的归约。完成这样的翻译要掌握以下两种方法：

（1）去除同义词

同义词并非不同的词项，应该翻译成相同的词项，即应当去除日常三段论论证中的同义词。

例如：

没有穷人是科研人员，

所有流浪者都是贫困者，

所以，没有游民是科研工作者。

其中包含着"穷人"、"流浪者"和"科研人员"的同义词。去除同义词之后，该论证可翻译为：

没有穷人是科研人员，

所有流浪者都是穷人，

所以，没有流浪者是科研人员。

这个三段论的式与格是标准的EAE—1，论证是有效的。

（2）去除补类

日常三段论论证中若有补类的词项，可以运用换质法、换位法、换质位法，从而减少词项的数量。

例1：

所有爬行动物是冷血动物，

没有鸟类是冷血动物，

所以，所有鸟类都是非爬行动物。

分析：上述论证虽含有四个词项，但不是标准形式，不能直接用三段论规则检验。首先把它翻译为标准形式，四个词项中有两个互为补类（"爬行动物"和"非爬行动物"）。如果将结论进行换质，就可以减少词项的数量——翻译的结果是原论证的一个标准式翻版：

所有爬行动物是冷血动物，

所有鸟类都不是冷血动物，

所以，所有鸟类都不是爬行动物。

这个标准式三段论与原来论证在逻辑上是等价的，其形式为AEE—2，遵守所有三段论推理规则，因而是有效的。

当然，标准式翻译版并不是唯一的，但三段论标准形式的化归都是通过换位法、换质法、换质位法等直接推论而实现的，不管何种形式的标准式翻译版，与原论证都是等价的，其是否有效的判定结果是相同的。

例2：

所有工程师是非科学家，

有教授是科学家,

所以,有非工程师不是非教授。

分析:这个三段论不具标准形式,因为它有六个词项:"工程师""教授""科学家""非工程师""非教授""非科学家"。下面用字母表示词项,重写上述论证,然后为了消去加否定的字母而将第一个前提换质,将结论换质位,从而得到归约了的论证:

符号化的原论证	归约了的论证
所有P是非M 有S是M 有非P不是非S	所有P都不是M 有S是M 有S不是P

归约了的论证与原来的论证在逻辑上等值,该论证具标准的三段论形式,通过推理规则评价,表明归约了的论证是有效的,因此,原来的论证也是有效的。

在减少词项的数目方面要注意,换位和换质位不得用于会产生未定的结果的陈述。具体而言,换位不得用于S和O陈述,换质位不得用于S和I陈述。被允许的运算可总结如下:

方法	原命题	变换后的等值命题
换位	没有S是P	没有P是S
	有S是P	有P是S
换质	所有S是P	没有S是非P
	没有S是P	所有S是非P
	有S是P	有S不是非P
	有S不是P	有S是非P
换质位	所有S是P	所有非P是非S
	有S不是P	有非P不是非S

例3:

没有非种子植物是被子植物,

所有非被子植物是非水果树,

所以,所有水果树都是种子植物。

可以用两种方法进行化归,第一种方法需要用到直接推论的三种方法,或许这是最自然也最明显的方法。首先把第一个前提换位再换质,把第二个前提换质位,于是得到如下一个标准式直言三段论:

所有被子植物都是种子植物,

所有水果树都是被子植物,

所以,所有水果树都是种子植物。

这个三段论论证显然是有效的。

三、三段论的图示法

欧拉图也叫欧拉圈，就是用圆圈或封闭曲线来表述三段论推理。欧拉图可以表示任意两个概念之间的外延关系，而直言命题只不过是对两个概念（主项或谓项）之间外延关系的一种断定，因此，可以用欧拉图去表示任一直言命题中主项和谓项之间的外延关系。

1. 三段论公理的图示

三段论的基础是类的包含关系的传递性。三段论的公理内容：对一类事物的全部有所断定（肯定或否定），则对该类事物的部分也就有所断定（肯定或否定）。

三段论的公理用图表示如下：

在下图中，M类全部包含在P类中（所有M是P），S类是M类的一部分（所有S是M），可见，S类的全部必然包含在P类中。

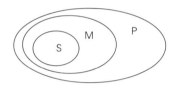

在下图中，M类全部与P类相排斥（所有M不是P），S类是M类的一部分（所有S是M），可见，S类的全部必然与P类相排斥。

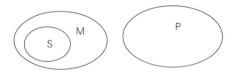

2. 欧拉图的作用与局限

一个直言三段论推理是否有效，可以用欧拉图进行辅助判定。

（1）欧拉图的作用

欧拉图直观上相当清楚：圆之间的包含、相离表示全称，相交表示特称。这种方法既可以表示非空非全的类之间的关系，也可以解说三段论和表示直接推理。

因为组成三段论的都是直言命题，于是可用欧拉图去表示这三个直言命题的大项、中项和小项之间的外延关系。由于正确的三段论是一种必然性推理，前提的真足以保证结论的真，这一点表现在三段论图解中，就是：当已经图解两个前提中各词项之间的关系时，若结论中主项和谓项的关系已经被图解出来，那么，这个三段论就是一个有效推理，其前提的真足以保证结论的真；反之，当已经图解作为前提中各词项的关系时，结论中主项和谓项的关系还不确定，有多种不同的可能性，这就表明该结论不是从其前提有逻辑地推导出来的，该三段论不是一个有效推理。正是在这种意义上，可以说欧拉图为判定三段论是否有效提供了工具或方法。

（2）欧拉图的局限

人们可以通过处置欧拉图来帮助解决有关三段论推理的问题，但难于表示更复杂的推理关系。因为欧拉图不能表示全类和空类、不能表示补运算，而且无法穷尽两个词项之间一切可能的关系：

① 在表示否定的特称命题的欧拉图中，我们无法区分"有的S不是P"和"有的P不是S"。

② 在欧拉图中，与肯定的全称命题和否定的全称命题相矛盾的两个命题都用一样的图表示出来。

③ 欧拉图往往不能把多个图组合成一个图，并且有时还无法确定一个图应当如何转换。如无法把表示"所有M是S"和"有的M是P"的两个欧拉图组合成一个从而检验"有的S是P"是否是其结论。

因此，欧拉图主要是一种直观的辅助推理工具，但精确的逻辑演算难以用图形来模拟，还需要使用严格的三段论推理规则或其他方法（比如文恩图法）。

阅读　文恩图法

古希腊哲学家亚里士多德认为关于现有的事物的全称命题具有存在含意。换句话说，这样的陈述蕴涵所谈的事物存在。另一方面，19世纪的逻辑学家乔治·布尔认为全称命题都没有存在含意。

例句	亚里士多德的观点	布尔的观点
所有凤凰都是鸟	蕴涵凤凰存在	不蕴涵凤凰存在
所有野人都是怪物	蕴涵野人存在	不蕴涵野人存在

布尔的观点与亚里士多德的观点之间的差别只关系到全称（A和E）命题。从布尔的观点看，全称命题没有存在含意，但是从亚里士多德的观点看，当它们的主项指称实有事物时，它们就有了存在含意。

文恩图用来表现从布尔的观点看的直言命题的内容。如果我们要构造一个文恩图来表现从亚里士多德的观点看的这样一个陈述，需要引进表现这种存在含意的符号。

文恩图（Venn diagram），或译为文氏图、韦恩图、温氏图、维恩图、范氏图等，用于显示元素集合重叠区域的图示，用于展示在不同的事物群组（集合）之间的数学或逻辑联系，常常被用来帮助推导（或理解推导过程）关于集合运算（或类运算）的一些规律。

欧拉图不能提供一种一般的方法在同一个图中表示两个类之间的更多关系。为了克服欧拉图这些表达方面的困难，英国逻辑学家约翰·文恩（John Venn，1834—1923）采用了一种"初始图"的办法。初始图表明了所涉及的类之间所有可能的关系，并且也不假定这些类一定都是非空的。下图就是涉及两个类S和P的初始图，表示了S和P之间所有可能的关系，其中把平面所划分成的四个区域表示类S、P、非S（用S′表示）和非P（用P′表示）相互之间四种可能的组合。

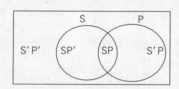

文恩图法是判断三段论有效性的最终的也是最直接的方法。如下图所示，我们用三个圆来代表大项、小项和中项。中项所代表的集合是最上方的圆，大项是右下角的圆，小项是左下角的圆。画这些圆时，应当确保图中的7个区域被明显地区分。

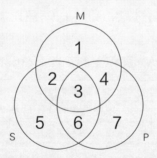

为了判定一个三段论的有效性，我们要先从语义中理解概念范围，提取推理形式，然后将前提按一定顺序输入图中，最后检查结论是否正确，为了正确地输入前提，需要遵照一定的规则：

① 所谓荫蔽，指的是被荫蔽的区域内不含任何元素，一般用斜线或

阴影表示。

② 画"×"表示所画的区域中至少存在一个元素。

③ 如果论证含有一个全称的前提，这个前提应该首先输入图中。如果有两个全称的前提，哪一个先输入都可以。

④ 要画×的区域一般都被分为两部分，若有一个部分被荫蔽，×要画在未被荫蔽的部分。若没有区域被荫蔽，×要画在两个区域的交线上。

还要注意以下几点：

① 所有标记（画×或荫蔽）只是加之于前提。没有标记是为结论而作。

② 输入前提时应该专注于对应于该陈述的两个词项的圆之上，虽说第三个圆不能完全忽略，不过只需极小的关注。

③ 当荫蔽一个区域时，一定要荫蔽相关区域的全部。

④ 特称结论"有的S是P"的意思是：至少存在一个S并且这个S是P。同理，"有的S不是P"意思是：至少有一个S存在而且那个S不是P。

⑤ 未被标记的区域的情况是未知的，可能存在元素也可能不存在元素，要根据实际情况而定。

例1：验证第一格AAA式即"所有M是P，所有S是M，所以所有S是P"的有效性，如下图所示。

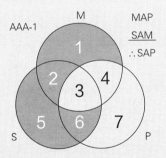

第一步：因为"所有"M都是P，所以"只属于"M而不属于P的事物是不存在的，所以我们就将区域1和2荫蔽（可不标注区域序号，这只是为了方便逐步讲解）。

第二步：因为"所有"S都属于M，所以"只属于S而不属于M的事物是不存在的"，所以我们就将区域5和6荫蔽。

第三步：检查结论，发现S只剩下区域3，而区域3中的元素也必定属于P，所以结论"所有S是P"成立。

第四步：得出结论，该三段论是有效的。

例2：验证第三格IAI式即"有的M是P，所有M是S，所以有的S是P"的有效性，如下图所示。

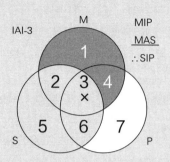

第一步：先输入全称的前提"所有M是S"，荫蔽区域1、4。

第二步：再输入特称的前提"有的M是P"，这句话意味着在M和P的共有区域或者说交集中至少有一个元素，即区域3、4的并集中至少存在一个元素，但4已被荫蔽，所以将×画在区域3中。

第三步：检查结论，"有的S是P"说明S和P的交集中即区域3、6的并集中至少有一个元素，而×恰好在区域3中，结论成立。

第四步：得出结论，该三段论是有效的。

例3：验证第一格IAI式即"有的M是P，所有S是M，所以有的S是P"的有效性，如下图所示。

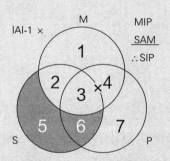

第一步：先输入全称的前提"所有S是M"，荫蔽区域5、6。

第二步：再输入特称的前提"有的M是P"，即区域3、4的并集中存在一个×，这两个区域都未被荫蔽，所以将×画在区域3、4的交线上。

第三步：检查结论，"有的S是P"说明S和P的交集中至少存在一个×，即区域3、6的并集中存在一个×，但我们所画的×却不知道到底是在区域3中还是区域4中，两者都有可能。所以当×在区域4中时，前提真而结论假。同时又找不到只剩一个区域未被荫蔽的圆，因此该三段论是无效的。

3. 三段论推理的辅助图解法

直言三段论的有效判定可以通过欧拉图示法来辅助推理，具体作图步骤为：

① 先判定题目中每两个概念的外延关系。

② 在此基础上画出能从整体上反映这几个概念彼此之间外延关系的综合图形。先用实线画固定的部分，再用虚线画不固定的部分。

③ 在每个圆圈的适当位置上标注。

由于欧拉图示法有时不具有唯一性，因此，图示法只能是帮助思考的辅助方法。作图后要注意以下两点：

① 实线是否有重合的可能，即概念是否有同一关系的可能。

② 虚线可能出现的位置。有时适合题目要求的情形不止一种，此时可用虚线表示，但要考虑到虚线出现多个位置的可能性。

例1：德国人都是白种人，有些德国人不是日耳曼人。

如果以上命题为真，则以下哪项必为真？

Ⅰ.有些白种人是日耳曼人。

Ⅱ.有些白种人不是日耳曼人。

Ⅲ.有些日耳曼人是白种人。

分析：从"德国人都是白种人，有些德国人不是日耳曼人"可推出：

有些白种人（非日耳曼人的德国人）不是日耳曼人。因此，Ⅱ项正确。

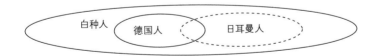

例2：藏獒是世界上最勇猛的狗，一只壮年的藏獒能与5只狼搏斗。所有的藏獒都对自己的主人忠心耿耿，而所有忠实于自己主人的狗也为人所珍爱。

如果以上陈述为真，以下陈述都必然为真，除了：

Ⅰ.有些为人所珍爱的狗不是藏獒。

Ⅱ.任何不为人所珍爱的狗都不是藏獒。

Ⅲ.有些世界上最勇猛的狗为人所珍爱。

分析：由"所有藏獒都为人所珍爱"可推出"有些为人所珍爱的狗是藏獒"，但不能必然推出"有些为人所珍爱的狗不是藏獒"。因为存在"所有忠实主人的狗都是藏獒，同时所有为人所珍爱的狗都是忠实主人的狗"这种可能性。因此，Ⅰ项不必然为真。

所有藏獒都忠实主人，而所有忠实主人的狗也为人所珍爱。从中必然可以推出"所有藏獒都为人所珍爱"，由此又可得出"所有不为人所珍爱的狗不是藏獒"，即Ⅱ项。

由上文中"藏獒是最勇猛的狗"和新得出的结论"所有藏獒都是为人所珍爱"，由此可得出"有些世界上最勇猛的狗为人所珍爱"，即Ⅲ项。

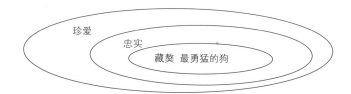

例3：有一种长着红色叶子的草，学名叫艾博拿，在地球上极稀少。北美的人都认识一种红色叶子的草，这种草在那里很常见。

从上面的事实不能得出以下哪项结论？

Ⅰ.北美的那种红色叶子的草就是艾博拿。

Ⅱ.艾博拿可能不是生长在北美。

Ⅲ.并非所有长红色叶子的草都稀少。

分析：根据题意，艾博拿极稀少。北美的人都认识的那种红色叶子草在那里很常见。可以推出，北美的那种红色叶子的草不是艾博拿。因此，Ⅰ项得不出。

其他选项都能从上文推出来。从上文信息得不出艾博拿是不是生长在北美，因此可以推出Ⅱ项"艾博拿可能不是生长在北美"。从"北美的人都认识的那种红色叶子草在那里很常见"显然可以推出Ⅲ项。

例4：近期流感肆虐，一般流感患者可采用抗病毒药物治疗。虽然并不是所有流感患者均需接受达菲等抗病毒药物的治疗，但不少医生仍强烈建议老人、

儿童等易出现严重症状的患者用药。

如果以上陈述为真，则以下哪项一定为假？

Ⅰ.有些流感患者需接受达菲等抗病毒药物的治疗。

Ⅱ.并非有的流感患者不需接受抗病毒药物的治疗。

Ⅲ.老人、儿童等易出现严重症状的患者不需要用药。

分析：上文断定：

第一，并不是所有流感患者均需接受抗病毒药物的治疗。即有的流感患者不需接受抗病毒药物的治疗。

第二，不少医生建议老人、儿童等易出现严重症状的患者用抗病毒药。

根据第二个断定，可得Ⅰ为真。

根据第一个断定，可知，有的流感患者不需接受抗病毒药物的治疗。因此，Ⅱ为假。

根据第二个断定，只能说明不少医生建议严重患者用药，但不能说明此建议一定有充足理由，也不能确定出现严重症状的患者是否需要用药，因此，Ⅲ不能确定为假。

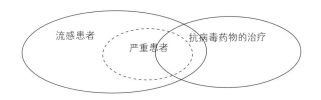

第三节　三段论推理

直言命题还可以组成更复杂的推理，不过，推理的依据仍然是词项之间的关系。其中，复合三段论推理涉及多个直言命题，需要连续运用三段论才能得出结论。省略三段论则需要补充省略的部分，再来考察三段论推理是否有效。

一、复合三段论

复合三段论是由两个或两个以上的三段论构成的特殊的三段论形式。其中前一个三段论的结论作为后一个三段论的前提。

1. 复合三段论的类型

它有以下两种形式：

（1）前进式的复合三段论

它是以前一个三段论的结论作为后一个三段论的大前提的复合三段论。

例如：

一切造福于人类的知识都是有价值的，

科学是造福于人类的知识，

所以，科学是有价值的；

自然科学是科学，

所以，自然科学是有价值的；

物理学是自然科学，

所以，物理学是有价值的。

在这个推理中，思维的进程是由范围较广的概念逐渐推移到范围较狭的概念，由较一般的知识推进到较特殊的知识。

（2）后退式的复合三段论

它是以前一个三段论的结论作为后一个三段论的小前提的复合三段论。

例如：

物理学是自然科学，

自然科学是科学，

所以，物理学是科学；

科学是造福于人类的知识，

所以，物理学是造福于人类的知识，

一切造福于人类的知识都是有价值的，

所以，物理学是有价值的。

在这个推理中，思维的进程是由范围较狭的概念逐渐推移到范围较广的概念，由较特殊的知识推进到较一般的思维，即其思维推移的顺序正好和前进式相反。

案例　阵地后方的金丝猫

　　第一次世界大战时，德法两军在一次交战中，德军一名参谋天天用望远镜观察法军阵地上的情况。接连三四天他都看到：在法军阵地后方的一个坟包上，有一只金丝猫每到上午八九点钟，总要到那里晒太阳。德军指挥官分析这一情况，得出如下判断：这是一只家猫，猫的周围没有村庄，但它是和人生活在一起的。由此推断，坟地下面可能是个隐蔽部。这是一只名贵的猫，在激烈的战争环境中，连营指挥员是无心玩猫的。进而推断，坟地下面的隐蔽部可能是个高级指挥所。根据这种判断，德军集中了6个炮兵营进行轰击，把整个坟场都夷为了平地。事后查明，这里果真是法军一个旅的指挥所。炮火轰击使地下室的指挥人员全部丧命，法军由于失去指挥，乱了阵脚，遭遇惨败。

分析：德军指挥官正是由于具有较强的逻辑修养，从坟地上的一只猫推出坟地下面有法军的指挥部，从而赢得了这次战争的胜利。这个结论的得出可以列出两个直言三段论：

① 凡有家猫的地方必有人居住，

这里有只家猫，

这里必定有人居住。

② 高贵的金丝猫是上等人的玩物，

这里有一只高贵的金丝猫，

玩它的主人必定是上等人。

2. 连锁三段论

把复合三段论的一系列中间结论都省略掉，只保留最后一个总结论，则构成连锁三段论。评价连锁三段论的步骤包含三步：

① 把连锁推理置于标准形式；

② 引入中间的结论；

③ 检验每个成分三段论的有效性。

如果每个成分都是有效的，连锁推理就是有效的。如果一个连锁推理中的任何一个成分三段论是非有效的，那么整个连锁推理就是非有效的。

例如：

所有蝙蝠是哺乳动物，

所有哺乳动物是温血动物，

没有鳄鱼是温血动物，

所以，没有鳄鱼是蝙蝠。

分析：标准形式的连锁推理，其中每一个成分命题都具标准形式，每个词项都出现两次，结论的谓项出现在第一个前提中，而且每个后继的前提都具有一个与前一个前提共同的词项。

前两个前提有效地蕴涵中间的结论"所有蝙蝠是温血动物"。如果这个中间的结论随后被当作前提并且与第三个前提放到一起，那就有效地推出最后的结论。

所有蝙蝠是哺乳动物，

所有哺乳动物是温血动物，

所以，所有蝙蝠是温血动物，

没有鳄鱼是温血动物，

所以，没有鳄鱼是蝙蝠。

故而这个连锁推理由两个有效的直言三段论组成，因此是有效的。

案例　莱布尼茨的论证

据称，德国哲学家和逻辑学家莱布尼茨论证"人类灵魂不灭"时，就运用了包含下述10个前提的连锁三段论：

（1）人类灵魂是其活动是思维的东西；

（2）其活动是思维的东西是其活动被直接领悟、而不需要关于其部分的任何表象的东西；

（3）其活动被直接领悟、而不需要关于其部分的任何表象的东西是其活动不包含任何部分的东西；

（4）其活动不包含任何部分的东西是其活动不是运动的东西；

（5）其活动不是运动的东西就不是肉体；

（6）不是肉体的东西就不占空间；

（7）不占空间的东西就不受运动的影响；

（8）不受运动影响的东西就不分解，因为分解就是部分的运动；

（9）不分解的东西就不朽腐；

（10）不朽腐的东西就永恒不灭。

所以，人类灵魂永恒不灭。

这个推理带有10个前提，并且其中一个前提还带有省略的证明。不过，从形式上看，应该承认这个连锁推理是有效的，问题在于这10个前提是否都真实？有哪些前提不真实？为什么？这就涉及哲学思考了。

3. 推出直言三段论的结论

在日常实际思维中，有时会进行一连串的推理，即同时运用几个三段论。在此过程中，要遵守三段论的推理规则来保证其推理的有效性。

　　某市发生了一起重大文物盗窃案，盗贼被保卫人员的手枪击伤后，仓皇逃脱，公安部门向各地和铁道公安局发出了通缉令。案发后第三天凌晨，一客运列车上乘警发现靠通道边的座位上坐着一个左腿裤脚上有新鲜血迹的男青年。乘警对这个人的伤情进行了观察，发现这是一个贯通伤，小腿外侧伤口是一个圆的小洞，里侧伤口较大。由此乘警断定"这是枪伤"。乘警查看此人的证件时，发现他的手臂和手指上都有伤痕，便问道："你的脚上和手臂上的伤是怎么一回事？"回答是："划的。"又问："是什么东西划的？"男青年拒不回答。乘警由此断定青年的伤绝不是"划伤"，一定同某个刑事案件有关。乘警将此人外貌与通缉令上犯罪嫌疑人特征比较后认为他很可能是在逃犯罪嫌疑人，当即将其拘留。经审问后得知，他正是文物盗窃案中受伤潜逃的盗贼。

　　在这个例子中，乘警是怎样推断出男青年的枪伤与刑事案件有关的？

　　分析：乘警通过对细节的观察，运用了两个三段论分析得出上述结论。

　　① 凡一端小另一端大的贯通伤都是枪伤，

　　这个男青年的左腿伤口是一端小一端大的贯通伤，

　　所以这个男青年的腿伤是枪伤。

　　② 凡是不敢告诉他人的枪伤很可能与刑事案件有关，

　　这个男青年拒不回答受伤的原因，

　　所以，他的枪伤很可能与刑事案件有关。

　　例1：青海湖的湟鱼是味道鲜美的鱼，近年来由于自然环境的恶化和人的过度捕捞，数量大为减少，成了珍稀动物。凡是珍稀动物都是需要保护的动物。

　　如果以上陈述为真，以下陈述都必然为真，除了：

　　Ⅰ.有些珍稀动物是味道鲜美的鱼。

　　Ⅱ.有些需要保护的动物不是青海湖的湟鱼。

　　Ⅲ.有些味道鲜美的鱼是需要保护的动物。

　　分析：湟鱼是珍稀动物，凡是珍稀动物都是需要保护的动物，可得：湟鱼是需要保护的动物。

　　由题意，"珍稀动物"、"湟鱼"和"需要保护的动物"三者可以是全同关系，因此，Ⅱ项不必然为真。

其余两项都必然为真。上文说湟鱼是味道鲜美的鱼，湟鱼是珍稀动物，可以推出Ⅰ项；再加上珍稀动物都是需要保护的动物，可推出Ⅲ项。

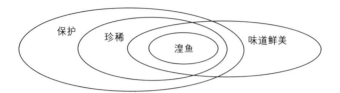

例2：大多数独生子女都有以自我为中心的倾向，有些非独生子女同样有以自我为中心的倾向，自我为中心倾向的产生有各种原因，但一个共同原因是缺乏父母的正确引导。

如果上述断定为真，则以下哪项一定为真？

Ⅰ.每个缺乏父母正确引导的家庭都有独生子女。

Ⅱ.有些缺乏父母正确引导的家庭有不止一个子女。

Ⅲ.有些家庭虽然缺乏父母正确引导，但子女并不以自我为中心。

分析：根据上文，可以画出如下集合图：

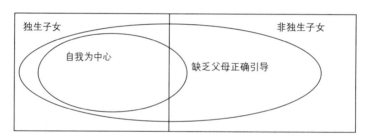

上文断定：有些非独生子女同样有以自我为中心的倾向，自我为中心倾向的产生有一个共同原因是缺乏父母的正确引导。

从中可推出：有些非独生子女也缺乏父母正确引导，即Ⅱ项一定为真。

其余两项都不一定为真。比如，Ⅲ项并不必然为真，上文只意味着"自我为中心一定是缺乏父母的正确引导"，并不排除"缺乏父母的正确引导一定是自我为中心"这种情况的可能性，也就是"自我为中心"与"缺乏父母的正确引导"有可能是同一的，在这种情况下，Ⅲ就不成立了。

例3：人应对自己的正常行为负责，这种负责甚至包括因行为触犯法律而承受制裁。但是，人不应该对自己不可控制的行为负责。

以下哪项能从上述断定中推出？

Ⅰ.人的有些正常行为会导致触犯法律。

Ⅱ.人对自己的正常行为有控制力。

Ⅲ.不可控制的行为不可能触犯法律。

分析：Ⅰ可以从上文的前两句话推出来。因为，人应对自己的正常行为负责，这种负责甚至包括因行为触犯法律而承受制裁，所以，人的有些正常行为会导致触犯法律。

Ⅱ也可以从上文中推出来。上文当中的已知条件"不应该对不可控制的行为负责"，从中可以推出"负责的行为都是可以控制的"。再加上上文中的第一句话"正常的行为应该负责"，然后我们就可以推出"人对自己正常的行为都有控制力"。

Ⅲ从上文中推不出来。因为上文的已知条件"触犯法律的行为"，这个是不周延的，而选项第三句话当中该触犯法律的行为是周延的了。

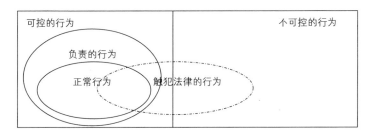

例4：绝大多数慷慨的父母是好父母，但是一些自私自利的父母也是好父母。然而，所有好父母都有一个特征：他们都是好的听众。

如果上文里的所有陈述是正确的，下面哪一个也必然正确？

Ⅰ.所有是好的听众的父母是好父母。

Ⅱ.一些是好的听众的父母不是好父母。

Ⅲ.绝大多数是好听众的父母是慷慨大方的。

分析：由"一些自私自利的父母也是好父母，所有好父母都是好的听众"可推出"一些自私自利的父母是好的听众"，从而进一步可推出：一些是好的听众的父母是自私自利的。因此Ⅱ项必然正确。

其余两项均推不出，比如，Ⅰ项，从"所有的好父母都是好的听众"推不出"所有是好的听众的父母是好父母"。

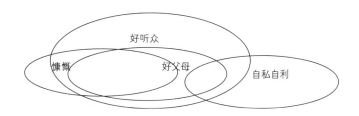

案例 草酸二乙酯的合成

下面以写出乙烯原料设计制备草酸二乙酯的合成路线为例，教授学生三段论演绎推理方法，具体论述如何发展学生的推理能力。

对于目标物的合成，可根据其碳骨架特点，用逆向合成法进行拆解。

（1）一个草酸二乙酯有两个酯基，按照酯化反应的规律我们将酯基断开，得一个草酸分子和两个乙醇分子。

（2）根据所学知识，羧酸可以由醇氧化得到，草酸的前一步中间体应为乙二醇。

（3）乙二醇的前一步中间体是1，2-二溴乙烷。

（4）根据烯烃的性质，1，2-二溴乙烷的前一步中间体是乙烯。

（5）乙醇可通过乙烯与水加成得到。

通过分析，这些相关知识被激活后，接着就进入探索可能的方法解决问题阶段，尝试构建结论和证据之间的逻辑关系，具体推理过程如下。

［推理1］

大前提：碳碳双键可与卤素单质发生加成反应；

小前提：乙烯含有碳碳双键；

结论：乙烯可与溴单质发生加成反应，生成1，2-二溴乙烷。

［推理2］

大前提：卤代烃可在氢氧化钠溶液中发生水解反应生成醇；

小前提：1，2-二溴乙烷是卤代烃；

结论：1，2-二溴乙烷在氢氧化钠溶液中发生水解反应生成乙二醇。

［推理3］

大前提：伯醇氧化可以得羧酸；

小前提：乙二醇是伯醇；

结论：乙二醇氧化得乙二酸。

［推理4］

大前提：碳碳双键可与卤化氢发生加成反应，生成卤代烃；

小前提：乙烯含有碳碳双键；

结论：乙烯可与溴化氢发生加成反应，生成溴乙烷。

［推理5］

大前提：卤代烃可在氢氧化钠溶液中发生水解反应生成醇；

小前提：溴乙烷是卤代烃；

结论：溴乙烷可在氢氧化钠溶液中发生水解反应生成乙醇。

［推理6］

大前提：羧酸可以与醇类反应生成酯；

小前提：乙二酸是羧酸；

结论：乙二酸可以与乙醇反应生成乙二酸二乙酯（草酸二乙酯）。

通过以上六个基于三段论的推理过程，我们可以设计出合成目标产物的路线图。

（摘自：吴军《中学化学教学中的证据推理》）

二、省略三段论

三段论作为演绎推理的重要形式，实际上我们每个人经常运用它。在日常语言中，人们时常运用省去一个前提或结论的三段论，即省略三段论。省略三段论的前提或结论并不明确地陈述，具有简洁明了的特征，所以，被人们广泛地应用着。

1. 出现省略式的原因

在日常话语甚至科学中，许多推论都是省略式的，因为有相当一部分命题是公共知识。被省去的部分往往带有众所周知或不言而喻的性质，听众和读者很容易就能想到并且补充完整，说话者和写作者就不再重复以减少麻烦。因此，在这种推理中，虽然推理的某个部分被省去了，但整个推理还是容易为人们所理解的。

例如：大熊猫有濒临绝种的危险，所以，我们必须保护大熊猫。

分析：这则论证是省略了大前提"濒临绝种的动物必须得到保护"的省略三段论，把省略后的前提补充进去后，得到如下完整且有效的三段论：

大熊猫是濒临绝种的动物，

濒临绝种的动物必须得到保护，

所以，大熊猫必须得到保护。

这则论证是省略了大前提的省略三段论。

2. 省略式可能隐藏逻辑谬误

由于省略三段论中省去了三段论的某一构成部分，因此，如果运用不当，就容易隐藏以下两种逻辑错误。

① 被省略的前提实际上是不成立的。

例如：老蜘蛛结网效果退化了，所以，老蜘蛛的大脑退化了。

分析：该论证省略的前提是：蜘蛛结网受大脑控制。

但科学研究发现，蜘蛛结网只是一种本能的行为，并不受大脑控制。所以，该省略的前提并不成立，也许老蜘蛛结网效果退化是身体衰弱所造成的。

② 省略三段论所使用的推理形式是无效的。

例如：有人说："我又不是科研人员，我不需要学习科学知识。"

分析：把这人的三段论推理补全了，就是：

科研人员需要学习科学知识，

我不是科研人员，

所以，我不需要学习科学知识。

这个结论显然是错误的，这个三段论在逻辑上犯了"大项不当扩大"的错误。

3. 省略三段论的类型

（1）省略大前提的形式

三段论的第一种省略体指不出现大前提的情形。当大前提是众所周知的一般原则时，大前提常常被省略。

例如：我是不相信伪科学的，因为我是真正的科学工作者。

分析：这个推理就是省略了大前提"凡真正的科学工作者都是不相信伪科学的"。现恢复其完整形式为：

凡真正的科学工作者都是不相信伪科学的，

我是真正的科学工作者，

所以，我是不相信伪科学的。

（2）省略小前提的形式

第二种省略体保留大前提和结论，而不出现小前提。当小前提所表示的是一个非常明显的事实时，小前提往往被省略。

例如：一切技术都要尊重客观规律，所以，一切信息技术都要尊重客观规律。

分析：这个推理省略了表示非常明显事实的小前提"一切信息技术都是技术"。现恢复其完整形式为：

一切技术都要尊重客观规律，

一切信息技术都是技术，

所以，一切信息技术都要尊重客观规律。

（3）省略结论的形式

第三种省略体中两个前提都出现，但未表述结论。当结论不说出来反而更有效果时，它就常被省略。

例如：你是严重违纪，而严重违纪都是将被严厉处分的。

这个推理省略了非常明显的事实结论"你是将被严厉处分的"。现恢复其完整形式为：

凡严重违纪都是将被严厉处分的，

你是严重违纪，

所以，你是将被严厉处分的。

4. 省略三段论恢复完整的步骤

由于三段论的省略式不完整，所以，要检验其三段论的有效性必须找到被省略的部分，即把省略的三段论补充为完整的三段论，然后看其前提真不真，推理过程是否有效。

恢复省略三段论理论上的步骤是：

① 首先确定结论是否被省略。

这可从两方面考察：一是从语言标志方面考察，在结论前通常冠以"因此""所以"这样的联词。根据是否有这样的联词，容易判定结论是否被省略。二是从意义联系上考察，三段论的前提和结论之间有推出关系，前提是理由，结论是由前提推导出来的。这样考虑，也容易判定结论是否被省略。

通过考察两个命题之间是并列关系还是推出关系，可以弄清楚这一点。若是推出关系，则省略的是前提。若是并列关系，则省略的是结论。如果省略的是结论，把小项与大项相连接，得到结论。

② 如果结论没有省略，那就省略了前提。

根据结论就确定了大项和小项，再进一步确定省略的是大前提还是小前提：

当大项没有在省略式的前提中出现，表明省略的是大前提。如果省略的是大前提，把结论的谓项（大项）与中项相连接，得到大前提。

当小项没有在省略式的前提中出现，说明省略的是小前提。如果省略的是小前提，则把结论的主项（小项）与中项相连接，得到小前提。

③ 最后把省略的部分补充进去，并作适当的整理，就得到了省略三段论的完整形式。

在做了这些工作之后，来看被省略的前提是否真实，推理过程是否正确。

5. 省略三段论的检验

省略三段论与常规三段论的区别，从本质上说是修辞上的，而不是逻辑上的。省略式同样要接受与标准直言三段论的规则检验，分以下两种情况：

① 省略三段论与所缺少的陈述是结论。

这就要考察结论是否复合三段论推理规则。根据前面所述三段论规则，给定的前提之一是否定的，所缺少的结论一定是否定的；给定的前提之一是特称的，所缺少的结论一定是特称的。

② 省略三段论与所缺少的陈述是前提。

首先要明确补充的前提要符合三段论推理规则。如果所缺少的陈述是前提而所陈述的结论是否定的，那么所缺少的前提就一定是否定的。如果所缺少的陈述是前提而所陈述的结论是全称的，那么所缺少的前提就一定是全称的。

然后要查看省略的前提是否真实，若被省略的前提不真实或不符合实际，那么这个省略三段论就不能成立。

6. 揭示直言三段论的省略前提

三段论的省略式经常出现的是省略前提，补充省略前提时最重要的原则是：论证者（说话人或作者）确实认为听者或读者可以接受这个命题为真。在做这种补充时，往往存在多种选择，这时应该坚持"仁慈原则"，即尽可能地把论证者设想为一个正常的、有理性的人，除非故意，他一般不会使用假的前提，一般不会进行无效的推理。

揭示三段论的省略前提的常规步骤如下：

① 抓住结论和前提。按陈述的顺序依次对前提和结论做出准确的理解。

② 揭示省略前提。查看已知前提与结论中没有重合的两个项，将其联结起来。依据合理性原则，凭语感揭示出被省略的前提。

③ 检验推理的有效性。把省略的前提补充进去，并作适当的整理，将推理恢复成标准形式，根据三段论的演绎推理规则检验上述推理是否有效。验证选项时，相对便捷的办法是借助作图法帮助判断。

例1：有些通信网络维护涉及个人信息安全，因而，不是所有通信网络的维护都可以外包。

以下哪项可以使上述论证成立？

Ⅰ.所有涉及个人信息安全的都不可以外包。

Ⅱ.有些涉及个人信息安全的不可以外包。

Ⅲ.有些涉及个人信息安全的可以外包。

分析：上文是个省略三段论，补充省略前提后构成一个有效的三段论推理：

上文前提：有些通信网络维护涉及个人信息安全；

补充Ⅰ项：所有涉及个人信息安全的都不可以外包；

得出结论：有些通信网络维护不可以外包。

所以，不是所有通信网络的维护都可以外包。

例2：没有数学命题能由观察而被证明为真，因而，任何数学命题的真实性都不得而知。

以下列哪项为假设，能使上文结论合逻辑地得出？

Ⅰ.只有能被证实为真的命题才能知其为真。

Ⅱ.仅凭观察不能用来证明任何命题的真实性。

Ⅲ.知道某一命题为真需要通过观察证明其为真。

分析：上文是个省略三段论，补充省略前提后构成有效的三段论推理：

上文前提：没有数学命题能由观察而被证明为真；

补充Ⅲ项：知道某一命题为真需要通过观察证明其为真；

上文结论：任何数学命题的真实性都不得而知。

补充其他选项都不能使上文结论合逻辑地得出。

例3：没有计算机能做人类大脑所能做的一切事情，因为有一些问题不能通过遵循任何一套可被机械地应用的原则来解决。而计算机仅能通过遵循一些可被机械地应用的原则来解决问题。

下面哪一项是上述论述依赖的一个假设？

Ⅰ.至少有一个通过遵循一些可被机械应用的原则而解决的问题不能被任何人的大脑所解决。

Ⅱ.至少有一个不能通过遵循任何一套可被机械地应用的原则而解决的问题至少能被一个人的大脑所解决。

Ⅲ.至少有一个能通过遵循一些可被机械地应用的原则而得到解决的问题能被每个人的大脑所解决。

分析：上文论证可理解为：不能通过遵循任何一套可被机械地应用的原则来解决的问题不能被计算机解决，所以，有些能被人类大脑解决的问题不能被计算机解决。

补充省略前提后，其论证结构如下：

上文前提：不能通过遵循任何一套可被机械地应用的原则来解决的问题不能被计算机解决；

省略前提：有些不能通过遵循任何一套可被机械地应用的原则而解决的问题能被人的大脑解决；

推出结论：有些能被人类大脑解决的问题不能被计算机解决。

Ⅱ项表达了这一省略前提，因此为上文论述所基于的假设，否则，如果所有不能通过遵循任何一套可被机械地应用的原则而解决的问题都不能被人的大脑所解决，那么，上文结论就得不到了。

其余两项均不是上文论述所依赖的假设。

例4：所有的物质实体都可以再分，而任何可以再分的东西都是不完美的。因而，灵魂并非物质实体。

以下哪个选项是使上文结论成立的假设？

Ⅰ.所有可以再分的东西都是物质实体。

Ⅱ.没有任何不完美的东西是不可再分的。

Ⅲ.灵魂是完美的。

分析：上文是个省略三段论，补充假设后构成有效的三段论推理：

上文前提一：所有的物质实体都可以再分，

上文前提二：任何可以再分的东西都是不完美的，

推出结论：物质实体是不完美的；

补充Ⅲ项：灵魂是完美的，

得出结论：灵魂并非物质实体。

补充其他选项都不能合乎逻辑地推出上文中的结论。

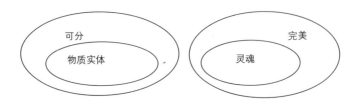

第五章

复合推理

命题是反映事物情况的思想。在对命题的分析与研究中，把简单命题作为不再分析的整体，用命题联结词把这些命题联结起来，组成更复杂的命题，谓之复合命题。具体而言，复合命题是包含了其他命题的一种命题，是由若干支命题通过一定的逻辑联结词组合而成的。具体地说，复合命题是这样的命题：第一，它包含和自身不同的命题作为支命题；第二，它的真值由其支命题的真值唯一地确定。联结词体现了支命题相互之间以及支命题与复合命题之间的逻辑关系，复合命题的逻辑性质是由其联结词决定的。

推理是命题之间的一种关系，演绎逻辑是研究推理的有效性的。命题逻辑研究的推理是关于复合命题之间的演绎推理，由于推理形式是命题形式之间的关系，因此，为研究推理的有效性，就要对命题形式进行分析。

基本复合命题是指该复合命题的支命题都是简单命题，根据所含联结词的不同，我们将基本复合命题分成联言命题、选言命题、假言命题与负命题四类。以基本复合命题为前提或结论的推理就是复合推理。

第一节　联言推理

联言命题是反映事物的若干种情况或者性质同时存在的命题，一般是由"并且"这类联结词连接两个支命题形成的复合命题。

例1："鲸鱼是水生动物，并且是哺乳动物"就断定了"鲸鱼是水生动物"和"鲸鱼是哺乳动物"这两种情况同时存在。

例2："有效的医疗既要诊治准确，又要抢救及时"就断定了"有效的医疗要诊治准确"和"有效的医疗要抢救及时"这两种情况同时存在。

在自然语言中，联言命题的语言表达形式是多种多样的：

（1）并列关系的复合命题

即由两个或两个以上的分句并列组合而成。例如：

· 天下雨，路又滑。

· 科学技术不但创造物质财富，而且创造精神财富。

在自然语言中，表示对偶、对比、排比关系的句子常常省略掉联结词。例如：

· 价廉物美。

· 红了樱桃，绿了芭蕉。

（2）承接关系的复合命题

承接关系涉及时间和空间的顺序。例如：

· 吃完晚饭，小张便上操场了。

· 旧的矛盾解决了，新的矛盾又出现了。

（3）转折关系的复合命题

转折关系有强调的作用。例如：

· 事情干成了，不过身体也弄坏了。

· 虽然销量上升了，利润却下降了。

（4）递进关系的复合命题

递进关系旨在补充和强调。例如：

· 自然是伟大的，然而人类更加伟大。

· 海底不但景色奇异，而且物产丰富。

1. 联言命题的形式

联言命题又称合取命题。在自然语言中，联言命题表达了支命题之间的内容、意义甚至语气上的相互关联。逻辑显然不能处理这些相互关联，它只研究支命题与复合命题在真假方面的相互关系。我们把"P并且Q"看作它的标准表达形式，其中P、Q为联言支。

联言命题的形式可表示为：P而且Q。逻辑上则表示为：P∧Q（读作P合取Q）。

联言命题的逻辑值（即真假值）与其联言支逻辑值的关系可用下表来刻画，其中"1"代表"真"，"0"代表"假"。

P	Q	P∧Q
1	1	1
1	0	0
0	1	0
0	0	0

联言命题的逻辑含义：

① 联言命题真，则联言支命题真；联言命题假，则联言支命题不确定。

② 联言支命题都真，联言命题真；联言支命题只要有一个假，联言命题就假。

③ 相互矛盾判断组成的联言命题必然为假，如P且非P，不论P是什么内容，该联言判断必然为假。

案例　三兄弟锁橱门（一）

　　张一、张二、张三是三胞胎，爸爸为他们三人做了一个共用的橱柜，然后发给他们三个每人一把锁和开这把锁的钥匙。有一天，爸爸对他们三人说："我这里有一个条件，如果你们能做到的话，我明天就去买一只小足球给你们踢。而这个条件是：如果你们要踢球的话，只有当三个人都在的时候才能把足球拿出去踢。你们该怎样做才能达到这个条件？"这时，老大张一说了："爸爸，我们只要采取一种锁法，就能符合你提出的条件。"

　　请问三兄弟应该怎样锁橱门呢？

　　答案：只有在张一打开自己的锁，而且张二打开自己的锁，而且张三打开自己的锁的时候，橱门才会被打开。这实际上是联言判断逻辑原理的应用。

2. 合取词与日常语言

　　联言命题的联结词有：并且；和；也；然后；不但，而且；虽然，但是；不仅，还；仍；然而；此外；尽管；不过；等等。

　　在现代汉语中用这些联结词所联结而成的联言命题并不完全等同于用"∧"所联结而成的合取式。要注意合取词与各种日常语言中的联言联结词的异同：

　　① 合取词"∧"只保留了所表示的联言命题与其支命题之间的真假关系。

　　合取词是对联言命题联结词在真值方面的一种逻辑抽象，仅仅保留了"断定事物若干情况存在"这一意义，与联言支之间在内容上的联系无关，舍去了它们可能表示的并列、承接、递进、转折、对比等意义。因而用"∧"所表示的联言命题的真假与联言支之间在内容上的联系无关。

　　例如："1+1=2，并且雪是白的"在逻辑上可以为真。因为，对于联言命题来说，在真值方面的唯一要求就是看其所有联言支是否为真，虽然二者无意义上的联系。

　　② 合取交换律成立，P∧Q与Q∧P总是取同样的真值。

　　即一个合取命题成立与否，与其中合取支的顺序无关，舍弃了在日常语言中的意义上的关联。

　　例1：下述两例的两个陈述虽然语意并不一样，但其逻辑真值是一样的。

· 虽然认罪态度较好，但是犯罪情节严重。

· 虽然犯罪情节严重，但是认罪态度较好。

例2：下述两例的第一个陈述暗含结婚在前，生小孩在后，而第二个陈述暗含生小孩在前。这意味着意义在真值函数理解中有丢失。

· 她结了婚并且生了一个小孩。

· 她生了一个小孩并且结了婚。

3. 联言推理的形式

联言推理有两种形式：

（1）分解式

这是根据一个联言命题为真而推出其各联言支为真。公式是：

P∧Q；所以，P（所以，Q）

例：某同志曾有如下议论：既然大家都认为每个人既有优点又有缺点的看法是正确的，那么我说老张是有缺点的，这又有什么不对呢？

（2）组合式

这是根据一个联言命题的各个联言支为真而推出该联言命题为真。公式是：

P，Q；所以，P∧Q

例：我们要研究科学，我们要开发技术，所以，我们既要研究科学又要开发技术。

4. 联言推理的逻辑应用

根据上述联言命题及其推理的形式、含义与推理规则，下面举例说明其逻辑应用。

例1：张珊喜欢喝绿茶，也喜欢喝咖啡。他的朋友中没有人既喜欢喝绿茶，又喜欢喝咖啡，但他的所有朋友都喜欢喝红茶。

如果上述断定为真，则以下哪项不可能为真？

Ⅰ.张珊喜欢喝的饮料，他有一个朋友也喜欢喝。

Ⅱ.张珊的所有朋友喜欢喝的茶在种类上完全一样。

Ⅲ.张珊有一个朋友既不喜欢喝绿茶，也不喜欢喝咖啡。

分析：上文断定：第一，张珊既喜欢喝绿茶，又喜欢喝咖啡。

第二，他的朋友中没有人既喜欢喝绿茶，又喜欢喝咖啡。

由此可推出，他不存在与他一样既喜欢喝绿茶又喜欢喝咖啡的朋友。即Ⅰ不可能真。

例2：近12个月来，楼市经历了一次惊心动魄的下挫，均价以36%的幅度暴跌，如果算上更早之前18个月的疯狂上涨，楼市在整整30个月里，带着各种人体验了一回过山车般的晕眩。没有人知道这辆快车的终点在哪里，当然更没有人知道该怎样下车。

如果以上陈述为真，以下哪项陈述必然为假？

Ⅰ.所有的人都不知道这辆快车的终点在哪里，并且所有的人都不知道该如何下车。

Ⅱ.有的人知道这辆快车的终点在哪里，但所有的人都不知道该如何下车。

Ⅲ.有的人不知道这辆快车的终点在哪里，并且有的人不知道该如何下车。

分析：上文断定，没有人知道这辆快车的终点在哪里，当然更没有人知道该怎样下车。

意思就是：所有的人都不知道这辆快车的终点在哪里，并且所有的人都不知道该如何下车。可见，Ⅰ与上文等价，即Ⅰ为真。

从"所有的人都不知道这辆快车的终点在哪里"可知"有的人知道这辆快车的终点在哪里"必然为假，由于Ⅱ是个联言命题，只要有一个联言支是假的，整个命题就是假的。所以，上文真则Ⅱ必然为假。

从"所有的人都不知道这辆快车的终点在哪里"可推出"有的人不知道这辆快车的终点在哪里"。从"所有的人都不知道该如何下车"可推出"有的人不知道该如何下车"。因此，Ⅲ为真。

例3：男士不都爱看科幻电影，女士都不爱看科幻电影。

如果已知上述第一个断定真，第二个断定假，则如何确定以下陈述的真假？

Ⅰ.男士都爱看科幻电影，有的女士也爱看科幻电影。

Ⅱ.有的男士爱看科幻电影，有的女士不爱看科幻电影。

Ⅲ.有的男士不爱看科幻电影，女士都爱看科幻电影。

分析：本题存在两个直言命题的推理。

上文第一个断定"男士不都爱看科幻电影"为真，等同于"有的男士不爱看科幻电影"。根据直言命题的推理，可知"男士都爱看科幻电影"为假，不能确定"男士都不爱看科幻电影"与"有的男士爱看科幻电影"的真假。

上文第二个断定"女士都不爱看科幻电影"为假，可推出"有的女士爱看科幻电影"为真，不能确定"有的女士不爱看科幻电影"与"女士都爱看科幻电影"的真假。

Ⅰ是一个联言命题，其中"男士都爱看科幻电影"假，整个复合命题为假。

Ⅱ和Ⅲ不能确定真假。

第二节 选言推理

选言命题是断定事物若干种可能情况的命题。选言命题也叫析取命题或析取句，是由两个以上的支判断所组成的，包含在选言命题里的支命题称为选言支。

一、相容选言命题及其推理

相容选言命题也叫析取命题，是断定事物若干种可能情况中至少有一种情况存在的命题。

例如：某学者预测十年内，或者北美玳瑁会灭绝，或者西伯利亚虎会灭绝。

该学者预测的意思就是，十年内，北美玳瑁和西伯利亚虎有可能其中的一种会灭绝，也有可能两种都灭绝。

1. 相容选言命题的形式

相容选言命题的联结词有："或者…或者…"；"也许…也许…"；"可能…也可能…"；等等。

相容选言命题在逻辑上表示为：$P \lor Q$（读作"P析取Q"）。

相容选言命题的逻辑值与其选言支的逻辑值之间的关系可表示如下：

P	Q	$P \lor Q$
1	1	1
1	0	1
0	1	1
0	0	0

由于相容选言命题的各个支所断定的情况是可以并存的，因此，在相容选言判断中，可以不止有一个选言支是真的。

案例 三兄弟锁橱门（二）

张一、张二、张三都爱好养蚕。他们兄弟三人各自养了一盒，并把蚕养在三兄弟共用的橱里。爸爸在他们养蚕时就与他们约定，爸爸妈妈由于工作忙，所以他们的蚕要自己想办法喂养。于是，他们三个约好，谁先回家谁就先给蚕喂桑叶。

请问在这种情况下，三兄弟又应该怎样锁橱门？

分析：只要在张一打开自己的锁，或张二打开自己的锁，或张三打开自己的锁的情况下，橱门就会被打开。

在这里，实际上是相容选言判断原理的具体运用。用逻辑语言来表达，即：只要张一、张二、张三三人中，有一人打开自己的锁为真时，"橱门打开"就为真。只有当三人中一个人也不来打开自己的锁（即张一、张二、张三打开自己的锁全为假）的时候，橱门才不会被打开（即"橱门打开"才为假）。

2. 相容选言命题的逻辑含义

根据相容选言命题的逻辑性质，相容选言命题的逻辑含义如下：

① 当全部选言支所断定的情况至少有一个存在时，这个选言命题就是真的。

这意味着，若肯定一个选言支，则必须肯定包含这个选言支的任一选言命题；选言支命题都真或部分真，相容选言命题真；选言支命题都假，相容选言命题才假。

例1：对于天气预报"明天或者刮风或者下雨"。

只要第二天既刮风又下雨、只刮风没下雨、没刮风却下雨这三种情况有一个出现，这个天气预报就报得好。只有第二天"刮风"与"下雨"这两种情况都不存在时，这个天气预报才可以说是报错了。

例2：事实上，"鲸不是鱼""蝙蝠不是鸟"。

那么"鲸不是鱼或蝙蝠是鸟""鲸是鱼或蝙蝠不是鸟""鲸不是鱼或蝙蝠不是鸟"都是真的；只有"鲸是鱼或蝙蝠是鸟"是假的。

② 相容选言命题并非直接肯定某个支命题为真，而是说至少它们当中有一个是真的。

这意味着，选言命题真，则选言支命题不确定；选言命题假，则选言支命题假。

案例　烟灰缸砸伤案

央视《今日说法》曾有一个案例：一个人被楼上扔下来的烟灰缸砸伤了，于是这个人起诉二楼以上的所有住户。但法院最初驳回起诉，理由是缺乏明确的被告（哪一户）。按《民事诉讼法》第108条规定，提起民事诉讼必须符合四个条件，其中之一就是"有明确的被告"。缺乏这一条，起诉不能成立。这种驳回的逻辑根据就是联言判断的逻辑性质。

尽管起诉最初被法院驳回，但起诉的理由总存在，即"总得有人负责"。其逻辑根据就是选言判断：至少有一个应该负责。如何解决这个现实的问题？后来法院准予再起诉，采用"举证倒置"的方法来审理。如今举证倒置已成为法律保护弱势群体的一个有效的司法方法。后来《民法通则》第126条规定："建筑物或者其他设施以及建筑物上的搁置物、悬挂物发生倒塌、脱落、坠落造成他人损害的，它的所有人或者管理人应当承担民事责任，但能够证明自己没有过错的除外。"按此规定，受害人请求赔偿，无须举证证明物件的所有人或者管理人有过错，只需举证证明自己的损害事实，该损害事实为物件所致，直接从损害事实中推定其所有人或管理人员在主观上有过错。

法院经审理认为，因难以确定该烟灰缸的所有人，除事发当晚无人居住的两户外，其余房屋的居住人均不能排除扔烟灰缸的可能性，根据过错推定原则，由当时有人居住的王某等20户住户分担该赔偿责任。王某等住户不服，提起上诉，二审维持原判。

3. 相容选言三段论

是指有一个相容选言命题作为大前提，一个简单命题作为小前提，并且根据相容选言命题的逻辑特征推出另一个简单命题作为结论的推论方法。

相容选言三段论的推理规则如下：

① 否定一部分选言支，就要肯定另一部分选言支。

相容选言三段论只有一种正确的推论方法，即"否定肯定式"。否定肯定法是通过否定相容选言命题的其他支命题，进而肯定剩余的支命题的推论方法。

P或者Q　　　或　　　P或者Q

非P　　　　　　　　　非Q

所以，Q　　　　　　　所以，P

例1：

此刻灯不亮或是因为停电，或是因为电路故障；

现已查明，没有停电；

所以，灯不亮是由电路故障引起的。

分析：在这个选言三段论中，"此刻灯不亮或是因为停电，或是因为电路故障"是一个相容选言命题。该推理通过否定其中的一个支命题"没有停电"，进而肯定另一个支命题"灯不亮是由电路故障引起的"。

例2：

被告人或犯贪污罪，或犯受贿罪；

既然被告人不是贪污罪；

可见，被告人是受贿罪。

分析：在这个选言三段论中，"被告人或者是贪污罪，或者是受贿罪"是一个相容选言命题，因为这两种罪可能同为一人所犯。该推理通过否定其中的一个支命题"被告人犯贪污罪"（即"被告人不是贪污罪"），进而肯定另一个支命题"被告人是受贿罪"。

在科学实验中，也在大量使用着选言推理。任何科学研究都是一个根据材料提出各种可能，作出选言判断，然后再逐步验证并排除掉不可能的因素，最后得出符合实际的结论的过程。在医疗诊治和案件的侦破中，这种方法是常用的，其所运用的推理方式就是选言推理的否定肯定式。

② 肯定一部分选言支，不能否定另一部分选言支。

不正确的选言三段论：P 或 Q；P，所以，非 Q。

例1：犯错误或者是主观原因或者是客观原因，张三犯错误是主观原因；所以，张三犯错误不是客观原因。

上述推理是无效的，因为很可能张三犯错误，两种原因都存在。

例2：被告人或犯贪污罪，或犯受贿罪；既然被告人是贪污罪，可见，被告人不是受贿罪。

上述推理是无效的，因为一个犯贪污罪的人并不一定不犯受贿罪。

4. 相容选言推理的逻辑应用

根据上述相容选言命题及其推理的形式、含义与推理规则，下面举例说明其逻辑应用。

案例　地面沉降

上海地面曾经发生过大规模沉降，水文地质专家列出了四种可能的原因：或是海平面上升，或是高层建筑的压力，或是由于开采地下天然气，或是由于大量抽取地下水。后来查明不是前三种情况造成的，因此推出"由于大量抽取地下水造成地面大规模沉降"的结论。这也是应用否定肯定式选言推理，由于前提把各方面的因素都考虑周全了，结论必定与实际相符。找到原因后，采取了相应措施，就成功地控制了沉降。

例1：最近，新西兰恒天然乳业集团向政府报告，发现其一个原料样本含有肉毒杆菌。事实上，新西兰和中国的乳粉检测项目中均不包括肉毒杆菌，也没有相关产品致病的报告。恒天然自曝家丑，可能是出于该企业的道德良心，也可能是担心受到处罚，因为在新西兰，如果企业不能及时处理食品安全问题，将受到严厉处罚。由此可见，恒天然自曝家丑并非真的出于道德良心。

以下哪个推理与上述推理有相同的逻辑错误？

Ⅰ.鱼和熊掌不可兼得，取熊掌而舍鱼也。

Ⅱ.作案人或者是甲或者是乙。现已查明作案人是甲，所以，作案人不是乙。

Ⅲ.如果一个人沉湎于世俗生活，就不能成为哲学家。所以，如果你想做哲学家，就应当放弃普通人的生活方式。

分析：题中"可能是出于业界良心，也可能是担心受到处罚"是相容选言命题，不能在肯定一个选言支时，否定另外一个选言支。Ⅱ与其一致。

例2：有医学病例证明，饲养鸽子或者经常近距离接触容易感染隐球菌性肺炎。隐球菌既有可能存在于鸽粪中，也可能通过空气进行传播，此外，经常与隐球菌携带者接触也有可能因被感染而发病。同时有隐球菌健康携带者的存在。小张患了急性肺炎，经医生诊断为隐球菌性肺炎。

如果以上断定为真，以下哪项也一定是真的？

Ⅰ.小张的邻居饲养了十几只信鸽，每天都会产生大量的鸽粪，小张一定是感染了鸽粪中的隐球菌。

Ⅱ.小张从来不和有病的人接触，所以他的病如果不是受鸽粪中的隐球菌感染，那就一定是被空气传播感染的。

Ⅲ.小张性格自闭，从不接触外人，而他的家人中没有隐球菌患者和隐球菌携带者，所以他的病或者是由鸽粪引起的，或者是因为空气传播而感染的。

分析：本例给出了得隐球菌性肺炎的三种途径：鸽粪传播、空气传播或隐球菌健康携带。Ⅲ指出了小张得隐球菌性肺炎不会是第三种途径，当然就只能是前两种途径中的任何一种了。因此，一定为真。

其余两项陈述不一定真，比如，Ⅱ不一定真，因为不和病人接触，但有可能与有隐球菌健康携带者接触或小张本人就是隐球菌携带者。

例3：在印度的歇格特地区发现了一些罕见的陨石。其结构表明它们来自水星、金星、火星等地质活动剧烈的行星。因为水星接近太阳，任何从它表面分离出来的东西都会被太阳所俘获，而不会坠入地面成为陨石。这些陨石也不可能来自金星，因为金星的重力太大，足以防止从它表面脱离的物体进入外层空间。因而这些陨石有可能是火星与某一大型物质相撞后脱离的物体坠入地球而形成的。

上述论证导出其结论的方法是通过：

Ⅰ.举出某一理论的反例。

Ⅱ.排除其他可供选择的解释。

Ⅲ.对目前与过去的情况进行比较。

分析：上文论证用的是选言证法，又称排除法或淘汰证法。在诸选项中，只有Ⅱ说明了这一点。

二、不相容选言命题及其推理

不相容选言命题是断定事物若干可能情况中有而且只有一种情况存在的命题。如：

"一个物体要么是固体，要么是液体，要么是气体。"

"一个三角形，要么是钝角三角形，要么是锐角三角形，要么是直角三角形。"

上述命题都表达了不相容选言命题，它们断定的关于事物的几种可能情况是不能并存的。

1.不相容选言命题的形式

不相容选言命题的联结词有："要么…要么…"；"不是…就是…"；等等。

不相容选言命题的标准形式："要么P，要么Q，二者必居其一。"

用符号"$\veebar$"（读作强析取）来代表其联结词，不相容选言命题就可表示为公式：$P \veebar Q$。其真值表如下：

P	Q	$P \veebar Q$
1	1	0
1	0	1
0	1	1
0	0	0

由于不相容选言命题断定了事物若干可能情况中，有而且只有一种情况存在，这样，一个不相容选言命题为真，当且仅当恰好有一个选言支为真。当所有的选言支都为假或超过一个选言支为真时，整个不相容选言命题便为假。

例如：不相容选言判断"一个人的世界观要么是唯物的，要么是唯心的"，在"一个人的世界观既唯物又唯心"和"一个人的世界观既不唯物又不唯心"

的情况下是假的，在其余情况下都是真的。

案例 生死阄

古代某王国有一条奇怪的法律条文：被处以极刑的犯人，在临刑前仍然有一次选择生命的机会。即在一个箱子里放上两个纸阄，其中一个写有"生"，一个写有"死"。然后让临刑的犯人任意从箱子里摸出一个纸阄，并当众验证。如果摸出生阄就当场释放，如果摸出死阄则即刻处死。

有位大臣遭人诬陷，被判处死刑。但诬陷他的人仍然担心他在临刑前的生死选择中摸出生阄。于是贿赂有关官吏，将箱子里的两个纸阄全部写上死。这个阴谋被大臣的一个好友探知，便想办法密告大臣，希望他在临刑前的生死选择中，当场戳穿这个阴谋家的丑恶嘴脸。

于是在临刑前，这位大臣随意摸出一个纸阄，并立即把它吞到了肚子里。这样，只能让别人通过验看剩下的那个阄来判断自己抓到的是什么阄，剩下那个阄上写着"死"，从而证明抓到的是写着"生"的阄。

2. 不相容选言三段论

不相容选言三段论是指前提中有一个不相容选言命题作为大前提，一个简单命题作为小前提，并且根据不相容选言命题的逻辑特征推出另一个简单命题作为结论的推论方法。不相容选言推理有两条规则：

① 否定一个选言支以外的选言支，就要肯定未被否定的那个选言支。

否定肯定法是通过否定不相容选言命题的其他支命题，进而肯定剩余的一个支命题的推论方法。

要么P，要么Q   或   要么P，要么Q

非P_____   非Q_____

所以，Q   所以，P

例1：

要么改革开放，要么闭关锁国；

我们不能闭关锁国；

所以，我们只能改革开放。

例2：

要么老虎吃掉武松，要么武松打死老虎；

老虎没有吃掉武松；

所以，武松打死老虎。

② 肯定一个选言支，就要否定其余的选言支。

肯定否定法是通过肯定不相容选言命题的一个支命题，进而否定剩余的支命题的推论方法。

要么P，要么Q　　　或　　　要么P，要么Q

P————————　　　　　Q————————

所以，非Q　　　　　　　　　　所以，非P

例1：

要么改革开放，要么闭关锁国；

我们坚持改革开放；

所以，我们不能闭关锁国。

例2：

小张现在要么在北京，要么在广州；

小张现在是在北京；

所以，小张现在不在广州。

案例　土耳其商人和帽子

据说爱因斯坦提出过一个逻辑推理题，内容如下：

有一个土耳其商人，想找个协助他经商的伙伴。有两个人前来报名。土耳其商人想知道这两人中谁更聪明，于是想出一个办法来测验他们。他把两人带进一间屋子，这间屋子用电灯照明，没有镜子，也没开窗户。商人指着一个盒子说道："这里面有五顶帽子，两顶红的，三顶黑的。现在我把电灯关掉，打开盒子，我们三人每人摸一顶帽子戴在自己头上。然后我盖上盒子，开亮电灯，你们俩尽快地说出自己头上戴的帽子是什么颜色。"当电灯开亮之后，那两个人看见商人头上戴一顶红色帽子。两人相互看了看，无法判断。过了一刹那，其中一个喊道："我的是黑的！"这个人的判断是正确的，他于是被选中了。

分析：解这道题，所用的是不相容选言推理。帽子只有两种颜色，不是戴红帽，就是戴黑帽。现在商人戴的是红帽，就是说还剩下一顶红帽。假定甲看见乙戴的也是红帽子，那他立刻就可以推断自己是戴黑帽的。但是甲看见乙头上的帽子后不吱声，说明甲看到乙戴的是黑帽，于是乙马上悟到自己头上戴的是黑帽子。

三、选言推理的应用

1. 相容选言命题和不相容选言命题的区分

区分相容选言命题和不相容选言命题，不能只看联结词，而应重点看它们的真值情况。各个选言支能够同时为真的，是相容选言命题；不能同时为真的，是不相容选言命题。当识别一个选言命题究竟是相容还是不相容时，要依靠相关背景知识去辨别各个支命题能否同时成立。

案例　达尔文与华莱士

在日常生活中，人们常常混淆不相容的选言命题与相容的选言命题。著名生物学家达尔文也曾经被这个问题所困扰。达尔文经过长时间的考察，早在1844年就得出物种是在不断进化的思想，并指出生物进化的原因是自然选择。达尔文的好朋友、地质学家赖尔曾多次劝他发表这些见解。但是，治学严谨的达尔文认为自己的见解还不够完善，就没有听从赖尔的意见，而是继续考察研究。

1858年，正当达尔文准备发表自己的论文时，突然收到华莱士从印度尼西亚的马鲁古群岛上寄来的论文，观点竟然和自己的进化思想几乎一模一样。华莱士在信中请求达尔文对他的论文提出意见，并希望达尔文尽快地推荐给当时的权威组织林耐学会发表。这封信像一只烫手山芋，拿不得也扔不得，使得达尔文十分为难：公布华莱士的论文吧，自己的研究成果就会得不到公认，几十年的辛勤劳动就要付之东流；公布自己的论文、不发表华莱士的论文吧，压制他人的成果，这是不道德的行为，良心要受到谴责。

几天后，赖尔、胡克等朋友来访，他们见达尔文精神憔悴，十分痛苦，便问发生了什么事。达尔文的心思再也隐藏不住了，就把事情的经过如实相告。"我早就劝你发表进化论的论文，你就是不听，现在遇到麻烦了吧！"赖尔说。"是啊！要么公布华莱士的论文，要么公布我的论文，二者必须选择一个。我应该怎么办呢？"达尔文请大家帮他拿个主意。"进化论是你先提出的，你应该当仁不让！""不行不行！华莱士也是独立完成的，如果先发表我的论文，我的良心会不安的。"达尔文连连摇头。"你的人品太好了！"大家啧啧称赞达尔文。赖尔说："如果是这样的话，我倒有一个主意，就是同时发表你和华莱士的论文。""这行得通吗？"达尔文问。"这件事就交给我们办吧！""那就麻烦你们了。"达尔文将信将疑。赖尔、胡克等人与林耐学会进行了商议，达成了一致意见：将达尔文和华莱士的论文同时公诸于世。

事后，华莱士非常感动，提议将他们两人提出的进化论统称为"达尔文理论"，并称赞达尔文是"阐述这个理论的最合适的人"。

分析：达尔文虽然是伟大的生物学家，但在发表论文的问题上，他却犯了一个小小的逻辑错误，即混淆了不相容的选言命题与相容的选言命题的界限。"公布华莱士的论文"与"公布达尔文的论文"这两个选言支是相容的，完全可以同时加以肯定，确定它们都是真的，而达尔文却把它们看成不相容的了。

2. 选言命题的表述方式

在日常语言中，选言命题有很多表述方式：

① 联结词"要么…要么…"一般在不相容意义上使用：

· 物质要么是混合物，要么是纯净物。

· 黑客没有第三条道路可选——要么当黑客，要么当安全专家。

但"要么……要么……"有时也可在相容意义上使用，如：

明天要么刮风，要么下雨。（等同于"明天或者刮风或者下雨"）

② 联结词"或者…或者…"一般在相容意义上使用：

· 或为玉碎，或为瓦全。

但也可在不相容意义上使用。"或者"有时也用来表达陈述之间不相容的关系，这样使用时一般会增加诸如"二者必居其一"，或者"二者不可兼得"这样的限制。如果这样的限制被省略，则需要依据具体的语境来辨别。如：

· 掷硬币或者正面向上或者反面向上。

该陈述等同于"掷硬币要么正面向上要么反面向上"。

③ 联结词"不是…就是…"（问句变体："是…还是…？"）表示不相容意义：

· 不是鱼死，就是网破。

· 不自由，毋宁死！

3. 选言命题的注意事项

选言命题的选言支有一个是否穷尽的问题。一个选言命题的选言支穷尽，是指这个选言命题的选言支包括了所有可能的情况；另一个选言命题的选言支不穷尽，是指这个选言命题的选言支没有包括所有可能的情况。

① 一个选言命题，如果选言支是穷尽的，这个命题就是真的；而选言支不穷尽的选言命题就不必然真。

例1："三角形或者是直角，或者是锐角，或者是钝角"，这个选言命题的选言支是穷尽的，因为从角的情况看，三角形只有这三种情况。

例2："天体或者是行星，或者是恒星"，这个命题的选言支是不穷尽的，因为天体除了行星和恒星外，还有卫星、彗星、流星、星云物质等等。

② 如果一个选言命题是真的，它的选言支不一定要穷尽。因为选言命题是断定在几种可能的事物情况中至少有一个事物情况存在，一个选言命题，如果它的选言支里有一个是真，虽然它的选言支没有穷尽一切可能，但这个选言命题仍然是真的。

例如："庐山或者在江西，或者在福建。"这个选言命题的支命题虽然没有穷尽，但它已经包含了真的支命题"在江西"，所以这个命题是真的。

③ 假若选言支不穷尽，就不能保证至少有一个选言支是真的，则选言推理有可能为假。

例如：他没有评上先进，所以他肯定是个落后分子。

"先进"与"落后"之外还有"中等"一类，选言前提虚假，结论不必然为真。

案例　瑜伽师的惊人功夫

有一次，一位叫萨加姆尔蒂的瑜伽师同意医生们用仪器观察他的"活埋"表演。这位瑜伽师被埋在土坑里八昼夜，不吃也不喝。只是在土坑里放置了一盆5升的蒸馏水。据瑜伽师说，此水不是为了饮用，而是为了湿润空气。在八昼夜期间，心电图观察一直在进行着。当土坑上面盖上土后2小时，心率加快，第一天傍晚达到每分钟250次，到第二天晚上，心电图突然成为直线，这使在场的医生甚为惊讶。当时医生们分析可能有三种情况：一是仪器坏了，二是电路断了，三是瑜伽师死了。但经过检查，仪器和电路都毫无问题。惊恐的医生们决定立即停止试验，打开土坑。但瑜伽师的助手反对这样做，他说，瑜伽师还活着，用不着担心，只不过是他的心脏暂时停止跳动了。到了第八天，在预定试验结束之前半小时，心电图开始出现曲线，心脏开始恢复活动，心率每分钟142次。打开土坑后，瑜伽师一阵颤抖，慢慢醒了过来。

医生们的推理如下：

或者是仪器坏了，或者是电路断了，或者是瑜伽师死了；

不是仪器坏了，也不是电路断了；

所以，是瑜伽师死了。

医生们的推理从形式上看正确无误，它是一个否定肯定式。根据推理结论不符合实际而推理形式正确，可以判定作为选言推理前提的选言支是不穷尽的，就是说，没有列举出全部可能性。除了医生们列举出的三种可能情况外，还有第四种情况即"瑜伽师活着但心电图成为直线"。这表明瑜伽师像有些动物一样进入了冬眠状态。瑜伽师的特异功能是客观存在的，这种功能突破了普通人的生理极限。由于认识的局限，医生们的选言前提不全面，导致了结论的不可靠。

④ 在选言支是否穷尽这一点上，也是很多脑筋急转弯或智力测验中经常出现的测试点。我们要突破思维的盲点，从而出奇制胜。

例1：宋朝的司马光从小就很聪明。有一次，一个小孩掉进盛满水的大缸里，危在旦夕，一大群小孩都惊慌失措。这时，司马光捡起一块大石头，毫不犹豫地把缸砸破，及时救出了同伴。救人的方案可以多种多样，当事人要根据具体情况作出相应的选择。

例2：一只瞎了左眼的山羊，左边放一块猪肉，右边放一块牛肉，它会吃哪块？

答案是都不吃，因为山羊不吃肉。

例3：一家巴士公司规定乘客不能携带超过2米的物品上车，一位乘客如何将一根2.5米长的竹竿在不折断的情况下带进车而又不违规？

答案可以是找一个比如是2米长、1.5米宽的行李箱，把竹竿斜放进去就不会违反规定了。当然如果这样的箱子不好找的话，也可以拿块2米长、1.5米宽的板，把竹竿斜着固定在板上。

例4：一位先生去考驾照。口试时，主考官问："当你看到一只狗和一个人在车前时，你是轧狗还是轧人？"

那位先生不假思索地回答："当然是轧狗了。"

主考官摇摇头说："你下次再来考试吧。"

那位先生很不服气："我不轧狗，难道轧人吗？"

主考官大声训斥道："你应该刹车。"

例5：有一辆载重卡车要从桥下通过，由于货物装得太高，超出了10毫米。司机下车看了很久，正考虑是把货物卸下来，开过去重新装车呢，还是改道绕行多走30公里。这时马路旁一个小孩说："你把轮胎的气放掉一点，开慢车就过去了。"

可见，司机作出的选言判断是不穷尽的，他没有找到最佳方案。放气的办法对司机来说是思考问题的盲点。

案例　伽利略破案

意大利的伽利略是近代实验物理学的巨匠，他的聪明才智在破案上也闪耀过光芒，却不大为人所知。有一天，一位家里养有很多鸟的富翁在郊外别墅举行宴会。宴会开始不久，来宾中一位伯爵夫人遗失了一只钻戒。她是在洗手前把钻戒放在三楼客厅的桌子上，但从洗手间回到客厅时钻戒不见了，桌上却多了一支小牙签。以前这里也发生过一件相同的事情，同样在遗失钻戒的地方，放着一支小牙签。

钻戒确实被偷，这不是虚报。大家议论纷纷。小偷或者是从门里进来，或者是从窗上爬进来。但是，这间三楼客厅，两次丢失钻戒时，都上了锁，小偷用钥匙开门的可能性也被排除，窗外没有梯子和其他攀登工具。钻戒真可说是不翼而飞。

正当来宾们迷惑不解的时候，伽利略送来富翁所订购的最新望远镜。有人对他说："伽利略先生，你有超人的智慧，能不能帮我们侦破这案子？不然，我们都成了犯罪嫌疑人。"

伽利略听了两次失窃的介绍后，问："发生失窃时，别墅里的养鸟人在哪里？"富翁说："他在院子那边的小屋中，也没来过。"伽利略说："他就是失窃案的主谋，一定不会错！"

养鸟人供认不讳。人们赞叹伽利略不愧为有头脑的科学家，既敏捷又思路开阔。

原来，养鸟人暗中训练了他喂养的鸟，让鸟飞到三楼去衔钻戒，为了防止鸟叫，就让它衔住一支小牙签。如果鸟儿行窃时被捉，人们也不会加以追究。

客人们的议论"小偷或者是开门进来，或者是从窗上进来"，是一个不穷尽的选言判断。它恰恰遗漏了真的那个选言支。

4.选言命题的直接推理

选言命题的直接推理除了上述所描述的，有时还涉及几类元素的组合，要在分析组合所有情况的基础上进行推断。

例1：某山区发生了较大面积的森林病虫害。在讨论农药的使用时，老许提出："要么使用甲胺磷等化学农药，要么使用生物农药。前者过去曾用过，价钱便宜，杀虫效果好，但毒性大；后者未曾使用过，效果不确定，价钱贵。"

从老许的提议中，不可能推出的结论是什么？

Ⅰ.如果使用化学农药，那么就不使用生物农药。

Ⅱ.或者使用化学农药，或者使用生物农药，两者必居其一。

Ⅲ.化学农药比生物农药好，应该优先考虑使用。

分析：根据上文断定，要么使用甲胺磷等化学农药，要么使用生物农药。必然可推出Ⅰ、Ⅱ。上文断定了这两类农药各有优缺点，Ⅲ意思与此相悖，因此，不能从上文断定中推出。

例2：某餐馆发生一起谋杀案，经调查：

第一，谋杀或者用的是叉，或者用的是刀，二者必居其一。

第二，谋杀时间或者在午夜12点，或者在凌晨4点。

第三，谋杀者或者是甲，或者是乙，二者必居其一。

如果以上断定是真的，那么以下哪项也一定是真的？

Ⅰ.死者不是甲用叉在午夜12点谋杀的，因此，死者是乙用刀子在凌晨4点谋杀的。

Ⅱ.死者是甲用叉在凌晨4点谋杀的，因此，死者不是乙用叉在凌晨4点谋杀的。

Ⅲ.谋杀的时间是午夜12点，但不是甲用叉子谋杀的，因此，一定是乙用刀子谋杀的。

分析：上文告诉我们：不是叉，必是刀；不是午夜12点，必是凌晨4点；不是甲，必是乙。这样，专案工具、时间和人物的组合一共有2×2×2=8种情况。

因此，Ⅰ和Ⅲ的情况都不能必然推出，Ⅱ是必然可推出的。

例3：一位体育明星发现将其形象宣传和赛事结合在一起，会产生许多麻烦，所以，她停止将两者联系在一起，不再允许书店的形象宣传和比赛在同一巡回的同一城市中出现。本周，她将去伦敦参加一项重要赛事，所以，她在伦敦停留期间，伦敦的任何书店中都不会出现她的形象宣传。

以下哪一项运用的推理形式与上文中的最相似？

Ⅰ.无论AB杀虫剂出现在哪里，许多黄蜂都会被杀死。Z家的花园中有AB杀虫剂，所以，所有留在花园里的黄蜂都会很快被杀死。

Ⅱ.医院急诊人员参加较轻的紧急事件的处理的唯一情况是当时没有严重的紧急情况需要处理。星期一晚上，急诊人员参加了一系列较轻的紧急事件的处理，所以，当晚肯定没有严重的紧急情况需要处理。

Ⅲ.西红柿需要炎热的夏季才能长得旺盛，所以，在夏季较冷的Y国农场中，西红柿可能不会长得很旺盛。

分析：上文推理结构是，P和Q两件事不相容，所以，有Q就没P。

Ⅲ项的推理结构与此类似。

例4：一桩投毒谋杀案，作案者要么是甲，要么是乙，二者必有其一，所用毒药或者是毒鼠强或者是乐果，二者至少其一。

如果上述断定为真，则以下哪项推断一定成立？

Ⅰ.该投毒案不是甲投毒鼠强所为，因此一定是乙投乐果所为。

Ⅱ.在该案侦破中发现甲投了毒鼠强，因此案中的毒药不可能是乐果。

Ⅲ.该投毒案的作案者不是甲，并且所投毒药不是毒鼠强，因此一定是乙投乐果所为。

分析：由本例条件，投毒情况有以下六种，可列表如下：

	毒鼠强	乐果	毒鼠强且乐果
甲			
乙			

Ⅰ不成立。不是甲投毒鼠强，也可能是甲投乐果，或者乙投毒鼠强。

Ⅱ不成立。上文断定，所用毒药或者是毒鼠强或者是乐果，二者至少其一。因此，可以同时用这两种毒药。发现了毒鼠强，毒药中也不能排除乐果。

Ⅲ成立。不是甲投毒，那必然是乙；毒药不是毒鼠强，那必然是乐果。也即一定是乙投乐果。

第三节 假言推理

假言命题是断定事物情况之间条件关系的命题，所以又称条件命题。假言命题中，表示条件的支命题称为假言命题的前件，表示依赖该条件而成立的命题称为假言命题的后件。假言命题因其所包含的联结词的不同而具有不同的逻辑性质。

一、充分条件假言命题及其推理

充分条件假言命题是指前件是后件的充分条件的假言命题。所谓前件是后件的充分条件是指：只要存在前件所断定的事物情况，就一定会出现后件所断定的事物情况，即前件所断定的事物情况的存在，对于后件所断定的事物情况的存在来说是充分的。

例如： 如果患了阑尾炎，那么就会引起肚子疼。

再如： 只要物体间发生摩擦，那么物体就会生热。

1. 充分条件假言命题的形式

要…就…；若…，则…；假如…，就…；假如…，便…；若是…，就…；当…时，…；要是…，那…；一…就…；…，只…；（要）…必须…；（要）…，不能不（一定要）；每一个（所有）…都…；倘若…，便…；哪怕…，也…；就算…，也…；一旦…，…；在…时候，…；等等。举例如下：

联结词	举例
如果P，则（就）Q	如果物体摩擦，则物体生热
如果P，那么Q	如果你是个傻瓜，那么一言不发是最聪明的
只要P，就Q	只要勤奋耕耘，就会有所收获
假如P，就Q	假如这个玻璃杯从我手中滑落，就会摔得粉碎
当P时，要Q	当刮大风的时候，要关上窗户
要是P，那Q	要是你能解决这道难题，那我就能拔着自己的头发上天
一P，就Q	一见到警察，他就心里发慌
P，只Q	他报考研究生只想报考工程硕士
（要）P必须Q	要扩大销量，必须增加广告
（要）P不能不（一定要）Q	要有学问，不能不读书
每一个（所有）P，都Q	所有的美丽景象都是大自然的无私奉献
倘若P，便（可以）Q	你倘若不信，我可以带你去实地看一看
哪怕（就算）P，也Q	哪怕他是三头六臂，一个人也顶不了事

有时，表达充分条件关系的联结词还可以省略，例如："锲而不舍，金石可镂""人心齐，泰山移""留得青山在，不怕没柴烧""招手即停"等等。

我们用符号"→"（读作"蕴涵"）表示充分条件假言命题的逻辑联结词，充分条件假言命题可表示为下述这样一个公式：P→Q（读作"P蕴涵Q"）。其真值表如下：

P	Q	P→Q
1	1	1
1	0	0
0	1	1
0	0	1

如上定义的蕴涵称为"实质蕴涵"。它告诉我们，一个充分条件的假言命题，只有当它的前件真，后件假时，该假言命题才是假的。在其他情况下，充分条件假言命题都是真的。比如，充分条件假言命题"如果天下雨，那么会议延期"，只有在天下雨但会议未延期的情况下才是假的，在其他情况下都是真的。

案例 穷光蛋的许诺

两个穷光蛋在闲聊：

甲问乙："如果你有200万，能不能分我100万？"

乙："没问题，咱俩兄弟，你的就是我的，我的就是你的。"

甲又问乙："如果你有两双鞋，能不能分我一双？"

乙："那可不行。"

"为什么？"

"因为我现在刚好有两双鞋。"

分析：在充分假言为真的情况下，若前件假，后件也可假；若前件真，后件也必须真。

例1：请考察"如果天下雨，那么地上湿"这一命题在不同情况下的真假。

可对照真值表，说明如下：

P	Q	P→Q	如果天下雨，那么地上湿
1	1	1	当事实上在下雨，并且事实上地上也湿了时，"如果天下雨，那么地上湿"这整个句子是真的

P	Q	P→Q	如果天下雨,那么地上湿
1	0	0	当事实上发生了这样的事,即同我们的经验相反,下着雨,但地上却不湿,在这种情形下,我们才说"如果天下雨,那么地上湿"是假的
0	1	1	当事实上没有下雨,而地上湿了,这整个句子仍是真的。因为它没有排除其他原因会造成地上湿,例如可能由于洒水车洒了水
0	0	1	当事实上没有下雨,地上也不湿时,整个句子还是真的。因为这一假言判断根本没有断定下着雨或地上湿,而仅仅是说:如果天下雨,那么地上湿

例2:请考察"如果严重砍伐森林,那么就会水土流失"这一命题在不同情况下的真假。

可对照真值表,说明如下:

P	Q	P→Q	如果严重砍伐森林,那么就会水土流失
1	1	1	当"严重砍伐森林了,而且水土流失了"时,上述命题为真
1	0	0	当"严重砍伐森林但水土没有流失"时,上述命题为假
0	1	1	当"没有严重砍伐森林但水土流失"时,上述命题可以为真(比如下暴雨)
0	0	1	当"没有严重砍伐森林而水土没有流失"时,上述命题为真

例3:已知:如果天湖的水变暖了,天鹅就会飞回来。

若上述断定为真,请判断下列陈述的真假。

Ⅰ.现在"天湖的水变暖了",且"天鹅飞回来了"可以吗?可以。

Ⅱ.现在"天湖的水变暖了",且"天鹅没有飞回来"可以吗?不可以。

Ⅲ.现在"天湖的水没有变暖",且"天鹅却飞回来"可以吗?可以。

Ⅳ.现在"天鹅飞回来了",且"天湖的水没有变暖"可以吗?可以。

Ⅴ.现在"天鹅没有飞回来",且"天湖的水一定没有变暖"吗?一定。

Ⅵ.现在"天鹅没有飞回来",且"天湖的水已经变暖了"可以吗?不可以。

可对应如下真值表判断:

P	Q	P→Q	
天湖的水变暖了	天鹅就会飞回来	天湖的水变暖了→天鹅就会飞回来	
1	1	1	Ⅰ
1	0	0	Ⅱ、Ⅴ
0	1	1	Ⅲ、Ⅳ
0	0	1	Ⅵ

案例　算命仙的神机妙算

　　从前，在某个市集里住着一位算命仙。

　　他家门口挂了一个招牌写着："神机妙算，一回一千元！如果算得不准，保证退钱。"

　　商人们看了，都争相来算命。

　　第一个来算命的是卖碗的商人。算命仙收了一千元后，假装念了一些咒语，说："啊哈！如果碰到从东方来的人，你就会赚到钱。"商人想到今天会赚钱，就开开心心地离开了。

　　之后又有卖麦芽糖的商人、卖糕饼的商人与卖肉的商人前来算命，算命仙都对他们依样画葫芦，假装念了一些咒语，然后说："啊哈！如果碰到从东方来的人，你就会赚到钱。"

　　当天晚上，卖碗商高兴地跑来找算命仙。

　　"真是谢谢您，我真的碰到来自东方的人，结果赚了很多钱，您真是太准了。"

　　算命仙笑着说："那是当然的，以后欢迎再来算命啊。"

　　当卖碗商回去后，卖麦芽糖商人气呼呼地找来了。

　　"根本就不准嘛！我今天遇到从东方来的人，却一毛钱也没赚到！"

　　算命仙摸着下巴说："那就奇怪了，不过既然不准，钱就还给你吧。"

　　当麦芽糖商人回去后，糕饼商人也怒气冲天地跑进来。"今天我没赚到钱，把我的钱还给我！"

　　算命仙停顿了一下，问说："那么，是否有碰到来自东方的人呢？"

　　糕饼商搔着头说："没有耶，只碰到来自南方的人。"

　　"那就对啦，我是说你如果碰到从东方来的人就会赚钱，可没说碰到从南方来的人会赚钱啊。"

　　糕饼商听这话似乎有理，就回去了。

　　最后卖肉的商人也来了。"今天我的确是赚到了钱，但不是碰到来自东方的人，而是来自北方的人。所以你算错了吧？"

　　算命仙露出一副不可理喻的表情说："嘿，这位兄弟，我是说你如果碰到从东方来的人就会赚钱，何时说你碰到从北方来的人就不会赚钱啊？我可没这么说呀。"

　　卖肉商人觉得有理，点点头回去了。

当所有商人回去后，算命仙露出笑容："赚钱真是简单啊！四个人来算命都给一样的答案，竟然有三个是准确的，足足赚了三千啊。嘻嘻嘻！"

2. 实质蕴涵的理解

"如果，那么"的条件句称为"蕴含式"复合句。从充分条件真值表可以看出，当P假或Q真时，P→Q是真的。对于蕴涵词的这样一种解释，被称为"实质蕴涵"。关于实质蕴涵，要求我们必须按照其真假关系制约来理解，而不能考虑其"言外之意"。因此，要注意与日常语言中假言命题的区别和联系。

（1）实质蕴涵的意义

第一，实质蕴涵P→Q是一种真假制约关系，而不管P和Q是否有内容、意义上的关联。

"P→Q"不完全等同于"如果P，那么Q"，这两者的含义也有所区别，前者只是对后者的一个真值抽象。具体而言，"P→Q"只表示P、Q之间的真假关系，条件句"P→Q"的真假情况是：只有P出现了，却没有导致Q，它们之间的这个关系不存在，条件句"P→Q"才为假。

第二，"如果P，那么Q"除了表示P、Q之间的真假关系外，根据具体的语境，还可表示P、Q之间的其他联系。

自然语言中用"如果，那么"表示条件句，有很多含义，其中主要有：条件关系、因果关系、推理关系、假设关系、时序关系、允诺、威胁甚至是打赌等等。在日常语言中，条件句表达两种状态间的一种"关联"的存在。

例如："如果刮风，那么起浪"的意思是刮风会"导致"起浪的状态关系。它的意思并不是说现在刮风了，也不是说现在起浪，而是说这个关系存在。没有刮风但起浪的情况不能表明这个关系是假的。因为它只是说刮风会导致起浪，并不排除别的因素导致起浪（比如潮汐、地震等）。因此，要否定这个条件句，就要否定这个关系，即断定刮风但没有起浪的情况，这个关系才被证明为假。

人们在实际思维过程中运用一个充分条件假言命题时，并不只是考虑其前后件的真假关系，同时还必须考虑其前后件之间在内容上的联系。

例如："如果水银是金属，那么，蝙蝠不是鸟。"从纯粹的逻辑角度来看，这是一个充分条件假言命题。而且，根据充分条件假言命题的真值表，由于其前后件都真，因而也是一个真的充分条件假言命题。

（2）蕴涵怪论的理解

日常思维中所考虑和运用的充分条件假言命题总是适应着一定实际情况的需要，有其具体内容。从日常思维来看，若前后件的具体内容之间并没有条件联系，则认为是没有意义的。一些在日常思维中不能接受为真的命题，而在实质蕴涵的意义上被确认为真，我们叫作"蕴涵怪论"。

为进一步理解实质蕴涵，下面举例说明：

	P	Q	P→Q	举例
第一种情况	1	1	1	如果太阳从东边出来，则白马是马
第二种情况	1	0	0	如果太阳从东边出来，则白马不是马
第三种情况	0	1	1	如果太阳从西边出来，则白马是马
第四种情况	0	0	1	如果太阳从西边出来，则白马不是马

人们一般对第二种情况"P真Q假时，P→Q为假"不持异议，但对于承认"当P假或Q真时，P→Q为真"却有很大保留，按实质蕴涵的真值表，这些命题都是真的，似乎不大好理解，下面分别论述：

第一种情况：如果太阳从东边出来，则白马是马。

这种情况虽然从意义上不大好理解，但从实质蕴涵规则来说，前件与后件均为真，那么这一命题就是真的。

第二种情况：如果太阳从东边出来，则白马不是马。

这种情况当然是假的，相对容易理解。

第三种情况：如果太阳从西边出来，则白马是马。

这种情况虽然从意义上也不大好理解，但从实质蕴涵规则来说，前件假，后件真，那么这一命题就是真的。如果对这句话稍作改动"即使太阳从西边出来，白马也是马"，这样就相对好理解，这句话强调的是"白马是马"为真。

第四种情况：如果太阳从西边出来，则白马不是马。

这种情况类似虚拟条件句，通常被称为反事实条件句。从实质蕴涵规则来说，前件与后件均为假，那么这一命题就是真的。这句话强调的是"白马不是马"与"太阳从西边出来"一样荒谬。

下面结合实质蕴涵规则来进一步论述：

① 真命题为一切命题所蕴涵。

其意思是：若后件真，则不论前件真假，若P则Q永真。

我们结合上例的第一、第三种情况来理解：

第一种情况：如果太阳从东边出来，则白马是马。

第三种情况：如果太阳从西边出来，则白马是马。

这两句话加在一起的意思是：不管太阳是不是从东边出来，白马都是马，也就是说，后者与前者没有关系。

也就是说：当Q真时，无论P真还是P假，相应的蕴含式P→Q只不过是Q真的强调说法。

② 假命题蕴涵一切命题。

其意思是：若前件假，则不论后件真假，若P则Q永真。

我们结合上例的第三、第四种情况来理解：

第三种情况：如果太阳从西边出来，则白马是马。

第四种情况：如果太阳从西边出来，则白马不是马。

这两句话的意思是：如果太阳从西边出来，因为前件是假的，永远没有机会被证伪，所以，不管后件的真假，我们就不能说这两句话是假话。

例如：一个穷光蛋可以任意开空头支票：

如果我有一亿元，我将分一半给你。

如果我有一亿元，我连一分也不给你。

由于他身无分文，前件总不满足，他的话永远没有机会被证伪，总是成立的。我们只能说他许下了两个无法兑现的诺言，而不能说他故意撒谎。

因此，用于回答"1＋1什么时候不等于2？"等这样的棘手问题，办法是假设一个前件假的情况。

案例　数学难题

"在什么条件下，二加三不等于五？"这个问题一下子把大家难住了。

沉默了一会，张明说："负二加负三就不等于五。"数学老师说："不能用负数，'二'和'三'都是正整数。"同学们很奇怪："正整数的二与三相加，怎么会不等于五呢？"孙敬脑筋一转，来了灵感，他想，老师出的题目可能是脑筋急转弯，于是回答说："当两只狼和三只兔子放在一起时，就不等于五只动物，因为狼会把兔子吃掉。"王东等受到了启发，也说："两只猫加三只老鼠也不等于五，还有……""不对不对，你们想偏了。"老师连连摇头。大家想出了各种答案，都被数学老师否定了。"好了好了，我们服输了，老师您公布答案吧！"同学们急切地问。

"这个答案就是，"老师停顿了一下，慢慢地说，"如果一加一不等于二，那么，二加三就不等于五。""哈哈哈！"全班同学哄堂大笑。大家笑过之后，数学老师问："难道我说得不对吗？请同学们想一想其中的道理。"王东说："老师，您用的是充分条件假言命题。""这个充分条件假言命题是真的还是假的？""当然是真的。"王东肯定地说。"为什么呢？""因为它的前件'一加一不等于二'是假的。充分条件假言命题的前件是假的，不管后件是真是假，整个命题总是真的。"

"说得很对。大家知道，'二加三不等于五'是一个众所周知的假命题。为了使以这个命题为后件的充分条件假言命题为真，就必然要求前件也是一个假命题。所以我就将'一加一不等于二'这个假命题，作为它的前件。"

孙敬说："这样的话。您的这个问题就不止一个答案，'一加一不等于二'可以换成'二加二等于五''太阳从西方升起''海枯石烂'等等。"

"完全正确！"

3. 充分条件假言三段论

充分条件假言三段论是指由一个充分条件假言命题作为大前提，一个简单命题作为小前提，并且根据充分条件假言命题的逻辑特征推出另一个简单命题作为结论的推论方法。充分条件假言三段论即充分条件假言推理可以归纳成两条规则：

第一，从肯定前件可以肯定后件，从否定后件可以否定前件。

第二，不得从否定前件到否定后件，也不得从肯定后件到肯定前件。

（1）两类正确的推理

充分条件假言三段论有两种正确的推论方法，即肯定前件法和否定后件法。

① 肯定前件式。

可表示为：（P→Q）∧P→Q。写成竖式如下：

如果P，那么Q

P _____

所以，Q

例1：水受热，则体积膨胀；现在水受热；所以，水的体积膨胀。

例2：如果患肺炎，那么就会发高烧；小张患了肺炎；所以，小张会发高烧。

例3：如果爱因斯坦是物理学家，那么他是科学家；爱因斯坦是物理学家；

因此，爱因斯坦是科学家。

关于肯定前件式，值得注意的是前提的次序并不影响推理；其次，包含在肯定前件式中的条件句也可以长而复杂。

案例 深山藏古寺

有一次美术学院的入学考试是命题作画："深山藏古寺。"最后交上来的一幅幅画面上，只见山峰叠着山峰，山丛连着山丛，但又在画面的不同角落露出寺庙的尖顶、房瓦等等。唯有一幅画面上，根本见不到寺庙的踪迹，但顺着画面从上往下看，只见山脚下有两个和尚正在往山上抬水。看到最后这一幅画，我们马上能够想到：山上必有寺庙。这是因为，我们头脑中进行了这样一个推理：

如果有和尚往山上抬水，山上必有寺庙；这幅画上有和尚往山上抬水；所以，这幅画上看不见的某处必有寺庙，只不过被山石和树木"藏"起来了。

显然，后一幅画的作者比其他作者更高明，因为他的画给读者留下了想象的空间、发展的余地，并且还能唤醒读者的审美经验和文化感受。例如中国人一看到这幅画，马上会想到这样的谚语：一个和尚挑水吃，两个和尚抬水吃，三个和尚没水吃，从而发出会心的一笑。

② 否定后件式。

可表示为：$(P \to Q) \wedge \neg Q \to \neg P$。写成竖式如下：

如果 P，那么 Q

非 Q

所以，非 P

例1：如果患肺炎，那么就会发高烧；小张没发高烧；所以，小张没患肺炎。

例2：若你喜欢他，当你见到他的时候你的心跳会加速；当你见到他的时候你的心跳并没有加速；所以，你不喜欢他。

案例 充分条件假言推理的逻辑应用

案例一：宇宙论

根据某些承认大爆炸理论的物理学家的看法，宇宙不会是无穷的。

热力学第二定律告诉我们，在一个封闭的物理系统内，熵总是倾向于增加，即能量超时间传播。例如，一颗恒星的辐射能量将最终逐渐传播于太空周围。根据这些物理学家的看法，如果物理宇宙已经存在一个无穷阶段，那么现在不存在能量的浓缩（例如不存在恒星或行星）。但显然，存在着恒星和行星，因此，该物理宇宙没有存在一个无穷阶段。

分析：我们可以将这一推理明确地变为否定后件式，如下：

如果物理宇宙已经存在一个无穷阶段，那么宇宙中所有的能量将最终逐渐传播于太空周围（与行星和恒星被浓缩相反）。

并非宇宙中所有能量最终将传播（与被浓缩的星体如行星和恒星相反）。

因此，并非物理宇宙已经存在一个无穷阶段。

需要注意的是，如何将该论证变为明晰的形式，以便将注意力集中于关键问题。关于上述论证的第二个前提绝对不会有什么争论。恒星和行星存在，因此能量事实上最终不会传播整个物理宇宙。关于论证的有效性也不存在任何争论。具有否定后件式形式的每一论证都是有效的。所以，争论的焦点必定在第一个前提，而且那正是物理学家所做出的。例如，有些物理学家认为宇宙震荡，即通过"大爆炸"和"豆瓣"周期运行。而且，如果宇宙能够震荡，那么其传播能量可以在第一个前提可疑的情况下重聚于可用的形式中。

案例二：难产诉讼

一位妇女死于难产，她的丈夫起诉医生。在法庭上，她丈夫请的律师和医生有如下对话：

律师：她在怀孕检查时，你是不是认为她生孩子是安全的?

医生：是的。

律师：也就是说，如果她受到正确的护理，她是可以安全生孩子的。

医生：是的。

律师：她是不是受到你的护理?

医生：是的。

律师：我没有问题了，谢谢！

分析：律师的问询运用了蕴涵命题推理的否定后件式，是有效的推理。从表面上看，律师的问询似乎没有结果就结束了，实际上它蕴涵着"她没有得到正确的护理"这个结论。具体推理如下：

如果孕妇受到正确的护理（P），她是可以安全生孩子的（Q）。

她没有安全生孩子。

所以，她没有受到正确的护理（省略）。

案例三：福尔摩斯的推理

住在13幢楼上的人发现二楼一间出租房中传出一股浓重的恶臭味道，在敲门许久没有回应之后，邻居决定报警。

警察们小心地把原本从里面反锁起来的门撬开，进到房间里面，发现李斯特倒在床上已经死去多时，他的手边放着一封遗书和一把开过火的手枪。经过法医检查，他是中弹而死的。而遗书上则写着："我因为生意失败，不想再活下去了，所以决定终结自己的生命。"

警察们初步检查现场之后并没有发现相关的疑点，便准备定性为自杀案件。但正在这时，著名的福尔摩斯侦探却来到了现场。警官们向他说了一下自己的意见并做了一些解释："在了解相关情况的时候，路边的花店老板反映说李斯特每个星期一的早上都要到他那里买十朵百合花，这种习惯已经维持了将近二十年，从来没有间断过，但这一个月之中他都没有去过花店。花店老板担心他出事了，便给房东打了电话，房东这才想起来周围邻居说李斯特的房间中传来了一阵阵的恶臭。敲门又没有人答应，只好给我们打了电话。初步看起来，李斯特好像从里面将门与窗户都反锁了之后，写好了遗书，然后坐在床上用这把枪自杀了。他向自己的太阳穴开枪之后立即就死了，手枪掉到了床上，而开门的钥匙依然在他的衣服口袋里面放着，没有任何人动过。"

福尔摩斯轻轻笑了一下，不置可否地问道："那么他一个月前买的那十朵百合花在哪里？"

警察们奇怪地看着福尔摩斯，很惊讶他为什么问出这样的问题，但出于礼貌还是回答了："那些百合都放在窗台的花瓶里，由于买了太长时间，所以现在只剩下了一些花的枝蔓。另外，据我们分析，李斯特已经死了将近三个星期了。上帝保佑，都是由于这一个月的天气不是太过炎热，才使得他的尸体在这个星期才发臭了起来。"

"那么整个屋子里有没有发现血迹之类的东西呢？"

"没有，只有一点灰尘，整间屋子显得很干净，不过床上有当时他自杀时遗留下来的血迹。"

"那你最好再派人查问一下这一个多月李斯特都和什么人交往了。"福尔摩斯说道，"看起来好像是有人配了一把李斯特屋子里的钥匙，然后开门进去，打死了正在屋子里的李斯特，然后凶手打扫了屋子之后又将尸体挪到了床上，使他看上去就像是自杀一样。"

警察们都有些不太信服，但当福尔摩斯说出自己的理由之后，他们纷纷为自己的疏忽大意而向福尔摩斯表示了抱歉。

请问：为什么福尔摩斯会说李斯特不是自杀呢？

分析：因为放在窗台上的十朵百合花在房间里放了一个月之后肯定早已因为枯萎而凋谢掉了，但福尔摩斯与警察们却没有发现屋子里的任何角落有花瓣的存在。而且过了一个月的时间后，室内不可能只会有一点灰尘。福尔摩斯的推理如下：

如果李斯特确实是自杀的，那么一个月之后的屋里应该有百合花凋谢的花瓣，灰尘也应该不少。

屋里没有百合花凋谢的花瓣，而且只有一点灰尘。

因此，李斯特不是自杀的。

所以福尔摩斯认为凶手在杀害了李斯特之后进行了一次大扫除，不仅将自己的作案痕迹去掉了，而且还将那些凋落的花瓣也一同打扫了。不过他聪明反被聪明误，这正好为福尔摩斯找到了李斯特并非自杀的证据。

（2）两类错误的推理

充分条件假言三段论有两种错误的推论方法，即否定前件谬误和肯定后件谬误。

① 否定前件谬误。

如果P，则Q

非P

所以，非Q

例1：如果患肺炎，那么就会发高烧；小张没患肺炎；所以，小张不会发高烧。

这个推理不一定正确，小张可能得了感冒，也会发烧。

例2：若你喜欢他，当你见到他的时候你的心跳会加速；你不喜欢他；所以，你见到他的时候你的心跳不会加速。

这个推理不一定正确，虽然你并不喜欢他，但有可能见到他的时候，因非常讨厌他而导致心跳加速。

案例 丢皮箱者的推理

有一个人不小心把自己的皮箱丢了，皮箱里还装有许多贵重物品。别人都替他着急，忙着帮他四处寻找。他却一点也不着急。有人问他为什么这样沉得住气，他竟然说：慌什么？开箱子的钥匙还在我这里，别人捡了去也没有用！

分析： 上述故事中，那位丢皮箱者的思维方式让人觉得好笑。之所以这样，就是因为他的思维方式不合事理、不合逻辑。丢皮箱者的思维活动包含了下面这样一个推理：

如果有开那皮箱的钥匙，就可以打开那皮箱（被省略了的假言前推）；

捡到那皮箱的人没有钥匙；

所以，捡到那皮箱的人打不开那皮箱。

这个推理误用了从否定前件到否定后件的充分条件假言推理，不能必然得出结论。从常识看，这个推理也是非常可笑的：有钥匙固然可以打开皮箱，没有钥匙难道就无法打开皮箱？撬开、砸烂难道也要钥匙？从逻辑的角度看，充分条件假言推理从否定前件不能必然地否定后件。因此，丢皮箱者的推理是一个无效的推理。

② 肯定后件谬误。

如果 P，则 Q

Q _____

所以，P

例1： 如果得了阑尾炎，腹部就会剧痛；他腹部剧痛；所以，他得的是阑尾炎。

腹部剧痛固然可能因阑尾炎引起，但也可能因外伤、寄生虫为害等原因引起。如果哪个医生像上面那样通过肯定后件来肯定前件，因为病人腹部剧痛就给割阑尾，那么，病家就只得"敬鬼神而远之"了。

例2： 如果使用安慰剂引起伤害，那么做这种事情就是错的；但是使用安慰剂并不引起伤害；因此，使用安慰剂不是错的。

上述推理忽视了这种可能性，即一个行为即使不伤害到任何人也可能是错的。

13世纪时，英国北威尔士有个猎人，太太难产生下孩子后就死了，这个猎人养了一条忠实、凶猛而聪明的狗。有一次猎人外出打猎，留下狗照管自己的孩子。

他到了别的乡村，因遇大雪，当日不能回来。第二天才赶回家，狗立即闻声出来迎接主人。猎人把房门打开一看，到处是血，抬头一望，床上也是血，孩子不见了，狗在身边，满口也是血。猎人发现这种情形，以为狗性发作，把孩子吃掉了，大怒之下，拿起刀来向着狗头一劈，把狗杀死了。

之后，猎人忽然听到孩子的哭声，又见他从床下爬了出来，于是抱起孩子；孩子虽然身上有血，但并未受伤。他很奇怪，不知究竟是怎么一回事。

再看看狗身上，腿上的肉没有了，旁边有一只狼死了，嘴里还咬着狗的肉。原来主人不在时，闯进了一只狼，狗为了救小主人，与狼搏杀，最后把狼咬死了。但忠实的狗却被猎人误杀了，这真是天下最令人叹息的误会。

分析：误会怎么产生，是因为这个猎人不懂逻辑。猎人的推理是这样的：

如果狗吃了小孩，那么它的嘴上有血，屋里也有血，孩子不见了；

现在，狗的嘴上确实有血，屋里也有血，孩子不见了；

所以，狗吃了小孩。

这是一个肯定后件式的谬误。

二、必要条件假言命题及其推理

必要条件假言命题是断定某一事物情况的存在为另一事物情况存在的必要条件的复合判断，即前件是后件的必要条件的假言命题。

例1：只有由细菌引起的疾病，才能用抗生素治疗。

例2：处理后的污水只有达到了城市污水处理标准才可以排入城市污水处理厂。

可见，所谓前件是后件的必要条件是指：如果不存在前件所断定的情况，就不会有后件所断定的事物情况，即前件所断定的事物情况的存在，对于后件所断定的事物情况的存在来说是必不可少的。

1. 必要条件假言命题的形式

在日常语言中，表达必要条件假言命题的联结词有：只有……，才……；（仅当、必须）……，才……；没有（不）……，没有（不）……；唯若……，才……；必须……，才……；除非……，才……；……是……的重要前提；……对于……来说是必不可少的；……取决于……；除非……，否则不（则不、不、才）……。

联结词	举例
只有P，才Q	只有第一批蝗虫产过卵后，你的蝗虫养殖才算是成功了
（仅当、必须）P，才Q	仅当显示请求注释处理时才接受类名称
没有（不）P，没有（不）Q	不具备一定的专业知识，就不能做好工作
P是Q的重要前提	经销商的诚信是产品畅销的重要前提
P对于Q来说是必不可少的	真正合适的爱情，互相包容是必不可少的
Q取决于P	宇宙中一定道德秩序的存在取决于人类的灵魂不灭
除非P，否则不（才）Q	除非通过考试，否则不能录取
要P只要Q	要想挽回这种损失，只需要阻止疫病的传播就可以了

我们用符号"←"（读作"反蕴涵"或"逆蕴涵"）表示必要条件假言命题的逻辑联结词，必要条件假言命题就可表示为下述这样一个公式：P←Q。其真值表如下：

P	Q	P←Q
1	1	1
1	0	1
0	1	0
0	0	1

它告诉我们，一个必要条件的假言命题，只有当它的前件假，后件真时，该假言命题才是假的。在其他情况下，必要条件假言命题都是真的。

例1：必要条件假言命题"除非考试及格，否则不予录取"，只有在"考试不及格却予以录取"的情况下才是假的，在其他情况下（例如"考试及格却未予录取"）都是真的。

例2：如果有人坚持说："只有乡下人才长寿"，但经调查发现，城市里有不少人是百岁寿星，这一事实就证明那个人所说的话是假的。但如果发现有的乡下人不长寿，却不能证明该人的话为假。

例3：妈妈对小明说：只有做完作业，才能去游泳。

根据妈妈的意思，可判断出下面几种情况的真假：

Ⅰ.小明做完作业，去游泳了。（真）

Ⅱ.小明做完作业，没能去游泳。（真）

Ⅲ.小明没做完作业，就去游泳了。（假）

Ⅳ.小明没做完作业，没去游泳。（真）

2.必要条件假言三段论

必要条件假言三段论，是指由一个必要条件假言命题作为大前提，一个简单命题作为小前提，并且根据必要条件假言命题的逻辑特征推出另一个简单命题作为结论的推论方法。必要条件假言三段论即必要条件假言推理可以归纳成两条规则：

第一，从否定前件可以否定后件，从肯定后件可以肯定前件。

第二，不得从肯定前件到肯定后件，也不得从否定后件到否定前件。

（1）两类正确的推理

必要条件假言三段论有两种正确的推论方法，即否定前件法和肯定后件法。

① 否定前件式。

可表示为：（P←Q）∧ ¬P→¬Q。写成竖式如下：

只有P，才Q

非P

所以，非Q

例1：只有由细菌引起的疾病，才能用抗生素治疗；小张的疾病不是由细菌引起的；所以，不能用抗生素治疗。

例2：只有年满十八岁，才有选举权；小张不到十八岁；所以，小张没有选举权。

例3：贮藏的土豆只有接触乙烯，才会发芽；这批贮藏的土豆没有接触乙烯；所以，这批贮藏的土豆不会发芽。

② 肯定后件式。

可表示为：（P←Q）∧ Q → P。写成竖式如下：

只有P，才Q

Q

所以，P

例1：只有由细菌引起的疾病，才能用抗生素治疗；小张的疾病须用抗生素治疗；所以，小张的疾病是由细菌引起的。

例2：只有年满十八岁，才有选举权；小张有了选举权；所以，小张年满十八岁了。

例3：贮藏的土豆只有接触乙烯，才会发芽；这批贮藏的土豆发芽了；所以，这批贮藏的土豆接触了乙烯。

案例　蜘蛛结网

　　1794年深秋，拿破仑的一支军队进军荷兰。在强敌入侵的紧急关头，荷兰人打开了所有运河的闸门，用滚滚洪水阻挡了敌军进攻。法军不得不撤退。但是撤退刚刚开始，法军统帅夏尔·皮舍格柳（拿破仑的老师）突然发布命令，停止撤军。因为他已获得一项报告：有人看见蜘蛛在大量吐丝结网。不久，寒潮来了，滚滚江河一夜之间顿失滔滔。法国军队踏冰越过瓦尔河，一举攻克荷兰要塞乌得勒支城。

　　分析：一支军队的行动怎么取决于蜘蛛是否吐丝结网呢？有经验的人们知道，在深秋，只有当干冷天气即将到来的时候，蜘蛛才会大量吐丝结网。就是说干冷天气是蜘蛛大量吐丝结网的一个必要条件。人们根据蜘蛛在结网，就可推断干冷天气即将到来。法军统帅夏尔·皮舍格柳做了一个肯定式必要条件假言推理：

　　　　只有干冷天气即将到来时，蜘蛛才会大量吐丝结网，

　　　　现在蜘蛛大量吐丝结网，

　　　　干冷天气快要到来。

（2）两类错误的推理

　　必要条件假言三段论有两种错误的推论方法，即肯定前件谬误和否定后件谬误。

　　① 肯定前件谬误。

　　只有P，才Q

　　P＿＿＿＿＿＿＿＿＿

　　所以，Q

　　例1：只有由细菌引起的疾病，才能用抗生素治疗；小张的疾病是由细菌引起的；所以，小张的疾病要用抗生素治疗。

　　这一结论不能必然推出，也许可以用别的办法治疗。

　　例2：只有年满十八岁，才有选举权；小张年满十八岁；所以，小张有了选举权。

　　这个推理不正确，也许小张是个精神病患者，虽年满十八岁了，也没有选举权。

例3：多施肥才能多打粮；今年多施了肥；所以，今年定能多打粮。

要取得"多打粮"的结果，不能光依靠"施肥"这一个条件。所以，这一推理错误。

② 否定后件谬误。

只有P，才Q；

非Q

所以，非P

例1：只有由细菌引起的疾病，才能用抗生素治疗；小张的疾病不能用抗生素治疗；所以，小张的疾病不是由细菌引起的。

这个推理不正确，也许小张对抗生素过敏，虽然得了细菌引起的疾病，也不能用抗生素治疗。

例2：只有年满十八岁，才有选举权；小张没有选举权；所以，小张不满十八岁。

这个推理不正确，也许小张是个精神病患者，虽然没有选举权，但年满十八岁了。

例3：多施肥才能多打粮；今年没多打粮；所以，今年没多施肥。

通过否定"多打粮"的结果，就来否定"施肥"这个必要条件的存在，忽略了这样一种可能："今年没多打粮"的原因是没有选用良种，或是由于自然灾害……

案例　大臣被刺身亡案

　　20世纪80年代，北欧某王国发生了大臣被刺身亡案。这位大臣是乘坐敞篷车进入银行大厦时遇刺的，案发后，警方逮捕了嫌疑人冯特，并认定他就是凶手。警方的分析是这样的：

　　第一，大臣是被从银行大厦三楼射出的子弹击中身亡的，因此，只有当时在银行大厦三楼逗留过的人才有可能作案，而有人证明了冯特当时正在大厦三楼，所以冯特是凶手。

　　第二，经检验，子弹是从一支65毫米口径的意大利卡宾枪中发射的。因此，凶手肯定有一支65毫米口径的卡宾枪。根据调查，冯特在不久前曾买过这种枪，所以，冯特是凶手。

　　第三，据现场目击者说，射击时间总共十秒，凶手一共开了五枪。如果不是一个优秀的枪手，凶手无法用卡宾枪在十秒内连发五枪，而冯特恰恰是一个优秀的枪手，所以冯特肯定是凶手。

在这个案件分析中，警方提出了哪些判断，运用了哪种推理？这些推理正确吗？为什么？

分析：警方没有遵守必要条件和充分条件推理的规则。

警方第一个理由是：只有大臣被刺的时刻在银行大厦三楼逗留的人，才能作案；冯特是当时在银行大厦三楼逗留的人；所以，冯特是凶手。（这是必要条件推理的肯定前件式，这个推理是不能成立的）

警方第二个理由是：如果是凶手，就会有一支65毫米的意大利卡宾枪；你有一支65毫米的意大利卡宾枪；所以，你是凶手。（这是充分条件推理的肯定后件式，这个推理是无效的）

警方第三个理由是：只有优秀射手，才能在十秒钟内连发五枪；你是优秀射手；所以，你能在十秒内连发五枪。（这是必要条件推理的肯定前件式，也是无效的推理）

需要注意的是，找到犯罪嫌疑人和认定凶手是两回事。从警方的证据和冯特的特征看，冯特确实有重大嫌疑；但是，要将冯特认定为凶手，警方还需要以下证据的支持：

（1）案发当时在银行大厦逗留的人是否只有一个人？（2）嫌疑人中是否只有一个拥有65毫米口径意大利卡宾枪？（3）嫌疑人中是否只有一个人是优秀的射手？

如果这三个问题的答案中有一个是肯定的，那么就可以将冯特认定为凶手；如果这三个问题的答案都不是肯定的，而且除冯特之外还有其他人同时具备推理的前提所描述的特征，那就不能将冯特认定为凶手。

三、充要条件假言命题及其推理

充要条件假言命题即充分必要条件假言命题，是断定某一事物情况的存在为另一事物情况存在的充分必要条件的复合命题。

例1：当且仅当一个三角形是等角的，则它是等边的。

例2：如果一种理论是真理，那么它经得起实践检验；并且只有它是真理，才经得起实践检验。

例3：为了防止圆管内流动的水发生结冰，需要且只需要保持圆管内壁面的最低温度在某一温度以上。

1. 充要条件假言命题的形式

充要条件假言命题的联结词有：当且仅当…，则…；不…不…，若…则（必）…；如果…则…，并且只有…才…；如果…就…，如果不…就不…；只有并且只有…，才…；只要而且只要…，就…；等等。

我们一般用"当且仅当"来表示充分必要条件，可表示为：当且仅当P，则Q。

例如： 当且仅当竞争对手甲退出投标时，乙才会报一个较高的价位。

我们用符号"↔"（读作"等值于"）表示充要条件假言命题的逻辑联结词，充要条件假言命题就可表示为下述这样一个公式：P↔Q（读作"P等值于Q"）。其真值表如下：

P	Q	P↔Q
1	1	1
1	0	0
0	1	0
0	0	1

充要条件说的是，有前件必有后件，无前件必无后件。它强调的是，只有这个条件才能产生这个结果。具体而言，P是Q的充分必要条件是指：有P必有Q，无P必无Q（因而有Q必有P，无Q必无P）。

2. 充要条件假言推理

充要条件假言三段论，是指由一个充要条件假言命题作为大前提，一个简单命题作为小前提，并且根据充要条件假言命题的逻辑特征推出另一个简单命题作为结论的推论方法。充要条件假言三段论即充要条件假言推理可以归纳成两条规则：

第一，肯定前件可以肯定后件，肯定后件也可以肯定前件。

第二，否定前件可以否定后件，否定后件也可以否定前件。

由此，充要条件假言三段论有四种正确的推论方法，论述如下。

（1）肯定前件式

可表示为：（P↔Q）∧P→Q。写成竖式如下：

P当且仅当Q

P _____

所以，Q

例1： 一个数是偶数当且仅当它能被2整除；这个数是偶数；所以，这个数能被2整除。

例2：发生地震当且仅当出现蓝色闪光；发生了地震；所以，出现了蓝色闪光。

（2）肯定后件式

可表示为：（P↔Q）∧Q→P。写成竖式如下：

P当且仅当Q

Q _____

所以，P

例1：一个数是偶数当且仅当它能被2整除；这个数能被2整除；所以，这个数是偶数。

例2：发生地震当且仅当出现蓝色闪光；出现了蓝色闪光；所以，发生了地震。

（3）否定前件式

可表示为：（P↔Q）∧¬P→¬Q。写成竖式如下：

P当且仅当Q

非P _____

所以，非Q

例1：一个数是偶数当且仅当它能被2整除；这个数不是偶数；所以，这个数不能被2整除。

例2：发生地震当且仅当出现蓝色闪光；没有发生地震；所以，没有出现蓝色闪光。

（4）否定后件式

可表示为：（P↔Q）∧¬Q→¬P。写成竖式如下：

P当且仅当Q

非Q _____

所以，非P

例1：一个数是偶数当且仅当它能被2整除；这个数不能被2整除；所以，这个数不是偶数。

例2：发生地震当且仅当出现蓝色闪光；没有出现蓝色闪光；所以，没有发生地震。

案例　炮兵司令的推理

1944年，苏联红军对德国侵略军发起了总反攻。这一年的4月6日夜间，苏军某前线司令部官员正在积极部署如何进攻彼列科普。室外大雪纷飞，前沿阵地被厚厚的积雪覆盖。7日清晨，苏集团军参谋长来到集团军炮兵司令部的掩蔽室。坐在那里的炮兵司令员注意到刚刚走进来的这位参谋长的肩章上薄薄地落上了一层雪花，然而其边缘部分却已开始消融，整个肩章的轮廓被水珠清晰地勾画出来。由此，他立即运用推理得到了外面气温在转暖的结论。这一结论是运用充分条件假言推理推导出来的，该推理过程如下：

如果落在肩章上的雪花很快就开始消融，那么外面天气在转暖；

落在（参谋长）肩章上的雪花很快就开始消融；

所以，外面天气在转暖。

接着，炮兵司令员又联想到，既然肩章上的雪花开始消融，那么阵地掩体中的积雪也将要很快消融。为防止泥泞，德军将会清理掩体中的积雪，带着积雪的湿土将一起被清理出来。这样，德军阵地上兵力部署就必然会被这些湿土明显地勾画出来。

根据上述逻辑推理，炮兵司令员即刻命令哨兵加强观察，并派出飞机进行航空拍照。返回的信息显示：德军第一道堑壕前仍是一片洁白，1公里的正面只有少数几处湿土，积雪几乎没有被清理的迹象。第二、第三道堑壕前的积雪则被刚抛出的大量湿土覆盖，变为褐色。他运用充要条件假言推理进一步推断出第一道堑壕内只有少数值班观察的哨兵，第二、第三道堑壕内却部署了大量的兵力。其推理过程如下：

当且仅当堑壕前的少量积雪被清理出来的湿土覆盖，堑壕内才部署了少量兵力；

德军第一道堑壕前的少量积雪被清理出来的湿土覆盖；

所以，德军第一道堑壕内部署了少量兵力。

当且仅当堑壕前的大量积雪被清理出来的湿土覆盖，堑壕内才部署了大量兵力；

德军第二、第三道堑壕前的大量积雪被清理出来的湿土覆盖；

所以，德军第二、第三道堑壕内部署了大量兵力。

苏集团军炮兵司令员的正确推断，使苏军很快掌握了德军的兵力部署。苏军随即在发起进攻前对敌人的防御阵地进行了猛烈而准确的炮火攻击，从而迅速地攻破了德军的防线，取得了彼列科普战役的胜利。

四、条件关系的理解与逻辑解释

客观事物总是各种各样的联系，其中能够导致其他情况出现的现象叫作条件，由先前现象引起的后继现象叫作结果。人们认识了事物现象之间的这种条件联系，就形成了假言命题。

1. 条件句的特征

条件陈述在逻辑学中简称为"条件句"。

例1： 如果你只采集了一个样本，那么所有的数据都有问题了。

例2： 只有人人讲卫生，才能保持环境的整洁。

条件句有以下几个重要特征：

第一，一个条件句的前件和后件均并不包括逻辑联结词。

第二，条件句在本质上是假设性的。在断定一个条件句时，人们并没有断定其前件是真的，人们也没有断定其后件是真的。

第三，在日常语言中，表达一个条件句有多种方式。可用不同的逻辑联结词和语序来断定同一个条件关系。

第四，条件句是断定前件与后件的真假制约关系，不等于先后关系，更不等于因果关系。

因果关系是先后关系，但原因是结果的条件关系包括充分条件、必要条件、充要条件、既非充分也非必要条件这四种。应注意不要颠倒了条件和结果的关系，假言判断的条件和结果是客观对象因果关系的反映，颠倒了条件和结果的关系，就是倒果为因、不合事理。

案例	结婚

一个小伙子向一位姑娘求婚，姑娘摇头说：这可不行，我只能和我的亲属结婚。因为我妈妈嫁的是我爸爸，爷爷是与我奶奶结的婚，我叔叔娶的是我婶婶。

这则笑话的可笑之处在于，这位姑娘颠倒了必要条件假言判断的条件和结果的关系，以结果为条件，把条件当作结果了。实际上的因果关系是：只有结婚，才能有像爸爸和妈妈、爷爷和奶奶、叔叔和婶婶那样的亲属关系。这位姑娘却颠倒为：只有像爸爸与妈妈、爷爷与奶奶、叔叔与婶婶那样的亲属关系，才能结婚。爸爸与妈妈、爷爷与奶奶、叔叔与婶婶是夫妻关系，而夫妻关系的前提是结婚。不可能先有夫妻关系，

2. 条件关系的类型

在P与Q两种基本关系组合下，条件句中的蕴含关系有四种可能：

Ⅰ.P是Q的充分条件，但不是必要条件。

Ⅱ.P是Q的必要条件，但不是充分条件。

Ⅲ.P是Q的充分条件，又是必要条件。

Ⅳ.P既不是Q的充分条件，也不是Q的必要条件。

下面分别就这四种情况详细讲述，以防止混淆不同的条件关系。

（1）充分条件

充分条件表明，如果前项真，那么后项也真。所谓充分条件就是仅有这条件就足以带来结果，无需考虑别的条件了。其意义包括：

① 有前件必有后件，即有这个条件就一定有结果。

如果前项P是后项Q的充分条件，那么只要P存在，Q就存在。这就是说，如果P真，那么就保证Q也真。用箭头表示这种有P就有Q的蕴涵关系，就是：

P→Q（如果下雨，路就会湿。）

② 无前件未必无后件，即没这个条件不一定没有结果。

上述充分条件关系本身并不意味着，如果P不真，Q也不真；P的不存在并不等于Q一定不存在。没有下雨，路也可能因为别的原因打湿。

一个充分条件关系表明，这个条件足以导致这个结果；但是它并不意味着，这个充分条件是唯一足够导致这个结果的条件。下雪或者溃堤，都足以打湿道路。

另一方面，从充分条件关系可以看出，既然有P必然有Q，无一例外，那么，可以推理，如果Q没有出现，就说明P没有出现，用"¬"代表没有，则没有看到Q，就表明P没有出现。关系表示：

¬Q→¬P（如果路没有湿，那么没有下雨。）

③ 如果前项和后项是充分条件的关系（前项蕴涵后项：P→Q），那么可以推导出，后项和前项是必要条件关系（后项的否定蕴涵前项的否定：¬Q→¬P），反之亦然。

P→Q = ¬Q→¬P（用=表示等同）

比如，如果下雨意味着路就会湿，那么，路没有湿就意味着没有下雨，反之亦然。

④ 充分条件强调的是，多种条件可以分别产生同一个结果。充分条件假言推理反映了客观世界中多因与其结果间的制约关系。一个结果可以由许多不同原因中的任何一个产生。

例1：加热是水汽化的充分条件。

这意味着：第一，只要不断加热，不需要其他条件，就能使水汽化。第二，不加热，用别的方法（比如抽真空），也能使水汽化。

运用充分条件假言推理时要注意，在通常情况下，充分条件假言命题的前件反映的只是能分别独立导致后件结果的若干条件之一，这种关系可图示如下：

$$P \searrow$$
$$R \rightarrow Q$$
$$S \nearrow$$

由图可知，P、R、S都可分别独立导致Q，所以，在没有P时并不一定没有Q（因为有R或S也会有Q），在有Q时也并不一定就有P（因为Q可由R或S所致）。可见，我们不可通过肯定一个充分条件假言命题的后件来肯定其前件，也不可通过否定一个充分条件假言命题的前件来否定其后件。

例2：当在微波炉中加热时，不含食盐的食物，其内部可以达到很高的、足以把所有引起食物中毒的细菌杀死的温度；但是含有食盐的食物的内部则达不到这样高的温度。

假设以下提及的微波炉都性能正常，则上述断定可推出以下所有的结论，除了：

Ⅰ.食盐可以有效地阻止微波加热食物的内部。

Ⅱ.当用微波炉烹调含盐食物时，其原有的杀菌功能大大减弱。

Ⅲ.经过微波炉加热的食物如果引起食物中毒，则其中一定含盐。

分析：由上文可得出结论，经过微波炉充分加热的食物如果引起食物中毒，则其中一定含盐。

Ⅲ项没有断定"充分加热"这个条件，因而不能从上文推出。事实上，根据上文的条件，完全可能存在这样一种食物，它不含盐，也经过微波炉加热，但由于未充分加热而造成了食物中毒。其余两项均能从上文推出。

（2）必要条件

必要条件表明，如果前项假，那么后项也假。所谓必要条件就是没有这个条件，就一定没有这个结果。其意义包括：

① 无前件必无后件。P是Q的必要条件是指无P必无Q。

如果P是Q的必要条件，表示P必须出现，才可以有Q。

例如：你必须亲自做科学实验，才能真正体会其中的意义。

只要P不存在，Q就不存在。这就是说，如果P不真，那么就保证Q也不真。表示这个没有P就没有Q的关系便是：¬P→¬Q（你不亲自做科学实验，你就不可能真正体会其中的意义。）

② 有前件未必有后件。P是Q的必要条件还意味着有P未必有Q。

必要条件关系并不意味着，如果P真，Q也一定真；P的存在只是Q存在的一个不可或缺的条件，但还需要别的条件才能导致Q出现。比如你即使亲自做了实验，也得取决于你是否经过认真思考，你才能真正体会其中的意义。

③ 从前项和后项的必要条件关系可以看出，因为P是Q的不可或缺的条件，所以如果Q存在，我们可以知道P也存在了。表达这样有Q就可以蕴涵P的关系是：

¬P→¬Q ＝ Q→P（如果你真正体会了其中的意义，说明你亲自做了科学实验。）

④ 必要条件强调的是，多种条件合起来才能产生一个结果。

必要条件假言推理反映了客观世界中复因与其结果间的制约关系。一个结果的产生需要许多原因，缺一不可。这许多条件，就是复因。复因中的各个原因要联合起来，才能产生结果，只有复因之一，不能产生结果。

例1：阳光、二氧化碳和水分都是光合作用的必要条件。

必要条件假言命题的前件反映的情况通常只是后件情况必不可少的条件之一，它往往需要与其他条件相结合才能共同导致后件所反映的情况，这种关系可图示如下：

$$
\left.\begin{array}{l} P \\ + \\ R \\ + \\ S \end{array}\right\} \rightarrow Q \qquad （当且仅当P、R、S，Q）
$$

由图可知，要使Q成立，需P、R、S都同时成立。所以，仅有P，不一定有Q（因为也许没有R或S）；没有Q也不一定就没有P（因为没有R或S时，也就没Q）。

例2：美国食品和药物管理局（FDA）管理在市场中引入的新治疗药剂，它在提高美国人的健康保健方面起了非常关键的作用。那些在学院里和政府研究团体内的人的职责是从事长期的研究，以图首先发现新的治疗药剂，并对它们进行临床验证，而使实验室里的新发现比较容易地转移到市场上。新的重要的治疗方法只有在转移之后才能有助于病人。

下面哪一个陈述可从上文中推出？

Ⅰ.FDA有责任确保任何销售到市场上的治疗药剂在当时都处于受控状态。

Ⅱ.在新的治疗药剂到达市场之前，它们不能帮助病人。

Ⅲ.如果一新的医药发现已从实验室转移到了市场上，那么它将有助于病人。

分析：上文结论是，只有在新药转移到市场上之后，它们才能有助于病人。

也就是新药转移到市场上是它们有助于病人的必要条件。所以，新药在转移到市场上之前，它们无法帮助病人，也即Ⅱ项正确。

其余两项均不能从上文的论述中合理地推出。比如，Ⅲ项的主要错误是混淆了充分条件与必要条件，新的医药发现转移到市场只是它们有助于病人的必要条件，它们究竟是否有助于病人还要受其他条件的制约。

（3）充分且必要条件

P既是Q的充分条件又是必要条件，意味着：

① P不仅蕴涵Q，而且只有P能蕴涵Q。

② P是Q的唯一必要和充分的条件。这也就是说不仅P→Q，而且Q→P。

③ 不仅¬P→¬Q，而且¬Q→¬P。可用条件关系式表达为：$P \leftrightarrow Q = \neg P \leftrightarrow \neg Q$。

例1："单身汉就是未婚成年男子"，这是个必要和充分的关系：是单身汉就是未婚成年男子，不是单身汉就不是未婚成年男子；是未婚成年男子就是单身汉，不是未婚成年男子就不是单身汉。两者等同。

生活中，人们不常使用准确的语言来表述充分必要条件，而是只强调充分必要条件的充分性，或者只强调充分必要条件的必要性。

例2：防止圆管内流动的水发生结冰的唯一条件是保持圆管内壁面的最低温度在某一温度以上。

人们通常会说，只要保持圆管内壁面的最低温度在某一温度以上，就能防止圆管内流动的水发生结冰（强调充分性）；

或者人们会说，只有保持圆管内壁面的最低温度在某一温度以上，才能防止圆管内流动的水发生结冰（强调必要性）。

（4）既非充分又非必要条件

P既不是Q的充分条件，也不是Q的必要条件。似乎说两者无关，但实质上P和Q既没有充分条件也没有必要条件的关系并不等于无关。比如在统计性因果关系中，即使没有这样的充分和必要关系，P可以是Q的原因中的一个因素，它们相关。吸烟并不一定导致肺癌，不少吸烟的人没有得肺癌；吸烟也不是肺癌的必要条件，不少不吸烟的人也得肺癌；所以吸烟既不是肺癌的充分条件，也不是它的必要条件。但是我们认为吸烟和肺癌有关系，吸烟对肺癌产生的概率有影响，虽然具体到每一个人影响会有不同。

3. 条件关系的理解

有关条件关系的理解，要注意以下几点：

（1）所有的必要条件就是充要条件

必要条件强调的是若干条件之和才能产生后件，即：$P1 \wedge P2 \wedge P3 \wedge \cdots \cdots \rightarrow Q$。因此，所有的必要条件合起来就是充分条件，也是充要条件。

例1：生物学家："如果森林继续以目前的步伐消失，树袋熊就会濒临灭绝。"

政治家："所以，拯救树袋熊需要做的所有事情就是停止毁伐森林。"

以下哪项陈述与生物学家的主张相符但与政治家的主张不符？

Ⅰ.继续毁伐森林并且树袋熊会灭绝。

Ⅱ.停止毁伐森林并且树袋熊会灭绝。

Ⅲ.开始重新造林并且树袋熊会存活。

分析：上文陈述的条件关系如下：

生物学家：毁伐森林→树袋熊就会灭绝

政治家：拯救树袋熊↔停止毁伐森林

Ⅱ项：停止毁伐森林并且树袋熊会灭绝。这与生物学家的主张相符，但与政治家的主张不符。

其余两项陈述均与生物学家的主张相符，也与政治家的主张相符。

例2：不首先完成某一门用电安全程序课程，在帕克郡就不会获准成为电工。在帕克郡技术学院读计算机技术专业的所有学生毕业前都完成了这门课。因此该校任何计算机技术专业的毕业生在帕克郡都能被获准成为电工。

要使上述推理成立，需要补充什么前提？

分析：上文条件关系为：

前提一：¬完成用电安全程序课→¬成为电工。

前提二：计算机毕业学生→完成用电安全程序课。

结论为：计算机毕业学生→成为电工。

很显然，由这两个前提得不到结论。上文的推理显然犯了把一个结论成立的必要条件与充分条件相混淆的错误，"修完用电安全程序课程"只是"获准成为电工"的一个必要条件，而上文中的推理却把它当作充分条件来使用。

因此要使结论成立，可以补充前提：修完"用电安全程序"这门课是成为电工所必要的所有条件。这意味着"完成用电安全程序课"是"成为电工"的充要条件，这就使得上述推理成立。

（2）唯一的充分条件就是充要条件

充分条件强调的是若干前提之一都能产生后件，即：P1 ∨ P2 ∨ P3 ∨ ⋯⋯→Q。充分条件如果是唯一的，即唯一条件，那就是充要条件。

例1：中国各类兴奋剂出口的唯一条件是有合法用途。

分析：满足"有合法用途"，必然"兴奋剂能出口"；不满足"有合法用途"，必然"兴奋剂不能出口"，所以"唯一条件"就是充分必要条件的意思。

例2：如果大众公司不得不在产品生产的旺季改变它的供货商，那么今年公司盈利的情况肯定要比去年差得多。年终核算的结果表明，公司今年的盈利情况确实要比去年差得多，所以，大众公司肯定是在产品生产的旺季改变了它的供货商。

请考察上述论证的缺陷是什么？

分析：上文论证的推理形式：如果P，则Q；Q，所以P。（其中P为"在产品生产的旺季改变供货商"，Q为"公司今年盈利的情况比去年差得多"。）

上述论证犯了充分条件假言推理的肯定后件的错误，推理是无效的。其错误实质是：以上论证没有说明产生一种现象的条件是导致这种现象产生的唯一条件。由于唯一的充分条件就是充要条件，因此，若使论证的结论成立，必须假设P是Q的唯一条件。

4. 条件关系的图示法

充分条件的假言命题与全称直言命题可以互相转化。这可以用作图的方法帮助判断（一般而言，当主项相同的判断具有充分或必要条件时，充分条件是小圈，必要条件是大圈）。

（1）P→Q = PAQ

若由P可以推出Q，即P→Q，则称P是Q的充分条件，Q是P的必要条件。

若P、Q用集合表示，即P包含于Q。

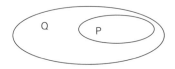

于是，如果P那么Q=所有P都是Q。

例1：如果骄傲那么就要落后。

= 所有骄傲的人都要落后。

例2： 如果你的笔记本计算机是1999年以后制造的，那么它就带有调制解调器。

= 所有1999年以后制造的笔记本计算机都带有调制解调器。

（2）¬P→¬Q=P←Q = Q∧P

若由¬P可以推出¬Q，即 ¬P→¬Q ，则称P是Q的必要条件。

若P、Q用集合表示，即P包含Q 。

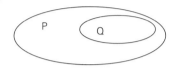

于是，只有P才（是）Q = 没有P就没有Q = 所有Q是P = 所有非P不是Q。

例1： 没有证件不能进入。

= 所有能进入的人都有证件。

例2： 只有小轿车才准超车。

= 所有准许超车的都是小轿车。

= 所有非小轿车都不准超车。

第六章

等值推理

等值推理包括基本复合命题的等价推理、复合命题的负命题及其等值推理等。

第一节　等价推理

基本复合命题的等价推理包括假言直接推理以及选言命题与假言命题之间的等价转换。

一、假言直接推理

1. 假言直接推理的类型

下面分别论述假言直接推理的几种类型：

假言直接推理包括：假言易位推理、假言换质推理、假言易位换质推理。

（1）假言易位推理

假言易位推理就是将前提中一个充分条件的假言命题的前件和后件的位置进行交换，从而推出结论的假言推理。假言易位推理的规则：

第一，对调假言前提前、后件的位置；

第二，充分条件假言命题联结项和必要假言命题联结项相互变换。

假言易位推理的逻辑形式如下：

① "如果 P，那么 Q" = "只有 Q，才 P"。

即若前件是后件的充分条件，那么后件就是前件的必要条件。

写成条件关系式是："P→Q" = "Q←P"。

例1："如果张三患肺炎，那么他发烧"等值于"只有张三发烧，他才患肺炎"。

例2：要让我给你买礼物，你就得听话；所以，你只有听话，我才给你买礼物。

② "只有 P，才 Q" = "如果 Q，那么 P"。

即若前件是后件的必要条件，那么后件就是前件的充分条件；

写成条件关系式是："P←Q" = "Q→P"。

例1："只有年满十八岁，才有选举权"等值于"如果他有选举权，那么他一定年满十八岁"。

例2："只有国民的科学素养得到根本性的提高，许多伪科学谬论才不会有很多人盲从"等值于"如果许多伪科学谬论不会有很多人盲从，那么国民的科学素养得到了根本性的提高"。

（2）假言换质推理

假言换质推理是只改变假言判断前、后件的真值，而不改变它们的位置的假言直接推理。假言换质推理的规则是：

第一，改变假言前提前、后件的真值。

第二，改变假言前提的逻辑联结项。如果前提是充分条件假言判断的联结项，那么结论改变为必要条件假言判断的联结项；反之，如果前提是必要条件假言判断的联结项，那么结论改变为充分条件假言判断的联结项。

假言换质推理的逻辑形式如下：

①"如果P，那么Q"＝"只有非P，才非Q"。

写成条件关系式是："P→Q"＝"¬P←¬Q"。

例如：如果李经理出席会议，则张经理就会出席会议；所以，只有李经理不出席会议，张经理才不出席会议。

②"只有P，才Q"＝"如果非P，那么非Q"。

写成条件关系式是："P←Q"＝"¬P→¬Q"。

例如：只有年满十八周岁，才有选举权；所以，如果未满十八周岁，就没有选举权。

（3）假言易位换质推理

假言易位换质推理是既改变假言判断前、后件的位置，又改变它们的真值的假言直接推理。假言易位换质推理的规则是：

第一，对调假言前提前、后件的位置。

第二，改变假言前提前、后件的真值。

假言易位换质推理的逻辑形式如下：

①"如果P，那么Q"＝"如果非Q，那么非P"。

写成条件关系式是："P→Q"＝"¬Q→¬P"。

例如：如果天下雨，那么马路湿；所以，如果马路没湿，那么天没下雨。

②"只有P，才Q"等值于"只有非Q，才非P"。

写成条件关系式是："P←Q"＝"¬Q←¬P"。

例如：只有年满十八周岁，才有选举权；所以，只要没有选举权，就未满十八周岁。

2. 假言直接推理的步骤与方法

假言直接推理的步骤如下：

（1）根据题意写出原命题的条件关系式

将自然语言形式化，注意元素符号化，收敛思维：

① 有联结词的，根据联结词写出条件关系式；

② 没有联结词的，就根据题意，根据充分和必要条件的理解写出关系式。

（2）写出逆否命题的条件关系式

项目	充分条件假言命题	必要条件假言命题
原命题	$P \rightarrow Q$	$P \leftarrow Q$
逆命题	$Q \rightarrow P$	$Q \leftarrow P$
否命题	$\neg P \rightarrow \neg Q$	$\neg P \leftarrow \neg Q$
逆否命题	$\neg Q \rightarrow \neg P$	$\neg P \rightarrow \neg Q$

① 原命题与逆否命题为等价命题。

即如果一个命题正确，那么它的逆否命题也一定正确。

充分条件逆否命题就由否定后件式而来：$P \rightarrow Q = \neg P \leftarrow \neg Q$。

必要条件逆否命题就由否定前件式而来：$P \leftarrow Q = \neg P \rightarrow \neg Q$。

② 原命题与逆命题、否命题均不等价。

（3）条件理解

① 充分条件和必要条件是相对的。

在假言命题中，充分条件假言命题和必要条件假言命题之间是可以相互转换的，若P是Q的充分条件，则Q是P的必要条件；反之，若P是Q的必要条件，则Q是P的充分条件。

② 根据箭头推理的方向来确定条件间的关系。

符合原命题和逆否命题这两个箭头顺推方向的陈述与原陈述等价，逆着这两个箭头推理方向的陈述与原陈述不等价。

例如：若下雨则街道湿。

等价于：如果街道不湿，则一定没下雨。

但是，若街道湿，那么是否一定下雨了呢？不一定，可能是洒水车洒的水呢。

③ 上述原则同样适用前件或后件含有否定的变形推理。

$P \rightarrow \neg Q = \neg P \leftarrow Q$。

$\neg P \rightarrow Q = P \leftarrow \neg Q$。

例1：以下两例，其前后两句均为等价命题。

· 通则不痛，痛则不通。

· 真人不露相，露相不真人。

例2：如果不下雨，我就去图书馆。

等价于：如果我没去图书馆，则一定下雨了。

但是，下雨了我去不去图书馆呢？不一定，下雨我也照样可以去图书馆。

3. 假言命题的多种等价陈述

根据原命题和逆否命题的两个推理方向，可有四种表达角度，以及使用不同逻辑联结词，同一个句子可以至少有十多种等价的陈述。而把两个推理方向搞反后，至少也有十多种与原命题不等价的陈述。

（1）充分条件假言命题的等价陈述

P→Q = ¬P←¬Q

由此，充分条件假言命题存在四种等价的陈述方式：

第一，P是Q的充分条件；

第二，Q是P的必要条件；

第三，非P是非Q的必要条件；

第四，非Q是非P的充分条件。

现把充分条件假言命题的等价陈述和不等价陈述归纳如下。

项目	推理方向	陈述角度	意义	陈述举例
等价陈述	P→Q（原命题）	从P出发陈述	P是Q的充分条件 P→Q （原命题）	如果P，那么Q 只要P，就Q P，必然导致（必须）Q
		从Q出发陈述	Q是P的必要条件 Q←P （假言易位推理）	只有Q，才P 没有Q，就没有P 除非Q，否则不P
	¬P←¬Q（逆否命题）	从¬P出发陈述	¬P是¬Q的必要条件 ¬P←¬Q （假言换质推理）	只有非P，才非Q 没有非P，就没有非Q 除非非P，否则不会非Q
		从¬Q出发陈述	¬Q是¬P的充分条件 ¬Q→¬P （假言易位换质推理）	如果非Q，那么非P 只要非Q，就非P 非Q，必然导致（必须）非P
不等价陈述	P←Q（逆命题）	从P出发陈述	P是Q的必要条件 P←Q	只有P，才Q 没有P，就没有Q 除非P，否则不Q
		从Q出发陈述	Q是P的充分条件 Q→P	如果Q，那么P 只要Q，就P Q，必然导致（必须）P

项目	推理方向	陈述角度	意义	陈述举例
不等价陈述	¬P→¬Q （否命题）	从¬P出发陈述	¬P是¬Q的充分条件 ¬P→¬Q	如果非P，那么非Q 只要非P，就非Q 非P，必然导致（必须）非Q
		从¬Q出发陈述	¬Q是¬P的必要条件 ¬Q←¬P	只有非Q，才非P 没有非Q，就没有非P 除非非Q，否则不会非P

例如：如果刮风，就下雨。

分析：

① 刮风→下雨②

③ ¬刮风←¬下雨④

其等价陈述如下：

项目	推理方向	陈述角度	意义	陈述举例
等价陈述	P→Q （原命题）	①从P出发陈述	P是Q的充分条件 （刮风是下雨的充分条件）	如果刮风，那么下雨 只要刮风，就下雨 刮风必然导致下雨
		②从Q出发陈述	Q是P的必要条件 （下雨是刮风的必要条件）	只有下雨，才说明刮风了 没有下雨，就没有刮风 除非下雨，否则就没刮风
	¬P←¬Q （逆否命题）	③从¬P出发陈述	¬P是¬Q的必要条件 （不刮风是不下雨的必要条件）	只有不刮风，才不下雨 没有不刮风，就没有不下雨 除非不刮风，否则不会不下雨
		④从¬Q出发陈述	¬Q是¬P的充分条件 （不下雨是不刮风的充分条件）	如果没下雨，那么就没刮风 只要没下雨，就没刮风 没下雨，必然没刮风

其不等价陈述是把上述两个顺推方向搞反。

① 刮风←下雨②

③ ¬刮风→¬下雨④

其不等价陈述如下：

项目	推理方向	陈述角度	意义	陈述举例
不等价陈述	P←Q （逆命题）	①从P出发陈述	P是Q的必要条件 （刮风是下雨的必要条件）	只有刮风，才下雨 没有刮风，就没有下雨 除非刮风，否则不下雨
		②从Q出发陈述	Q是P的充分条件 （下雨是刮风的充分条件）	如果下雨，那么刮风 只要下雨，就刮风 下雨，必然刮风了

项目	推理方向	陈述角度	意义	陈述举例
不等价陈述	¬P→¬Q（否命题）	③从¬P出发陈述	¬P是¬Q的充分条件（不刮风是不下雨的充分条件）	如果没刮风，那么没下雨 只要没刮风，就没下雨 不刮风，必然不下雨
		④从¬Q出发陈述	¬Q是¬P的必要条件（不下雨是不刮风的必要条件）	只有没下雨，才没刮风 没有不下雨，就没有不刮风 除非没下雨，否则不会没刮风

（2）必要条件假言命题的等价陈述

P←Q = ¬P→¬Q

由此，必要条件假言命题存在四种等价的陈述方式：

第一，P是Q的必要条件；

第二，Q是P的充分条件；

第三，非P是非Q的充分条件；

第四，非Q是非P的必要条件。

现把必要条件假言命题的等价陈述和不等价陈述归纳如下。

项目	推理方向	陈述角度	意义	陈述举例
等价陈述	P←Q（原命题）	从P出发陈述	P是Q的必要条件 P←Q （原命题）	只有P，才Q 没有P，就没有Q 除非P，否则不Q
		从Q出发陈述	Q是P的充分条件 Q→P （假言易位推理）	如果Q，那么P 只要Q，就P Q，必然导致（必须）P
	¬P→¬Q（逆否命题）	从¬P出发陈述	¬P是¬Q的充分条件 ¬P→¬Q （假言换质推理）	如果非P，那么非Q 只要非P，就非Q 非P，必然导致（必须）非Q
		从¬Q出发陈述	¬Q是¬P的必要条件 ¬Q←¬P （假言易位换质推理）	只有非Q，才非P 没有非Q，就没有非P 除非非Q，否则不会非P
不等价陈述	P→Q（逆命题）	从P出发陈述	P是Q的充分条件 P→Q	如果P，那么Q 只要P，就Q P，必然导致（必须）Q
		从Q出发陈述	Q是P的必要条件 Q←P	只有Q，才P 没有Q，就没有P 除非Q，否则不P

项目	推理方向	陈述角度	意义	陈述举例
不等价陈述	¬P←¬Q（否命题）	从¬P出发陈述	¬P是¬Q的必要条件 ¬P←¬Q	只有非P，才非Q 没有非P，就没有非Q 除非非P，否则不会非Q
		从¬Q出发陈述	¬Q是¬P的充分条件 ¬Q→¬P	如果非Q，那么非P 只要非Q，就非P 非Q，必然导致（必须）非P

例如：不入虎穴，焉得虎子。

分析：

① 入虎穴←得虎子②

③ ¬入虎穴→¬得虎子④

其等价陈述如下：

项目	推理方向	陈述角度	意义	陈述举例
等价陈述	P←Q（原命题）	①从P出发陈述	P是Q的必要条件（入虎穴是得虎子的必要条件）	只有入虎穴，才能得虎子 没有入虎穴，就不能得虎子 除非入虎穴，否则不得虎子
		②从Q出发陈述	Q是P的充分条件（得虎子是入虎穴的充分条件）	如果得虎子，那么入了虎穴 只要得了虎子，就入了虎穴 要得虎子，必须入虎穴
	¬P→¬Q（逆否命题）	③从¬P出发陈述	¬P是¬Q的充分条件（不入虎穴是不得虎子的充分条件）	如果不入虎穴，那么不得虎子 只要不入虎穴，就不得虎子 没入虎穴，必然没得虎子
		④从¬Q出发陈述	¬Q是¬P的必要条件（不得虎子是不入虎穴的必要条件）	只有没得虎子，才没入虎穴 没有不得虎子，就没有不入虎穴 除非没得虎子，否则不会没入虎穴

其不等价陈述是把上述两个顺推方向搞反。

① 入虎穴→得虎子②

③ ¬入虎穴←¬得虎子④

其不等价陈述如下：

项目	推理方向	陈述角度	意义	陈述举例
不等价陈述	P→Q（逆命题）	①从P出发陈述	P是Q的充分条件（入虎穴是得虎子的充分条件）	如果入虎穴，那么就得虎子 只要入虎穴，就得虎子 入虎穴，必然得虎子

项目	推理方向	陈述角度	意义	陈述举例
不等价陈述	⌐P→Q（逆命题）	②从Q出发陈述	Q是P的必要条件（得虎子是入虎穴的必要条件）	只有得了虎子，才入了虎穴 没有得虎子，就没入虎穴 除非得了虎子，否则没入虎穴
	¬P←¬Q（否命题）	③从¬P出发陈述	¬P是¬Q的必要条件（不入虎穴是不得虎子的必要条件）	只有不入虎穴，才不得虎子 没有不入虎穴，就没有不得虎子 除非没入虎穴，否则不会没得虎子
		④从¬Q出发陈述	¬Q是¬P的充分条件（不得虎子是不入虎穴的充分条件）	如果没得虎子，那么就没入虎穴 只要没得虎子，就没入虎穴 没得虎子，必然没入虎穴

4.假言直接推理的逻辑应用

根据上述假言命题及其推理的形式、含义与推理规则，下面举例说明其逻辑应用。

例1：有关数据显示，2011年全球新增870万结核病患者，同时有140万患者死亡。因为结核病对抗生素有耐药性，所以对结核病的治疗一直都进展缓慢。如果不能在近几年消除结核病，那么还会有数百万人死于结核病。如果要控制这种流行病，就要有安全、廉价的疫苗。目前有12种新疫苗正在测试之中。

根据以上信息，可以得出以下哪项？

Ⅰ.2011年结核病患者死亡率已达16.1%。

Ⅱ.只有在近几年消除结核病，才能避免数百万人死于这种疾病。

Ⅲ.如果解决了抗生素的耐药性问题，结核病治疗将会获得突破性进展。

分析：上文断定：

如果不能在近几年消除结核病，那么还会有数百万人死于结核病。

=只有在近几年消除结核病，才能避免数百万人死于这种疾病。

因此，Ⅱ项为正确。

例2：野生动物保护组织：没有买卖就没有杀戮；没有杀戮，人与自然才能和谐相处。

如果以上陈述为真，以下哪一项陈述一定为真？

Ⅰ.只要有杀戮，就一定有买卖。

Ⅱ.只要禁止了买卖，人与自然就会和谐相处。

Ⅲ.只有禁止了买卖，人与自然才会和谐相处。

分析：上文断定：

① 如果没有买卖，就没有杀戮；

② 只有没有杀戮，人与自然才能和谐相处。

其中断定①可以通过假言互换，可转换为：只要有杀戮，就有买卖。因此，Ⅰ项正确。其余两项均不一定为真。

例3：如果把一杯酒倒入一桶污水中，你得到的是一桶污水；如果把一杯污水倒入一桶酒中，你得到的依然是一桶污水。在任何组织中，都可能存在几个难缠人物。他们存在的目的似乎就是把事情搞糟。如果一个组织不加强内部管理，一个正直能干的人进入某低效的部门就会被吞没。而一个无德无才者就能将一个高效的部门变成一盘散沙。

根据上述信息，可以得出以下哪项？

Ⅰ.如果不将一杯污水倒进一桶酒中，你就不会得到一桶污水。

Ⅱ.如果一个正直能干的人进入组织，就会使组织变得更为高效。

Ⅲ.如果一个正直能干的人在低效部门没有被吞没，则该部门加强了内部管理。

分析：上文断定：

如果一个组织不加强内部管理，一个正直能干的人进入某低效的部门就会被吞没。

＝如果一个正直能干的人在低效部门没有被吞没，则该部门加强了内部管理。

因此，Ⅲ项为正确。

例4：帕累托最优，指这样一种社会状态：对于任何一个人来说，如果不使其他某个（或某些）人情况变坏，他的情况就不可能变好，如果一种变革能使至少一个人的情况变好，同时没有其他人情况因此变坏，则称这一变革为帕累托变革。

以下各项都符合上文的断定，除了：

Ⅰ.对于任何一个人来说，只要他的情况可能变好，就会有其他人的情况变坏，这样的社会，处于帕累托最优状态。

Ⅱ.如果某个帕累托变革可行，则说明社会并非处于帕累托最优状态。

Ⅲ.对于任何一个人来说，只要使其他人情况变坏，他的情况就可能变好。这样的社会，处于帕累托最优状态。

分析：上文断定：帕累托最优时，"如果不使其他人情况变坏，他的情况就不可能变好"，实际上是指"其他人情况变坏"是"他的情况变好"的必要条件。

Ⅲ项断定却把"其他人情况变坏"是"他的情况变好"的充分条件，因此不符合上文断定。其余两项都符合上文意思。

二、复合命题间的等价转换

假言命题与选言命题可以互相进行等价的转换，下面进行分别论述。

1. 相容选言命题的等价命题

由于相容选言命题存在着否定肯定式的推理，这时候就存在选言命题和假言命题的等价关系。

P或者Q = 如果非P，则Q = 如果非Q，则P

（1）基本公式

P∨Q = ¬P→Q = ¬Q→P

可用真值表来证明：

P	Q	P∨Q	¬P	Q	¬P→Q
1	1	1	0	1	1
1	0	1	0	0	1
0	1	1	1	1	1
0	0	0	1	0	0

在日常语言中，"不是P就是Q"既可以理解为"P或者Q"，也可以理解为"如果¬P则Q"。这就是说，"P∨Q"与"¬P→Q"是等值的。这在直观上也是显然的。

（2）变形公式

该等价转换的变形如下：

① ¬P∨Q = P→Q

② P∨¬Q = ¬P→¬Q

③ ¬P∨¬Q=P→¬Q

例1：或者股票大涨，或者我将破产。

= 如果股票没有大涨，那么我将破产。

= 如果我不会破产，那么股票将会大涨。

例2：今年暑假我或者去张家界，或者去北戴河。

= 如果今年暑假我不去张家界，那一定去北戴河。

= 如果今年暑假我不去北戴河，那一定去张家界。

例3：或者调查，或者没有发言权。

= 如果没有调查，那么就没有发言权。

= 如果有发言权，那么就一定调查了。

2. 不相容选言命题的等价命题

要么P，要么Q = 当且仅当非P，才Q = 当且仅当非Q，才P

（1）基本公式

P⩡Q = ¬P↔Q = P↔¬Q

可用真值表来证明：

P	Q	P⩡Q	¬P	Q	¬P↔Q
1	1	0	0	1	0
1	0	1	0	0	1
0	1	1	1	1	1
0	0	0	1	0	0

（2）变形公式

该等价转换的变形如下：

① ¬P⩡Q = P↔Q

② P⩡¬Q = P↔Q

例1：你要么去北京，要么去南京。

= 当且仅当你不去北京，你才去南京。

= 当且仅当你不去南京，你才去北京。

例2：这次大会，我们要么选老王做主席，要么选老李做主席。

= 这次大会，当且仅当我们不选老王做主席，才选老李做主席。

= 这次大会，当且仅当我们不选老李做主席，才选老王做主席。

例3：要么支持甲提案，要么不支持乙提案。

= 当且仅当支持甲提案，才支持乙提案。

= 当且仅当支持乙提案，才支持甲提案。

3. 充分条件假言命题的等价命题

如果P，那么Q = 或者非P，或者Q

（1）基本公式

P→Q = ¬P ∨ Q

可用真值表来证明：

P	Q	P→Q	¬P	Q	¬P∨Q
1	1	1	0	1	1
1	0	0	0	0	0
0	1	1	1	1	1
0	0	1	1	0	1

这一等价公式还可以从两个角度来理解：

第一，一个充分条件假言命题，只要其前件是假的，或者其后件是真的，它本身就是真的，即"如果P，那么Q"等值于"或者非P，或者Q"。

第二，"或者非P，或者Q"这一相容选言命题成立，根据否定肯定式，否定非P就要肯定Q，即有P就有Q，可理解为"若有P则有Q"。这就是说，"¬P∨Q"与"P→Q"是等值的。

（2）变形公式

该等价转换的变形如下：

① ¬P→Q = P∨Q

② P→¬Q =¬P∨¬Q

例1：如果我有足够的钱，我就可以买到一切。

= 或者我没有足够的钱，或者我可以买到一切。

例2：如果你不接受这种治疗，那么就要拒绝这种治疗。

=你或者接受，或者拒绝这种治疗。

4. 必要条件假言命题的等价命题

只有P，才Q = 或者P，或者非Q

（1）基本公式

P←Q = P∨¬Q

可用真值表来证明：

P	Q	P←Q	P	¬Q	¬P∨Q
1	1	1	1	0	1
1	0	1	1	1	1
0	1	0	0	0	0
0	0	1	0	1	1

（2）变形公式

该等价转换的变形如下：

① ¬P←Q = ¬P∨¬Q

② P←¬Q = P∨Q

例1：只有该厂工人，才会经常进出该厂。

= 或者是该厂工人，或者不经常进出该厂。

例2：只有海水变红，海獭才不吃蛤。

= 或者海水变红，或者海獭吃蛤。

5. 复合命题等价转换的逻辑应用

根据上述复合命题等价转换的推理形式、含义与推理规则，下面举例说明其逻辑应用。

例1：如果这匹马儿不吃饱草，那么这匹马儿不能跑。

以上断定如果为真，则除了以下哪项外，其余选项都必然为真？

Ⅰ.只要这匹马儿不吃饱草，这匹马儿就不能跑。

Ⅱ.只有这匹马儿吃饱草，这匹马儿才能跑。

Ⅲ.或者这匹马儿吃饱草，或者这匹马儿不能跑。

Ⅳ.既要这匹马儿跑，又要这匹马儿不吃饱草，这是办不到的。

Ⅴ.除非这匹马儿跑，否则，这匹马儿没有吃饱草。

分析：上文关系式为：¬吃→¬跑。等价于：吃←跑

Ⅰ可表示为：¬吃→¬跑，符合题意，必然为真。

Ⅱ可表示为：吃←跑，符合题意，必然为真。

Ⅲ可表示为：吃∨¬跑 = ¬吃→¬跑，符合题意，必然为真。

Ⅳ可表示为：¬（跑∧¬吃）=吃∨¬跑 = ¬吃→¬跑，符合题意，必然为真。

Ⅴ可表示为：¬跑→¬吃，不符合题意。

例2：逻辑学家说：如果2＋2＝5，则地球是方的。

以下哪项和逻辑学家所说的同真？

Ⅰ.如果地球是方的，则2＋2＝5。

Ⅱ.如果地球是圆的，则2＋2≠5。

Ⅲ.2＋2≠5或者地球是方的。

分析：把"2＋2＝5"表示为P，"地球是方的"表示为Q，则上文推理为 P→Q。

Ⅰ可表示为：Q→P。

Ⅱ可表示为：R→¬P（其中R表示"地球是圆的"，R与¬Q不等同）；上文推理正确，Ⅱ项也一定正确，但Ⅱ项并不是上文的逆否命题，因此，与上文并不完全等价。

Ⅲ可表示为：¬P∨Q；这与上文推理是完全等价的。

例3：如果高层管理人员本人不参与薪酬政策的制定，公司最后确定的薪酬政策就不会成功。另外，如果有更多的管理人员参与薪酬政策的制定，告诉公司他们认为重要的薪酬政策，公司最后确定的薪酬政策将更加有效。

以上陈述如果为真，以下哪项陈述不可能有假？

Ⅰ.除非有更多的管理人员参与薪酬政策的制定，否则，公司最后确定的薪酬政策不会成功。

Ⅱ.或者高层管理人员本人参与薪酬政策的制定，或者公司最后确定的薪酬政策不会成功。

Ⅲ.如果高层管理人员本人参与薪酬政策的制定，公司最后确定的薪酬政策就会成功。

分析：上文断定，高层管理人员本人不参与薪酬政策的制定→公司最后确定的薪酬政策就不会成功。

由于P→Q等价于¬P∨Q；因此，上式等价于：或者高层管理人员本人参与薪酬政策的制定，或者公司最后确定的薪酬政策不会成功。所以，Ⅱ必然正确，不可能有假。

其他两项均不能从上文必然推出。

第二节　摩根定律

否定一个命题，也就是肯定了一个与被否定命题相矛盾的命题。所以，一个负命题与其支命题的矛盾命题在逻辑上是等值的。我们总是可以从一个负命题推得一个与它等值的新命题，这就是等值推理。

近代数学家、逻辑学家德·摩根明确陈述了各种基本复合命题的负命题公式，称之为摩根定律，可表述如下：

①¬（P∧Q）↔ ¬P∨¬Q

②¬（P∨Q）↔ ¬P∧¬Q

③¬（P⊻Q）↔（P∧Q）∨（¬P∧¬Q）

④¬（P→Q）↔ P∧¬Q

⑤¬（P←Q）↔ ¬P∧Q

⑥¬（P↔Q）↔（P∧¬Q）∨（¬P∧Q）

下面分别进行论述。

一、联言命题的负命题及其等值推理

由于联言命题只要其支命题有一个为假，该命题就是假的。因此，联言命题的负命题是一个相应的选言命题。

1. 联言命题的负命题

并非"P并且Q"等值于"非P或者非Q"。

用公式表达为：$\neg(P \wedge Q) = \neg P \vee \neg Q$

举例如下：

· 并非"物美价廉"等值于"物不美，或者价不廉"。

· 并非"这块玉是纯洁无瑕的"等值于"这块玉不纯洁或有瑕"。

· 并非"蝙蝠既是鸟类又是哺乳动物"，所以，"或者蝙蝠不是鸟类，或者蝙蝠不是哺乳动物"。

2. 联言命题负命题的推论

因为，$\neg P \vee \neg Q = P \rightarrow \neg Q = Q \rightarrow \neg P$

所以，$\neg(P \wedge Q) = \neg P \vee \neg Q = P \rightarrow \neg Q = Q \rightarrow \neg P$

例如：并非"小张既会唱歌，又会跳舞"。

= 小张或者不会唱歌，或者不会跳舞。

= 如果小张会唱歌，那么小张就不会跳舞。

= 如果小张会跳舞，那么小张就不会唱歌。

3. 联言命题负命题的变形推理

并非"非P并且非Q" = "P或者Q"

$\neg(\neg P \wedge \neg Q) = P \vee Q = \neg P \rightarrow Q = \neg Q \rightarrow P$

例如：并非"客人既不喜欢川菜又不喜欢粤菜"。

= 客人或者喜欢川菜，或者喜欢粤菜。

= 客人如果不喜欢川菜，那么就喜欢粤菜。

= 客人如果不喜欢粤菜，那么就喜欢川菜。

案例　不理想的家

　　古希腊时，有人问智者庇塔乌斯："理想的家是什么样子？"庇塔乌斯回答："既没有什么奢侈品，也不缺少必需品。"这个回答很理智，也很聪明，必需品是给自己用的，奢侈品是给别人看的，打肿脸充胖子，永远也成不了胖子。

如果庇塔乌斯的回答是正确的，那么什么是不理想的家呢？

分析：不理想的家是：

并非"既没有什么奢侈品，也不缺少必需品"。

=并非"没有奢侈品，且不缺少必需品"。

=有奢侈品，或者缺少必需品。

=如果没有奢侈品，那么缺少必需品。

=如果不缺少必需品，那么有奢侈品。

例1：某高校对所有报名参加国庆检阅方阵的学生进行了体检，没有发现心脏异常者。

如果以上陈述为假，请判断以下陈述哪些必为真？

Ⅰ.虽然有的报名者没有体检，但是还是发现了心脏异常者。

Ⅱ.或者有的报名者没有进行体检，或者在报名者中发现了心脏异常者。

Ⅲ.只要对所有的报名者都进行体检，就会发现有心脏异常者。

分析：设P：对所有报名参加国庆检阅方阵的学生进行了体检；Q：没有发现心脏异常者。上述断定为假，可表示为：$\neg(P \wedge Q) = \neg P \vee \neg Q = P \rightarrow \neg P \rightarrow \neg Q$。

并非"对所有报名参加国庆检阅方阵的学生进行了体检，没有发现心脏异常者"。

="或者有的报名者没有进行体检，或者在报名者中发现了心脏异常者"。

="只要对所有的报名者都进行体检，就会发现有心脏异常者"。

因此，Ⅱ和Ⅲ必然为真。而Ⅰ为：$\neg P \wedge \neg Q$；不必然真。

例2：根据诺贝尔经济学奖获得者、欧元之父蒙代尔的理论，在开放经济条件下，一国的独立货币政策、国际资本流动、货币相对稳定的汇率，不能三者都得到，即存在所谓的"不可能三角关系"。

我国经济已经对外开放，如果蒙代尔的理论正确，以下哪项陈述一定为真？

Ⅰ.我国坚持独立的货币政策并保持人民币相对稳定的汇率，同时不让国际资本流入中国。

Ⅱ.如果我国坚持独立的货币政策并且国际资本流动的趋势不可逆转，则无法保持人民币相对稳定的汇率。

Ⅲ.虽然国际资本流动的趋势不可逆转，我国仍坚持独立的货币政策，但无法保持人民币相对稳定的汇率。

分析：蒙代尔的理论是，在开放经济条件下，一国的独立货币政策（P）、国际资本流动（Q）、货币相对稳定的汇率（R），不能三者都得到。可表示为：

$$\neg(P \land Q \land R)$$
$$=\neg(P \land Q) \lor \neg R$$
$$=(P \land Q) \to \neg R$$

因此，在我国对外开放条件下，如果前两者成立，货币相对稳定的汇率则无法保持。即Ⅱ必然为真。其余两项都不能必然被推出，均不能确定为真。

例3：欧几里得几何系统的第五条公理判定：在同一平面上，过直线外一点可以并且只可以作一条直线与该直线平行。在数学发展史上，有许多数学家对这条公理是否具有无可争议的真理性表示怀疑和担心。

要是数学家的上述怀疑成立，以下哪项必须成立？

Ⅰ.在同一平面上，过直线外一点可能无法作一条直线与该直线平行。

Ⅱ.在同一平面上，过直线外一点作多条直线与该直线平行是可能的。

Ⅲ.在同一平面上，如果过直线外一点不可能作多条直线与该直线平行，那么，也可能无法只作一条直线与该直线平行。

分析：令P表示"过直线外一点可以作一条直线与该直线平行"，Q表示"过直线外一点只可以作一条直线与该直线平行"。

第五公理是断定"P并且Q"。

要使对第五公理的怀疑成立，"P并且Q"必须是假命题。

$$\neg(P \land Q)=\neg P \lor \neg Q$$

即"P并且Q"是假命题，当且仅当P和Q之中至少有一个假命题，但P自身不必须是假命题，Q自身也不必须是假命题。

Ⅰ断定P是假命题。要使对第五公理的怀疑成立，Ⅰ不必须成立。

Ⅱ断定Q是假命题。要使对第五公理的怀疑成立，Ⅱ不必须成立。

否定Ⅰ与否定Ⅱ都不会否定数学家的上述怀疑。

但否定Ⅲ，数学家的怀疑肯定不成立。因为Ⅲ即是$Q \to \neg P$。否定Ⅲ，即 $\neg(Q \to \neg P)=Q \land P$成立，此时，"$\neg P \lor \neg Q$"肯定不成立。

二、选言命题的负命题及其等值推理

选言命题分为相容选言命题和不相容选言命题两种，因此相应地也有两种负命题及其等值推理。

1. 相容选言命题的负命题及其等值推理

由于相容选言命题只要其支命题中有一个为真，则整个选言命题就是真的，故相容选言命题的负命题不能是一个相应的选言命题，而必须是一个相应的联言命题。

（1）相容选言命题的负命题

并非"P或者Q"等值于"非P并且非Q"。

用公式表达为：¬（P∨Q）=¬P∧¬Q

举例如下：

·并非"这个学生或者是球迷，或者是影迷"，等值于"这个学生既不是球迷，又不是影迷"。

·并非"或者北美玳瑁会灭绝，或者西伯利亚虎会灭绝"，所以，北美玳瑁不会灭绝，并且，西伯利亚虎也不会灭绝。

（2）相容选言负命题的变形推理

并非"非P或者非Q"等值于"P并且Q"。

用公式表达为：¬（¬P∨¬Q）=P∧Q

例如：并非"小张不会下象棋或不会下围棋"，等值于"小张既会下象棋又会下围棋"。

例1：仙客来是一种著名的观赏花卉，在气候炎热的地带很难生长。在干旱的地区很难种植水稻。在某个国家的大部分地区，或者仙客来很容易生长，或者很容易种植水稻。

如果以上陈述为真，以下哪一项陈述一定为假？

Ⅰ.这个国家有一半的地区既干旱又炎热。

Ⅱ.这个国家大部分地区的气候是寒冷的。

Ⅲ.这个国家的某些地区既不炎热也不干旱。

分析：上文断定：

第一，仙客来在炎热的地带很难生长。水稻在干旱的地区很难种植。

第二，在某个国家的大部分地区，或者仙客来很容易生长，或者很容易种植水稻。

从而推出：在某个国家的大部分地区，或者气候不炎热，或者不干旱。

¬（¬炎热∨¬干旱）=炎热∧干旱

由此可推出：在该国家的少部分地区，既干旱又炎热。

因此，不可能"这个国家有一半的地区既干旱又炎热"，即Ⅰ项一定为假。

例2：记者："作为一个政治家所必须具备的才能是什么？"

首相："政治家要有准确预测的才能，如果预测之事没有发生，也必须有巧妙说明的本领。"

如果首相的断定是真的，则以下哪项不可能是真的？

Ⅰ.政治家可能作出错误的预测。

Ⅱ.政治家可能既没有准确预测的才能，又没有巧妙说明的本领。

Ⅲ.政治家如果有巧妙说明的能力，则不一定事事都能作出准确的预测。

分析：首相实际上断定的是：政治家要有预测或说明的本领。

根据问题是要求其负命题：¬（预测∨说明）＝¬预测∧¬说明

因此，Ⅱ不可能是真的。Ⅰ的断定不能从首相的断定中推出，因此不一定是真的，但和首相的断定并不矛盾，因此可能是真的。Ⅲ的断定可以从首相的断定中推出，因此一定是真的。

例3：总经理：根据本公司目前的实力，我主张环岛绿地和宏达小区这两项工程至少上马一个，但清河桥改造工程不能上马。

董事长：我不同意。

以下哪项，最为准确地表达了董事长实际同意的意思？

Ⅰ.环岛绿地、宏达小区和清河桥改造这三个工程都上马。

Ⅱ.环岛绿地和宏达小区两个工程至多上马一个，如果这点做不到，那也要保证清河桥改造工程上马。

Ⅲ.环岛绿地和宏达小区两个工程都不上马，如果这点做不到，那也要保证清河桥改造工程上马。

分析：令P表示"环岛绿地工程上马"，Q表示"宏达小区工程上马"，R表示"清河桥改造工程上马"。

总经理的意见是：（P∨Q）∧（¬R）。

董事长的意见是：¬[（P∨Q）∧（¬R）]

＝¬（P∨Q）∨¬（¬R）

＝（¬P∧¬Q）∨R

＝¬（¬P∧¬Q）→R

这就是Ⅲ所断定的：环岛绿地和宏达小区两个工程都不上马，如果这点做不到，那也要保证清河桥改造工程上马。该陈述准确地表达了董事长实际同意的意思。

2.不相容选言命题的负命题及其等值推理

由于不相容选言命题只有当选言支仅有一个是真的时，整个选言命题才是真的，当选言支同真或同假时，它就是假的。

（1）不相容选言命题的负命题

并非"要么P，要么Q"等值于"P并且Q，或者，非P并且非Q"。

用公式表达为：$\neg(P \veebar Q) = (P \wedge Q) \vee (\neg P \wedge \neg Q)$

例如：并非"要么刮风，要么下雨"，等值于"既刮风又下雨，或者，既不刮风又不下雨"。

（2）不相容选言负命题的推论

$\neg(P \veebar Q) = (P \wedge Q) \vee (\neg P \wedge \neg Q)$

$= \neg(P \wedge Q) \rightarrow (\neg P \wedge \neg Q)$

$= \neg(\neg P \wedge \neg Q) \rightarrow (P \wedge Q)$

例1：并非"要么小张当选，要么小李当选。"

= 小张和小李都当选，或者，小张和小李都不当选。

= 如果不可能小张和小李都当选，那么，小张和小李都不当选。

= 如果不可能小张和小李都不当选，那么，小张和小李都当选。

例2：某汽车司机违章驾驶，交警向他宣布处理决定："要么扣留驾驶证三个月，要么罚款1000元。"司机说："我不同意。"

如果司机坚持己见，那么，以下哪项实际上是他必须同意的？

Ⅰ.既罚款又扣证。

Ⅱ.既不罚款也不扣证。

Ⅲ.如果做不到既不罚款也不扣证，那么就必须接受既罚款又扣证。

分析：$\neg(P \veebar Q) = (P \wedge Q) \vee (\neg P \wedge \neg Q) = \neg(\neg P \wedge \neg Q) \rightarrow (P \wedge Q)$

并非"要么罚款要么扣证"

= 罚款且扣证，或者，既不罚款也不扣证。

= 如果做不到既不罚款也不扣证，那么就必须接受既罚款又扣证。

因此，Ⅲ是司机必须同意的。

三、假言命题的负命题及其等值推理

假言命题分为充分条件假言命题、必要条件假言命题和充要条件假言命题三种，因此相应地也有三种负命题及其等值推理。

1.充分条件假言命题的负命题及其等值推理

由于充分条件假言命题只有当前件真后件假时，它才是假的，因此，一个充分条件假言命题的负命题，只能是一个相应的联言命题。

（1）充分条件假言命题的负命题

并非"如果P，那么Q"等值于"P并且非Q"。

用公式表达为：¬（P→Q）= P∧¬Q

举例如下：

· "如果起风了，就会下雨"，其负命题为"起风了，并未下雨"。

· 并非"如果出现彗星，就会发生灾变"等值于"出现彗星，但没有发生灾变"。

· 并非"如果谎言重复多遍，就能成为真理"等值于"谎言重复多遍，也不能成为真理"。

（2）充分条件假言负命题的变形推理

① ¬（P∧Q→R）=（P∧Q）∧¬R

② ¬（P∨Q→R）=（P∨Q）∧¬R

例1： 有一种心理学理论认为，要想快乐，一个人必须与另一个人保持亲密关系。然而，世界上最伟大的哲学家们孤独地度过了他们一生中的大部分时光，并且没有亲密的人际关系。因此，这种心理学理论一定是错误的。

以下哪一项是上面的结论所必须假设的？

Ⅰ.世界上最伟大的哲学家们情愿避免亲密的人际关系。

Ⅱ.具有亲密的人际关系的人很少孤独地度过自己的时光。

Ⅲ.世界上最伟大的哲学家们是快乐的。

分析： 心理学理论可表示为

要想快乐→与另一个人保持亲密；

要质疑这个理论不成立，就要找其反例，即找上述推理的负命题，即为：

快乐且不与另一个人保持亲密。

由Ⅲ，最伟大的哲学家们是快乐的；加上上文所说，伟大的哲学家并没有亲密的人际关系；因此，这种心理学理论一定是错误的。可见，Ⅲ是上文推理所必须假设的，否则，如果世界上最伟大的哲学家们是不快乐的，那么，上文的论证就不成立。

例2： 胡晶：谁也搞不清楚甲型流感究竟是怎样传入我国的，但它对我国人口稠密地区经济发展的负面影响是巨大的。如果这种疫病在今秋继续传播蔓延，那么，国民经济的巨大损失将是不可挽回的。

吴艳：所以啊，要想挽回这种损失，只需要阻止疫病的传播就可以了。

以下哪项陈述与胡晶的断言一致而与吴艳的断言不一致？

Ⅰ.疫病的传播被阻断而国民经济遭受了不可挽回的损失。

Ⅱ.疫病继续传播蔓延而国民经济遭受了不可挽回的损失。

Ⅲ.疫病的传播被阻断而国民经济没有遭受不可挽回的损失。

分析：胡晶认为"如果疫病传播，那么，损失将不可挽回"。

可表示为：传播→损失

吴艳认为"要想挽回这种损失，只需要阻止疫病的传播就可以了"，即只要满足"阻止疫病的传播"这个条件，就可以得出"挽回损失"了。

可表示为：¬传播→¬损失

Ⅰ可表示为：¬传播∧损失。这是吴艳断言的负命题，即与吴艳的断言不一致，但与胡晶的断言相一致。

例3：2010年上海世博会盛况空前，200多个国家场馆和企业主题馆让人目不暇接，大学生王刚决定在学校放暑假的第二天前往世博会参观。前一天晚上，他特别上网查看了各位网友对相关热门场馆选择的建议，其中最吸引王刚的有三条：

① 如果参观沙特馆，就不参观石油馆。

② 石油馆和中国国家馆择一参观。

③ 中国国家馆和石油馆不都参观。

实际上，第二天王刚的世博会行程非常紧凑，他没有接受上述三条建议中的任何一条。

关于王刚所参观的热门场馆，以下哪项描述正确？

Ⅰ.参观沙特馆、石油馆，没有参观中国国家馆。

Ⅱ.沙特馆、石油馆、中国国家馆都参观了。

Ⅲ.沙特馆、石油馆、中国国家馆都没有参观。

分析：上文中网友对相关热门场馆选择的建议是：

① 沙特→¬石油。

② 石油国家

③ ¬（国家∧石油）

王刚没有接受任何一条建议，就是对上述三个命题求负命题，则意味着他同时接受以下三条：

① 既参观沙特馆又参观石油馆。

② 或者既参观石油馆又参观国家馆；或者，既不参观石油馆又不参观国家馆。

③ 既参观中国国家馆又参观石油馆。

可见，他实际上沙特馆、石油馆、中国国家馆都参观了。因此，Ⅱ项描述正确。

2. 必要条件假言命题的负命题及其等值推理

由于必要条件假言命题只有当前件假而后件真时，它才是假的。因此，一个必要条件假言命题的负命题，也只能是一个相应的联言命题。

（1）必要条件假言命题的负命题

并非"只有P，才Q"等值于"非P并且Q"。

用公式表达为：$\neg(P \leftarrow Q) = \neg P \wedge Q$

举例如下：

· "只有下雪天气才冷"，其负命题为："没有下雪天气也冷"。

· 并非"只有天才，才能创造发明"，等值于"不是天才，也能创造发明"。

· "只有受过高等教育，才能成为科学家。事实并非如此"，等值于"没有受过高等教育，也能成为科学家"。

（2）必要条件假言负命题的变形推理

① $\neg(P \wedge Q \leftarrow R) = \neg(P \wedge Q) \wedge R = (\neg P \vee \neg Q) \wedge R$

② $\neg(P \vee Q \leftarrow R) = \neg(P \vee Q) \wedge R = (\neg P \wedge \neg Q) \wedge R$

例1：在报考研究生的应届生中，除非学习成绩名列前三位，并且有两位教授推荐，否则不能成为免试推荐生。

以下哪项如果为真，说明上述决定没有得到贯彻？

Ⅰ.余涌学习成绩名列第一，并且有两位教授推荐，但未能成为免试推荐生。

Ⅱ.方宁成为免试推荐生，但只有一位教授推荐。

Ⅲ.王宜成为免试推荐生，但学习成绩不在前三名。

分析：上文断定，要成为免试推荐生，"成绩列前三位"同时"有两位教授推荐"这两个必要条件必须同时满足。即：

成绩前三位∧两位教授推荐←成为免试推荐生。

没有得到贯彻就是求其负命题，即：

¬（成绩前三位∧两位教授推荐）∧成为免试推荐生

也就是要找满足"不是前三位或者没有达到两位教授推荐却成为免试推荐生"的选项。Ⅱ和Ⅲ不能同时满足这两个必要条件却成了免试推荐生，说明上述决定没有得到贯彻。

例2：在今年夏天的足球运动员转会市场上，只有在世界杯期间表现出色并且在俱乐部也有优异表现的人，才能获得众多俱乐部的青睐和追逐。

如果以上陈述为真，以下哪项不可能为真？

Ⅰ.老将克洛泽在世界杯上以16球打破了罗纳尔多15球的世界杯进球记

录，但是仍然没有获得众多俱乐部的青睐。

Ⅱ.C罗获得了世界杯金靴，他同时凭借着俱乐部的优异表现在众多俱乐部追逐的情况下，成功转会皇家马德里。

Ⅲ.罗伊斯因伤未能代表德国队参加巴西世界杯，但是他在德甲俱乐部赛场上有着优异表现，在转会市场上得到了皇家马德里、巴塞罗那等顶级豪门的青睐。

分析：上文断定：

在世界杯期间表现出色∧在俱乐部有优异表现←获得青睐。

如果以上陈述为真，那不可能为真的一定是其负命题。

上文的负命题为：¬（在世界杯期间表现出色∧在俱乐部有优异表现）∧获得青睐

=（¬在世界杯期间表现出色∨¬在俱乐部有优异表现）∧获得青睐

Ⅲ项表明，¬在世界杯期间表现出色∧获得青睐，这符合上文陈述的负命题，因此不可能为真。

3. 充要条件假言命题的负命题及其等值推理

由于充分必要条件假言命题其前件既是后件的充分条件，又是后件的必要条件，因而，对于一个充分必要条件的假言命题来说，其负命题既可以是相应的充分条件假言命题的负命题，也可以是相应的必要条件假言命题的负命题。

（1）充要条件假言命题的负命题

并非"当且仅当P，才Q"等值于"P并且非Q，或者，非P并且Q"。

用公式表达为：¬（P↔Q）=（P∧¬Q）∨（¬P∧Q）

举例如下：

·并非"当且仅当得了肺炎才会发高烧"等值于"或者得了肺炎但不发高烧，或者没有得肺炎但却发高烧"。

·并非"发生地震当且仅当出现蓝色闪光"，所以，"发生地震但不出现蓝色闪光，或者不发生地震但出现了蓝色闪光"。

·并非"当且仅当解决一个问题需要某一个措施时，才采用这个措施"等值于"解决一个问题需要某一个措施时但没采用这个措施，或者，解决一个问题不需要某一个措施时却采用这个措施"。

（2）充要条件假言负命题的推论

¬（P↔Q）

=（P∧¬Q）∨（¬P∧Q）

=¬（P∧¬Q）→（¬P∧Q）

=¬（¬P∧Q）→（P∧¬Q）

例如：并非"当且仅当喜鹊叫，才有客人来"。

=喜鹊叫但没有客人来，或者喜鹊不叫但客人来了。

=如果不可能喜鹊叫但没有客人来，那么，喜鹊不叫但客人来了。

=如果不可能喜鹊不叫但客人来了，那么，喜鹊叫但没有客人来。

4. 条件误解

在日常思维中，在反驳对方时，经常把对方所表达的充分条件误解为必要条件，或者把对方所表达的必要条件误解为充分条件。若我们准确掌握了上述假言命题的负命题，那么一方面自己就不会犯这样的错误，而且另一方面容易识别他人的逻辑错误。

例1：教授：如果父母都是O型血，其子女的血型也只能是O型，这是遗传规律。

学生：这不是真的，我的父亲是B型血，而我则是O型血。

学生最有可能把教授的陈述理解为以下哪项？

Ⅰ.只有O型血的人才会有O型血的孩子。

Ⅱ.O型血的人不可能有B型血的孩子。

Ⅲ.B型血的人永远都会有O型血的孩子。

分析：上述对话可表达如下：

教授认为：父母O型→子女O型

学生质疑：¬父母O型∧子女O型（我父亲是B型血，而我则是O型血）。

学生的质疑对教授并没有反驳作用，实际上学生的质疑是下列命题的负命题：

父母O型←子女O型

也就是学生把教授的陈述理解为，只有O型血的人才会有O型血的孩子。

例2：一些人类学家认为，如果不具备应付各种自然环境的能力，人类在史前年代不可能幸存下来，然而相当多的证据表明，阿法种南猿，一种与早期人类有关的史前物种，在各种自然环境中顽强生存的能力并不亚于史前人类，但最终灭绝了。因此，人类学家的上述观点是错误的。

上述推理的漏洞也类似地出现在以下哪项中？

Ⅰ.大张认识到赌博是有害的，但就是改不掉。因此，"不认识错误就不能改正错误"这一断定是不成立的。

Ⅱ.已经找到了证明艾克矿难是操作失误的证据。因此，关于艾克矿难起因于设备老化、年久失修的猜测是不成立的。

Ⅲ.大李图便宜，买了双旅游鞋，穿不了几天就坏了。因此，怀疑"便宜无好货"是没有道理的。

分析：上述对话可表达如下：

人类学家认为：史前人类具备应付各种自然环境的能力←幸存下来

作者质疑：阿法种南猿具备应付各种自然环境的能力∧¬幸存下来

可见，作者的质疑对人类学家并没有反驳作用，实际上作者的质疑是下列命题的负命题：

史前人类具备应付各种自然环境的能力→幸存下来。

也就是作者把人类学家的陈述"具备应付各种自然环境的能力"是"幸存下来"的必要条件误解为充分条件。

同样，Ⅰ项"不认识错误就不能改正错误"表明，"认识错误"是"改正错误"的必要条件，而其反驳的例子"大张认识到赌博是有害的，但就是改不掉"，实际上反驳了"认识错误"是"改正错误"的充分条件。

第七章

混合推理

混合推理指的是针对多重复合命题的推理。多重复合命题是指支命题为复合命题的复合命题。支命题是构成复合命题的命题，支命题可以是简单命题，也可以是复合命题。如果一个复合命题的支命题包含两个或两个以上命题联结词，则被称为多重复合命题。在日常思维中，单纯地使用某一种特定的复合命题的情况是很少的，我们更多的是用多重复合命题来表达我们的思想。

命题逻辑在研究复合命题及其推理时，对一个复合命题只分析到其中所包含的简单命题成分为止。把复合命题分析为简单命题的结合，把简单命题看作一个整体或基本单位，不再对简单命题的内部结构进行分析，所以命题逻辑又被称为命题联结词的逻辑。命题的真假值也叫命题的逻辑值，简称命题的真值。复合命题的真假，唯一地取决于它所包含的各支命题的真假组合。

第一节　间接推理

假言推理是前提中至少有一个假言命题，并根据假言命题的逻辑性质而推出结论的演绎推理。假言推理分为假言直接推理（前面已论述）和假言间接推理。其中，假言间接推理包括：假言三段论、假言连锁推理、假言联言推理、假言选言推理和假言反三段论等。

一、假言三段论

假言三段论包括前面所述的充分条件假言推理、必要条件假言推理、充要条件假言推理，其推理规则在前面已有论述。假言三段论推理又可分为推出假言三段论的结论和导出假言三段论的前提两种推理。

（一）推出假言三段论的结论

假言三段论的推论就是运用演绎推理的规则，推出假言推理的结论。

例1：判断下列假言三段论是否有效（判断结果有效则打"√"，无效则打"×"）。

序号	假言三段论	判断结果
1	如果是鸟则会飞；它是鸟，所以，它会飞。	√
2	如果是鸟则会飞；它不是鸟，所以，它不会飞。	×
3	如果是鸟则会飞；它不会飞，所以，它不是鸟。	√
4	如果是鸟则会飞；它会飞，所以，它是鸟。	×

序号	假言三段论	判断结果
5	只有会飞才是鸟；它不会飞，所以，它不是鸟。	√
6	只有会飞才是鸟；它会飞，所以，它是鸟。	×
7	只有会飞才是鸟；它是鸟，所以，它会飞。	√
8	只有会飞才是鸟；它不是鸟，所以，它不会飞。	×

例2：判断下列假言三段论是否有效（判断结果有效则打"√"，无效则打"×"）。

序号	假言三段论	判断结果
1	如果是菜虫则吃菜；它是菜虫，所以，它吃菜。	√
2	如果是菜虫则吃菜；它不是菜虫，所以，它不吃菜。	×
3	如果是菜虫则吃菜；它不吃菜，所以，它不是菜虫。	√
4	如果是菜虫则吃菜；它吃菜，所以，它是菜虫。	×
5	只有吃菜才是菜虫；它不吃菜，所以，它不是菜虫。	√
6	只有吃菜才是菜虫；它吃菜，所以，它是菜虫。	×
7	只有吃菜才是菜虫；它是菜虫，所以，它吃菜。	√
8	只有吃菜才是菜虫；它不是菜虫，所以，它不吃菜。	×

1. 推出充分条件假言三段论的结论

推出充分条件假言三段论的结论需要符合充分条件假言三段论的演绎规则，下面举例说明。

例如：宿舍楼的高度为二层到六层不等，如果宿舍在二层以上，它就有安全通道。

如果上面陈述属实，则下面哪项也是正确的？

Ⅰ.位于第二层的宿舍没有安全通道。

Ⅱ.位于第三层的宿舍没有安全通道。

Ⅲ.位于第四层的宿舍有安全通道。

分析：上文推理为：二层以上→安全通道

根据题意可知，二层以上（不包括二层）必然有安全通道。

二层或二层以下的有没有安全通道的情况不知道，是未知事件。

Ⅰ项，位于第二层，根据上述断定，不能确定是否有安全通道。

Ⅱ项，位于第三层，根据上述断定，必然有安全通道，因此该项错误。

Ⅲ项，位于第四层，根据上述断定，必然有安全通道，因此该项正确。

2. 推出必要条件假言三段论的结论

推出必要条件假言三段论的结论需要符合必要条件假言三段论的演绎规则，下面举例说明。

例1： 在中国，只有富士山连锁店经营日式快餐。

如果上述断定为真，以下哪项不可能为真？

Ⅰ.苏州的富士山连锁店不经营日式快餐。

Ⅱ.杭州的樱花连锁店经营日式快餐。

Ⅲ.温州的富士山连锁店经营韩式快餐。

分析： 上文推理关系为：富士山←日式快餐

"富士山连锁店"是"经营日式快餐"的必要条件，而不是充分条件，因此，各地的富士山可以经营也可以不经营日式快餐，而不是富士山则不可能经营日式快餐。

即Ⅰ、Ⅲ均有可能为真；Ⅱ必然为假。

例2： 早期宇宙中含有最轻的元素：氢和氦。像碳这样比较重的元素只有在恒星的核反应中才能形成并且在恒星爆炸时扩散。最近发现的一个星云中含有几十亿年前形成的碳，当时宇宙的年龄不超过15亿年。

以上陈述如果为真，以下哪项必定为真？

Ⅰ.最早的恒星中只含有氢。

Ⅱ.在宇宙年龄还不到15亿年时，有些恒星已经形成了。

Ⅲ.这个星云中的碳后来构成了某些恒星中的一部分。

分析： 上文断定如下：

第一：只有在恒星的核反应中才能形成碳元素；

第二：一个星云中含有几十亿年前形成的碳，当时宇宙的年龄不超过15亿年。

对一个必要条件的假言推理，肯定后件就要肯定前件，即可以得出结论：那时存在恒星的核反应。因此，Ⅱ正确。

其余两项陈述的内容上文都没有提及，不能确认为真。

例3： 古希腊柏拉图学院的门口竖着一块牌子"不懂几何者禁入"。这天，来了一群人，他们都是懂几何的人。

如果牌子上的话得到准确的理解和严格的执行，那么以下诸断定中，只有一项是真的。这一真的断定是：

Ⅰ.他们可能不会被允许进入。

Ⅱ.他们一定不会被允许进入。

Ⅲ.他们一定会被允许进入。

分析：上文断定：不懂几何→禁入

其等价于：懂几何←允许进入

可见，进入的一定是懂几何的。而懂几何的人，则未必允许进入。

因此，Ⅰ为正确答案。其余两项均不一定为真。

例4：植物必须先开花，才能产生种子。有两种龙蒿——俄罗斯龙蒿和法国龙蒿，它们看起来非常相似，俄罗斯龙蒿开花而法国龙蒿不开花，但是俄罗斯龙蒿的叶子却没有那种使法国龙蒿成为理想的调味品的独特香味。

从以上论述中一定能推出以下哪项结论？

Ⅰ.作为观赏植物，法国龙蒿比俄罗斯龙蒿更令人喜爱。

Ⅱ.俄罗斯龙蒿的花可能没有香味。

Ⅲ.由龙蒿种子长出的植物不是法国龙蒿。

分析：上文条件关系为：

开花←种子（植物必须先开花，才能产生种子）

则其等值的逆否命题为：不开花→没有种子

既然法国龙蒿不开花，那么法国龙蒿一定没有种子，当然也就不能用种子生长出来，所以，由龙蒿种子长出的植物不是法国龙蒿，即Ⅲ正确。

3.推出充要条件假言三段论的结论

推出充要条件假言三段论的结论需要符合充要条件假言三段论的演绎规则，下面举例说明。

例如：当且仅当汤姆在法国时，列宾在英国且麦克不在西班牙；当且仅当麦克在西班牙时，劳力斯不在电视台露面；当且仅当劳力斯不在电视台露面，马力在剧场演出或者露丝参加蒙面舞会。

如果马力在剧场演出，下面哪项一定是真的？

Ⅰ.汤姆不在法国。

Ⅱ.麦克不在西班牙。

Ⅲ.列宾在英国。

分析：上文陈述的条件关系如下：

① 汤姆↔列宾∧¬麦克

② 麦克↔¬劳力斯

③ ¬劳力斯↔马力∨露丝

既然马力在剧场演出，由③就可推出劳力斯不在电视台露面，再由②进一步推出麦克在西班牙，再由①可推出汤姆不在法国。即Ⅰ为真。

（二）揭示假言三段论的省略前提

假言推理的省略形式是省略了某个推理步骤的假言推理，这里指的是省去一个前提的假言三段论推理。

导出假言三段论的省略前提的推理步骤如下：

① 抓住结论和前提。

根据既有陈述依次对前提和结论做出准确的理解，并列出条件关系式。

② 揭示省略前提。

依据合理性原则，凭语感揭示出被省略的前提。

③ 检验推理的有效性。

把省略的前提补充进去，并作适当的整理，将推理恢复成标准形式，根据假言推理的演绎推理规则检验上述推理是否有效。

案例　王戎识李

"王戎七岁，尝与诸小儿游，看道边李树多子折枝，诸儿竞走取之，唯戎不动。人问之，答曰："树在道旁而多子，此必苦李。"取之，信然。（出自南朝·宋·刘义庆《世说新语·雅量》）

其意思是，西晋名士"竹林七贤"之一王戎七岁的时候曾经（有一次）和多个小孩子游玩，看见路边的李子树有好多果实，枝断了，许多小孩争相奔跑去摘那些果实。只有王戎不动。人们问他（为什么），（他）回答说："（李）树长在路边却有许多果实，这必定是（一棵）苦味李子。"摘取果实（品尝）确实是这样的。

分析：王戎是这样推理的：

如果路边的李子味道甜美，那么就不会"多子折枝"（早被路人摘走了）；

现在路边这棵李树"多子折枝"；

所以路边这棵树的李子"此必苦李"。

这是一个否定后件式的充分条件假言推理，符合推理规则，是正确的。王戎在答话中，只说出小前提和结论，省略了大前提。

例1：土卫二是太阳系中迄今观测到存在地质喷发活动的3个星体之一，也是天体生物学最重要的研究对象之一。德国科学家借助卡西尼号土星探测器上的分析仪器发现，土卫二发射的微粒中含有钠盐。据此可以推测，土卫二上存在液态水，甚至可能存在"地下海"。

以下哪项如果为真，最能支持上述推测？

Ⅰ.只有存在"地下海"，才可能存在地质喷发活动。

Ⅱ.只有存在液态水，才可能存在钠盐微粒。

Ⅲ.如果没有地质喷发活动，就不可能发现钠盐。

分析：上文是个省略的假言三段论，补充省略前提后构成一个有效的推理：

上文陈述：土卫二发射的微粒中含有钠盐。

补充Ⅱ项：只有存在液态水，才可能存在钠盐微粒。

得出结论：土卫二上存在液态水。

例2：没有一个宗教命题能够通过观察或实验而被验证为真，所以，无法知道任何宗教命题的真实性。

为了合乎逻辑地推出上述结论，需要假设下面哪一项为前提？

Ⅰ.如果一个命题能够通过观察或实验被证明为真，则其真实性是可以知道的。

Ⅱ.只凭观察或实验无法证实任何命题的真实性。

Ⅲ.要知道一个命题的真实性，需要通过观察或实验证明它为真。

分析：上文是个省略的假言三段论，补充省略前提后构成一个有效的推理：

上文前提：没有一个宗教命题能够通过观察或实验而被验证为真。

补充Ⅲ项：要知道一个命题的真实性，需要通过观察或实验证明它为真。

得出结论：无法知道任何宗教命题的真实性。

其余两项作为前提，均不能推出上文结论。比如，Ⅰ项可表示为"通过观察或实验证明它为真→知道一个命题的真实性"，条件弄反了，无法构成正确的推理。

例3：在两座"甲"字形大墓与圆形夯土台基之间，集中发现了5座马坑和一座长方形的车马坑。其中两座马坑各葬6匹马。一座坑内骨架分南北两侧两排摆放整齐，前排2匹，后排4匹，由西向东依序摆放；另一座坑内马骨架摆放方式比较特殊，6匹马两两成对或相背放置，头向不一。比较特殊的现象是在马坑的中间还放置了一个牛角，据此推测该马坑可能和祭祀有关。

以下哪项如果为真，最能支持上述推测？

Ⅰ.牛角是古代祭祀时的重要物件。

Ⅱ.祭祀时殉葬的马匹必须头向一致。

Ⅲ.只有在祭祀时，才在马坑放置牛角。

分析：上文是个省略的假言三段论，补充省略前提后构成一个有效的推理：

上文陈述：在马坑的中间放置了一个牛角。

补充Ⅲ项：只有在祭祀时，才在马坑放置牛角。

得出结论：该马坑和祭祀有关。

二、假言连锁推理

假言连锁推理又叫作纯假言推理、纯假言三段论，是由两个或两个以上同种条件关系的假言命题为前提，推出一个新的假言命题为结论的推理。

假言连锁推理的前提和结论全部由假言命题构成，要求前提中的第一个假言命题的后件必须与第二个假言命题的前件相同，因此这种推理的合理性是建立在条件关系的传递性基础上的。实际上，假言连锁推理所显示的推理关系的传递性可以一直进行下去，直到满足需要为止。

1.充分条件假言连锁推理

充分条件假言连锁推理是以充分条件命题为前提的假言连锁推理。

（1）肯定式

可表示为：$[(P \rightarrow Q) \wedge (Q \rightarrow R)] \rightarrow (P \rightarrow R)$

写成竖式如下：

如果P，那么Q

如果Q，那么R

所以，如果P，那么R

例1：如果学费继续上涨，那么只有富人能够负担上大学。

如果只有富人能够负担上大学，那么等级划分将加剧。

因此，如果学费继续上涨，那么等级划分将加剧。

例2：如果此处是罪犯作案的现场，那么此处就留有罪犯作案的痕迹。

如果此处留有罪犯作案的痕迹，那么就能找到罪犯作案的证据。

所以，如果此处是罪犯作案的现场，那么就能找到罪犯作案的证据。

案例　火山爆发与粮食涨价

1982年2月，墨西哥的一座火山爆发了。美国政府的决策部门马上决定，囤积粮食，削减种植面积，促使粮食涨价。这二者之间是什么关系呢？原来，美国人经研究，认为火山爆发必然产生火山灰。大量火山灰进入大气，将遮住大量阳光，使地球气候变冷。同时尘埃在大气中形成了可使水蒸气凝结的"核"，水蒸气得以聚集，成为雨，全球降雨量就增加了。一些地区低温多雨又引起另一些地区干旱少雨，这样就会导致世界性粮食减产。

事情的发展正如美国人所预料的一样，1983年世界气候恶化，农业歉收，不少国家要求从美国进口粮食，美国人达到了囤积居奇的目的，狠狠地赚了一笔。

分析：美国政府决策部门的分析是这样的：

如果火山爆发，则会产生火山灰。（P→Q）

如果火山灰进入大气，就会使一些地区低温多雨。（Q→R）

如果一些地区低温多雨，另一些地区就会干旱少雨。（R→S）

如果一些地区干旱少雨，就会导致世界性粮食减产。（S→A）

如果出现世界性粮食减产，则不少国家要向美国买粮食。（A→B）

如果不少国家要向美国买粮食，则美国可以提高粮食价格大赚一笔。（B→C）

这是一个假言连锁推理：

（P→Q），（Q→R），（R→S），（S→A），（A→B），（B→C），所以，（P→C）

结论为，如果火山爆发，则美国可以提高粮食价格大赚一笔。

（2）否定式

可表示为：[（P→Q）∧（Q→R）]→（¬R→¬P）

写成竖式如下：

如果P，那么Q

如果Q，那么R

所以，如果非R，那么非P

例如：如果你犯了法，你就会受到法律制裁。

如果你受到法律制裁，别人就会看不起你。

所以，如果别人看得起你，你就没有犯法。

据说，公元前490年，波斯人对希腊大举用兵。在一次古希腊军队与波斯军队的遭遇战中，只有1万人马的希腊军队未牺牲一兵一卒便突破了波斯军队5万人的重围顺利撤退。事情的经过是这样的：希腊军队与波斯军队相遇，希腊军队只有一万人，波斯人则有5万之众。因寡不敌众，希腊军队的统帅决定撤退。在选择撤退的路线时，统帅和其他将领之间发生了激烈的争论。众将领不能理解的是，统帅为什么选择了一条绝路作为撤退路线？他们争辩说，我们只有1万人，而对方有5万人之众，显然我们不是对方的对手。在这种情况下，选择一条绝路作为撤退路线，不是死路一条吗？

统帅回答，不仅你们知道这是一条绝路，我们的士兵、我们的敌人都知道这是一条绝路。正因为如此，我才选择这条路作为撤退路线。试想，我们的士兵知道这是一条绝路后，就会因为没有退路而拼死抵抗，拼死抵抗能产生以一当十的战斗力；我们的敌人知道这是一条绝路后，就会因为害怕我们的拼死抵抗而不敢贸然出击。在这种情况下，我们反退为进，反守为攻不就可以使敌军不攻自破吗？事实证明，希腊统帅的分析是完全正确的。当希腊军队背靠绝壁发起勇猛的反攻时，波斯军队不攻自破，被迫给希腊人让出了一条突围通道。

分析：希腊统帅的分析实际上是一种博弈分析，说明了在双方都是理性人的情况下，双方的决策都会把对方的行为后果作为前提来思考。

其分析中包含了两个假言连锁推理：

① 关于己方士兵决策行为的假言连锁推理形式为：

如果我们的士兵知道这是一条绝路（A），就会拼死抵抗（B）；

如果我们的士兵拼死抵抗（B），就能给敌人以重创（D）。

A→B，B→D，所以，A→D。

结论：如果我们的士兵知道这是一条绝路，就会给敌人以重创。

② 关于敌方将领决策行为的假言连锁推理形式为：

如果我们的敌人知道这是一条绝路（E），就会断定我方会拼死抵抗（B）；

如果我方拼死抵抗（B），敌人就会遭受重大伤亡（D）；

我军士兵知道这是一条绝路（A）；

敌人也知道这是一条把对方逼向死亡的绝路（E）。

E→B，B→D，所以，¬D→¬E。

结论：如果不想遭受重大伤亡，就不能把对方逼向绝路。

2. 必要条件假言连锁推理

必要条件假言连锁推理是以必要条件命题为前提的假言连锁推理。

（1）肯定式

可表示为：[（P←Q）∧（Q←R）]→（P←R）

写成竖式如下：

只有P，才Q

只有Q，才R

所以，只有P，才R

例如：只有发现问题，才能分析问题。

只有分析问题，才能解决问题。

所以，只有发现问题，才能解决问题。

（2）否定式

可表示为：[（P←Q）∧（Q←R）]→（¬R←¬P）

写成竖式如下：

只有P，才Q

只有Q，才R

所以，如果非P，那么非R

例如：只有树立坚定信心，才能不畏艰难险阻。

只有不畏艰难险阻，才能登上科学高峰。

所以，如果不树立坚定信心，就不能登上科学高峰。

3. 假言连锁推理的逻辑应用

根据上述假言连锁推理的形式、含义与推理规则，下面举例说明其逻辑应用。

例1：血液中的高浓度脂肪蛋白含量的增多，会提高人体阻止吸收过多的胆固醇的能力，从而降低血液中的胆固醇。有些人通过有规律的体育锻炼和减肥，能明显地增加血液中高浓度脂肪蛋白的含量。

以下哪项作为结论从上文中推出最为恰当？

Ⅰ.有些人通过有规律的体育锻炼降低了血液中的胆固醇，则这些人一定是胖子。

Ⅱ.有些人可以通过有规律的体育锻炼和减肥来降低血液中的胆固醇。

Ⅲ.体育锻炼和减肥是降低血液中高胆固醇最有效的方法。

分析：上文断定：

第一，有些人通过体育锻炼和减肥，能增加血液中的高浓度脂肪蛋白；

第二，血液中的高浓度脂肪蛋白含量的增多，会降低血液中的胆固醇。

由此可以推出，有些人可以通过体育锻炼和减肥来降低血液中的胆固醇。因此，Ⅱ作为上文的推论是恰当的。

Ⅲ和Ⅱ类似，但其所做的断定过强，作为从上文推出的结论不恰当。

例2：尼禄是公元一世纪的罗马皇帝。每一位罗马皇帝都喝葡萄酒，且只用锡壶和锡高脚酒杯喝酒。无论是谁，只要使用锡器皿去饮酒，哪怕只用过一次，也会导致中毒。而中毒总是导致精神错乱。

如果以上陈述都是真的，以下哪项陈述一定为真？

Ⅰ.不管别的方面怎么样，尼禄皇帝肯定是精神错乱的。

Ⅱ.那些精神错乱的人至少用过一次锡器皿去饮葡萄酒。

Ⅲ.在罗马王朝的臣民中，中毒是一种常见现象。

分析：上文断定：尼禄是罗马皇帝；罗马皇帝都必然用锡器皿喝酒；用锡器皿喝酒必然中毒；中毒必然精神错乱。

由此显然必然推出：尼禄皇帝肯定是精神错乱的。因此，Ⅰ一定为真。

例3：正是因为有了第二味觉，哺乳动物才能够边吃边呼吸。很明显，边吃边呼吸对保持哺乳动物高效率的新陈代谢是必要的。

以下哪种哺乳动物的发现，最能削弱以上的断言？

Ⅰ.有高效率的新陈代谢和边吃边呼吸的能力的哺乳动物。

Ⅱ.有低效率的新陈代谢和边吃边呼吸的能力的哺乳动物。

Ⅲ.有高效率的新陈代谢但没有第二味觉的哺乳动物。

分析：在上文中"第二味觉"是"边吃边呼吸"的必要条件，而"边吃边呼吸"又是"高效率的新陈代谢"的必要条件，因此，"第二味觉"是"高效率的新陈代谢"的必要条件。即上文推理是：

第二味觉（P）←边吃边呼吸←高效率的新陈代谢（Q）

"P←Q"，那么"非P且Q"是它的负命题，这正是Ⅲ所断定的，该项所举的哺乳动物不具备"第二味觉"这一必要条件，又有"高效率的新陈代谢"的特征，是上文中断言的反例，严重地削弱了上文中的断言。

三、假言联言推理

假言联言推理（条件联言推理）就是以两个或两个以上充分条件命题和一个联言命题为前提，从而推出一个联言命题结论的复合命题推理。

1.简单构成式

可表示为：[（P→R）∧（Q→R）∧（P∧Q）]→R

写成竖式如下：

如果P，那么R

如果Q，那么R

P且Q

所以，R

2.简单破坏式

可表示为：[（P→Q）∧（P→R）∧（¬R∧¬Q）]→¬P

写成竖式如下：

如果P，那么Q

如果P，那么R

非R且非Q

所以，非P

3.复杂构成式

可表示为：[（P→Q）∧（R→S）∧（P∧R）]→（Q∧S）

写成竖式如下：

如果P，那么Q

如果R，那么S

P且R

所以，Q且S

例如：

如果要建设社会主义的物质文明，那么就要大力发展社会生产力；

如果要建设社会主义的精神文明，那么就要大力加强文化教育工作；

我们要建设社会主义的物质文明和精神文明；

所以我们既要大力发展社会生产力，又要大力加强文化教育工作。

4.复杂破坏式

可表示为：[（P→Q）∧（R→S）∧（¬Q∧¬S）]→（¬P∧¬R）

写成竖式如下：

如果P，那么Q

如果R，那么S

非Q且非S

所以，非P且非R

例如：

如果这一溶液是酸性，那么就会使试纸呈红色；

如果这一溶液是碱性，那么就会使试纸呈蓝色；

试纸在这一溶液中既不呈红色，也不呈蓝色；

所以，这一溶液既不是酸性，又不是碱性。

案例　墓田

隋文帝曾说："我家墓田，若云不吉，我不当贵为天子；若云吉，我弟不应战死。"

分析：隋文帝的推理如下：

不吉→不为天子；

吉→我弟不死；

我为天子∧我弟死；

因此，吉∧不吉。

隋文帝对墓田的判断是既吉又不吉，陷入了矛盾。

四、假言选言推理

假言选言推理也称为二难推理，是由两个假言命题和一个有两个选言支的选言命题作前提构成的推理。

因为这种推理有时反映左右为难的困境，故称二难推理。在辩论中人们经常运用这种推理形式，辩论的一方常常提出具有两种可能的大前提，对方不论肯定或否定其中的哪一种可能，结果都会陷入进退两难的境地。

案例　鳄鱼悖论

根据古希腊斯多葛派提出的"鳄鱼悖论"改编的童话故事：

一位年轻的母亲带着女儿在河边玩耍。突然，鳄鱼叼了她的女儿。母亲要求鳄鱼放了她女儿。鳄鱼说："你如果能猜对我的心思，我就放了你的女儿。"心思是隐性的，难以捉摸的，鳄鱼很是狡猾。这位聪明的母亲想：只有让鳄鱼处于两难，才能救回女儿。于是她说："我猜你想吃掉我女儿。"这么一说，使鳄鱼左右为难：如果鳄鱼说"猜对了"，那根据猜对就要放人的约定，应该放了女孩；如果它说"没猜对"，那就是说，它不想吃掉她女儿，也应该放了女孩。鳄鱼或说"猜对了"，或说"没猜对"，无论鳄鱼怎样回答，它都得放了女孩。

分析：这个故事，体现了这位年轻母亲的智慧，也说明她能正确地运用逻辑二难推理的技巧。

1. 二难推理的基本形式

二难推理有如下四种基本形式：

（1）简单构成式

两个假言前提有不同的前件，但有相同的后件，因此肯定其前件，就可以推出其相同的后件（结论）。

① 简单构成式的一般推理结构可表述如下：

$[（P{\rightarrow}R）\wedge（Q{\rightarrow}R）]\wedge（P\vee Q）{\rightarrow}R$

写成竖式如下：

如果P，那么R

如果Q，那么R

P或Q —————

所以，R

例如：

如果天上的神明没有欲求，那么他们就会很满足；

如果他们有欲求而能完全实现，那么他们也会很满足；

他们或者没有欲求或者能完全实现欲求；

总之，他们都会很满足。

② 简单构成式的简约式可表述如下：

$（P{\rightarrow}R）\wedge（\neg P{\rightarrow}R）{\rightarrow}R$

写成竖式如下：

如果P，那么R

如果非P，那么R

所以，R

例1：针对上帝是否万能有如下的推理：

如果上帝不能创造出一块他自己都不能搬动的石头，则他不是万能的；

如果上帝能创造出一块他自己都不能搬动的石头，则他同样不是万能的；

上帝或者能创造出一块他自己都不能搬动的石头，或者不能，二者必居其一。因此，上帝不是万能的。

例2：一人在寻找真理，智者问他："你真的不知道真理是什么吗？"那个人说："当然！"别人又问："你既然不知道真理是什么，当你找到真理的时候，你又如何辨别出来呢？""如果你辨别得出真理与否，那说明你已经知道了真理是什么，又何来寻找呢？"

分析：这个二难推理的形式如下：

如果你不知道真理是什么，你就无法辨别出真理，那么你就不必寻找真理；

如果你能辨别出真理，你就已经知道了真理是什么，那么你也不必寻找真理；

或者你知道真理是什么，或者你不知道真理是什么；

所以，你都不必寻找真理。

例3：理查德·费曼是一位著名的物理学家，他在回忆1986年"挑战者"号爆炸的调查时，猛烈地抨击了（美国）国家航空航天局（NASA）的管理失误，他用的就是下面的二难推论："我们每次问起高层管理者，他们都会说关于手下发生的事，他们什么都不知道……或者最高领导团确实不知道，这样他们就不知道应该知道的事，或者他们知道，这样他们就在对我们说谎。"

分析：如此质问就将对手（此处指的是国家航空航天局的管理者们）推入两难境地，令他们无地自容。其中唯一明确表述的前提是一个析取命题，但析取支必定有一个为真，或者他们知道或者他们不知道手下发生的事。不管选择哪一方，结果对对手来说都是不利的。

案例　急诊

某家医院规定，医生、护士下午5点半下班。

为了急诊病人的就诊，在这家医院的门诊部门口挂着一个指示牌，告诉人们医生下班以后有急诊的病人怎样处置。

指示牌用很长的篇幅列举了各种细则，在哪儿能找到看护，怎样和看护联系，看护来之前做些什么等等。

然后，指示牌的最后一段写着：如果你真有时间把这个细则读完，那么你的病就不是急诊，明天上班后再来吧。

分析：这个二难推理的形式如下：

如果是急诊，要看病就要把细则读完；

如果细则读不完，今天就看不了病，明天上班后再来吧；

如果把细则读完，那么你的病就不是急诊，明天上班后再来吧；

总之，要看病都要明天再来。

（2）简单破坏式

这种形式是，在这个推理中，两个假言前提有不同的后件，但有相同的前件，因此不论否定哪一个后件，结果总是否定了相同的前件。这个推理的结构可表述如下：

[（P→Q）∧（P→R）] ∧（¬Q∨¬R）→¬P

写成竖式如下：

如果P，那么Q

如果P，那么R

非Q或非R

所以，非P

例如：

如果某人真正认识了错误，那么他会诚恳地承认错误；

如果某人真正认识了错误，那么他会自觉地改正错误；

某人没有诚恳地承认错误或者没有自觉地改正错误；

所以，他没有真正认识错误。

（3）复杂构成式

这种形式是，两个假言前提有不同的前件和不同的后件。因此肯定这个或那个前件，结论便肯定这个或那个后件。它的推理形式可表述如下：

[（P→R）∧（Q→S）] ∧（P∨Q）→（R∨S）

写成竖式如下：

如果P，那么R

如果Q，那么S

P或Q

所以，R或S

例1：如果别人的意见是正确的，那么你就应当接受；

如果别人的意见是错误的，那么你就应当反对；

别人的意见或者是正确的或者是错误的；

所以，你或者应当接受或者应当反对。

例2：如果我相信上帝，则如果上帝存在，我就有所得；如果上帝不存在，我也无所失。

如果我不相信上帝，则如果上帝存在，我就有所失；如果上帝不存在，我无所得。

因此，我如果相信上帝，我或者有所得，或者无所失；而如果我不相信上帝，则我或者有所失，或者无所得。

案例 庸芮的游说

魏丑夫是战国时期秦国宣太后芈月的男宠。秦昭襄王四十二年（前265年），宣太后生病将死，拟下遗命："如果我死了，一定要魏丑夫为我殉葬。"魏丑夫听说此事，忧虑不堪，幸亏有秦臣庸芮肯为他出面游说宣太后："太后您认为人死之后，冥冥之中还能知觉人间的事情吗？"宣太后说："人死了当然什么都不会知道了。"庸芮于是说："像太后这样明智的人，明明知道人死了不会有什么知觉，为什么还要平白无故地把自己所爱的人置于死地呢？假如死人还知道什么的话，那么先王早就对太后恨之入骨了。太后赎罪还来不及呢，哪里还敢和魏丑夫有私情呢？"宣太后觉得庸芮说得有理，就放弃了魏丑夫为自己殉葬的念头。

分析：庸芮为了营救魏丑夫，就运用了复杂构成式的二难推理，其推理形式为：

如果太后死后无知，那么让魏丑夫殉葬会白白葬送生前喜爱的人；

如果太后死后有知，那么让魏丑夫殉葬会触怒先王；

或者太后死后无知，或者太后死后有知；

所以，让魏丑夫殉葬，或者会白白葬送生前喜爱的人，或者触怒先王；

总之，让魏丑夫殉葬不好。

所以，就没必要让魏丑夫殉葬了。

（4）复杂破坏式

这种形式是，两个假言前提有不同的前件和不同的后件，因此否定这个或那个后件，结论便否定这个或那个前件，它的推理形式可表述如下：

[（P→R）∧（Q→S）]∧（¬R∨¬S）→（¬P∨¬Q）

写成竖式如下：

如果P，那么R

如果Q，那么S

非R或非S

所以，非P或非Q

例如：

如果上帝是全能的，他就能够消除罪恶；

如果上帝是全善的，他就愿意消除罪恶；

上帝或者没能消除罪恶，或者不愿消除罪恶；

所以，上帝或者不是全能的，或者不是全善的。

2. 二难推理的应用

任何形式的二难推理，必须前提真实和形式有效，才是正确的，不具备这两个条件的二难推理必是错误的。上述四式都是二难推理的有效推理形式。即只要其前提是真实的，那么运用这四式都能得出必然可靠的结论。

案例　法律冲突

法国的《医师伦理法》规定："对于泄露患者秘密的医生将处以1年以下监禁和10万法郎以下罚款。"但法国《刑法》中有关危险放置罪的规定为："对于明知他人处于危险状态而自己又不采取任何防止或抢救措施，任凭他人处于无人管的危险状态的医生，将处以5年以下监禁或50万以下法郎罚款。"如是，医生面对一些危险病人时该怎么办？

分析：

如果把危险性如实告知患者，将违反《医师伦理法》；

如果不把危险性如实告知患者，将违反《刑法》；

由是可知，这两个法律规定相互冲突。

当我们考虑某事物情况有几种可能性并且每种可能性都会导致某种后果时，常常使用一个假言选言推理。假如有两种可能性，从这两种可能引申出的结论都使某对象难以接受，如果一个人必须在两种选项中做出决断，但两个选项都很糟糕或令人不愉快，那么，我们就说这个人"陷入"了两难（或者说进退维谷）之中，我们便把这种假言选言推理形象地称为二难推理。

案例　真假熊掌

　　某报报道，某地有一个个体餐馆因为上了一道特色菜"红烧熊掌"而顾客盈门。有一天，有两位女士到餐馆用餐，看到"红烧熊掌"才20元一份便点了这个菜。谁知结账时老板硬让她们付2000元才能走人。仔细一看菜谱才发现，老板故意将2000元／盘的最后两个零写得很小，看起来就像是20.00元／盘。明知是骗术，可斗不过老板的软硬兼施，女顾客只好找来朋友付了账。事情发生后，顾客的一个律师朋友据理力争，为其追回了损失。

　　那天，律师去找店主说理，见了面，劈头就问："你这熊掌是真的吗？"

　　"当然是真的。"店主振振有词。

　　"那你知道熊是不允许捕杀的吗，卖熊掌是违反《野生动物保护法》的。"

　　"唉，哪有真熊掌啊？我那是用牛蹄筋做的。"店主只好狡辩。

　　"那你知不知道这样做是违反《消费者权益保护法》的？"

　　店主只好低头认错，退了多收的钱。

　　分析：律师在与店老板说理时使用了这样一个二难推理：

　　如果熊掌是真的（P），则违反《野生动物保护法》（R）；

　　如果熊掌是假的（¬P），则违反《消费者权益保护法》（S）；

　　熊掌或者是真的（P），或者是假的（¬P）；

　　所以，你或者违反《野生动物保护法》（R），或者违反《消费者权益保护法》（S）。

　　二重罪名取其轻，这个个体老板只得承认"熊掌"是牛蹄筋做的，甘愿退钱。

　　二难推理是日常语言中的一种常见论证，一直从古代沿袭下来。在古代，逻辑和修辞的关系较现在紧密得多。从单纯的逻辑观点看，二难推理没有什么特别重要的地方。但从修辞角度看，二难推理是一种最有力量的说服工具之一，可谓论战中的一种致命性武器。争论过程中，二难推理使得对手必须做出选择，但无论选择什么，都会得出一个他不能接受的结论。

 案例　囚徒困境

在博弈和决策活动中，决策者必须根据所掌握的关于局势和其他决策者可能的行动选择的信息，做出与自身目标一致的行动选择。这一过程的关键是推理，它也是博弈分析和决策分析的基础。下面是博弈论中非常有名的"囚徒二难"博弈。

甲乙两名犯罪嫌疑人被分别关在两间牢房里。如果他们都坦白，则每人将判 3 年徒刑；如果只有一人坦白，则坦白者作为污点证人被释放，另一人将判 4 年徒刑；如果两人都不坦白，则两人都因证据不足被判 1 年徒刑。

以徒刑期为效用值，囚徒困境可表示为双矩阵：

	乙不坦白	乙坦白
甲不坦白	− 1，− 1	− 4，0
甲坦白	0，− 4	− 3，− 3

（坦白，坦白）是这个博弈的唯一的纳什均衡，因为无论囚徒甲（囚徒乙）选择什么，囚徒乙（囚徒甲）选择坦白都会有最大效用。但是（坦白，坦白）的效用值是（− 3，− 3），明显低于（不坦白，不坦白）的效用值（− 1，− 1）。这就是说，均衡结果并不总是帕累托最优的结果，理性选择在策略性互动环境中并不总是遵循效用最大化原则。

分析：这个博弈中，两个囚徒在确定自己的策略时都运用了二难推理：囚徒甲认为，如果乙选择"坦白"，则自己的最优行动是"坦白"；如果乙选择"不坦白"，则自己的最优行动仍然是"坦白"。因此，无论乙选择"坦白"或者选择"不坦白"，自己的最优行动总是"坦白"。

对于囚徒乙，他的推理与甲完全一样，结论同样是选择"坦白"。

因此，这个博弈的结局是两个囚徒选择"坦白，坦白"，它给两个囚徒各带来 3 年徒刑。相对于其他可能的结局，这个结局对两个囚徒是不利的，但却是理性选择的结果。"囚徒博弈"中二难推理体现了博弈中决策的互动性，这正是博弈与单人决策活动的区别所在。

3. 避开或驳斥二难推理的三种常用方法

由于二难推理是一种很有用的推理，是论辩中的一种有力工具，因此在人们的实际思维中经常地使用它，论辩者可能用它们来为对手设置圈套。但是并非人人都能正确地使用这种推理形式，而且诡辩论者也经常利用二难推理进行诡辩，所以对于不正确的二难推理必须避开或加以驳斥。

避开或驳斥二难推理的结论常用的方法有三种，都与二难的两个"死角"有关，分别称为"绕过犄角法""直击犄角法""避开犄角法"。

（1）"绕过犄角法"：证明析取前提为假

二难推理的主要特征通过小前提所提供的非此即彼或亦此亦彼的选择而体现出来，若指出选言支不穷尽，即在P或者Q这两个选言支以外，还有第三种选言情况存在，这样就从二难的犄角间逃脱了。

例1：如果天冷那么人难受，如果天热那么人难受，天气或者冷或者热；总之，人总是难受。

分析：上述推理的误区在于，事实上，有既不冷也不热的天气。

例2：如果增税，经济将会受损；如果减税，必要的公共服务会被缩减。因为税收或者增加或者减少，所以或者经济受损或者必要的公共服务会被缩减。

分析：通过说明税收可能保持不变，即，既不增加也不减少，就很容易从二难的犄角间逃脱。

例3：有教师对学生开展课外活动作出了这样一个二难推理：

如果课外活动搞得过多，那么会影响学生基础课的学习；

如果课外活动搞得过少，那么会影响学生知识面的拓宽；

或者课外活动搞得过多，或者课外活动搞得过少；

所以，或者会影响学生基础课的学习，或者会影响学生知识面的拓宽。

分析：这个选言前提的选言支没有穷尽所有的可能情况，它遗漏了课外活动搞得适中这种可能，而这种可能又是搞课外活动应遵循的一种原则。

（2）"直击犄角法"：指出其假言前提的虚假

就是要证明二难的犄角为假，即"抓住犄角"。具体而言，是指出二难推理的前提不真实，指出对方预设的前提标准不真实。即充分条件假言命题的前件、后件之间不具有充分条件关系，这需要具体知识来完成。

例1：如果我们鼓励竞争，我们将没有和平；如果我们不鼓励竞争，我们将没有进步。因为我们或者鼓励竞争或者不鼓励竞争，所以我们或者没有和平或者没有进步。

分析：反驳方法之一是可以攻击第一个条件式，即认为竞争和和平可以共存；反驳方法之二是攻击第二个条件式，即认为进步可以通过鼓励竞争之外的方式而达到。

例2：旧西藏的乌拉差役制度中，农奴主规定农奴每年都要请喇嘛念冰雹经，祈求免除冰雹灾害。农奴主给农奴立下规矩：

如果天不下冰雹，是念经有功，那么要交费酬谢；

如果天下冰雹，是民心不纯，那么要交罚款；

天或不下冰雹，或下冰雹；

所以，农奴或要交酬谢费，或要交罚款。

分析：在上面这个二难推理的复杂构成式中，两个充分条件假言判断的前件都不是后件的充分条件。因为天是否下冰雹，跟喇嘛念经根本没有关系。换言之，它的前提是虚假的，是农奴主为剥削农奴而人为捏造出来的。

例3：如果学生喜爱学习，那么就不需要激励。如果学生厌烦学习，那么激励也没有用。学生或者是喜爱学习或者是厌烦学习，所以，激励是不需要的或者没用的。

分析：反驳这个二难推理的办法有：

第一种，"绕过犄角法"，指出其析取前提是假的。因为学生会有不同的学习态度：有的喜爱，有的厌烦，还有许多人不同于前两者。对于后面这些人来说，激励既是需要的也是可以发挥作用的。这种方法并不是证明结论为假，只是表明推论本身并没有给结论提供充足的理由。

第二种，"直击犄角法"，就是要试图表明条件前提至少一假。上述二难推理所依据的条件前提之一是"如果学生喜爱学习，就不需要激励"，反驳者可以争辩说，即使一个学生喜爱学习，也需要激励，好分数会带来额外的奖励，甚至能激励最勤奋的学生更认真地学习。这样一来，就很可能得到好的回应——原来的二难的一角就被击破了。

（3）"避开犄角法"：构造一个反二难推理

构造一个反二难推理，将自己从二难困境中解脱出来。即避开对方二难推理顶来的两个犄角，重新构造一个与对方结构相同的二难推理，却推出与对方相反的结论，使对方处于同样的二难困境，从而把对方顶过来的犄角再顶回去。

案例　父亲的劝诫

古希腊雅典有一位青年，他能言善辩，四处奔波，到处发表演说。一天，他父亲忧心忡忡地对他说："孩子，你可得当心！你那么热衷于演说，不会有好结果。说真话吧，富人或显贵会恨死你；说假话吧，贫民们不会拥护你。可是既要演说，你就只能是或者讲真话，或者讲假话，因此，不是遭到富人显贵们的憎恨，就是遭到贫民们的憎恨，总之是有百弊而无一利啊！"

儿子是这样反驳父亲的："父亲，您老不用担心。如果我说真话，那么贫民们就会赞颂我；如果我说假话，富人显贵们就会赞颂我。虽然我不是说真话，就是说假话，但不是贫民们赞颂我，就是富人显贵们赞颂我，何乐而不为呢？"

分析：在这个案例中

父亲劝儿子就使用了一个二难推理，形式是：

如果你说真话，那么富人们憎恨你；

如果你说假话，那么贫民们憎恨你。

或者你说真话，或者你说假话；

总之，有人憎恨你。

儿子反驳父亲则使用了一个反二难推理，形式是：

如果我说真话，那么贫民们就会赞颂我；

如果我说假话，那么富人们就会赞颂我。

或者我说真话，或者我说假话；

总之，有人赞颂我。

儿子通过构造一个反二难推理，得出与他父亲截然相反的结论，这就将父亲的责难有力地顶了回去。

针对一个反二难推理去反驳原有的二难推理时，要注意几点：

第一，构造的这种二难推理务必保留原二难推理的假言前提的前件，而推出与原来相反的后件。否则，就达不到驳斥的目的。

第二，构造反二难推理这种驳斥方法，从几乎相同的前提得到相反的结论，是种很不错的修辞手法。在唇枪舌剑的辩论中，并不需要细致分析，如果在公共争辩中出现这样的反驳，这个策略通常很有效，因为它证明能成功构造它的论辩者的聪明才智。在论辩最激烈的时候，听众通常被说服，认为最初的论证被彻底推翻了。

第三，其实构造反二难推理并不足以推翻一个给定的二难推理，因为它并没有对最初的二难推理的可靠性提出任何质疑，它只是显示不同的路径可以导致同样的问题。如果更细致地研究，就会发现它们的结论并不像初看上去那样对立。第一个二难推理的结论是儿子会被憎恨（被富人们或者被贫民们），而反二难的结论是儿子会被赞颂（被贫民们或者被富人们）。实际上两者完全是相容的。反驳用的反二难仅仅是建构了一个结论不同的论证而已。两个结论可能都是真的，只能说明看问题的视角不同，并非对事实状况的意见不一致，因而这里并没有达成真正的反驳。即如此反驳并不能驳倒原有推理，而只是将注意力引向同一事情的不同方面。

案例　半费之讼

　　在雅典民主制时期，传说有一个叫欧提勒士的人，向著名的辩者普罗塔哥拉斯学习法律。两人订下合同：欧提勒士分两次付清学费，开始学习时先付一半，另一半等欧提勒士毕业第一次出庭打官司打赢了再付。但是欧提勒士毕业后迟迟不出庭打官司。普罗塔哥拉斯等得不耐烦，准备向法院提出诉讼。他对欧提勒士说："我要到法院告你。

　　如果我打赢了官司，那么按照法庭判决，你应该付给我另一半学费；

　　如果我打输了官司，那么按我们的合同，你也应该付给我另一半学费；

　　不论这场官司我是赢还是输，

　　反正，你应付给我另一半学费。"

　　欧提勒士也不示弱，他针锋相对地说："只要你到法院告我，我可以不给你另一半学费。因为，

　　如果我的官司打赢了，那么按照法庭的判决，我不应付给你另一半学费；

　　如果我的官司打输了，那么，按我们的合同，我也不应付给你另一半学费；

　　不论这场官司我是赢是输，

　　反正，我不应付你另一半学费。"

　　据说，这场官司后来难倒了法官，以至无法作出判决。

　　分析：这就是逻辑史上著名的"半费之讼"。从形式上看，师生双方都是用二难推理进行诡辩。但是，学生是用了"以子还矛，陷子之盾"的反驳方法，把对方逼进难以自拔的泥潭。

　　乍看起来，师生双方的主张都有道理，但是仔细推敲我们不难发现，他们都是采用了双重标准。当法庭判决对自己有利的时候，他们就以法

庭的判决为准，当契约对自己有利的时候，就以契约为准。也就是说，老师普罗塔哥拉斯看到自己胜诉的时候就主张以法庭判决为准，要求学生付费；当老师败诉的时候，就根据契约要求学生付费。学生的主张与老师相反，当他败诉的时候，也就是老师胜诉要求以法庭判决为准的时候，他要求以契约为准，所以，不必付费；而学生欧提勒士胜诉的时候，也就是老师败诉要求以契约为准的时候，学生要求按照法庭的裁决为准，也就是说不必付费。

普罗塔哥拉斯与他的学生欧提勒士得出了完全相反的结论，究其原因，是因为他们的前提中包含着不一致：一个是承认合同的至上性，一个是承认法庭判决的至上性，哪一项对自己有利就利用哪一项，而这两者是相互矛盾的。这里的问题就是他们双方都默认"约定"和"判决"可以同时而且等效地来解决他们的纠纷，这是他们共同的前提。从逻辑上化解它们的办法就是选择其中的一个进行最终裁决。

4. 避开或驳斥二难推理的其他方法

（1）指出推理形式无效

二难推理的构成式要遵守充分条件假言推理肯定前件就要肯定后件的规则，驳斥式要遵守充分条件假言推理否定后件就要否定前件的规则。违背相应的规则，二难推理就是无效的。

下面是一单位领导就几位下属是否参加一次经贸洽谈会所作出的推理：

如果老王不出席，那么老李出席；如果老张不出席，那么老白出席；老王出席或老张出席；所以，老李不出席或老白不出席。

上述推理是二难推理复杂构成式的否定前件式，是无效的。因为二难推理的构成式只有肯定前件式，没有否定前件式。

（2）摆脱进退维谷的困境

可用各种"避角法"来摆脱进退维谷的困境。比如，设法构成某种关系，把自己从"二难"中解脱出来。

案例　吾翁即汝翁

据《前汉演义》记载，当项羽击败汉兵，救出钟离眛，进逼广武，与刘邦夹涧而屯兵之后，为了激怒刘邦与他决战，就将刘邦的父亲太公置诸俎上，推至涧旁，厉声大呼道：刘邦听着，汝若不肯出阵，我便烹食汝父。此时的刘邦，真是进退维谷：

如果出战，就会全军覆灭；

如果不出战，父亲就会丧命；

要么出战，要么不出战；

所以，或者全军覆灭，或者父亲丧命。

在此二难之际，张良献计让刘邦对项羽说：吾与汝同侍义帝，约为兄弟，吾翁即汝翁，必欲烹汝翁，请分我一杯羹！项羽听后怒不可遏，准备烹掉太公。但因叔父项伯劝阻，才未烹成。

也可指出P或者Q进行选择的一个无法满足的先决条件，由于这个先决条件无法满足而瓦解了小前提的限制。

案例　伊索的计策

伊索的主人酒醉狂言，发誓要喝干大海，并以他的全部财产和管辖的奴隶作赌注。次日醒来，发觉失言，但全城的人都早已得知此事。这时主人陷入以下的二难困境：

如果实现诺言，就要喝干大海；

如果不实现诺言，就会失信于人；

或者实现诺言，或者不实现诺言；

所以，或者喝干大海，或者失信于人。

面对这个二难的困境，主人听从了伊索的计策，到海边对围观的人说："不错，我要喝干大海，但是现在千百万条江河不停地流入大海，谁能把河水与海水的界限分开，我保证喝干大海。"伊索为主人指出了进行二难选择的先决条件，即把河水与海水分开，由于这个条件无法满足，因而破解了二难的困境。

（3）采用适当的办法处理二难处境

如果二难处境是由正确的二难推理带来的，因此不能靠推翻它从根本上摆脱二难处境,这时，就需要采用适当的办法去处理二难处境。常用的方法如下。

① 扣其两端，中庸调和，酌情处理。

案例　桑丘断案

《堂吉诃德》中记载了一则桑丘断案的故事：

一个小气鬼拿了一块布请裁缝做帽子，他问裁缝布够不够，裁缝说布够了。见裁缝回答得这么干脆，小气鬼疑心裁缝赚他的布，就问裁缝够不够两顶、三顶、四顶，直至五顶。小气鬼到约定日子取帽子时发现，这五顶帽子原来是指头帽。为此，小气鬼要裁缝赔布，裁缝要小气鬼付工钱。两人争争吵吵，谁也不肯罢休。无奈之下，二人状告到桑丘那里。桑丘左思右想，觉得此案难以断公平：

如果依了小气鬼，那么裁缝付出了劳动还要赔布，有点不公平；

如果依了裁缝，那么小气鬼损失了布还要付工钱，也有点不公平；

断这桩案子或者依了裁缝，或者依了小气鬼，所以，案子总是断不公平。

怎么断才公平呢？桑丘想了想，作出如下判决：裁缝不能要工钱，小气鬼不能要赔布，五顶帽子完全充公。对于桑丘的这一判断，二人无话可说，因为这是最公平不过的解决办法。

这种方法广泛运用于调解民事纠纷。

② 两害相权取其轻。

当二难处境已无法彻底摆脱时，只能在两种可能中比较选择，选择一种损失较小的可能，避免损失较大的可能。

案例　三打白骨精

《西游记》中，孙悟空三打白骨精之前，就遇到二难处境：

如果打死白骨精，师父就要赶我走；

如果不打死白骨精，师父就会被白骨精吃掉；

或者打死白骨精，或者不打死白骨精；

所以，或者师父赶我走，或者师父被白骨精吃掉，二者必居其一。

孙悟空经过激烈的思想斗争之后，权衡了两害的轻重，下定决心，宁可被师父赶走，以后再说，决不能让白骨精把师父吃掉，前功尽弃。于是举起金箍棒，打死了白骨精。

③ 别人构造二难，你可把皮球踢回去。

案例　为我牺牲

《泰坦尼克号》男主角叫杰克，女主角叫露丝。看完电影后一对恋人的对话：

女生问男生：你能不能像杰克那样为我牺牲？

男生刚刚受了英雄主义教育，为自己最爱的人怎么不敢牺牲？他就说：我要为你牺牲。

女生说：你好狠心，你牺牲了我怎么活？

男生不解，又说：那为了你，我就不牺牲了。

女生又说：看，你的狐狸尾巴露出来了吧。

分析：这就是二难，牺牲自己也不好，不牺牲自己也不好，总之不好。

男生应该回答：你把胸一拍，你要我牺牲，我就牺牲，你要我不牺牲，我就不牺牲，你要我牺牲了再活过来，我就牺牲了再活过来。

这个办法有点幽默，她叫你解决，你把问题又交回给她。

5. 二难推理的逻辑应用

二难推理虽然不是基本的逻辑推理形式，它往往是为了说明结果的两难处境或者是为了强调某一结论所进行的推理，但是一种实用的推理。根据上述二难推理的形式、含义与推理规则，下面举例说明其逻辑应用。

例1：爱因斯坦发表狭义相对论时，有人问他：预计公众会有什么反应？他答道：很简单，如果我的理论是正确的，那么，德国人会说我是德国人，法国人会说我是欧洲人，美国人会说我是世界公民；如果我的理论不正确，那么，美国人会说我是欧洲人，法国人会说我是德国人，德国人会说我是犹太人。

如果爱因斯坦的话是真的，以下哪项陈述一定为真？

Ⅰ.有人会说爱因斯坦是世界公民。

Ⅱ.法国人会说爱因斯坦是欧洲人。

Ⅲ.有人会说爱因斯坦是德国人。

分析：爱因斯坦陈述：

如果我的理论是正确的，那么，德国人会说我是德国人，法国人会说我是欧洲人；

如果我的理论不正确，那么，美国人会说我是欧洲人，法国人会说我是德国人。

对任何一个理论来说，或者正确，或者不正确；

总会有人说爱因斯坦是德国人，也总会有人说爱因斯坦是欧洲人。

因此，Ⅲ一定为真。

例2：威尼斯面临的问题具有典型意义。一方面，为了解决市民的就业，增加城市的经济实力，必须保留和发展它的传统工业，这是旅游业所不能替代的经济发展的基础；另一方面，为了保护其独特的生态环境，必须杜绝工业污染，但是，发展工业将不可避免地导致工业污染。

以下哪项能作为结论从上述断定中推出？

Ⅰ.威尼斯将不可避免地面临经济发展的停滞或生态环境的破坏。

Ⅱ.威尼斯市政府的正确决策应是停止发展工业以保护生态环境。

Ⅲ.威尼斯市民的生活质量只依赖于经济和生态环境。

分析：上文断定了以下几个条件关系：

① 促进经济→发展工业

② 保护生态→杜绝污染

③ 发展工业→导致污染

因此：由③，②，发展工业→破坏生态；

由①，不发展工业→经济停滞；

或者发展传统工业，或者不发展传统工业，对于威尼斯来说，二者必居其一；因此，可推出结论：威尼斯将不可避免地面临经济发展的停滞或生态环境的破坏，这正是Ⅰ项所断定的。其余两项均不能从上文推出。

例3：2013年7月16日，美国"棱镜门"事件揭秘者斯诺登正式向俄罗斯提出避难申请。美国一直在追捕斯诺登。如果俄罗斯接受斯诺登的申请，必将导致俄美两国关系恶化。但俄罗斯国内乃至世界各国有很高呼声认为斯诺登是全球民众权利的捍卫者，如果拒绝他的申请，俄罗斯在道义上和国家尊严方面都会受损。

如果以上陈述为真，以下哪项陈述一定为真？

Ⅰ.俄罗斯不希望斯诺登事件损害俄美两国关系。

Ⅱ.如果俄罗斯不想使俄美两国关系恶化，它在道义上和国家尊严方面就会受损。

Ⅲ.如果接受斯诺登的避难申请，俄罗斯在道义上或国家尊严方面就不会受损。

分析：俄罗斯面临两个选择：

接受斯诺登申请→俄美两国关系恶化；

拒绝斯诺登申请→道义和国家尊严受损。

俄罗斯或者接受或者拒绝，总之，或者俄美两国关系恶化，或者道义和国家尊严受损。

选言命题否定其中一项，就要肯定另外一项。这意味着，如果俄罗斯不想使俄美两国关系恶化，它在道义上和国家尊严方面就会受损。因此Ⅱ一定为真。

例4：虚假的财政行为不当的传闻损害了一家银行的声誉，如果管理部门不试图批驳这些传闻，它们就会传播开来并最终破坏顾客的信心。但是，如果管理部门努力地去批驳这些传闻，这种批驳所增加的怀疑比它所减少的还多。

如果以上陈述为真，基于它们所做出的以下哪项陈述必然真？

Ⅰ.一家银行的声誉不可能受到强劲的广告活动的影响。

Ⅱ.真实的财政行为不当的传闻对一家银行的顾客的信心不会造成像虚假的传闻所造成的那样大的损害。

Ⅲ.管理部门无法阻止业已存在的虚假的财政行为不当的传闻对银行声誉的威胁。

分析：上文陈述：

第一，不批驳虚假财政行为的传闻→会破坏顾客的信心；

第二，批驳传闻→会增加怀疑。

因此，或者会破坏顾客的信心，或者会增加怀疑；可见，其负面影响都不可避免。所以，Ⅲ必然为真。

五、假言反三段论

假言三段论的外在特征是包括三个假言命题，而且有效三段论的真前提必然担保真结论，这是从前提之真推结论之真。

假言反三段论是在已知一个假言三段论是有效的情况下，我们可以反过来从结论之假推前提之假。反三段论的名称实际是借用了有效三段论推理的原理，即一个能推出正确结论的三段论，必然具备两个条件：前提真实且形式有效。如果结论不正确，则在这两个条件中，至少有一种条件不具备。其内容是：如果两个前提能够推出一个结论，那么，如果结论不成立且其中的一个前提成立，则另一个前提不成立。

其原理涉及充分条件推理：两个条件具备可以得出一个结果，假如期待的结果没有出现，那是因为至少两个条件之一没有具备，若知道其中一个条件已确实具备的话，可以确定另一条件不具备。

在实际思维中，反三段论是有重要作用的。如果几个条件联合起来构成某一情况的充分条件，那么根据反三段论，当该情况不产生时，就可以推出几个条件中至少有一个条件未具备。在这种情况下，运用反三段论能够达到很好的推论效果。

案例　金钱与朋友

逻辑学家金岳霖小时候很有逻辑头脑，听到"金钱如粪土""朋友值千金"这两句话后，感到它们有问题，因为它们会推出"朋友如粪土"的荒唐结论。因此，既然"朋友如粪土"这个结论不成立，假如"朋友值千金"成立的话，那么，"金钱如粪土"肯定不成立。这里就运用了反三段论。

1. 推理形式一

该类推理形式包含以下两种情况：

① 公式表示为：$[(P \land Q) \to R] \to [(P \land \neg R) \to \neg Q]$

写成竖式如下：

如果P且Q，那么R

所以，如果P且非R，那么非Q

前提"如果P且Q，那么R"可以看作一个三段论，其中P、Q、R分别看作大前提、小前提和结论。

结论"如果P且非R，那么非Q"也可以看作一个三段论，但这个三段论的前提之一"非R"和结论"非Q"是前一个三段论的结论R和一个前提Q的否定，所以称为反三段论。

例1：如果本产品质量好，而且价格合理，那么一定销路好；

所以，如果本产品质量好而销路不好，那么一定是价格不合理。

例2：如果所有太阳系的大行星都有卫星，并且水星是太阳系的大行星，那么水星就有卫星。

所以，如果水星是太阳系的大行星，而且水星没有卫星，那么，并非所有太阳系的大行星都有卫星。

例3：如果推理形式有效而结论不真实，那么至少有一个前提不真实；

所以，如果前提真实且推理形式有效，那么推理的结论真实。

② 公式表示为：$[(P \land Q) \to R] \to [(Q \land \neg R) \to \neg P]$

写成竖式如下：

如果P且Q，那么R

所以，如果Q且非R，那么非P

例1： 如果客观条件具备，并且主观努力到位；那么，事情就能办好；

所以，既然事情没能办好，而客观条件具备；可见，主观努力没有到位。

例2： 如果前提真实且推理形式有效，那么推理的结论真实；

所以，如果推理形式有效而结论不真实，那么至少有一个前提不真实。

2. 推理形式二

该类推理形式也包含以下两种情况：

① 公式表示为：$[(P \land Q) \to R] \land (P \land \neg R) \to \neg Q$

写成竖式如下：

如果P且Q，那么R

P且非R，

所以，非Q

例如：

如果客观条件具备，并且主观努力到位；那么，事情就能办好。

既然客观条件具备，而事情没能办好；

可见，主观努力没有到位。

② 公式表示为：$[(P \land Q) \to R] \land (Q \land \neg R) \to \neg P$

写成竖式如下：

如果P且Q，那么R

Q且非R，

所以，非P

例如：

如果客观条件具备，并且主观努力到位；那么，事情就能办好。

既然主观努力到位，而事情没能办好；

可见，客观条件不具备。

案例　关于鸟的判断

下面是一个有效三段论：

鸟是有翅膀的、会飞的暖血动物，鸵鸟是鸟，所以，鸵鸟是有翅膀的、会飞的暖血动物。

分析：由此可以推出，在结论"鸵鸟是有翅膀的、会飞的暖血动物"为假的情况下，两个前提必有一假，现在知道"鸵鸟是鸟"为真，所以，"鸟是有翅膀的、会飞的暖血动物"为假。

3.反三段论推理的逻辑应用

根据上述假言反三段论的形式、含义与推理规则，下面举例说明其逻辑应用。

例1：只要诊治准确并且抢救及时，那么这个病人就不会死亡。现在这个病人不幸死亡了。

如果上述断定是真的，以下哪项也一定是真的？

Ⅰ.对这个病人诊治既不准确，抢救也不及时。

Ⅱ.对这个病人诊治不准确，但抢救及时。

Ⅲ.如果这个病人的诊治是准确的，那么，造成他死亡的原因一定是抢救不及时。

分析："只要诊治准确并且抢救及时，那么这个病人就不会死亡"是一个充分条件假言命题。"现在这个病人不幸死亡了"，说明这个充分条件假言命题的后件为假。

既然后件为假，那就表明前件的两个条件"诊治准确"和"抢救及时"至少有一个不成立。当我们知道其中的一个条件成立，那么，就可以推知另一个条件一定不成立。Ⅲ项，"如果这个病人的诊治是准确的，那么造成他死亡的原因一定是抢救不及时"断定的正是这一点。

例2：以"如果甲乙都不是作案者，那么丙是作案者"为一前提，若再增加另一前提，可必然推出"乙是作案者"的结论。

下列哪项最适合作这一前提？

Ⅰ.甲不是作案者。

Ⅱ.丙不是作案者。

Ⅲ.甲和丙都不是作案者。

分析：题干断定：¬甲∧¬乙→丙

由此可推出：¬甲∧¬丙→乙

因此，Ⅲ项最适合作为这一前提。

例3：在某次综合性学术年会上，物理学会作学术报告的人都来自高校；化学学会作学术报告的人有些来自高校，但是大部分来自中学；其他作学术报告者均来自科学院。来自高校的学术报告者都具有副教授以上职称，来自中学的学术报告者都具有中教高级以上职称。李默、张嘉参加了这次综合性学术年会，李默并非来自中学，张嘉并非来自高校。

以上陈述如果为真，可以得出以下哪项结论？

Ⅰ.张嘉如果作了学术报告，那么他不是物理学会的。

Ⅱ.李默不是化学学会的。

Ⅲ.张嘉不具有副教授以上职称。

分析：根据题干断定：

物理学会∧作学术报告→来自高校

由此可推出：作学术报告∧¬来自高校→¬物理学会

即，既然张嘉并非来自高校，那么，张嘉如果作了学术报告，那么他不是物理学会的。所以，可以得出Ⅰ项。

例4：如果所有的鸟都会飞，并且鸵鸟是鸟，则鸵鸟会飞。

从上述前提出发，若加上前提"鸵鸟不会飞，但鸵鸟是鸟"之后，我们仍不能合逻辑地确定下列哪些陈述的真假？

Ⅰ.并非所有的鸟都会飞。

Ⅱ.有的鸟会飞。

Ⅲ.所有的鸟都不会飞。

Ⅳ.有的鸟不会飞。

Ⅴ.所有的鸟都会飞。

Ⅵ.这只鸟不会飞。

分析：原文推理形式如下：

P∧Q→R　　　（如果所有的鸟都会飞，并且鸵鸟是鸟，则鸵鸟会飞）

¬R∧Q　　　　（鸵鸟不会飞，但鸵是鸟）

¬P　　　　　　（并非所有的鸟都会飞）

从上文推出的结论是：并非所有的鸟都会飞＝有些鸟不会飞，即O命题为真。

再根据对当关系，则得出如下命题的真假关系：

Ⅰ.（非A）即O命题，为真。

Ⅱ.I命题，不能确定真假。

Ⅲ.E命题，不能确定真假。

Ⅳ.O命题，为真。

Ⅴ.A命题，为假。

Ⅵ.e命题，不能确定真假。

第二节　复合推演

复合推演是指复合命题的混合推理，推理步骤是先把各种陈述翻译成符号逻辑的记法，然后使用逻辑演绎推出一个结论。

一、演绎有效性与推理方法

复合推演是典型的逻辑演绎问题，逻辑演绎的正确推理必须保证推理形式有效，推理形式的有效性也称保真性，有效性是推理形式的特性，而不是推理的前提和结论的内容联系。

演绎推理的有效性指一个正确有效的演绎推理必须确保从真前提只会得到真结论。具体而言，一个推理形式是有效的，当且仅当，该推理形式确保：只要按照这种形式进行推理，无论从具体有什么样内容的前提出发，只要这些前提是真的，推出的结论必定是真的。

案例　保险合同纠纷

2000年4月，沈某、黄某夫妻及其女儿沈妮共同购买了上海市某商品房，并由沈某作为借款人向上海银行抵押贷款30万元，同时以被保险人身份与保险公司签订了抵押商品住房保险合同。2002年1月沈某因不慎跌倒导致脑出血死亡，其妻黄某在未通知保险公司的情况下火化了尸体。随后，黄某、沈妮因向保险公司理赔遭拒绝而起诉保险公司。

被告（保险公司）及其委托代理人答辩称，沈某脑出血是其个人肌体自身原因造成发病；由于原告理赔之前已将尸体火化，致使被告无法了解保险事故的原因；原告没有充分的证据证明被保险人是意外死亡，则被告（保险公司）可以不负赔偿责任。

在审理黄某和保险公司的合同纠纷时，法院认为，原告擅自将被保险人沈某的遗体火化，是因被告在公告承诺扩展人身保险责任后，未采取适当、有效的方法履行通知义务，致使原告无法履行相应义务所产生的过错责任应由被告承担；据此，法院依照《合同法》有关规定判决，被告在判决生效之日起十日内履行还贷保证保险责任，将被保险人《个人住房抵押借款合同》项下的借款余额人民币277069.16元交付第三者——上海银行长宁支行。

分析：在上述案例中，可用演绎推理来分析。

一方面，被告保险公司的推理如下：

如果被保险人是意外死亡（P），则保险公司负赔付责任（R），若是其个人肌体发病造成死亡（Q），则保险公司不承担赔付责任（¬R）。但是原告没有充分的证据证明被保险人是意外死亡，则保险公司可以不负赔偿责任。

前提一：被保险人或者是意外死亡或者是其个人肌体发病造成死亡（P∨Q）

前提二：如果被保险人是意外死亡，则保险公司负赔付责任（P→R）

前提三：若是其个人肌体发病造成死亡，则保险公司不承担赔付责任（Q→¬R）

前提四：原告擅自将尸体火化，致使被告无法了解保险事故的原因（不能证实¬Q）

被告保险公司的推理是，不能证实¬Q，因此，不能确认P，那么可不兑现R。

另一方面，法院判决被告保险公司不得以此为理由拒赔的推理如下：

只有当被告在公告承诺扩展人身保险责任后（P），采取适当、有效的方法履行通知义务（Q），原告未履行相应义务所产生的过错责任才由原告承担（R）。但是被告未采取适当、有效的方法履行通知义务（¬Q），所以原告擅自火化被保险人遗体的错误不应由原告承担（¬R）。因此，不得以此为理由拒赔。

法院的推理过程如下：（P∧Q←R），¬Q，所以，¬R。

1. 真值联结词与命题变项

在命题逻辑中，基本元素是整个陈述（或命题）。陈述用字母表示，这些字母由算子连接而形成更复杂的符号表达式。为了理解命题逻辑中的符号表达式，有必要区分简单陈述和复合陈述。简单陈述是不包含其他陈述作为其部分的陈述。复合陈述是至少包含一个其他陈述作为其部分的陈述。

演绎推理的有效性只是其形式的函数，通过了解一个推理的形式，通常可以立刻确定该论证是否有效。然而，日常语言用法常常使论证的形式不明晰。为此，逻辑学引入了各种简化程序，通过引入特殊的符号，形式的辨认变得更容易，这些符号称作算子或联结词。

现代逻辑在研究复合命题时所涉及的联结词，是一种真值联结词。所谓真值联结词，是指仅仅表示复合命题与其支命题之间真假关系的联结词，它是我们在考察复合命题时，仅仅抽象出其支命题之间的真假关系，并只从支命题真假的角度来考虑复合命题的真假而获得的命题逻辑联结词。这种真值联结词同日常语言中的联结词既有联系又有区别，它只是日常语言的联结词在真假关系上的一种抽象。

基本的真值联结词主要有五个：否定、合取、析取、蕴涵、等值，分别用符号表示。

真值联结词与命题变项（用小写英文字母p、q、r、s等表示，意指组成复合命题的各个原子命题）所构成的形式结构，就是真值形式。在命题逻辑中，真值形式也就是命题形式，也叫公式。在命题逻辑中，有五种基本的真值形式，即：

否定式：¬p

合取式：p ∧ q

析取式：p ∨ q

蕴涵式：p → q

等值式：p ↔ q

2. 命题逻辑的演绎推理

命题逻辑常用的演绎推理方法和步骤如下：

（1）通过自然语言的符号化写出条件关系式

抽象思维是形式推理的基本方法，逻辑推理是排斥形象思维的。对问题的抽象指的是把文字叙述转化为形式化的表达，也就是用一些符号、字母来表达事物间的联系，具体要结合语境，进行理解分析。写条件关系式的基本步骤如下：

第一，确定复合命题所包含的所有不同的原子命题。在命题推理中，事实上在整个命题逻辑中，原子命题作为最基本的单位，它的内部结构不再分析。

第二，用同一命题变项表示所有相同的原子命题，用不同的命题变项分别表示所有不同的原子命题。

第三，分别写出各个前提和结论的真值形式。确定复合命题所断定的支命题之间的逻辑关系，并用相应的真值联结词加以表达。

第四，用合取号把各个前提的真值形式联结起来，所得的合取式，即前提的真值形式。

第五，依据确定的层次，写出整个复合命题的真值形式。用蕴涵号把前提和结论的真值形式联结起来，所得的蕴涵式，即是整个命题推理的真值形式。

例如：宪法中"任何公民，非经人民检察院批准或者决定或者人民法院决定，并由公安机关执行，不受逮捕"这一规定，可用一个必要假言命题描述，只有经人民检察院批准或者决定或者人民法院决定，并由公安机关执行，公民才受逮捕。

分析：上述规定意思是如果要逮捕公民，就需要人民检察院批准或者决定或者人民法院决定，并由公安机关执行。可用条件关系式表达如下：

（检察院批准∨检察院决定∨法院决定）∧公安机关执行←公民受逮捕

（2）通过演绎推理规则来推出所需要的结果

命题逻辑演绎推理的过程主要包括以下几点：

第一，写出原条件关系式等值的逆否命题。

原命题与逆否命题为等价命题，如果一个命题正确，那么它的逆否命题也一定正确。

$A \rightarrow B_1 \vee B_2$ 的逆否命题为 $\neg B_1 \wedge \neg B_2 \rightarrow \neg A$

$A \rightarrow B_1 \wedge B_2$ 的逆否命题为 $\neg B_1 \vee \neg B_2 \rightarrow \neg A$

$B_1 \vee B_2 \rightarrow A$ 的逆否命题为 $\neg A \rightarrow \neg B_1 \wedge \neg B_2$

$B_1 \wedge B_2 \rightarrow A$ 的逆否命题为 $\neg A \rightarrow \neg B_1 \vee \neg B_2$

比如：$\neg A \wedge \neg B \rightarrow \neg C \vee D$ 的逆否命题为 $A \vee B \leftarrow C \wedge \neg D$

再如：$\neg (A \wedge B) \rightarrow \neg C \vee D$ 的逆否命题为 $A \wedge B \leftarrow C \wedge \neg D$

第二，若原文陈述只有一个条件关系，往往只要结合原命题与逆否命题的理解即可推出结果。

这方面要注意，顺着原命题和逆否命题这两个条件关系式箭头方向推出的结果都必然是正确的，不能顺着箭头方向推，得不到任何结果。

第三，若原文陈述有多个条件关系，则需要进行一定的逻辑命题演算，从而推导出答案。

从推理起点出发，列出推理链，通过串联多个条件关系式，从而推出必然的结果。

比如：$A \rightarrow B$，$C \rightarrow \neg B$，可得出 $A \rightarrow \neg C$

另外，要注意运用对选言推理和假言推理的理解，包括前面所述的等价式，善于变形推理，进行公式互推。

例1：天然生成的化学物质结构一旦被公布，它就不能获得新的专利。但是，在一种天然生成的化学合成物被当作药物之前，必须通过与人工合成的药品一样严格的测试程序,这一程序的最终环节是在一份出版报告中详细说明药品的结构和观察到的效果。

如果以上陈述为真,基于此的以下哪项也必然真?

Ⅰ.一旦天然生成的化学物质结构公布于众,任何天然生成的化学物质都可以由人工合成。

Ⅱ.如果人工生产的化学物质合成物取得专利,则其化学结构一定公布于众。

Ⅲ.一旦天然生成的化合物被允许作为药物使用,它就不能取得新的专利。

分析:上文推理为:

①p(天然化学物质的结构被公布)→q(不能取得新的专利);

②r(用天然化学合成物作药品)→s(通过测试程序);

③s(通过测试程序)→p(天然化学物质的结构被公布)。

联立上述三式,可推出:用天然化学合成物作药品→不能取得新的专利。

因此,Ⅲ必然为真。

例2:太阳风中的一部分带电粒子可以到达M星表面,将足够的能量传递给M星表面粒子,使后者脱离M星表面,逃逸到M星大气中。为了判定这些逃逸的粒子,科学家们通过三个实验获得了如下信息:

实验一:或者是x粒子,或者是y粒子。

实验二:或者不是y粒子,或者不是z粒子。

实验三:如果不是z粒子,就不是y粒子。

根据上述三个实验,以下哪项一定为真?

Ⅰ.这种粒子是x粒子。

Ⅱ.这种粒子是y粒子。

Ⅲ.这种粒子是z粒子。

分析:根据原文陈述列出如下条件关系式:

① $x \lor y$

② $\neg y \lor \neg z$ 等价于 $z \to \neg y$

③ $\neg z \to \neg y$

由②③二难推理可得 $\neg y$,再结合①,推出x。即Ⅰ项为真。

例3:某中药制剂中,人参或者党参必须至少有一种,同时还需满足以下条件:

① 如果有党参,就必须有白术;

② 白术、人参至多只能有一种;

③ 若有人参,就必须有首乌;

④ 有首乌，就必须有白术。

根据以上陈述，关于该中药制剂可以得出以下哪项？

Ⅰ.没有党参　　　　　　　　　　Ⅱ.没有首乌

Ⅲ.有白术　　　　　　　　　　　Ⅳ.有人参

分析：原文断定：人参∨党参；

① 党参→白术

② 白术→¬人参

③ 人参→首乌

④ 首乌→白术

假定该药制剂中包含人参，由③推出，必包含首乌；再由④推出，必包含白术；这与条件②矛盾。所以，该中药制剂中不可能包含人参。

根据上文陈述，人参或者党参至少必须有一种，从而推出该中药制剂中必包含党参。

再由条件①进一步推出，该中药制剂中必包含白术。即Ⅲ项为真。

例4：每篇优秀的论文都必须逻辑清晰且论据翔实，每篇经典的论文都必须主题鲜明且语言准确，实际上，如果论文论据翔实但主题不鲜明或论文语言准确而逻辑不清晰，则它们都不是优秀的论文。

根据以上信息，可以得出哪项？

Ⅰ.语言准确的经典论文逻辑清晰。

Ⅱ.论据不翔实的论文主题不鲜明。

Ⅲ.主题不鲜明的论文不是优秀的论文。

分析：根据题干陈述，列出条件关系式

① 优秀论文→逻辑清晰∧论据翔实

② 经典论文→主题鲜明∧语言准确

③（论据翔实∧¬主题鲜明）∨（语言准确∧¬逻辑清晰）→¬优秀论文

由①可推出：论据不翔实的论文，都不是优秀论文。

由③可推出：论据翔实但主题不鲜明的论文不是优秀论文。

综合上述两项，只要主题不鲜明，不管论据是否翔实，就不是优秀论文。即Ⅲ项正确。

例5：某语言学爱好者欲基于无涵义语词、有涵义语词构造合法的语句，已知

① 无涵义语词有a、b、c、d、e、f，有涵义语词有W、Z、X；

② 如果两个无涵义语词通过一个有涵义语词连接，则它们构成一个有涵义语词；

③ 如果两个有涵义语词直接连接，则它们构成一个有涵义语词；

④ 如果两个有涵义语词通过一个无涵义语词连接，则它们构成一个合法的语句。

根据上述信息，以下哪项是合法的语句？

    Ⅰ．aWbcdXeZ   Ⅱ．aWbcdaZe

    Ⅲ．fXaZbZWb   Ⅳ．aZdacdfX

分析：根据题干给出的四条信息，分析如下。

根据②，aWb 为有涵义语词；再根据②，aWbcd 为有涵义语词；然后根据③，aWbcdX 为有涵义语词；最后再根据④，得出 aWbcdXeZ 为合法语句，即Ⅰ项为真。

二、复合推演的逻辑应用

命题逻辑的复合推演主要包括演绎推论、补充前提、结构比较和评价描述等类型，下面分别进行举例分析。

1. 推出命题逻辑的结论

推出命题逻辑的结论即演绎推论，通常要求我们从上文出发，可以合逻辑地推出什么结论（或不可能推出什么结论）。其主要步骤是：

首先，按原文的顺序陈述依次做出准确的理解，列出条件关系式。

然后，根据所列条件关系式，以及复合命题的演绎推理规则，推出结论。

例1：在恐龙灭绝6500万年后的今天，地球正面临着又一次物种大规模灭绝的危机。截至20世纪末，全球大概有20%的物种灭绝，现在，大熊猫、西伯利亚虎、北美玳瑁、巴西红木等许多珍稀物种面临着灭绝的危险。有三位学者对此作了预测。

学者一：如果大熊猫灭绝，则西伯利亚虎也将灭绝；

学者二：如果北美玳瑁灭绝，则巴西红木不会灭绝；

学者三：或者北美玳瑁灭绝，或者西伯利亚虎不会灭绝。

如果三位学者的预测都为真，则以下哪项一定为假？

Ⅰ.大熊猫和北美玳瑁都将灭绝。

Ⅱ.巴西红木将灭绝，西伯利亚虎不会灭绝。

Ⅲ.大熊猫和巴西红木都将灭绝。

分析：由上文学者一和学者三的预测，推出：如果大熊猫灭绝，则北美玳瑁灭绝。

再结合学者二的预测，进一步推出：如果大熊猫灭绝，则巴西红木不会灭绝。

因此，Ⅲ与此矛盾，必然为假。

例2：针对威胁人类健康的甲型H1N1流感，研究人员研制出了相应的疫苗，尽管这些疫苗是有效的，但某大学研究人员发现，阿司匹林、羟苯基乙酰胺等抑制某些酶的药物会影响疫苗的效果，这位研究人员指出："如果你服用了阿司匹林或者对乙酰氨基酚，那么你注射疫苗后就必然不会产生良好的抗体反应。"

如果小张注射疫苗后产生了良好的抗体反应，那么根据上述研究结果可以得出以下哪项结论？

Ⅰ.小张服用了阿司匹林，但没有服用对乙酰氨基酚。

Ⅱ.小张没有服用阿司匹林，但感染了H1N1流感病毒。

Ⅲ.小张没有服用阿司匹林，也没有服用对乙酰氨基酚。

分析：上文断定：如果服用了阿司匹林或者对乙酰氨基酚，那么注射疫苗后就必然不会产生良好的抗体反应。

因此，如果小张注射疫苗后产生了良好的抗体反应，那么，小张没有服用阿司匹林，也没有服用对乙酰氨基酚。即Ⅲ正确。

例3：某实验室一共有A、B、C三种类型的机器人，A型能识别颜色，B型能识别形状，C型既不能识别颜色也不能识别形状。实验室用红球、蓝球、红方块和蓝方块对1号和2号机器人进行实验，命令它们拿起红球，但1号拿起了红方块，2号拿起了蓝球。

根据上述实验，以下哪项断定一定为真？

Ⅰ.1号和2号都是C型

Ⅱ.1号和2号中有且只有一个是C型

Ⅲ.1号不是B型且2号不是A型

分析：上文断定：

① A型能识别颜色，说明A型是识别颜色的充分条件，即：A型→识别颜色

意味着：不能识别颜色一定不是A型，能识别颜色不能确定为A型。

② B型能识别形状，说明B型是识别形状的充分条件，即：B型→识别形状

意味着：不能识别形状一定不是B型，能识别形状不能确定为B型。

实验结果：命令它们拿起红球，结果是1号拿起了红方块，2号拿起了蓝球。

既然1号拿起了红方块，说明1号不能识别形状，由②，说明1号肯定不是B型；但不足以说明它能识别颜色（因为C型也有可能拿红方块），即使它能识别颜色也不能确定它是A型。

2号拿起了蓝球，说明2号不能识别颜色，由①，说明2号肯定不是A型；

但不足以说明它能识别形状（因为C型也有可能拿蓝球），即使它能识别形状也不能确定它是B型。

因此，Ⅲ一定为真。

例4：所有的极地冰都是由降雪形成的。特别冷的空气不能保持很多的湿气，因而不能产生大量的降雪。近几年来，两极地区的空气无一例外地特别冷。

以上资料最有力地支持了以下哪个结论？

Ⅰ.如果现在的极地冰有任何增加和扩张，它的速度也是极其缓慢的。

Ⅱ.如果两极地区的气温不断变暖，大量的极地冰将会融化。

Ⅲ.最近几年，两极地区的降雪实际上是连续不断的。

分析：上文断定：

① 极地冰→由降雪形成。

② 特别冷的空气→不能保持很多的湿气→不能产生大量的降雪。

③ 近几年来，两极地区的空气特别冷。

由②③得，近几年来，极地不能产生大量的降雪。再由①得，不能产生大量的极地冰。

由此可知：近几年极地的冰即使增加也不会非常迅速，因此，Ⅰ正确。

例5：科学观测表明：①全球正在变暖，并且南极冰块正在融化；②如果没有人类的破坏性活动，那么臭氧空洞就不会扩大。

有关专家根据卫星云图和其他资料分析出：①如果科学观测两项都准确的话，那么南极冰块没在融化；②如果科学观测至少有一项不准确的话，那么全球没有变暖，臭氧空洞正在扩大；③科学观测两项中至少有一项是准确的。

根据有关专家的分析，可以推出：

Ⅰ.全球正在变暖。

Ⅱ.南极冰块正在融化。

Ⅲ.存在人类的破坏性活动。

分析：根据有关专家的分析，推理如下：

第一，如果科学观测两项都准确的话，那么南极冰块没在融化；如果两项都准确，与①全球正在变暖，并且南极冰块正在融化是矛盾的，所以不可能两项都正确，即至少有一项不正确。

第二，如果科学观测至少有一项不准确的话，那么全球没有变暖，臭氧空洞正在扩大，即科学观测的第一项是不正确的。

第三，科学观测两项中至少有一项是准确的。科学观测的第一项不正确，那么第二项即②如果没有人类的破坏性活动，那么臭氧空洞就不会扩大一定是正确的。由臭氧空洞正在扩大，通过逆否命题推理得知：存在人类的破坏性活动。即可推出Ⅲ。

案例　刻在墙上的号码

　　2013年3月15日，四川省雅安市一个老旧居民区，发生了一起捆绑杀害两个中年妇女的血案。让警方百思不得其解的是：现场的种种迹象表明是一个人作案，但一个人同时捆绑年轻力壮的两个妇女，又不太可能。这究竟是怎么回事呢？

　　案发当天早晨8点多，王胜林接到女友艾秋菊的电话，说她要去医生蒋芙蓉家里取东西。他的女友是护士，与医生蒋芙蓉在同一个诊疗所工作。到11点多，他给女友艾秋菊打过多次电话，始终都关机。他怕女友出事，当天下午就赶到医生蒋芙蓉家里，去找女友艾秋菊。但到了蒋芙蓉家，怎么都叫不开门，越发可疑，于是赶快报警。医生蒋芙蓉刚搬到这个小区住，还没几天。警方请开锁公司打开房门，进屋一看，王胜林的女友艾秋菊，俯卧在小卧室的地上，被尼龙绳五花大绑，已经死了。在小卧室的墙上，刻着859418几个数字。在旁边的大卧室里，户主蒋芙蓉死在床上，尸体盖着被子。揭开被子，蒋芙蓉上身穿一条睡裙，也被尼龙绳五花大绑。屋内没有打斗痕迹。两个死者的手机、几张银行卡、身上带的金戒指等首饰和1000多元现金都不见了。经检查，两个死者体内都有男人的精液，但精液又不是一个男人的，死前有被性侵的可能性。

　　一、第一次案情分析会

　　这个案子非常复杂。警方勘查现场后，召开了第一次案情分析会，对案情作了如下分析。

　　1. 熟人作案

　　窗户台和晾台上的灰尘分布均匀，没有攀爬痕迹，说明凶手不是从窗户和晾台爬进来的。门锁没有撬痕。屋内没有打斗痕迹，说明两个死者对凶手没有任何防范意识，可能是和平入室，熟人作案。

　　警方得出这个结论，经过三次推理。

　　第一次：

　　如果凶手是从窗户或晾台爬进来的，那么窗户和晾台上应该有攀爬的痕迹。

　　窗户和晾台上都没有攀爬痕迹。

所以，凶手不是从窗户或晾台爬进来的。

第二次：

如果凶手是撬门进来的，那么门锁应该有撬痕。

门锁没有撬痕。

所以，凶手不是撬门进来的。

第三次：

只有熟人作案，受害人才没有任何防范意识。

两个受害人都没有防范意识。

所以，是熟人作案。

2. 死亡时间

用手指轻轻按压死者艾秋菊的背部，皮肤原有的血色就会立即褪去，说明浑身血液还没凝固，死亡时间不长。

警方是这么推理的：

如果死亡时间较长，那么死者的血液就会凝固。

如果死者血液凝固，那么就没有原来的血色。

死者的尸体仍有血色。

所以，死亡时间不长。

3. 死亡原因

经法医鉴定，两个死者都是窒息性死亡，是捆绑中被尼龙绳勒死的。身上没有其他伤痕。

4. 作案动机

两个死者体内都有精液（不是一个人的），有可能是劫色；银行卡、金首饰、现金都不见了，也可能是劫财。还可能既劫色，又劫财。

5. 几人作案

这个凶杀案，究竟有几个人作案，大家意见很不一致。

两个死者的捆绑方式完全相同，分明是同一个人所为。再说屋内除两个死者外，只发现一个人的鞋印和指纹，这说明是一个人作案。但一个人要同时捆绑两个年轻力壮的妇女，没有遇到任何抵抗，不发生搏斗，这又是不可能的，因此又不像是一个人作案。

两种对立的意见，好像都有道理，使刑侦人员感到非常困惑。

6. 是否移尸

既然一个人无法同时捆绑两个人，刑侦人员又提出了一种设想，是否在别处作案，然后移尸至此。也就是说，此处不是案发的第一现场。

经过仔细观察后，大家又否定了这种想法，因为两个死者嘴边都流出了少量口水和血迹，而口水和血迹都留在原来的位置上，这说明尸体没有搬动过。

警方是这么推理的：

如果死者的口水和血迹都留在发现尸体的地方，那么说明尸体没有移动过。

蒋芙蓉和艾秋菊的口水和血迹都留在发现尸体的地方。

所以，蒋芙蓉和艾秋菊的尸体没有移动过。

7. 墙上刻字

这个案子还有一个神秘之处：在艾秋菊死亡的那间小卧室的墙上，刻有一组数字——859418。这组数字，是凶手留下的，还是死者留下的？他们留下这组数字，想说明什么？因刻痕较深，估计是用匕首刻上去的。因刻字下边的地上还散落有细微粉末，所以推测是新刻上去的。刑侦人员还推测，这组数字，可能是银行卡密码、电脑开机密码、QQ密码、手机开机密码等。但究竟是什么，一时难下结论。不过大家认为，是银行密码的可能性大。

8. 捆绑方法

两个死者都被五花大绑，捆绑方法非常专业，不是一般人能做到的。这种捆绑方法，不易挣脱，也不会松扣儿。这种方法，以前监所的警察捆绑犯人使用过，现在早不用了。掌握这种方法的人，或者当过监所的警察，或者当过武警，或者坐过牢，见过这种捆人方法，自己也学会了。

9. 勒痕特征

死者蒋芙蓉的脖子上有两条勒痕：一条较深，一条较浅。较深勒痕的皮肤下面有出血，说明她是在活着的时候被勒死的，因为只有活着的时候被绳子勒紧才会有皮下出血。较浅的勒痕下面，没有皮下出血，说明是死后被捆绑的。刑侦人员推测，凶手可能怕死者复活，所以第二次再捆绑一道绳子。

刑侦人员是这么推理的：

只有人活着时被绳子勒紧，才会有皮下出血。

较深的勒痕有皮下出血。

所以，较深的勒痕是人活着时被捆绑的。

如果死后被绳子勒紧，肢体就不会有皮下出血。

较浅的勒痕没有皮下出血。

所以，较浅的勒痕是死后被捆绑的。

警方估计：凶手捆绑第一道绳子之后，仍担心死者复活，所以又捆绑了第二道绳子。警方还估计：较深的勒痕在先，因为第一道勒痕是要把蒋芙蓉勒死，所以用力很大。较浅的勒痕在后，因为第二道勒痕是要防止蒋芙蓉复活，所以没用太大的力气。

死者艾秋菊，脖子上也有两条勒痕：一条较浅，一条较深。但这两条勒痕，都有皮下出血。这说明两条勒痕，都是在艾秋菊活着的时候，就开始捆绑造成的。刑侦人员认为，这两条勒痕的含义不同。

较浅的勒痕在先，较深的勒痕在后。

当捆绑第一道绳子的时候，凶手并不想立即勒死她，她仅仅处于濒死状态，凶手还能与她对话。只不过用这种办法，逼她说出银行卡密码。所以第一道勒痕较浅。

她说出密码后，凶手用匕首把密码刻在墙上，然后用力把她勒死，留下第二道较深的勒痕。

刑侦人员经过分析，得出了与前面完全不同的结论：较浅的勒痕在先，较深的勒痕在后。

请看警方的推理过程：

如果凶手想逼问出银行密码，那么就不能一下子把她勒死。

如果不能一下子把她勒死，那么就不能太用力。

如果不太用力，那么捆绑的勒痕就会较浅。

所以，如果凶手想逼问出银行密码，那么捆绑的勒痕就会较浅。

当艾秋菊说出银行卡密码之后，凶手就会用力把她勒死。所以第二道勒痕较深。

令人称道的是：刑侦人员的逻辑推理能力非常强。他们当时的分析，被以后的事态发展所完全证实。

通过第一次案情分析，大家最关注两个问题：

（1）到底是一个人作案，还是多个人作案？

（2）既然是熟人作案，嫌疑人是谁？他在哪？

不久，第一个问题有了答案。技术鉴定结果出来了：医生蒋芙蓉的死亡时间，是早上8:00左右。护士艾秋菊的死亡时间，是上午10:30左右。两个人的死亡时间，相距两个半钟头，凶手一个人完全可以利用时间差，先后捆绑并杀害两个女人。刑侦人员推测，凶手先把医生蒋芙蓉捆绑杀害，然后再把护士艾秋菊骗到这里捆绑杀害，趁机洗劫她们的财物。

在这里，警方主要进行了下面的逻辑推理。

只要有足够的时间差，凶手是可以先后捆绑害死两个身强力壮的妇女而不会遇到反抗的。

蒋芙蓉与艾秋菊的死亡时间相差两个半小时。

所以，凶手是可以先后捆绑害死蒋芙蓉和艾秋菊而不遇到反抗的。

至此警方认定：凶手是同一个人。

不仅如此，警方还断定：凶手在杀害蒋芙蓉前，还与她发生过性关系。因为从捆绑死者的尼龙绳上提取了凶手的DNA，经与蒋芙蓉体内遗留精液的DNA比对，二者相符（与艾秋菊体内精液的DNA比对，二者不相符）。这说明，凶手在杀害医生蒋芙蓉前与她发生过性关系。正是这个和蒋芙蓉发生性关系的人，先后杀害了医生蒋芙蓉和护士艾秋菊。

警方是这么推理的：

在尼龙绳上留下DNA的人，就是与蒋芙蓉发生性关系的人。

凶手是在尼龙绳上留下DNA的人。

所以，凶手是与蒋芙蓉发生性关系的人。

究竟是几个人作案的问题解决之后，大家开始集中力量解决第二个问题：嫌疑人是谁？他在哪里？

既是熟人作案，那么警方就先在受害者的熟人当中寻找嫌疑人。

在艾秋菊的熟人当中，和她接触最多的是她的男友王胜林。但深入调查后，警方否定了对王胜林的怀疑。因为王胜林一直住在很远的名山区，距离案发现场20多公里，有人证明：案发当天上午，他没有离开自己的住处。因为没有作案时间，王胜林的嫌疑被排除了。

排除了艾秋菊的男友作案后，警方又开始把怀疑的重点转向蒋芙蓉的男友赵勉身上。但经过调查，赵勉工作单位证实：赵勉案发当天上午在单位上班，没有作案时间。对赵勉的怀疑也排除了。

两个重点怀疑对象，都先后被排除了。

二、第二次案情分析会

这时候刑侦人员坐下来，对案情做进一步的分析研究。大家认为，下一步的侦破工作，应该换一个思路：改变从熟人中查找嫌疑人的做法，而重点从蒋芙蓉家周围及沿途的监控录像入手，查找嫌疑人。

思路明确了之后，刑侦人员分成三路人马，展开了紧张查看监控录像的工作。

第一路人马：案发现场的那个小区门口，有一个摄像头。刑侦人员调出监控录像查看时，发现艾秋菊在案发当天上午10点28分41秒，开着一辆小面包车到了小区门口，这时有一个穿灰色T恤衫的男子上了艾秋菊的小面包车，进入小区后，艾秋菊的面包车停在了蒋芙蓉家楼下的单元门口。刑侦人员认为，那个穿T恤衫的男子，很可能跟艾秋菊一起走进了医生蒋芙蓉的家，估计他刚一进屋，就把艾秋菊捆起来，逼问出银行卡密码后把她杀害（艾秋菊的死亡时间是上午10:30左右）。他们推测，穿T恤衫的男子就是凶手。但监控录像不太清晰，经过对录像清晰度进行处理后，把比较清晰的截图拿给蒋芙蓉和艾秋菊工作单位的人辨认。蒋芙蓉的同事认出了穿T恤衫的男子，叫徐杰，是蒋芙蓉和原男友赵勉分手后，在一周前新交的男友。徐杰自称是雅安市公安局刑侦支队的支队长。这一次可是假李逵碰上真李逵了，这些刑侦人员都是雅安市公安系统的人，他们知道，雅安市公安局刑侦支队，根本就没有这个叫徐杰的支队长。刑侦人员认为：这个穿T恤衫的男子，是个十足的骗子，非常可疑。

第二路人马：按照案发时段，在通往蒋芙蓉家的大街小巷中，一条街一条街地仔细查看天网录像。当办案人员追踪到小北街的时候，看到这个自称徐杰的人，和路边一个坐着喝茶的人，打了个招呼就匆忙离开。这时候是上午11点多，离凶案发生刚过了半个小时。办案民警很快找到了这个在路边喝茶的人，他姓刘，坐过牢。他说："和我打招呼的人叫余应刚，是我坐牢时的狱友。但他和我打过招呼就匆匆走了，像是有急事儿。"这个情节很重要，使警方掌握了嫌疑人的真实身份和真实姓名。

第三路人马：重点查看有关银行营业网点及其附近的监控录像。这些监控录像非常清晰地记录了嫌疑人到几个网点取款的图像，使警方完全掌握了嫌疑人的长相和体貌特征。

几经周折，刑侦人员还查出，嫌疑人作案后，连夜逃回了他的祖籍甘孜州康定县。他在甘孜州新都桥待了两天，然后逃往泸定，接着又逃往西昌。

这时候还查清了余应刚的背景资料：38岁，16岁因盗窃入狱。出狱后继续作案，又两次坐牢。从16岁到38岁的22年中，有19年在狱中度过。这次作案，刑满释放才刚满两个月。

三、第三次案情分析会

随着侦查工作的不断深入，警方掌握了嫌疑人越来越多的情况，下一步的关键问题是：如何尽快抓到嫌疑人。但是，嫌疑人四处流荡，要在茫茫人海中抓到他，就像大海捞针一样困难。

为了解决这个难题，警方又召开了第三次案情分析会。在案情分析会上，有的刑侦人员说："余应刚（嫌疑人）出狱后，和蒋芙蓉根本不在一个城市，他们怎么会相识呢？"有的同志回答说："他一定是通过上网聊天，勾搭上蒋芙蓉的。余应刚可能经常上网。"通过讨论，大家很快统一了思想：应该把下一步的侦查重点，放到网吧里。

到追捕的第5天时，办案民警锁定了西昌火车站旁边的一个网吧。但当办案人员赶到这个网吧时，余应刚刚离开，走得十分匆忙，连电脑上他刚刚登录过的QQ页面都没有来得及关掉。这次上网聊天，他以"随缘"的名字，和一个30多岁的离异女子建立了联系。又冒充西昌公安局刑侦支队队长，与这名女子在QQ上约定，在3个小时后与这名女子在她居住的小区附近见面。当天是2013年3月20日，也就是杀害蒋芙蓉和艾秋菊后的第6天，余应刚又以刑侦支队队长的身份，骗得了距雅安市几百公里外的西昌市的一位离异女子的信任。当晚他就住进了这个离异女子的家里，在办案人员抓捕他的时候，他正准备上床。如果不是刑侦人员及时赶到，这名女子就一定是下一个被害者。

抓捕嫌疑人后，办案人员第一时间内提取了他的血样，送雅安市公安局检验。检验结果证明：与蒋芙蓉体内遗留精液的DNA相符。在铁证面前，余应刚终于承认，蒋芙蓉和艾秋菊都是他杀害的。接着他交代了作案的详细过程：

他刚出狱就学会了上网聊天，打算从网上寻找中年离异女性做猎物。之所以选择中年离异女性做猎物，是因为：一是她们生活寂寞，渴望异性关爱；二是她们生活节俭，手中都有积蓄。他选择三八妇女节这天上网，一上网就遇到了网名"黑玫瑰"的中年女性，也就是医生蒋芙蓉。对方问他干什么工作，他随口就说是雅安市刑侦支队队长。蒋芙蓉一听，就急着约他见面，当晚他就住进了蒋芙蓉的家里。

第二天，蒋芙蓉邀请几个要好的同事，到家里吃饭。吃饭时几个同事都很羡慕，蒋芙蓉刚与前男友赵勉分手，就找到了这么体面的新男友，竟然是雅安市刑侦支队队长。在饭桌上闲聊时，护士艾秋菊说要买房，第二天去取住房公积金，得有七八万。余应刚一听，暗中也把她列入下手的对象。

接着，余应刚还到蒋芙蓉和艾秋菊工作的诊所与大家见面，一见面就与大伙混得很熟，蒋芙蓉感到满脸生辉。不几天余应刚就套出了蒋芙蓉所有银行卡的密码，所有密码都是730520，意思是"亲爱的我爱你"。

余应刚怕时间长了败露，就在3月15日早8点，先把蒋芙蓉捆绑杀害，然后用蒋芙蓉的手机，给护士艾秋菊打电话说："我从甘孜给你带来一些虫草，你赶快到蒋芙蓉家里来拿，我到小区门口等你。"二人上楼后，余应刚打开房门，让艾秋菊走在前面，他悄悄拿起尼龙绳，从后面套住艾秋菊的脖子，逼问出银行卡密码，然后用匕首把密码刻在墙上，接着把她勒死。然后洗劫二人的财物，逃之夭夭。

不久刑侦人员还查出，艾秋菊体内的精液，是她另一个隐蔽的男友所为，与本案无关。

案件侦破后，交由检察院起诉，雅安市中级人民法院以抢劫杀人罪，判决余应刚死刑。

从案件侦破的全过程来看，大大小小的逻辑推理，至少使用了上百次之多。笔者用逻辑竖式列出的逻辑推理，仅是其中很少一部分。由此可见，以刑事侦查和技术鉴定为基础的逻辑推理，对案件的侦破是至关重要的。通过逻辑推理，提出侦查假说，明确侦破方向，确定侦查重点，使侦破工作有序地逐步展开，并拨开层层迷雾，弄清来龙去脉，最终查个水落石出。可以说，逻辑推理对侦破工作，起着关键的指导作用，没有正确的逻辑推理，任何复杂案件都无法侦破。

（摘编自张绵厘《为什么这么复杂的疑难案件却难不住刑侦人员》）

2. 揭示命题逻辑的省略前提

在日常论证中，所运用的演绎推理经常是不完整，是省略前提的。省略的前提就是隐含的假设，要对论证的有效性做出评估，必须揭示出隐含的假设。

揭示复合命题演绎推理的省略前提的主要步骤如下：

第一步，抓住结论和前提。

按原文的顺序陈述依次对前提和结论做出准确的理解，列出条件关系式。

第二步，揭示省略前提。

依据合理性原则，凭语感揭示出被省略的前提。

第三步，检验推理的有效性。

把省略的前提补充进去，并作适当的整理，将推理恢复成标准形式，根据复合命题的演绎推理规则检验上述推理是否有效。当省略的前提条件为真时，结论就必然会被推出。

注意：

揭示命题逻辑的省略前提主要是揭示隐含假设，但对论证的支持和削弱，也往往需要通过补充省略前提来进行推理。

对论证的支持是指从原文得不出结论，所以需要补充前提来支持结论。解这种类型需要关注的是，原文中往往是大前提把充分或必要条件搞反了，需要补充一个正确的条件关系来保证原文的演绎论证成立。

对论证的削弱是指补充一个前提来弱化原文的结论。这种类型需要关注的是，复合命题的负命题是对原命题的全面否定，从而推翻了原文的演绎论证，具有最强的削弱力。

例1：如果米拉是考古专家，又考察过20座以上的埃及金字塔，则他一定是埃及人。

这个断定可根据以下哪项作出？

Ⅰ.米拉考察过30座以上埃及金字塔。

Ⅱ.埃及的考古专家考察过10座以上的埃及金字塔。

Ⅲ.考古专家中只有埃及的考古专家考察过15座以上的埃及金字塔。

分析：上文是个省略的假言三段论，补充省略前提后构成一个有效的推理。

上文前提：米拉是考古专家，又考察过20座以上的埃及金字塔。

补充Ⅲ项：考古专家中只有埃及的考古专家考察过15座以上的埃及金字塔。

得出结论：他一定是埃及人。

例2：凡是绿色或发芽的土豆中都含有较多的毒性生物碱——茄碱。没有一个经过检查的土豆是绿色的或发芽的。所以，经过检查的土豆都是可以安全食用的。

使用以下哪项陈述作为假设，上面推理的结论就可以合逻辑地推出？

Ⅰ.不是绿色也没有发芽的土豆都可以安全食用。

Ⅱ.绿色或发芽的土豆都是不能安全食用的。

Ⅲ.食用含有较多茄碱的土豆是不安全的。

分析：上文前提是，没有一个经过检查的土豆是绿色的或发芽的。意思就是，所有经过检查的土豆都不是"绿色的或发芽的"。补充假设后，论证过程如下：

上文前提：经过检查→不是绿色∧没有发芽

补充Ⅰ项：不是绿色∧没有发芽→可以安全食用

得出结论：经过检查→可以安全食用

例3：以一般读者为对象的评价建筑作品的著作，应当包括对建筑作品两方面的评价，一是实用价值，二是审美价值，否则就是有缺陷的。摩顿评价意大利巴洛克宫殿的专著，详细地分析评价了这些宫殿的实用功能，但是没能指出，这些宫殿极具特色的拱顶，是西方艺术的杰作。

假设以下哪项，能从上述断定得出结论：摩顿的上述专著是有缺陷的？

Ⅰ.摩顿对巴洛克宫殿实用功能的评价比较客观。

Ⅱ.除了实用价值和审美价值以外，摩顿的上述专著没有从其他方面对巴洛克宫殿做出评价。

Ⅲ.摩顿的上述专著以一般读者为对象。

分析：上文陈述的意思是：第一，对以一般读者为对象的评价建筑作品的著作来说，如果没有同时评价实用价值与审美价值，那么就是有缺陷的。

第二，摩顿的专著评价了意大利巴洛克宫殿的实用价值，但没有评价其审美价值。

可用条件关系表达如下：

前提之一：（以一般读者为对象∧评价建筑作品）∧没有同时评价实用价值与审美价值→有缺陷。

前提之一：评价建筑作品∧没有评价审美价值→有缺陷。

补充Ⅲ项：摩顿的上述专著以一般读者为对象，

得出结论：摩顿的上述专著是有缺陷的。

3.结构比较

复合命题推理的结构比较指的是推理形式上的相似比较，其主要思路如下：

① 抽象思维。要从具体的、有内容的原文论述中抽象出一般命题逻辑的形式结构。

② 忽略内容。即不必关注命题的真假、论证的内容及其真实与否。只考虑抽象出推理结构和形式，而不考虑其叙述内容的对错。

③ 相似比较。即比较诸选项的形式结构，根据问题要求，找出形式结构上与原文中类似或不类似的选项。

例1：在印度发现了一群不平常的陨石，它们的构成元素表明，它们只可能来自水星、金星和火星。由于水星靠太阳最近，它的物质只可能被太阳吸引而不可能落到地球上；这些陨石也不可能来自金星，因为金星表面的任何物质都不可能摆脱它和太阳的引力而落到地球上。因此，这些陨石很可能是某次巨大的碰撞后从火星落到地球上的。

上述论证方式和以下哪些最为类似？

Ⅰ.这起谋杀或是劫杀，或是仇杀，或是情杀。但作案现场并无财物丢失；死者家属和睦，夫妻恩爱，并无情人。因此，最大的可能是仇杀。

Ⅱ.如果张甲是作案者，那必有作案动机和作案时间。张甲确有作案动机，但没有作案时间。因此，张甲不可能是作案者。

Ⅲ.此次飞机失事的原因，或是人为破坏，或是设备故障，或是操作失误。被发现的黑匣子显示，事故原因确是设备故障。因此，可以排除人为破坏和操作失误。

分析：上文论证形式为：或者P，或者Q，或者R；非P，非Q；所以R。

这实际上是我们所用的排除法。其方法是列出各种可能情况构成一选言命题，然后根据所给信息，运用"否定肯定式"排除其他可能，最后得出确定的结论。

各选项中只有Ⅰ与上文论证形式一致，其余两项与上文论证形式均不同。

例2：如果一鱼塘安装了机械充气机，鱼塘中的水就能保持合适的含氧量。所以，既然张明的鱼塘没有安装机械充气机，那么他的鱼塘的含氧量一定不合适。没有合适含氧量的水，鱼儿就不能生机勃勃地发育成长，所以，张明鱼塘里的鱼不会蓬勃地生长。

下面哪个论证含有以上论证中的一个推理错误？

Ⅰ.如果明矾被加进泡菜的盐水中，盐水就可以取代泡菜中的水分。因此，既然李凤没有向她的泡菜的盐水中加明矾，那么泡菜中的水就不能被盐水所取代，除非它们的水分被盐水取代，否则泡菜就不会保持新鲜。于是，李凤的泡菜不会保持新鲜。

Ⅱ.如果果胶被加入果酱，果酱就会凝成胶状。没有像果胶这样的凝固剂，果酱不会凝成胶状，所以为了使她的果酱胶化，马丽应当向她的果酱中加入像果胶这样的凝固剂。

Ⅲ.如果储藏的土豆不暴露于乙烯中，土豆就不会发芽，甜菜不释放乙烯。因此，如果林琳把她的土豆和甜菜放在一起，土豆就不会发芽。

分析：上文论证形式是，如果p那么q，非p；所以非q。

其推理错误在于把某一件事成立的一个充分条件当作了它的一个必要条件来推理，从而得出了不正确的结论。Ⅰ犯了与上文中论证相一致的推理错误。其余两项陈述的推理方式都是正确的。

4.评价描述

评价描述主要是要求识别原文演绎论证的结构方法以及推理缺陷等，需要用逻辑的语言来描述给出的推理过程或逻辑错误。

针对命题逻辑的评价描述主要考察两个方面：一是在假言推理中充分条件和必要条件是否运用正确；二是复合命题推理是否有效，即是否符合复合命题的演绎推理规则。

例1：随笔作家：宇宙中一定道德秩序（如善有善报、恶有恶报）的存在取决于人类的灵魂不灭。在一些文化中，这种道德秩序被视为一种掌管人们如何轮回转世的因果报应的结果；而另一些文化则认为它是上帝在人们死后对其所作所为予以审判的结果。但是，不论道德秩序表现如何，如果人的灵魂真能不灭的话，那恶人肯定要受到惩罚。

以下哪一项最准确地描述了上文推论中的逻辑错误？

Ⅰ.只由灵魂不灭对道德秩序必不可少就推论出灵魂不灭对于认识某一道德秩序是足够的。

Ⅱ.把只是信仰的东西当成了确定的事实。

Ⅲ.从灵魂不灭预示着宇宙存在某一道德秩序推论出宇宙间存在的某一道德秩序预示着灵魂不灭。

分析：上文前提：道德秩序的存在取决于人类的灵魂不灭。其意思是，"人类的灵魂不灭"是"道德秩序存在"的必要条件。

而上文结论中却把"人类的灵魂不灭"当作"恶人肯定要受到惩罚"的充分条件。

上文论证的错误在于把必要条件当作了充分条件，Ⅰ对此作了准确的描述。

例2：只有计算机科学家才懂得个人电脑的结构，并且只有那些懂得个人电脑结构的人才赞赏在过去10年中取得的技术进步。也就是说只有那些赞赏这些进步的人才是计算机科学家。

下面哪一点，最准确地描述了上述论述中的推理错误？

Ⅰ.上述论述没有包含计算机科学家与那些赞赏在过去10年中取得技术进步的人之间的明确的或含蓄的关系。

Ⅱ.上述论述忽视了这样的事实：有一些计算机科学家可能并不赞赏在过去10年中取得的技术进步。

Ⅲ.上述论述忽视了这样的事实：计算机科学家除了赞赏在过去10年中取得的技术进步之外，还会赞赏其他事情。

分析：上文前提是：计算机科学家←懂得个人电脑的结构←赞赏技术进步。

结论是：赞赏技术进步←计算机科学家。

这一推理是错误的，把条件弄反了，Ⅱ指出了这一缺陷，因此为正确答案。

第八章

模态推理

"模态"是英文modal的音译，有"形态""式样"之意。它是客观事物或人们认识的存在和发展的样式、情状、趋势，是指事物或认识的必然性和可能性等这类性质。模态在人们思维中的反映，表现为一定的认识或观念的模态概念，如"必然""可能"等等。

模态逻辑是逻辑的一个分支，它研究必然、可能及其相关概念的逻辑性质。在逻辑学中，"必然""可能""不可能"等叫作"模态词"，包含模态词的命题叫作"模态命题"，包含模态命题的推理叫作模态推理。

第一节　模态命题

模态命题主要是反映事物情况存在或发展的必然性或可能性的命题。在逻辑学中，用"◇"表示"可能"模态词，"□"表示"必然"模态词。模态命题用逻辑符号分别表示如下：

□P：必然P　　　　　　　¬□P：不必然P

□¬P：必然非P　　　　　¬□¬P：不必然非P

◇P：可能P　　　　　　　¬◇P：不可能P

◇¬P：可能非P　　　　　¬◇¬P：不可能非P

模态命题有多种形式，对模态命题可以从它所包含的模态词或质两个不同的角度进行分类。其基本形式有四种：

① 必然肯定模态命题，□P，断定某件事情的发生是必然的。

② 必然否定模态命题，□¬P，断定某件事情的不发生是必然的。

③ 可能肯定模态命题，◇P，断定某件事情的发生是可能的。

④ 可能否定模态命题，◇¬P，断定某件事情的不发生是可能的。

一、模态命题的对当关系

模态推理是由模态命题构成的一种演绎推理，它是根据模态命题的性质及其相互间的逻辑关系进行推演的。

在同素材的四种模态命题之间也存在着真假上的相互制约关系。这种关系与四种直言命题间的对当关系相同，故又称模态命题的对当关系。

"必然P""不可能P"（必然非P）、"可能P"和"可能非P"之间的真假关系，类似于直言命题A、E、I、O之间的真假关系，也可用一个对当逻辑方阵来表示：

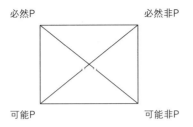

必然P　　　　　　　　　　　必然非P

可能P　　　　　　　　　　　可能非P

1. 根据模态命题矛盾关系的直接推理

（1）¬□P ↔ ◇¬P

并非必然P，等值于，可能非P。

例如：并非强盗的儿子必然是强盗；所以，强盗的儿子可能不是强盗。

再如：火星上可能没有生物，所以，并非火星上必然有生物。

（2）¬□¬P ↔ ◇P

并非必然非P，等值于，可能P。

例如：这道题你不一定不会做，所以，这道题你可能会做。

再如：不学逻辑的人的思维可能经常会出现逻辑错误；所以，并非不学逻辑的人的思维一定不经常会出现逻辑错误。

（3）¬◇P↔□¬P

并非可能P，等值于，必然非P。

例如：顾客在购买汽车时不可能一眼就看出汽车的性能，所以，顾客在购买汽车时一定不会一眼就看出汽车的性能。

再如：恐龙必然不会在地球上重现，所以，并非恐龙可能会在地球上重现。

（4）¬◇¬P ↔ □P

并非可能非P，等值于，必然P。

例如：并非正义可能不会战胜邪恶，所以，正义必然战胜邪恶。

再如：正义必然战胜邪恶，所以，并非正义可能不会战胜邪恶。

2. 根据模态命题反对关系的直接推理

（1）□P → ¬□¬P

必然P，所以，并非必然非P。

例如：蔑视辩证法是必然要受到惩罚的，所以，蔑视辩证法并非必然不受到惩罚。

（2）□¬P → ¬□P

必然非P，所以，并非必然P。

例如：侵略战争必然是非正义战争，所以，侵略战争并非必然是正义战争。

3. 根据模态命题下反对关系的直接推理

（1）¬◇P→◇¬P

并非可能P，所以，可能非P。

例如：某君并非可能吸烟，所以，某君可能不吸烟。

（2）¬◇¬P→◇P

并非可能非P，所以，可能P。

例如：小王并非可能不会游泳，所以，小王可能会游泳。

4. 根据模态命题差等关系的直接推理

（1）□P→◇P

必然P，所以，可能P。

例如：甲队必然得冠军，所以，甲队可能得冠军。

（2）¬◇P→¬□P

并非可能P，所以，并非必然P。

例如：乙队并非可能得冠军，所以，乙队不必然得冠军。

（3）□¬P→◇¬P

必然非P，所以，可能非P。

例如：这次考试老师必然不出难题了，所以，这次考试老师可能不出难题了。

（4）¬◇¬P→¬□¬P

并非可能非P，所以，并非必然非P。

例如：全国房价并非可能不大跌，所以，全国房价并非必然不大跌。

案例　大师的论证

　　所谓"大师的论证"，是古希腊时期围绕着命运观的一场争论。这个论证由麦加拉派的迪奥多提出。他指出，在下面三个论题中存在着这样一个矛盾：肯定其中任何两个必然要否定第三个。

　　（1）每一个过去事件都是必然的。

　　（2）不可能性不会产生于可能性。

　　（3）有一些事件即使过去和将来都不会发生，但仍然是可能的。

在这三个论题中，迪奥多肯定（1）和（2），认为只有过去或将来发生的事件才是可能的。克里尼雪斯等人肯定（2）和（3），但否定（1）。克吕西甫肯定（1）和（3），但否定（2）。

分析：这场争论涉及必然性、可能性和现实性的逻辑关系问题。对迪奥多而言，它混淆了现实性和可能性，克里尼雪斯却将必然性等同于可能性，克吕西甫则一方面坚持实际发生事件的必然性，另一方面又承认逻辑可能性。就是说，他所谓的必然性是因果必然性，但不是逻辑必然性。现实中不可能的东西在逻辑上却是可能的。他因此否定了（2）。它的论辩产生了这样的结论：即使我们承认世界的一切都依命运而必然地发生，我们仍然可以在语言中进行"可能"或"不可能"的判断和推理。

二、模态直接推理的逻辑应用

模态命题的负命题及其等值推理是模态直接推理的重点，否定一个模态命题就会形成该模态命题的负命题。一个模态命题的负命题与被否定的模态命题的矛盾命题在逻辑上是等值的。所以，总是可以从一个模态命题的负命题推得一个与它相等值的命题。

例1：在新疆恐龙发掘现场，专家预言：可能发现恐龙头骨。

以下哪个命题和专家意思相同？

Ⅰ.不可能不发现恐龙头骨。

Ⅱ.不一定发现恐龙头骨。

Ⅲ.不一定不发现恐龙头骨。

分析：可能P＝并非必然非P＝不一定不P。

因此，可能发现恐龙头骨＝不一定不发现恐龙头骨。因此，Ⅲ正确。

例2：一把钥匙能打开天下所有的锁。这样的万能钥匙是不可能存在的。

以下哪项最符合上文的断定？

Ⅰ.任何钥匙都必然有它打不开的锁。

Ⅱ.至少有一把钥匙必然打不开天下所有的锁。

Ⅲ.至少有一把锁天下所有的钥匙都必然打不开。

分析：不可能"一把钥匙能打开天下所有的锁"

＝必然非"一把钥匙能打开天下所有的锁"

＝任何钥匙都必然有它打不开的锁。即Ⅰ最符合上文的断定。

例 3：据卫星提供的最新气象资料表明，原先预报的明年北方地区的持续干旱不一定出现。

以下哪项最接近于上文中气象资料所表明的含义？

Ⅰ.明年北方地区的持续干旱一定不出现。

Ⅱ.明年北方地区的持续干旱可能出现。

Ⅲ.明年北方地区的持续干旱可能不出现。

分析：根据模态推理，不一定 P=不必然 P=可能非 P。

因此，明年北方地区的持续干旱不一定出现 = 明年北方地区的持续干旱可能不出现。

例 4：宇宙中，除了地球，不一定有居住着智能生物的星球。

下列哪项与上述论述的含义最为接近？

Ⅰ.宇宙中，除了地球，一定没有居住着智能生物的星球。

Ⅱ.宇宙中，除了地球，可能没有居住着智能生物的星球。

Ⅲ.宇宙中，除了地球，可能有居住着智能生物的星球。

分析：不一定有居住着智能生物的星球

=并非必然"有居住着智能生物的星球"

=可能没有"有居住着智能生物的星球"。

因此，Ⅱ正确。

例 5：未名湖里的一种微生物通常在冰点以上繁殖。现在是冬季，湖水已经结冰。因此，如果未名湖里确有我们所研究的那种微生物的话，它们现在不会繁殖。

假如上文中的前提都是真的，可以推知：

Ⅰ.其结论不可能不真。

Ⅱ.其结论为真的可能性很高，但也有可能为假。

Ⅲ.其结论为假的可能性很高，但也有可能为真。

分析：这是个模态三段论推理，上文推理过程如下：

前提一：未名湖里的一种微生物通常在冰点以上繁殖。

前提二：现在是在冰点以下。

结论：未名湖里该种微生物现在不会繁殖。

其实这个结论是不可靠的，因为前提一所隐含的意思是，大多数情况下是在冰点以上繁殖，但也不排除在冰点以下繁殖的可能性。从前提的可能性不能得出结论的必然性，因此，正确的结论应该是：未名湖里该种微生物现在很可能不会繁殖。因此，Ⅱ正确。

第二节 模态复合

模态复合推理包括直言命题的模态推理、复合命题的模态推理以及相应的负命题。其中直言命题的模态推理是直言推理和模态推理的综合；复合命题的模态推理是复合命题推理和模态推理的综合。

一、直言命题的模态推理

根据直言模态命题间的矛盾关系，可以进行下列推理：

（1）¬◇SAP↔□SOP

例如：并非所有人可能都是大学生＝有的人必然不是大学生。

再如：不可能所有的花都结果＝必然有的花不结果。

（2）¬◇SEP↔□SIP

例如：并非所有男人可能都不是好人＝有的男人必然是好人。

（3）¬◇SIP↔□SEP

例如：并非有的宗教可能是科学＝所有宗教必然都不是科学。

（4）¬◇SOP↔□SAP

例如：并非所有的演员必然是明星＝有的演员可能不是明星。

（5）¬□SAP↔◇SOP

例如：并非所有战争必然是正义战争＝有的战争可能不是正义战争。

（6）¬□SEP↔◇SIP

例如：并非教授必然都不是富翁＝有的教授可能是富翁。

（7）¬□SIP↔◇SEP

例如：并非有的同学必然学过法语＝所有同学可能都没学过法语。

（8）¬□SOP↔◇SAP

例如：并非有的同学必然没学过英语＝所有同学可能都学过英语。

直言命题的模态推理主要是指直言模态命题的负命题及其等值推理，下面举例如下：

例1：不可能所有的错误都能避免。

以下哪项最接近上述断定的含义？

Ⅰ.所有的错误必然都不能避免。

Ⅱ.有的错误必然能避免。

Ⅲ.有的错误必然不能避免。

分析：¬◇SAP↔□SOP，推理过程如下：

不可能所有的错误都能避免

=必然并非所有的错误都能避免

=有的错误必然不能避免。即Ⅲ为真。

例2：不可能有人会不犯错误。

以下哪项最符合上文的断定？

Ⅰ.有人可能会犯错误。

Ⅱ.有人必然会犯错误。

Ⅲ.所有的人都必然会犯错误。

分析：¬◇SOP↔□SAP，推理过程如下：

不可能"有人会不犯错误"

=必然并非"有人会不犯错误"

=必然"所有的人都会犯错误"。即Ⅲ为真。

例3：并非所有出于良好愿望的行为必然会导致良好的结果。

如果以上断定为真，则以下哪项断定必真？

Ⅰ.所有出于良好愿望的行为必然不会导致良好的结果。

Ⅱ.有的出于良好愿望的行为可能不会导致良好的结果。

Ⅲ.所有出于良好愿望的行为可能不会导致良好的结果。

分析：¬□SAP↔◇SOP，推理过程如下：

并非所有出于良好愿望的行为必然会导致良好的结果

=可能并非"所有出于良好愿望的行为会导致良好的结果"

=可能有的出于良好愿望的行为不会导致良好的结果

=有的出于良好愿望的行为可能不会导致良好的结果。即Ⅱ为真。

例4：在银河系中，除地球外，不一定有高级生物居住的星球。

以下哪项，与上述断定的含义最为接近？

Ⅰ.在银河系中，除地球外，一定有低级生物出现的星球。

Ⅱ.在银河系中，除地球外，所有的星球都一定没有高级生物居住。

Ⅲ.在银河系中，除地球外，所有的星球都可能没有高级生物居住。

分析：¬□SIP↔◇SEP，推理过程如下：

不一定有高级生物居住的星球

=不必然有的星球有高级生物居住

＝可能非"有的星球有高级生物居住"

＝可能所有星球都没有高级生物居住

＝所有的星球都可能没有高级生物居住。即Ⅲ为真。

二、复合命题的模态推理

复合命题的模态推理包括联言命题的模态推理、选言命题的模态推理和假言命题的模态推理。

1. 联言命题的模态推理

联言命题的模态推理有如下公式：

（1）□（P∧Q）↔（□P∧□Q）

例如：鲁迅必然既是文学家又是思想家。

＝鲁迅必然是文学家，并且鲁迅必然是思想家。

（2）◇（P∧Q）→（◇P∧◇Q）

例如：牛顿可能是物理学家又是逻辑学家。

所以，牛顿可能是物理学家，并且牛顿可能是逻辑学家。

2. 选言命题的模态推理

选言命题的模态推理有如下公式：

（1）◇（P∨Q）↔（◇P∨◇Q）

例如：莱布尼兹可能或是物理学家或是逻辑学家。

＝莱布尼兹可能是物理学家，或者可能是逻辑学家。

（2）（□P∨□Q）→□（P∨Q）

例如：莱布尼兹必然或是物理学家或是逻辑学家。

所以，莱布尼兹必然是物理学家，或者必然是逻辑学家。

3. 假言命题的模态推理

假言命题的模态推理有如下公式：

（1）¬◇（P→Q）↔□（P∧¬Q）

其推理过程为：¬◇（P→Q）＝□¬（P→Q）＝□（P∧¬Q）

例如：如果王老师写过化学论文，那么他就是化学系的教师，这是不可能的。

＝王老师写过化学论文，并且他一定不是化学系的教师。

（2）¬□（P→Q）↔◇（P∧¬Q）

其推理过程为：¬□（P→Q）＝◇¬（P→Q）＝◇（P∧¬Q）

例如：如果把胶质放进果酱，就能制成果冻，这是不一定的。

=有可能把胶质放进果酱，也没能制成果冻。

（3）¬◇（P←Q）↔□（¬P∧Q）

其推理过程为：¬◇（P←Q）=□¬（P←Q）=□（¬P∧Q）

例如：不可能只有存在水藻，鱼才能生存。

=不存在水藻，鱼也能生存，这是必然的。

（4）¬□（P←Q）↔◇（¬P∧Q）

其推理过程为：¬□（P←Q）=◇¬（P←Q）=◇（¬P∧Q）

例如：不一定只有天气好，鸡蛋才能孵出小鸡来。

=天气不好，鸡蛋也能孵出小鸡来，这是可能的。

4. 复合命题模态推理的逻辑应用

根据上述复合命题模态推理的形式、含义与推理规则，下面举例说明其逻辑应用。

例1：所有错误决策都不可能不付出代价，但有的错误决策可能不造成严重后果。

如果上述断定为真，则以下哪项一定为真？

Ⅰ.所有的错误决策都必然要付出代价，但有的错误决策不一定造成严重后果。

Ⅱ.所有的正确决策都不可能付出代价，但有的正确决策也可能造成严重后果。

Ⅲ.有的错误决策必然要付出代价，但所有的错误决策都可能不造成严重后果。

分析：推理过程如下：

所有错误决策都不可能不付出代价=所有的错误决策都必然要付出代价。

有的错误决策可能不造成严重后果=有的错误决策不一定造成严重后果。

即Ⅰ一定为真。

例2：一方面确定法律面前人人平等，同时又允许有人触犯法律而不受制裁，这是不可能的。

以下哪项最符合上文的断定？

Ⅰ.或者允许有人凌驾于法律之上，或者任何人触犯法律都要受到制裁，这是必然的。

Ⅱ.如果不允许有人触犯法律而可以不受制裁，那么法律面前人人平等是可能的。

Ⅲ.一方面允许有人凌驾于法律之上，同时又声称任何人触犯法律要受到制裁，这是可能的。

分析：不可能"P且Q"=必然"非P或非Q"，因此，Ⅰ与上文断定等价。

例3：不必然任何经济发展都导致生态恶化，但不可能有不阻碍经济发展的生态恶化。

以下哪项最为准确地表达了上文的含义？

Ⅰ.任何经济发展都可能不导致生态恶化，但有的生态恶化必然阻碍经济发展。

Ⅱ.有的经济发展可能不导致生态恶化，但任何生态恶化都必然阻碍经济发展。

Ⅲ.有的经济发展可能不导致生态恶化，但任何生态恶化都可能阻碍经济发展。

分析：推理过程如下：

不"必然任何经济发展都会导致生态恶化"=可能有的经济发展不导致生态恶化；

不"可能有不阻碍经济发展的生态恶化"=必然所有的生态恶化都阻碍经济发展。

因此，Ⅱ最为准确地表达了上文的含义。

例4：某人涉嫌某案件而受到指控。法庭辩论中，检察官与辩护律师有如下辩论：

指控：如果被告人作案，则他必有同伙。

辩护：这不可能。

辩护律师的本意是想说明他的当事人不是作案人，但当事人自己则认为辩护律师的辩护是愚蠢的。这是因为：

Ⅰ.辩护律师没有正面反击检察官的指控。

Ⅱ.辩护律师承认他的当事人既是作案人又有同伙。

Ⅲ.辩护律师承认他的当事人作案，但不承认他有同伙。

分析：推理过程如下：

不可能（被告人作案→必有同伙）

=必然非（被告人作案→必有同伙）

=必然（被告人作案且没有同伙）。因此，Ⅲ为真。

例5：本杰明："除非所有的疾病都必然有确定的诱因，否则有些疾病可能难以预防。"

富兰克林："我不同意你的看法。"

以下哪项断定，能准确表达富兰克林的看法？

Ⅰ.有些疾病可能没有确定的诱因，但有些疾病可能加以预防。

Ⅱ.所有的疾病都可能没有确定的诱因，但有些疾病可能加以预防。

Ⅲ.有些疾病可能没有确定的诱因，但所有的疾病都必然可以预防。

分析："除非P，否则Q"可表示为"¬P→Q"；

否定"除非P，否则Q"可表示为"¬P∧¬Q"；

富兰克林的看法可表示为：

并非"除非所有的疾病都必然有确定的诱因，否则有些疾病可能难以预防"

＝并非"并非所有的疾病都必然有确定的诱因→有些疾病可能难以预防"

＝并非所有的疾病都必然有确定的诱因∧并非有些疾病可能难以预防

＝有些疾病可能没有确定的诱因∧所有疾病都必然可以预防

因此，Ⅲ准确地表达了富兰克林的看法。

三、谓词逻辑与求否定规则

亚里士多德的传统逻辑只能处理包含一个量词的句子的情况，而对包含两个甚至多个叠置量词的复杂句子，则一直无能为力。现代逻辑的创始人弗雷格把数学中函数−自变元的概念引入对句子结构的分析中，发明出新的纯思维的"概念语言"。

在现代逻辑的分支谓词逻辑中，原子命题分解成个体词和谓词。

个体表示某一个物体或元素，个体词分个体常项（用a，b，c，…表示）和个体变项（用x，y，z，…表示）。

谓词表示个体的一种属性，是用来刻画个体词的性质或事物之间关系的词。谓词通常是联系词加形容词组成的词组或动词。谓词分谓词常项（表示具体性质和关系）和谓词变项（表示抽象的或泛指的谓词），如："是优秀的""小于""做得好""赞成"等等，用F，G，P，…表示。

量词表示数量，量词有两类：全称量词（∀），表示"所有的"或"每一个"；存在量词（∃），表示"存在某个"或"至少有一个"。

例如：用P（x）表示x是一棵树，则P（y）表示y是一棵树；

用Q（x）表示x有叶，则Q（y）表示y也有叶。

这里P、Q是一元谓词，x，y是个体。

"所有阔叶植物是落叶植物"这一命题形式的公式为：（∀x）[P（x）→Q（x）]；

"有的水生动物是肺呼吸的"这一命题形式的公式为：（∃x）[F（x）∧G（x）]。

谓词逻辑中的这种命题形式比命题逻辑更为复杂，本书不做专门的介绍（有兴趣的读者可以阅读相关数理逻辑方面的专门书籍），这里仅举两个谓词逻辑公式作为示例。

公式一：¬□（∃x）（y）¬R（x,y）↔◇（x）（∃y）R（x,y）

例如：并非必然有的选民不投所有候选人的赞成票

＝可能所有选民投有的候选人的赞成票

公式二：¬◇（∃x）（y）R（x,y）↔□（x）（∃y）¬R（x,y）

例如：并非可能有的选民投所有候选人的赞成票

＝必然所有选民不投有的候选人的赞成票

1. 否定变化口诀

由于谓词逻辑的演算方法属于数理逻辑的内容，这里不作详细介绍。为方便处理对一个命题整体求否定的这类问题，可用如下否定变化口诀来处理：

① 肯定变否定，否定变肯定；

② 可能变必然，必然变可能；

③ 所有变有的，有的变所有；

④ 并且变或者，或者变并且。

2. 求否定的步骤

求否定的方法步骤如下：

① 找否定词，把否定词后面的所有相关信息按以上口诀简单变化就可以了。

② 根据问题来求否定。

③ 根据语气否定变化口诀否定后，要整理语序，再找答案。

例1：有球迷喜欢所有参赛球队。

如果上述断定为真，则以下哪项不可能为真？

Ⅰ.所有参赛球队都有球迷喜欢。

Ⅱ.有球迷不喜欢所有参赛球队。

Ⅲ.所有球迷都不喜欢某个参赛球队。

分析："有球迷喜欢所有参赛球队"的负命题是"所有球迷都不喜欢有的参赛球队"。

可见，Ⅲ与上文断定为矛盾关系，因此，如果上文为真，Ⅲ不可能为真。

例2：世界上不可能有某种原则适用所有不同的国度。

以下哪项与上述断定的含义最为接近？

Ⅰ.任何原则都必然有它不适用的国度。

Ⅱ.任何原则都可能有它不适用的国度。

Ⅲ.有某种原则可能不适用世界上所有不同的国度。

分析：不可能有某种原则适用所有不同的国度

＝必然非"有某种原则适用所有不同的国度"

＝必然所有的原则都有它不适用的国度

＝任何原则都必然有它不适用的国度。即Ⅰ为真。

例3：在一次歌唱竞赛中，每一名参赛选手都有评委投了优秀票。

如果上述断定为真，则以下哪项不可能为真？

Ⅰ.有的评委投了所有参赛选手优秀票。

Ⅱ.有的评委没有给任何参赛选手投优秀票。

Ⅲ.有的参赛选手没有得到一张优秀票。

分析：这里实际上就是要求"每一名参赛选手都有评委投了优秀票"的负命题。推理过程如下：

并非"每一名参赛选手都有评委投了优秀票"

＝并非"所有参赛选手都得到了有的评委的优秀票"

＝有的参赛选手没有得到任何评委的优秀票

＝有的参赛选手没有得到一张优秀票。

所以，Ⅲ不可能为真。

"每一名参赛选手都有评委投了优秀票"并不能确定"有的评委投了所有参赛选手优秀票""有的评委没有给任何参赛选手投优秀票"为假，所以Ⅰ、Ⅱ都是有可能为真的。

例4：英国牛津大学充满了一种自由探讨、自由辩论的气氛，质疑、挑战成为学术研究之常态。以至有这样的夸张说法：你若到过牛津大学，你就永远不可能再相信任何人所说的任何一句话了。

如果上面的陈述为真，以下哪项陈述必定为假？

Ⅰ.你若到过牛津大学，你就永远不可能再相信爱因斯坦所说的任何一句话。

Ⅱ.你到过牛津大学，但你有时仍可能相信有些人所说的有些话。

Ⅲ.你到过牛津大学，你就必然不再相信任何人所说的任何一句话。

分析：上文陈述：

你若到过牛津大学，你就永远不可能再相信任何人所说的任何一句话了。

Ⅰ、Ⅲ都可以从这一陈述中推出。而Ⅱ是上文这一陈述的负命题。

并非"永远不可能再相信任何人所说的任何一句话"

＝并非"任何时候不可能再相信任何人所说的任何一句话"

＝有时可能相信有些人所说的有些话。

也即，如果上文的陈述为真，则Ⅱ必定为假。

第九章

关系推理

关系是指若干事物之间的某种相互联系，它是逻辑学的重要概念之一，本章主要论述关系命题及其推理。

第一节　关系命题

所谓关系命题是断定事物与事物之间关系的命题。关系命题是由关系、关系项和量项三个部分组成。关系项是关系命题所陈述的对象。关系项可以是两个，也可以是三个，甚至是三个以上。关系项有几个，就称为几项关系命题。

两项关系命题由两个关系项和一个关系组成，其逻辑形式如下：

aRb

读作"a与b有关系R"。

一、关系命题的类型

根据关系命题的关系的逻辑性质，可以概括出以下两大类主要的关系类型：对称性关系与传递性关系。

1. 对称性关系

对称性关系（两者之间的关系）包括三种：对称关系、非对称关系和反对称关系。

（1）对称关系

当事物a与事物b有关系R时，并且b与a之间一定也有关系R，则R是对称关系。可用公式表示为：

aRb真，bRa也真。

对称关系为反过来一定也有这个关系，包括对立关系、矛盾关系、交叉关系、相等关系、朋友关系、同乡关系等。

例如：当a是b的亲戚、邻居时，b也是a的亲戚、邻居。

（2）非对称关系

当事物a和事物b有关系R，且b与a是否有关系R不定，即b与a既可能有关系R，也可能没有关系R时，关系R就是非对称关系。可用公式表示为：

aRb真，则bRa真假不定。

非对称关系为反过来不一定有这个关系，包括批评、信任、尊敬、想念、认识、喜欢等。

例如：a喜欢b，b喜欢也可能不喜欢a。

（3）反对称关系

当事物a与事物b有关系R，且b与a肯定没有关系R时，关系R就是反对称关系。用公式表示为：

aRb真，则bRa假。

反对称关系为反过来一定没有这个关系，包括小于、多于、大于、重于、轻于、压迫等。

例如：甲是乙的父亲，乙一定不是甲的父亲。

2. 传递性关系

传递性关系（三者或三者以上的关系）包括三种：传递关系、非传递关系和反传递关系。

（1）传递关系

当事物a与事物b有关系R，事物b与事物c有关系R，且事物a与事物c也有关系R时，关系R就是传递关系。可用公式表示为：

aRb，并且bRc，则aRc。

如先于、早于、晚于、相等、平等、大于、小于等都是传递关系。

例如：a是b的祖先，b是c的祖先，a一定是c的祖先。

再如："老子革命儿好汉，老子反动儿混蛋"，血统论把本来是非传递的政治关系当作了传递关系。

（2）非传递关系

当事物a与事物b有关系R，事物b与事物c有关系R，而事物a与事物c是否有关系R不定时，关系R就是非传递关系。可用公式表示为：

aRb，并且bRc，aRc真假不定。

例如：交叉、认得、喜欢、相邻、尊重等就是非传递关系。

再如：a与b相交，b与c相交，a与c可能相交也可能不相交。

例如：某大学举办围棋比赛。在进行第一轮淘汰赛后。进入第二轮的6位棋手实力相当，不过还是可以分出高下。已经进行的两轮比赛中，棋手甲战胜了棋手乙，棋手乙战胜了棋手丙。明天，棋手甲和丙将进行比赛，比赛结果会怎样呢？

分析：上文陈述中的"战胜"关系不具有传递性。已知甲战胜了乙，乙战胜了丙，至于甲和丙比赛结果会怎样，那是不一定的。

案例　聪明的老人

　　古时候有个聪明的老人，他有个打猎的朋友，送给他一只兔子。老人很高兴，当即拿着兔子做菜招待了猎人。几天以后，有五六个人找上门来，自称"我们是送你兔子的那位朋友的朋友"，老人便拿出兔汤招待了他们。又过了几天，又来了八九个人，对老人说："我们是送给你兔子的那位朋友的朋友的朋友。"老人就给他们端来一碗泥水。客人很诧异，问，这是啥？老人说："这就是那位朋友送来的兔子的汤的汤的汤。"

　　分析：老人的机智就在于形象地把朋友间的非传递关系揭示了出来。我和你是朋友，你和他是朋友，我和他可能是朋友，也可能不是朋友而是冤家。

（3）反传递关系

　　当事物a与事物b有关系R，事物b与事物c有关系R，而事物a与事物c没有关系R时，关系R就是反传递关系。可用公式表示为：

　　aRb，并且bRc，则非aRc。

　　例如：父子、高多少、低多少等都是反传递关系。

　　再如：a是b的爷爷，b是c的爷爷，a一定不是c的爷爷。

二、关系命题的直接推理

　　关系命题的直接推理是根据前提至少有一个是关系命题，并按其关系的逻辑性质而进行的演绎推理。

　　例如：经济基础决定上层建筑；所以，上层建筑不决定经济基础。

　　再如：《史记》先于《汉书》；《汉书》先于《资治通鉴》；所以，《史记》先于《资治通鉴》。

　　掌握关系推理，要注意以下两点：

　　第一，要了解关系的性质，正确地理解和把握各种不同类型的关系，从而为我所用。

案例　聪明的儿子

　　妈妈对儿子说："强强是个坏孩子，你不能和他玩。"

儿子问："妈妈，那我是好孩子吗？"

妈妈说："你当然是个好孩子了。"

儿子高兴地说："那强强就可以跟我玩了。"

分析：聪明的儿子根据妈妈承认自己是好孩子，并顺着妈妈的思想"能和好孩子玩，不能和坏孩子玩"，就自然得出结论："强强可以跟我玩了。"而"强强跟我玩"是一个关系判断，这个关系判断的关系项性质"……跟……玩"是对称性的。根据对称性关系的特点，"强强跟我玩"与"我跟强强玩"是可以互推的，从前者可以推出后者，从后者可以推出前者，这在逻辑上称为"对称关系推理"，它是关系推理的一种。该则笑话，儿子机智地从"强强可以跟我玩"，就可以推出"我可以跟强强玩"的结论。

第二，避免混淆不同性质、不同种类的关系。

不能将非传递的或反传递的关系当作传递关系，也不能把非对称的或反对称的关系当作对称关系，否则就要犯逻辑错误。

案例 骄傲与成败

父："孩子，你得改一改骄傲的毛病啊！"

子："骄傲有什么坏处呢？我看用不着改。"

父："你不知道有句格言吗？骄兵必败！"

子："您不是曾教给我另一句格言吗？'失败是成功之母。'骄傲既然带来失败，失败又是成功之母，那么，骄傲最终会使我走向成功。"

分析：显然儿子的推理是荒谬的。如上推理可以整理成如下的推理（由前提P1和P2，推出结论C）：

P1：骄傲必然导致失败。

P2：失败必然导致成功。

C：骄傲必然导致成功。

注意，虽然P1可以认为是必然性的导致关系，但是在P2中就不是必然性的，即儿子对P2的认识是错误的，不能把"失败是成功之母"理解为"失败必然导致成功"。"在失败中孕育着成功的希望"与

"失败必然导致成功"是有很大差别的。只有在失败以后认真总结经验教训，在以后的实践中克服导致失败的因素，才能使失败成为成功之母。

所以，儿子的推理是基于骄傲、失败、成功之间的传递关系，这一推理是无效的。

针对给出相关元素的传递性关系，要求从中推出具体元素之间的确定性排序。解决这类问题的主要思路是要把所给条件抽象成不等式关系，然后进行不等式推理。

例1：甘蓝比菠菜更有营养。但是，因为绿芥蓝比莴苣更有营养，所以甘蓝比莴苣更有营养。

以下各项，作为新的前提分别加入上文的前提中，都能使上文的推理成立，除了：

Ⅰ.甘蓝与绿芥蓝同样有营养。

Ⅱ.菠菜比莴苣更有营养。

Ⅲ.绿芥蓝比甘蓝更有营养。

分析：上文根据：甘蓝＞菠菜，绿芥蓝＞莴苣；从而推出结论：甘蓝＞莴苣。

Ⅲ断定：绿芥蓝比甘蓝更有营养。由这个断定和前提显然不能推出"甘蓝比莴苣更有营养"。

其余两项作为新的前提分别加入上文的前提中，都能使上文的推理成立。

例2：几乎所有大型发电形式都会污染环境，所以，耗电越少，污染越小。普通冰箱的耗电量占普通美国家庭年耗电量的15%~25%，而节能冰箱比普通冰箱耗电少20%~30%。

如果以上信息正确，将最能支持以下哪个结论？

Ⅰ.用节能冰箱替代普通冰箱有助于减少新产生的污染的量。

Ⅱ.如果所有美国家庭都用节能冰箱代替普通冰箱，则美国家庭耗电量将减少20%~30%。

Ⅲ.将来人们将买小型冰箱，而且所冷冻的食物的比例也会减少。

分析：上文断定：第一，耗电越少，污染越小。第二，节能冰箱比普通冰箱耗电少。

由此得出结论：节能冰箱替代普通冰箱产生的污染就小，因此，Ⅰ为真。

例3：据目前所知，最硬的矿石是钻石，其次是刚玉，而一种矿石只能用与其本身一样硬度或更硬的矿石来刻痕。

如果以上陈述为真，以下哪项所指的矿石一定是可被刚玉刻痕的矿石？

Ⅰ.这种矿石不是钻石。

Ⅱ.这种矿石不是刚玉。

Ⅲ.这种矿石不是像刚玉一样硬。

分析：上文断定：

第一，就硬度而言，钻石＞刚玉＞其他矿石。

第二，一种矿石只能用与其本身一样硬度或更硬的矿石来刻痕。

由此显然可以推出，除了钻石之外，其他矿石都能被刚玉刻痕。可见：

Ⅰ正确，这种矿石不是钻石，当然，这样的矿石一定是可被刚玉刻痕的；

Ⅱ不一定正确，这种矿石不是刚玉，但可以是钻石，是不能被刚玉刻痕的；

Ⅲ不一定正确，这种矿石不是像刚玉一样硬，钻石就不像刚玉一样硬，是不能被刚玉刻痕的。

例4：在世界总人口中，男女比例相当，但黄种人大大多于黑种人，在其他肤色的人种中，男性比例大于女性。

如果上述断定为真，则可推出以下哪项是真的？

Ⅰ.黄种女性多于黑种男性。

Ⅱ.黄种男性多于黑种女性。

Ⅲ.黄种女性多于黑种女性。

分析：根据上文断定，黄种人大大多于黑种人，可表示为：

黄男＋黄女＞黑男＋黑女

又根据上文断定，在世界总人口中男女比例相当，在其他肤色的人种中，男性比例大于女性。这意味着，黄种人和黑种人的女性总数要大于黄种人和黑种人的男性总数，可表示为：

黄女＋黑女＞黄男＋黑男

由上述两式相加，可得：黄男＋黄女＋黄女＋黑女＞黑男＋黑女＋黄男＋黑男

从而推得：黄女＞黑男。即Ⅰ为真。

例5：百花山公园是市内最大的市民免费公园，园内种植着奇花异卉以及品种繁多的特色树种。其中，有花植物占大多数。由于地处温带，园内的阔叶树种超过了半数；各种珍稀树种也超过了一般树种。一到春夏之交，鲜花满园；秋收季节，果满枝头。

根据以上陈述，可以得出以下哪项？

Ⅰ.园内珍稀阔叶树种超过了一般非阔叶树种。

Ⅱ.园内阔叶有花植物超过了非阔叶无花植物。

Ⅲ.园内珍稀挂果树种超过了不挂果的一般树种。

分析：由题意可知，在树种中：

① 珍稀阔叶 + 一般阔叶 > 珍稀非阔叶 + 一般非阔叶

② 珍稀阔叶 + 珍稀非阔叶 > 一般阔叶 + 一般非阔叶

两式相加，得出：珍稀阔叶 > 一般非阔叶。即 Ⅰ 为真。

第二节　关系推演

关系推演是以具有任意性质的关系为其专门研究对象，对各种关系进行有效的分析与推演，从而得出明确的结论。

例1：有个男子爱看一张照片，有人问他照片上的人是谁，他说："我没有兄弟，照片上的人的父亲是我父亲的儿子。"

请问这个男子在看谁的照片？

分析：答案是这个男子在看自己孩子的照片。假定这个男子为A，照片上的人为B，B的父亲为C，A的父亲为D。上文断定A没有兄弟，而C是男性，所以C就是A。

例2：杰克看着安妮，安妮看着乔治。杰克已婚而乔治未婚。

那么是否有一位已婚者看着一位未婚者？

Ⅰ.是的。　　　ⅱ.不是。　　　Ⅲ.不能确定。

分析：三人的关系是：

杰克→安妮→乔治

已婚→（　）→未婚

需要考虑安妮两种可能的情况——已婚或者未婚。

如果安妮已婚，那么答案是 Ⅰ：已婚的安妮看着未婚的乔治。

如果安妮未婚，那么答案依旧是 Ⅰ：已婚的杰克看着未婚的安妮。

因此，Ⅰ 为真。

例3：张教授的所有初中同学都不是博士；通过张教授而认识其哲学研究所同事的都是博士；张教授的一个初中同学通过张教授认识了王研究员。

以下哪项能作为结论从上述断定中推出？

Ⅰ.王研究员是张教授的哲学研究所同事。

Ⅱ.王研究员不是张教授的哲学研究所同事。

Ⅲ.王研究员不是张教授的初中同学。

分析：上文断定：

① 张教授的所有初中同学都不是博士；

② 通过张教授而认识其哲学研究所同事的都是博士；

③ 张教授的一个初中同学通过张教授认识了王研究员。

由条件①②推出：张教授的所有初中同学通过张教授而认识的人都不是其哲学研究所同事。

再由条件③进一步推出：王研究员不是张教授的哲学研究所同事。即Ⅱ为真。

例4：某学术会议正在举行分组会议。某一组有8人出席。分组会议主席问大家原来各自认识与否。结果是全组中仅有一个人认识小组中的三个人，有三个人认识小组中的两个人，有四个人认识小组中的一个人。

若以上统计是真实的，则最能得出以下哪项结论？

Ⅰ.会议主席认识小组的人最多，其他人相互认识的少。

Ⅱ.此类学术会议是第一次召开，大家都是生面孔。

Ⅲ.有些成员所说的认识可能仅是在电视上或报告会上见过面而已。

分析：在一组人群中，如果成员之间的认识都是相互的，则根据数学知识，全小组成员所认识人数的总和必为偶数。而本题中$1 \times 3 + 3 \times 2 + 4 \times 1 = 13$为奇数，则说明小组中至少有一个单方面认识，即最能得出的情况是Ⅲ。

例5：哺乳类动物侏儒个体的身体相对于非侏儒个体的身体的比例较侏儒个体的牙齿相对于非侏儒个体的牙齿的比例要小。一个成年侏儒长毛猛犸象的不完整的骨骼遗迹最近被发现，它的牙齿是正常成年长毛猛犸象的3/4。

以上陈述如果为真，最有力地支持了以下哪项陈述？

Ⅰ.此侏儒长毛猛犸象的身体不到正常的非侏儒成年长毛猛犸象身体的3/4。

Ⅱ.哺乳类动物大部分成年侏儒的个体的牙齿是相同种类的非侏儒成年个体牙齿的3/4。

Ⅲ.大多数哺乳类动物的侏儒个体的大小通常不超过那个种类的非侏儒个体大小的3/4。

分析：上文断定：

第一，侏儒个体与非侏儒个体身体的比例小于它们牙齿的比例。

第二，侏儒个体与非侏儒个体牙齿的比例是3/4。

从而可合理地得出结论：侏儒个体与非侏儒个体身体的比例一定小于3/4。

因此，Ⅰ为真。

第十章

分析推理

分析推理通常是上文给出若干条件，要求以这些条件为前提，合逻辑地推出某种确定性的结论。推理技能可以通过训练来提高，分析推理训练的是整体和全面分析问题的能力，从宏观角度要求具备对整体框架的认识，从微观角度要求具备对每个条件的具体使用方法的灵活运用。

通常的思考步骤是：

首先，读取所给陈述和问题的所有条件。

其次，对条件间的关系进行逻辑分析，寻找其内在联系。

最后，逐步推理，直至推出结果。

案例　一张纸对折103次，真的超过宇宙直径吗？

首先要在物理学上明确两个意思。

第一，若一张纸能对折103次，其厚度是多少？

我们说的宇宙大小特指人类可观测到的空间范围，目前已知宇宙直径约为8.7×10^{26}米，即大约为920亿光年。

假设一张纸的厚度为0.1mm，也就是0.0001m。

设纸的厚度为L，n是对折次数，0.0001m是纸的起始厚度。

则有公式$L = (0.0001) \times 2^n$

当对折10次，n取10的时候，纸张总厚度才为0.1m，厚度才相当一支铅笔长度。

当对折30次的时候，$L \approx 107374$m，也就相当100多公里，已经超过了大气中间层。

当对折50次的时候，$L \approx 1.12 \times 10^{11}$m，大约一亿一千万公里。

当对折83次的时候，纸的总厚度高达10万光年，与银河系的直径差不多。

当对折100次的时候，$L \approx 1.26 \times 10^{26}$m。而一亿光年为$9.46 \times 10^{23}$m，相当于133亿光年。

当对折102次的时候纸的厚度就高达宇宙直径的57%了。

当对折到103次的时候，纸的总厚度已经超过已知宇宙边界15%的长度了。

所以纸对折103次，就可以超过已知宇宙边缘了。

第二，一张纸在实际物理操作中不可能被对折103次。

但是这样的对折在物理学上行不通，假设拿一张1m宽的正方形纸对折。每对折一次，其长度就缩减一半。

设对折 n 次后，纸的宽度为 S，于是有公式 $S = (1/2)^n$。

纸张主要是纤维素构成的，其成分为碳氢氧原子构成的大分子，分子式为 $C_6H_{10}O_5$。分子直径约为 3.8×10^{-9}m。当我们将纸对折到第28次的时候，纸的宽度仅为 3.7×10^{-9}m，和纤维素的基础分子结构直径大小一样了。

如果技术允许，再对折一次，那么纤维素分子被破坏了，结构决定性质，纸也就不是纸了。理论上把一张厚为0.1mm、宽为1m的正方形纸对折到26843m的时候就不能再对折了。这受限于纤维素的分子结构。

抛开理论，如果想象它可以再对折，那么当对折到33次的时候，其纸的宽度仅为 1.16×10^{-10}m，这时候就和原子直径一样大了。再对折一次宽度就抵达次原子世界了，这时候牛顿力学就可以说拜拜了，就需要启用量子力学来解释纸的对折规律。

但是量子力学告诉我们：电子在原子核外呈概率分布，没有固定的位置，所以简单的对折并不能均分核外电子总数。而且要进一步对折就需要切开原子核，这时候就要抵抗中子和质子之间的核力，如果再对折就需要切开夸克。

量子力学告诉我们：夸克之间由强力维系。夸克并不能单独存在，夸克之间的距离越大，强力越强。所以你根本就不可能再对折了。

在经典力学的范畴，一张厚为0.1mm，宽为1m的正方形纸在理论上的可操作极限就是对折28次。在量子力学上的可操作极限就是对折33次。

第一节　数学分析

数学作为一种严密的逻辑演绎系统，其内容是以逻辑意义相关联的。伽利略说"数学乃科学之语言"，人们可以用数学的语法来解释实验结果，乃至预测新的现象，比如科学家推导出描述亚原子现象的公式，工程师计算出航天器的飞行轨迹，皆得益于数学这一工具。

数学分析需要基本的数学基础，数学分析能力是逻辑思维能力的一个重要方面。

一、数据分析

数据分析是指对所给文字陈述中的数据进行分析，通常可列出所给陈述中所包含的数学关系，然后通过必要的分析和计算便可得必然性的结果。

案例　算账

有三个人去住一家宾馆，三人间的房价是30元，他们每人凑了10元交给老板。老板说那天刚好打折，25元就够了，于是让服务员退5元给那三个人。结果服务员自己贪污了2元，把剩下3元退给那三个人每人1元。

问题：每人交了10元，每人又退了1元，也就是说他们每人付了9元，三个人总共付了9×3=27元，加上服务员贪污的2元，总共才29元，为什么会少1元钱？那1元钱哪儿去了呢？

分析：三个人最初是付了30元，但老板通过服务员各退给他们1元，可以理解为他们付了27元（9×3），分配方面，老板得了其中25元，服务员私吞了2元，25+2=27。可见与30并无收支上的关系，不能用27+2来算。

以服务员为交易的终点：三人最终付出27元−老板最终得到25元＝服务员私吞的2元

以老板为交易的终点：三人最终付出27元−服务员私吞的2元＝老板得到的25元

以顾客为交易的终点：三人先付出30元−服务员后来退还的3元（即：老板给了服务员5元−服务员私吞的2元）＝顾客最终付出的27元

因此，实际住宿费（老板实收的住宿费）25元+3元（每人退回1元）+服务员独吞的2元＝30元。

例1：对一种新药疗效的试验检验结果是：

	服药组	安慰剂对照组
康复	200人	50人
未康复	75人	15人

问：这个新药有疗效吗？

分析：根据上文陈述

服药组的康复概率是200/275=0.727，

对照组的康复概率是50/65=0.769。

服药组的康复概率低于对照组的康复概率，因此，此药无效。

例2：假设某病毒性疾病是一种严重的疾病，人口中的患病率是千分之一。某种方法可以有效地诊断此病，诊断正确率95%，就是说，这种方法错误地将一个健康人判断为有病的概率是5%。

当某人这项化验结果为阳性（有病）时，他确实患有此病的概率是多少？

　　Ⅰ.约95%　　　　　Ⅱ.约50%　　　　　Ⅲ.约2%

分析：许多人错误地选择了Ⅰ，实际上正确的选择是Ⅲ。

注意，题目中的一个条件是"人口中的患病率是千分之一"。如果没有患病的999人被测试，那么，根据5%的错判率，其中大约有50人（0.05×999）将被错判为有病。就是说，1000人中测试为阳性的51个人中，只有一个人是确实患病，约占2%。

例3：烧一根不均匀的绳，从头烧到尾总共需要1小时。现在有若干条材质相同的绳子，问如何用烧绳的方法来计时一个小时十五分钟呢？

分析：根据上文陈述，解决步骤如下：

第一步：同时点燃第一根绳的两端与第二根绳的一端；

第二步：第一根绳烧完后，点燃第二根绳的另一端；

第三步：第二根绳烧完后，同时点燃第三根绳子两端；

　　　　　　第三根绳烧完后，整个过程耗时30+15+30=75分钟，计时完成。

例4：假设有一个池塘，里面有无穷多的水。现有2个空水壶，容积分别为5升和6升。

问：如何只用这2个水壶从池塘里取得3升的水。

分析：根据上文陈述，解决步骤如下：

第一步：把6升的空水壶装满，倒入5升的水壶，里面还剩1升；

第二步：把5升水壶里的水全部倒出，把6升水壶里剩下的1升水倒入5升的水壶；

第三步：把6升的水壶再次装满，倒入5升的水壶，直至装满，5升水壶里原来有1升水，那么装满它还需4升，这样装6升的水壶里还剩下2升水；

第四步：再把5升水壶里的水全部倒出，把6升水壶里剩下的2升水倒进去；

第五步：把6升水壶装满，倒入装有2升水的5升水壶里，直至装满，6升水壶里就剩3升水了。

例5：一人拿一张百元钞票到商店买了25元的东西，该东西总成本为20

元。店主由于手头没有零钱，便拿这张百元钞票到隔壁的小摊贩那里换了100元零钱，并找回了那人75元钱。那人拿着25元的东西和75元零钱走了。过了一会儿，隔壁小摊贩找到店主，说刚才店主拿来换零的百元钞票为假币。店主仔细一看，果然是假钞。店主只好又找了一张真的百元钞票给小摊贩。

问：在整个过程中，店主一共亏了多少钱财？

分析：没有必要被题目中过多的条件限制住，可把问题想简单些，即假设没有换零钱这个步骤。隔壁小摊贩是个干扰。分析步骤如下：

① 隔壁小摊贩肯定是不亏不赚，排除；

② 只剩下两个人了；

③ 顾客占多少便宜，店主就亏多少；

④ 顾客用"一张废纸"换回75元的钱和总成本20元的东西，也就是说占了95元便宜；

⑤ 由步骤3可知，店主亏了95元。

例6：参加某国际学术研讨会的60名学者中，亚裔学者31人，博士33人，非亚裔学者中无博士学位的4人。

根据上述陈述，参加此次国际研讨会的亚裔博士有几人？

分析：设 x 为亚裔博士人数，y 为亚裔非博士人数，z 为非亚裔博士人数。图示如下：

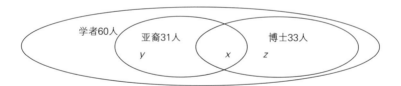

从而列出如下方程：

① $x+y+z+4=60$

② $x+y=31$

③ $x+z=33$

由②＋③－①，可推出 $x=8$

即参加此次国际研讨会的亚裔博士有8人。

例7：一种细菌每经过1分钟，便会分裂成两个细菌；再经过1分钟，又会各自分裂，变成4个细菌……经过1小时，就装满了一个培养细菌的瓶子。

问题：用同样的细菌，最初从两个而不是1个开始分裂，装满同一个瓶子，需要多长时间？

分析：如果认为2是1的倍数，问题就简单到1小时的一半，无疑是误用了比例概念。根据题意：

从1个细菌分裂到2个细菌，需要1分钟。

从1个细菌到装满整个瓶子，需要1小时。

因此，2个细菌到装满整个瓶子，需要1小时－1分钟=59分钟。

二、数学思维

数学分析中有些问题并不涉及计算或存在明显数学关系式的运算，仅提供一些数据或一些描述性的条件，但解决这类问题通常也要用数学思维来进行演绎和推理。

例1：热可石油燃烧器在沥青工厂中使用非常有效率。热可石油燃烧器将向克立夫顿沥青工厂出售一台这种燃烧器，价格是过去两年该沥青工厂使用热可石油燃烧器的成本费用与将来两年该沥青工厂使用热可石油燃烧器产生的成本费用的差额。在安装时，工厂会进行一次预付，两年以后再将其调整为与实际的成本差额相等。

下面哪项如果为真，会对上述计划中的热可石油燃烧器售价造成不利？

Ⅰ.克立夫顿沥青工厂对不止一台新燃烧器有需要。

Ⅱ.克立夫顿沥青工厂的旧燃烧器有非常差的效率。

Ⅲ.新燃烧器安装后不久，石油价格持续上涨。

分析：上文断定：

热可售价＝过去两年使用原燃烧器的成本－将来两年使用热可燃烧器的成本

那么，如果Ⅲ为真，即使用热可石油燃烧器后不久，石油价格持续上涨，那么，将来两年使用热可燃烧器的成本就大幅度上升，因此，对热可石油燃烧器售价造成不利。

例2：在过去的10年里，技术的进步和设备成本的降低已经在费用上使太阳能直接转化为电力更为有效。但是，太阳能经济可行性的门槛（也就是要想使新的太阳能发电机比新的燃油发电机更为节约，每桶石油必须提高的价格）没有变，仍是35美元。

下面哪项最有助于解释为什么太阳能费用上更为有效但未能降低其经济可行性的门槛？

Ⅰ.石油开采成本大幅下降了。

Ⅱ.技术上的变化提高了燃油发动机的效率。

Ⅲ.当石油价格上升时，以前不值得开采的石油储备在经济上变得可行。

分析：上文需要解释，为什么太阳能转化为电力的费用更有效但未能降低其经济可行性的门槛。根据题意，可知：

太阳能经济可行性的门槛＝太阳能发电的成本－燃油发电的成本＝35美元

既然太阳能发电的成本降低了，但其门槛仍旧是35美元，那么，一定是燃油发电的成本也降低了。Ⅱ项，技术上的变化提高了燃油发动机的效率就表明了这一点。

例3：一群在海滩边嬉戏的孩子的口袋中，共装有25块卵石。他们的老师对此说了以下两句话：

第一句话："至多有5个孩子口袋里装有卵石。"

第二句话："每个孩子的口袋中，或者没有卵石，或者至少有5块卵石。"

如果上述断定为真，则以下哪项关于老师两句话关系的断定一定成立？

Ⅰ.如果第一句话为真，则第二句话为真。

Ⅱ.如果第二句话为真，则第一句话为真。

Ⅲ.两句话可以都是真的，但不会都是假的。

分析：根据上文陈述，判断如下：

Ⅰ不一定成立。例如，当只有两个孩子装有卵石，其中一个装有24块，另一个装有1块时，第一句话为真，而第二句话为假。

Ⅱ一定成立。因为如果每个孩子的口袋中，或者没有卵石，或者至少有5块卵石，那么装有卵石的孩子的数目不可能超过5个，否则卵石的总数就会超出25块。

Ⅲ不一定成立。例如，当有25个孩子，每人装有1块卵石时，两句话都是假的。

例4：某省大力发展旅游产业，目前已经形成东湖、西岛、南山三个著名景点，每处景点都有二日游、三日游、四日游三种路线。李明、王刚、张波拟赴上述三地进行9日游，每个人都设计了各自的旅游计划。后来发现，每处景点他们三人都选择了不同的路线：李明赴东湖的计划天数与王刚赴西岛的计划天数相同，李明赴南山的计划是三日游，王刚赴南山的计划是四日游。

根据以上陈述，可以得出以下哪项？

Ⅰ.张波计划东湖四日游，王刚计划西岛三日游。

Ⅱ.王刚计划东湖三日游，张波计划西岛四日游。

Ⅲ.李明计划东湖二日游，王刚计划西岛二日游。

分析：三个人每人进行9日游。列表如下：

	东湖	西岛	南山	合计
李明	S		3	9
王刚		S	4	9
张波				9

由于每个景点有2、3、4日游三种路线，因此，9日游只有两种可能的组合9=3+3+3或者9=2+3+4。

又由于每处景点他们三人都选择了不同的路线，从而进一步得到，李明、王刚在三个景点的路线组合都是2、3、4。（因为如果李明是3、3、3，则王刚就是2、3、4，则西岛就都是3日游了。）

这样就只能得出唯一的情况：

	东湖	西岛	南山	合计
李明	2	4	3	9
王刚	3	2	4	9

因此，Ⅲ为真。

三、数学推演

数学推演通常是指所涉及关系相对复杂的数学相关问题，需要根据所给陈述提取有用的数据信息并进行必要的分析总结，有时需要列出多个数学关系式，通过推演而得出合理的推论。

案例　陨石重量

一位地质学家无意间捡到了三块陨石：A、B、C。当他试着准备为这三块石头称重量的时候，他发现自己的手上只有一个天平和两个砝码：一个1两、一个5两。这怎么称出来呢？地质学家思考了半天。

首先，他分别拿出A和B放在天平上称，结果他发现A与B都不足4两，但无论他怎么量都测不出A、B的真正重量。

无奈之下，他又想了一个办法，把C放在了天平的左侧，将A、B放在右侧测量。然后他又重新安排三块石头的位置并用上了砝码。终于，三块石头的真正重量都被他测了出来。

你知道这位地质学家是如何测出来的吗？三块陨石的重量又各是多少呢？

分析：若用1两和5两的砝码测量，都量不出来，而且A、B两块石头都不足4两，说明如果A、B两块石头的重量都是整数，那么不可能是1两和4两。如果是2两和3两，那么有3种可能：2两、2两；3两、3两；2两、3两。而用两个砝码可以测出的重量有1两、4两、5两、6两。所以这三种情况都不可能，答案一定是非整数了！

他拿C和A、B一起测，这是他第一次量C；之后又只量了一次，就知道答案。可见最后这次一定是平衡，确认了重量。不过最后一次三块石头都放上去，但那时他还不知道A、B的重量，所以在这之前有C的那一次，一定是确认了C和A、B的相对关系，这答案只有一种情况才能确定，那就是平衡！换句话说，有C参与的两次测量都是平衡的。第一次测量的结果是A加B等于C，确认了A、B和C的关系后第二次放了砝码，确认了重量。只有这样才能确定结果。

另外，他还可以量出A、B的和是否大于1两。如果和大于1两，他还有很多种量法。当他量出A、B的和等于C时，便知道他要想量出A、B、C的正确重量，只有当他们3个的和等于1的时候才有可能。也就是A、B、C的和要等于一两。于是他将A、B、C都放在同一边，另一边放一两的砝码，结果真的平衡，A加B等于C，那么C就等于0.5两，A等于B，于是A与B就都等于0.25两。

例1：桌上放着红桃、黑桃和梅花三种牌，共20张。

Ⅰ.桌上至少有一种花色的牌少于6张；

Ⅱ.桌上至少有一种花色的牌多于6张；

Ⅲ.桌上任意两种牌的总数将不超过19张。

上述论述中，哪些是正确的？

分析：根据上文陈述，判断如下：

Ⅰ不正确。可以举例来说明，假设三种牌的张数分别是6、6、8，就推翻了Ⅰ的论述。

Ⅱ正确。三种牌共20张，则三种牌的平均张数大于6，所以至少有一种牌的张数大于6。

Ⅲ正确。由于有三种牌共20张，如果其中有两种总数超过了19，也就是至少达到了20张，那么另外一种牌就不存在了，这是与题意相矛盾的，由此可知

Ⅲ 正确。

例2：据统计，去年在某校参加高考的385名文、理科考生中，女生189人，文科男生41人，非应届男生28人，应届理科考生256人。

由此可见，去年在该校参加高考的考生中：

Ⅰ.应届理科男生多于129人。

Ⅱ.应届理科女生多于130人。

Ⅲ.应届理科女生少于130人。

分析：本题涉及三种分类：应届与非应届，文科与理科，男生与女生。列表如下：

	应届文科	非应届文科	应届理科	非应届理科	合计
男	P	Q	R	S	196
女			T		189
合计			256		385

由上文条件列出以下方程：

① $P+Q=41$

② $Q+S=28$

所以，$P+Q+Q+S=41+28=69$

即 $P+Q+S=69-Q \leqslant 69$

所以，$T=256-R=256-[196-（P+Q+S）]$

$=256-196+（P+Q+S）=60+（P+Q+S）\leqslant 60+69=129$

因此，应届理科女生少于130人。即 Ⅲ 为真。

例3：有三个骰子，其中红色骰子上2、4、9点各两面，绿色骰子上3、5、7点各两面，蓝色骰子上1、6、8点各两面。两个人玩骰子的游戏，游戏规则是两人先各选一个骰子，然后同时掷，谁的点数大谁获胜。

那么，以下说法正确的是：

Ⅰ.先选骰子的人获胜的概率比后选骰子的人高。

Ⅱ.选红色骰子的人比选绿色骰子的人获胜概率高。

Ⅲ.没有任何一种骰子的获胜概率能同时比其他两个高。

分析：根据上文，每个骰子出现各点数的概率都为1/3。可分3种情况讨论：

① 选红、绿两色。红若出现2则必输；红若出现4的概率为1/3，而此时绿出现3的概率为1/3，此时赢的概率为1/9；红若出现9，则必赢，其赢的概率即为9出现的概率，为1/3。因此，红赢的概率为1/9+1/3=4/9；反之，绿赢的概

率为5/9。

② 选红、蓝两色。红若出现2同时蓝出现1的概率为1/9；红若出现4同时蓝出现1的概率为1/9；红若出现9的概率为1/3。因此，红赢的概率为1/9+1/9+1/3=5/9；反之，蓝赢的概率为4/9。

③ 选绿、蓝两色。绿若出现3同时蓝出现1的概率为1/9；绿若出现5同时蓝出现1的概率为1/9；绿若出现7同时蓝出现1或6的概率为1/3×2/3=2/9。因此，绿赢的概率为4/9；反之，蓝赢的概率为5/9。

由此可看出，没有任何一种骰子的获胜概率能同时比其他两个高。即Ⅲ正确。

例4：某研究所对该所上年度研究成果的统计显示：在该所所有的研究人员中，没有两个人发表的论文的数量完全相同；没有人恰好发表了10篇论文；没有人发表的论文的数量等于或超过全所研究人员的数量。

如果上述统计是真实的，则以下哪项断定也一定是真实的？

Ⅰ.该所研究人员中，有人上年度没有发表1篇论文。

Ⅱ.该所研究人员的数量，不少于3人。

Ⅲ.该所研究人员的数量，不多于10人。

分析：上文的统计结论有三个：

结论一：没有两个人发表的论文的数量完全相同；

结论二：没有人恰好发表了10篇论文；

结论三：没有人发表的论文的数量等于或超过全所研究人员的数量。

设全所人员的数量为n，则由结论一和结论三，可推出：全所人员发表论文的数量必定分别为0，1，2，…，$n-1$。因此，Ⅰ成立。

又由结论二，可推出：该所研究人员的数量，不多于10人。否则，如果该所研究人员的数量多于10人，则有人发表的论文多于或等于10篇，则有人恰好发表了10篇论文，和结论二矛盾。因此，Ⅲ成立。

Ⅱ不成立。如果研究人员的数量是2，其中一人未发表论文，另一人发表了一篇论文，上文的三个结论可同时满足。

第二节　要素分析

要素分析要求分析一些假想的情况，根据已知的人物、地点、事件等要素和项目中的关系进行演绎，得出结论。这些题设条件（关系）往往被假设成多种情形，且彼此相互联系。分析思考往往是个信息收集和推理的过程，大致分为三个步骤：

①阅读分析。即准确阅读并理解文字陈述，从复杂的文字中分析出条件信息。

②抽象思考。即对从阅读中获得的信息进行抽象提炼，并整理成清晰、完整的图表或条件推理关系。

③逻辑推理。即根据整理出来的图表、条件推理关系以及题目所给的附加条件，推理出新的信息。

在要素分析中，建构一个图示通常有助于问题的解决，通过设计的图表来储备已知的信息和所引出来的中间结论，要把已知的信息和推出的信息完整地记录下来。随着推论的数目不断增长以及推理链条不断拉长，将不断有新的信息积累，并把已知信息和新信息逐步填入图表中，以表示所有相关的可能选择。

一、匹配分析

匹配分析是相对基本的匹配对应类分析。匹配对应类分析有三个特征：第一，给出一组对象、两种或者两种以上的情况因素；第二，给出不同对象之间相关情况因素的判断；第三，问题推出确定的结论，即要求对象与情况因素进行一一匹配或对应。

匹配分析的主要思考方法：

一是演绎分析法。注意各类信息，必要时可以在草稿纸上作你设计的符号来表示推论过程，帮助你记住一些重要信息和推出正确结论。

二是图表分析法。把已知条件列在一个图表上，再进一步推理。

例1：世界田径锦标赛3000米决赛中，始终跑在最前面的甲、乙、丙三人中，一个是美国选手，一个是德国选手，一个是肯尼亚选手，比赛结束后得知：

①甲的成绩比德国选手的成绩好。

②肯尼亚选手的成绩比乙的成绩差。

③丙称赞肯尼亚选手发挥出色。

从中可以推出甲、乙、丙分别为哪国选手？

分析："肯尼亚选手的成绩比乙的成绩差"，"丙称赞肯尼亚选手发挥出色"，那么肯尼亚选手不是乙也不是丙，即：肯尼亚选手是甲；

"甲（肯尼亚选手）的成绩比德国选手的成绩好"，"肯尼亚选手的成绩比乙的成绩差"，那么，三位选手的名次和国籍如下：

  乙 > 甲 > （丙）

（美国） 肯尼亚 德国

即甲、乙、丙依次为肯尼亚选手、美国选手和德国选手。

例2：甲、乙、丙、丁四人的国籍分别为英国、俄罗斯、法国、日本。乙比甲高，丙最矮；英国人比俄国人高，法国人最高；日本人比丁高。

这四个人的国籍分别是什么？

分析：日本人比丁高，说明日本人不是最矮。

英国人比俄罗斯人高，法国人最高，说明俄罗斯人最矮。

丙最矮，说明丙是俄罗斯人。

日本人比丁高，法国人最高，说明日本人是第二高，丁是第三高。

由于法国人最高，因此，英国人只能是第三高。

乙比甲高，说明乙最高，甲第二高。列表如下：

1	2	3	4
乙	甲	丁	丙
法	日	英	俄

例3：某宿舍住着四个研究生，分别是四川人、安徽人、河北人和北京人。他们分别在中文、国政和法律三个系就学。其中：

① 北京籍研究生单独在国政系。

② 河北籍研究生不在中文系。

③ 四川籍研究生和另外某个研究生同在一个系。

④ 安徽籍研究生不和四川籍研究生同在一个系。

以上条件可以推出四川籍研究生所在的系为哪个系？

分析：由条件①②推知：河北籍研究生在法律系；

由条件①③④推知：四川籍研究生和河北籍研究生同在一个系；

因此，四川籍研究生在法律系。示意图如下：

例4：有甲、乙、丙三个学生，一个出生在B市，一个出生在S市，一个出生在W市。他们的专业，一个是金融，一是管理，一个是外语。已知：

① 乙不是学外语的。

② 乙不出生在W市。

③ 丙不出生在B市。

④ 学习金融的不出生在 S 市。

⑤ 学习外语的出生在 B 市。

根据上述条件，可推出甲出生的城市和所学的专业分别是什么？

分析：由④"学习金融的不出生在 S 市"和⑤"学习外语的出生在 B 市"，可推出"学习金融的出生在 W 市"以及"学习管理的出生在 S 市"。列表如下：

	学外语的在 B 市	学管理的在 S 市	学金融的在 W 市
甲	√		
乙	×①	√	×②
丙	×③		√

又由"乙不是学习外语的"和"乙不出生在 W 市"，可推出"乙是学习管理的，出生在 S 市"。

又由"丙不出生在 B 市"，可推出"甲出生在 B 市，是学习外语的"。

二、对应分析

对应分析指相对复杂一些的匹配对应分析，解答方法同样是演绎分析和图表分析的结合使用。具体思考步骤如下：

首先，阅读并对上文所给出的条件做出准确的理解。

其次，对上文给出的多种因素间的条件关系进行逻辑分析，寻找其内在关系。

再次，综合各个条件逐步进行分析与推理，直至推出必然性的答案。

例1：有 A、B、O、AB 四种血型，血型相同的人之间可以互相输血；只有 O 型血的人可以输给任何血型的人，但其只能接受 O 型血，而不能接受其他三种血型的血；只有 AB 型血的人可以接受任何一种血型的血，但是只能输给 AB 血型的人，其他三种血型的人都不能接受 AB 型的血。已知赵是 A 型血；钱不能接受赵的血，也不能输血给赵；孙能接受赵的血，但不能输血给赵；李不能接受赵的血，却能输血给赵。

根据上述条件，判断出钱、孙、李三人血型分别是什么？

分析：赵是 A 型血，钱不能接受赵的血，说明钱不是 A 和 AB 型；钱也不能输血给赵，也不能是 O 型；所以，钱只能为 B 型。

孙能接受赵的血，说明孙的血型可能是 A 或者 AB 型；但他不能输血给赵，也就不能为 A 型，所以，孙只能为 AB 型。

李不能接受赵的血，说明李不是 A 和 AB 型，只能是 O 或 B 型；李却能输血给赵，说明李只能为 O 型。

例 2：某小区业主委员会的 4 名成员晨桦、建国、向明和嘉媛坐在一张方桌前（每边各坐一人）讨论小区大门旁的绿化方案。4 人的职业各不相同，每个人的职业是高校教师、软件工程师、园艺师或邮递员之中的一种。已知：晨桦是软件工程师，他坐在建国的左手边；向明坐在高校教师的右手边；坐在建国对面的嘉媛不是邮递员。

根据以上信息，得出这 4 人分别是什么职业？

分析：根据上文条件：晨桦是软件工程师，他坐在建国的左手边；向明坐在高校教师的右手边；坐在建国对面的嘉媛不是邮递员。

画图可知，向明坐在建国的右手边，即建国是高校教师，嘉媛不是邮递员，因此，向明是邮递员，那么，嘉媛是园艺师。

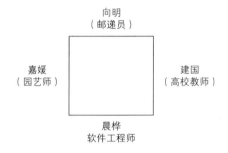

例 3：张霞、李丽、陈露、邓强和王硕一起坐火车去旅游，他们正好在同一车厢相对两排的五个座位上，每人各坐一个位置。第一排的座位按顺序分别记作 1 号和 2 号。第 2 排的座位按序号记为 3、4、5 号。座位 1 和座位 3 直接相对，座位 2 和座位 4 直接相对，座位 5 不和上述任何座位直接相对。李丽坐在 4 号位置；陈露所坐的位置不与李丽相邻，也不与邓强相邻（相邻是指同一排上紧挨着）；张霞不坐在与陈露直接相对的位置上。

根据以上信息，张霞所坐位置有多少种可能的选择？

分析：根据上文条件，李丽坐 4 号位置，陈露不与李丽相邻，所以只能坐 1 或 2 号位；陈露也不与邓强相邻，所以邓强只能坐 3 或 5 号位。

由于张霞不坐在与陈露直接相对的位置上。假设陈露坐 1 号位，张霞可以坐 2 或 5 位；假设陈露坐 2 号位，则张霞可坐 1、3 或 5。

综合来看，张霞可有 1、2、3、5 号位共 4 种可能的位置。

1	2	
3	4 李	5

例 4：航天局认为优秀宇航员应具备三个条件：第一，丰富的知识；第二，

熟练的技术；第三，坚强的意志。现有至少符合条件之一的甲、乙、丙、丁四位优秀飞行员报名参选，已知：

① 甲、乙意志坚强程度相同。

② 乙、丙知识水平相当。

③ 丙、丁并非都是知识丰富。

④ 四人中三人知识丰富、两人意志坚强、一人技术熟练。

航天局经过考察，发现其中只有一人完全符合优秀宇航员的全部条件。他是哪位？

分析：由②乙、丙知识水平相当，④四人中三人知识丰富，可推出：乙、丙知识丰富。

又由③丙、丁并非都是知识丰富推出：丁知识不丰富，因此，甲知识丰富。

再由①甲、乙意志坚强程度相同，④四人中两人意志坚强。意味着，要么甲、乙意志都坚强，要么甲、乙意志都不坚强。

丁的技术也不熟练，因为，如果丁的技术熟练，则由条件④"只有一人技术熟练"，则甲乙丙三人技术都不熟练，这样就没有符合条件的了。

因为甲乙丙丁四人至少符合条件之一，所以，丁意志坚强。

由条件①甲乙意志坚强程度相同推得，甲乙意志不坚强。因为如果都坚强的话，则就有甲乙丁三人意志坚强了，这与条件④只有两人意志坚强矛盾，所以，甲乙意志不坚强。那么，丙的意志坚强。因此，只有丙完全符合条件。

	甲	乙	丙	丁
丰富的知识	√	√	√	×
熟练的技术	√	√	√	×
坚强的意志	×	×	√	√

三、排列分析

排列分析是指，所给出的元素之间有明显的前后顺序关系，要求根据已知条件对各元素进行排列或者确定其中某些元素的相应位置。在分析排列问题时，我们要先使用确定条件，然后再使用连续条件，接下来使用先后条件，最后使用互斥条件或推导条件。思考的关键步骤是条件分析，即隐含条件的推理。排列分析时要找出一个对整个排列起决定作用的条件，然后推出一个对排列引导作用的隐含条件。把涉及先后位置的条件尽可能总结起来，对于各类特殊排列应尽可能抓住其特点进行分析。进行排列分析时要注意：

① 简化条件；

② 读清问题，注意是对可能性还是对确定性作出回答；

③ 把每一个问题中的附加条件与条件分析中的隐含条件相结合；

④ 利用表格分析；

⑤ 运用排除法和填坑法则。

例1：某局办公室共有10个文件柜按序号一字排开。其中1个文件柜只放上级文件，2个只放本局文件，3个只放各处室材料，4个只放基层单位材料。

1	2	3	4	5	6	7	8	9	10

要求：

1号和10号文件柜放各处室材料；

两个放本局文件的文件柜连号；

放基层单位材料的文件柜与放本局文件的文件柜不连号；

放各处室材料的文件柜与放上级文件的文件柜不连号。

已知4号文件柜放本局文件，5号文件柜放上级文件，请分析各个文件柜放的文件或材料分别是什么。

分析：根据上文信息，"1号和10号文件柜放各处室材料"，"4号文件柜放本局文件，5号文件柜放上级文件"，"两个放本局文件的文件柜连号"可得，本局另外一个文件柜不可能是5，那么只能是3。又根据上文要求"放基层单位材料的文件柜与放本局文件的文件柜不连号"，所以2号文件柜不能放基层文件，那么只剩6、7、8、9四个文件柜空，所以这四个柜子必然是基层文件。处室的另外一个文件只能是2。列表如下：

1	2	3	4	5	6	7	8	9	10
处	（处）	（局）	局	上	（基）	（基）	（基）	（基）	处

例2：有6件青花瓷器：S、Y、M、Q、K、X。每件的制作年代各不相同，从左至右，按年代最早至年代最晚依次排序展览，已知的排序条件信息如下：

① M的年代早于X。

② 如果Y的年代早于M，则Q的年代早于K和X。

③ 如果M的年代早于Y，则K的年代早于Q和X。

④ S的年代要么早于Y，要么早于M，二者不兼得。

1. 以下哪项列出的是可能的展览顺序？

Ⅰ.Q、M、S、K、Y、X   Ⅱ.Q、K、Y、M、X、S

Ⅲ.Y、S、M、X、Q、K   Ⅳ.M、K、S、Q、Y、X

2. 如果Y的年代是第二早的，以下哪项陈述可能真？

    Ⅰ．K的年代早于S   Ⅱ．K的年代早于Q

    Ⅲ．M的年代早于S   Ⅳ．M的年代早于Y

3. 以下哪项列出的不可能是年代最早的瓷器？

    Ⅰ．M   Ⅱ．Q

    Ⅲ．S   Ⅳ．Y

4. 如果X的年代早于S，以下哪项陈述可能真？

    Ⅰ．Y的年代早于M   Ⅱ．Y的年代早于Q

    Ⅲ．S的年代早于M   Ⅳ．S的年代早于K

5. 如果M的年代早于Q却晚于K，以下哪项陈述可能真？

    Ⅰ．Y的年代早于S   Ⅱ．S的年代早于M

    Ⅲ．Q的年代早于X   Ⅳ．Y的年代早于M

分析：条件表达如下：

① $M<X$

② $Y<M \rightarrow Q<K, X$

③ $M<Y \rightarrow K<Q, X$

④ $S<Y \lor S<M$

1. 诸项中只有Ⅳ项与上文条件不矛盾，因此，为正确答案。

其余选项均不符合上文条件，其中，Ⅰ项违背条件③；Ⅱ项违背条件④；Ⅲ项违背条件②。

2. $S \neq 1$，否则违背条件④。又因为$Y=2$；所以，$S>Y$。

再由条件④得：$Y<S<M$。结合条件①得：$Y<S<M<X$。

再由条件②得：$Q<K, X$。

这样Q只能在1号位；因此，K、S、M、X在3到6号位。

1	2	3	4	5	6
Q	Y				

诸选项中只有Ⅰ项符合条件。其余选项均不可能为真。

3. 由条件④知，S的年代介于Y和M之间，所以，S不可能是年代最早的瓷器。因此，Ⅲ为正确答案。

4. 因为$X<S$，再结合条件①知：$M<X<S$。再结合条件④，可得：$M<X<S<Y$。

再结合条件③可得：$K<Q, X$

根据以上两个推出条件，可得：$K<X<S<Y$

诸选项中只有 II 项与上述条件不矛盾，因此，为正确答案。

其余选项均不符合上述条件，均不可能为真。

5. 因为 K<M<Q，由条件②的逆否命题推得：M<Y

再结合条件④，推得：K<M<S<Y

又由条件①M<X；所以，M< X，Q，S，Y

因此，M 的右边有四个瓷器，左边只有一个 K。

所以，K 只能在 1 号位，M 在 2 号位。

1	2	3	4	5	6
K	M				

诸选项中只有 III 项与上述条件不矛盾，因此，为正确答案。

其余选项均不符合上述条件，均不可能为真。

四、分组分析

分组分析就是把若干元素分成不同的组或从若干元素中选取出某些元素分组出不同的组，通过元素之间相容或不相容等约束条件来确定各组的成员。

首先要搞清楚的是题目所给出的几个元素分成了几组，每组有几个元素，其次要注意的地方是限制性语句及确定性语句。与排列不同的是，分组不讲究元素之间的次序、队列等问题，而只考虑何种分组才是可能的，何种分组是不可能的，每组中所包含的元素个数是思考的关键所在。

1. 分组分析的条件类型及其表达

① 分组情况。表明题目所给出的元素可分成几组，每组几个元素等。

② 确定性条件。它描述了某几个元素分组的确定信息。A 在第一组，表示为 A=1。

③ 捆绑条件。它描述了某两个或几个元素在分组上的相同（或互斥）。A 与 B 同在第一组，表示为（AB）=1。

④ 互斥条件。表示某两个元素不能在同一组的条件。如"P 与 T 不在同一组"，表示为 P/T。

⑤ 推导条件。若一个命题成立，则可推知另一个命题也成立，这类条件通常被表达为 A→B。如 P=1→T=2。

2. 解答分组题应注意的问题

① 分组题的解答完全依赖于上面五类基础条件的使用。

② 对分组情况的灵活使用是所有分组题的解题基础。需要根据已知条件来

确定题目中所出现的元素如何分组，这是条件分析的第一步。分组问题的另一个突破口是分情况讨论。

③ 运用排除法。一方面，要运用限制性条件来排除，另一方面，要注意问题中出现的"可能（不可能）"还是"必然"的排除是不一样的。

④ 运用填坑法则。对于捆绑条件和互斥条件主要是利用"填坑法则"把P和T的位置确定下来，从而把其他几个元素的分组问题简单化。

⑤ 充分条件的逆否命题等价于原命题的运用。

例1：有7名心脏病患者E、F、G、H、I、J、K要分配给4名医生负责治疗，他们是张医生、李医生、王医生和刘医生。每名患者只能由1位医生负责，每位医生最多负责两名患者的治疗；患者中J和K是儿童，其余5个是成年人；E、F和J是男性，其余4个是女性。以下条件必须满足。

① 张医生只负责治疗男性患者。

② 李医生只能负责1名患者的治疗工作。

③ 如果某名医生负责治疗1名儿童患者，那么他必须负责与这个患儿性别相同的1名成人患者的治疗工作。

1.根据上面的条件，以下哪项肯定为真？

Ⅰ.F由李医生负责治疗　　　　　　　　Ⅱ.G由刘医生负责治疗

Ⅲ.J由张医生负责治疗　　　　　　　　Ⅳ.H由王医生负责治疗

2.以下每名患者都可以由李医生负责治疗，除了哪一位？

Ⅰ.E　　　　　　　　　　　　　　　　Ⅱ.G

Ⅲ.I　　　　　　　　　　　　　　　　Ⅳ.K

3.如果E由王医生负责治疗，则以下哪一项肯定为真？

Ⅰ.F由李医生负责治疗　　　　　　　　Ⅱ.G由王医生负责治疗

Ⅲ.H由刘医生负责治疗　　　　　　　　Ⅳ.K由刘医生负责治疗

4.如果李医生负责治疗G，则以下哪项可能为真？

Ⅰ.E和F由刘医生负责治疗　　　　　　Ⅱ.I和K由王医生负责治疗

Ⅲ.H和I由刘医生负责治疗　　　　　　Ⅳ.E和K由王医生负责治疗

5.根据上文，以下哪一项肯定为真？

Ⅰ.王医生至少负责治疗一名女性患者

Ⅱ.王医生至少负责治疗一名儿童患者

Ⅲ.刘医生至少负责治疗一名男性患者

Ⅳ.刘医生至少负责治疗一名儿童患者

分析：首先对本大题进行条件分析，列出下表：

	成人	儿童
男	E、F	J
女	G、H、I	K

由条件②，李医生只负责一名患者，而每位医生最多负责两名患者的治疗，那么其余的医生就要各负责2名。

1.答案为Ⅲ

由条件①，张医生只能治疗E、F、J中的人。

张医生不可能负责E、F，否则违背条件③，张医生一定治疗J和一名男性成年人（E或F），Ⅲ正确。

医生	张	李	王	刘
患者人数	2男	1	2	2
病人	J、E/F			

2.答案为Ⅳ

K是女童，由条件②李医生只能治疗一个人，所以李医生一定不能治疗K，否则违背条件③。

3.答案为Ⅳ

E由王医生负责治疗，而张医生只能治疗E、F、J中的人，并且由上题分析可知张医生一定治疗J和另外一名男性成年人，所以张医生一定治疗F、J。

E由王医生负责治疗，张医生一定治疗F、J，所以李医生治疗除K之外的另外3名女性之一，因为如果某名医生负责治疗1名儿童患者，那么他必须负责与这个患儿性别相同的1名成人患者的治疗工作，而王医生已经治疗了一名男性成人，所以他只能再治疗一个女性成人，那么剩下一个女性成人和K就只能由刘医生治疗。

4.答案为Ⅱ

J和K是儿童，而K是女性，E、F和J是男性，因为如果某名医生负责治疗1名儿童患者，那么他必须负责与这个患儿性别相同的1名成人患者的治疗工作，Ⅰ、Ⅳ排除。

如果H和I都由刘医生治疗，而G由李医生治疗，而且如果某名医生负责治疗1名儿童患者，那么他必须负责与这个患儿性别相同的1名成人患者的治疗工作，剩下的女性儿童K将没有人能治疗，Ⅲ排除；因此，Ⅱ正确。

5.答案为Ⅰ

由上面分析得J只能张医生治疗，而且张医生还要治疗一名男性患者，那么只剩下一名男性患者，而李医生只能负责1名患者的治疗工作，因此王、刘两位医生必须各负责2位患者，因为剩下一个男性患者可分配，所以王刘两位都至少要治疗1个女性患者。

例2：某单位在大年初一、初二、初三安排6个人值班，他们是G、H、K、L、P、S。每天需要2人值班。人员安排要满足以下条件：

①L与P必须在同一天值班。

②G与H不能在同一天值班。

③如果K在初一值班，那么G在初二值班。

④如果S在初三值班，那么H在初二值班。

1.以下哪一项可以是这些人值班日期的一个完整且准确的安排？

Ⅰ.初一：L和P；初二：G和K；初三：H和S。

Ⅱ.初一：L和P；初二：H和K；初三：G和S。

Ⅲ.初一：G和K；初二：L和P；初三：H和S。

Ⅳ.初一：K和S；初二：G和H；初三：L和P。

2.以下哪一项必然为真？

Ⅰ.G与S在同一天值班　　　　　　　Ⅱ.S与H不在同一天值班

Ⅲ.K与S不在同一天值班　　　　　　Ⅳ.K与G不在同一天值班

3.如果P在初二值班，以下哪一项可以为真？

Ⅰ.S在初三值班　　　　　　　　　　Ⅱ.H在初二值班

Ⅲ.K在初一值班　　　　　　　　　　Ⅳ.G在初一值班

4.如果G和K在同一天值班，以下哪一项必然为真？

Ⅰ.S不在初三值班　　　　　　　　　Ⅱ.K在初二值班

Ⅲ.L在初一值班　　　　　　　　　　Ⅳ.H在初一值班

5.如果H在S的前一天值班，则以下哪一项不能为真？

Ⅰ.G在初二值班　　　　　　　　　　Ⅱ.P在初二值班

Ⅲ.K在初一值班　　　　　　　　　　Ⅳ.H在初一值班

分析：首先条件表达如下：

①（L，P）

② G/H

③ K=1→G=2

④ S=3→H=2

然后，进行条件分析，初一、初二、初三分别是1号、2号、3号位。

当K=2。此时（L，P）可以在1号，也可以在3号。

当K=3。此时（L，P）可以在1号，也可以在2号。

这样，可分为五种情况讨论：

第一种情况，K=1。

此时G=2，则（L，P）只能在3号位；再由②，G只能在2号，这样H就只能在1号。

第二种情况，K=2且（L，P）在1号。

由②，G、H分别占据2号和3号，S就只能在3号，又由④知，H就只能在2号。

第三种情况，K=2且（L，P）在3号。

由②，G、H分别占据1号和2号，S就只能在1号。

第四种情况，K=3且（L，P）在1号。

由②，G、H分别占据2号和3号，S就只能在2号。

第五种情况，K=3且（L，P）在2号。

由②，G、H分别占据1号和3号，S就只能在1号。

综合以上分析，列表如下：

日期（初一到初三）		1	2	3
情况一	K=1	K，H	G，S	L，P
情况二	K=2且（L，P）=1	L，P	K，H	G，S
情况三	K=2且（L，P）=3	S，H/G	K，G/H	L，P
情况四	K=3且（L，P）=1	L，P	H/G，S	K，G/H
情况五	K=3且（L，P）=2	H/G，S	L，P	K，G/H

1. 答案为Ⅱ

Ⅱ项的安排是完全符合条件的。Ⅰ项违背条件④；Ⅲ项违背条件③；Ⅳ项违背条件②。

2. 答案为Ⅲ

K与S不在同一天值班是必然为真的，否则，如果K与S在同一天值班，由于①，L与P必须在同一天值班，那么，剩下的G与H只能在同一天值班，这就与条件②矛盾了。

3. 答案为Ⅳ

如果P在初二值班，根据表格只能是第五种情况，此时，G在初一值班是可以的。其他选项都不可能。

4. 答案为Ⅰ

如果G和K在同一天值班，由①L与P必须在同一天值班，那么，S和H只能在同一天值班，又由条件④知，S不可能在初三值班。

5. 答案为Ⅱ

如果H在S的前一天值班，根据表格，只有情况一和情况二是可以的，此时，只有P在初二值班是不可能的，其他选项都是可以为真的，所以，选Ⅱ。

五、规则分析

从n个元素中按照一定的规则选出m个来进行分析称为规则分析，解决这类问题时，要注意对下面这些条件的应用：

① 首先要注意原题目所给出的供选择的元素有几类，一共有多少个；

② 其次要注意选择元素的原则；

③ 再次要注意对选出元素的数量的限制；

④ 然后要注意常用的推理方法，如元素之间的互斥关系，逆否命题的转化，条件的传递性等；

⑤ 最后，若选出的元素还要进行排列或分组，要注意利用排除法、填坑法等思考技巧。

例1：互联网好比一个复杂多样的虚拟世界，每台联网主机上的信息又构成了一个微观虚拟世界，若在某主机上可以访问本主机的信息，则称该主机相通于自身；若主机x能通过互联网访问主机y的信息，则称x相通于y。已知代号分别为甲、乙、丙、丁的四台联网主机有如下信息：

① 甲主机相通于任一不相通于丙的主机；

② 丁主机不相通于丙；

③ 丙主机相通于任一相通于甲的主机。

1.若丙主机不相通于自身，则以下哪项一定为真？

Ⅰ.甲主机相通于乙，乙主机相通于丙。

Ⅱ.甲主机相通于丁，也相通于丙。

Ⅲ.只有甲主机不相通于丙，丁主机才相通于乙。

分析：丙不相通于丙，丁也不相通于丙，根据条件①甲主机相通于任一不相通于丙的主机；所以得出Ⅱ，甲相通于丙、丁。

2.若丙主机不相通于任何主机，则以下哪项一定为假？

Ⅰ.丁主机不相通于甲。

Ⅱ.若丁主机不相通于甲，则乙主机相通于甲。

Ⅲ.若丁主机相通于甲，则乙主机相通于甲。

分析：由③丙主机相通于任一相通于甲的主机，而丙主机不相通于任何主机，可以得出结论：任何主机都不相通于甲。所以Ⅱ项一定假。

例2：晨曦公园拟在园内东南西北四个区域种植四种不同的特色树木，每个区域只种植一种。选定的特色树种为：水杉、银杏、乌柏和龙柏。布局和基本要求是：

① 如果在东区或者南区种植银杏，那么在北区不能种植龙柏或乌柏。

② 北区或东区要种植水杉或者银杏。

1.根据上述种植要求，如果北区种植龙柏，以下哪项一定为真？

Ⅰ.南区种植乌柏。

Ⅱ.西区种植乌柏。

Ⅲ.东区种植乌柏。

分析：根据① 如果在东区或者南区种植银杏，那么在北区不能种植龙柏或乌柏。

如果北区种植龙柏，则否定了后件，则前件也不出现，即银杏不种植在东区和南区；

而由于每个区域只种植一种，北区种植龙柏，则银杏必然种植在西区。

东	南	西	北
（水杉）	（乌柏）	银杏	龙柏

再根据②北区或东区要种植水杉或者银杏，则东区只能种植水杉。

最后得出Ⅰ：南区种植乌柏。

2.根据上述种植要求，如果水杉必须种植于西区或南区，以下哪项一定为真？

Ⅰ.南区种植乌柏。

Ⅱ.东区种植银杏。

Ⅲ.北区种植银杏。

分析：根据②北区或东区要种植水杉或者银杏，意味着以下4种情况至少发生一种：北区种植水杉，北区种植银杏，东区种植水杉，东区种植银杏。

根据条件①，如果在东区或者南区种植银杏，那么在北区不能种植龙柏或乌柏。假设东区种植银杏，则北区不能种植龙柏或乌柏，那么北区只能种植水杉，但水杉只能种植于西区或南区，导致矛盾。所以东区不能种植银杏。

既然水杉必须种植于西区或南区，可得出：东区不能种植水杉，北区也不能种植水杉。

排除以上3种情况后，必然推出Ⅲ：北区种植银杏。

第三节　逻辑分析

逻辑分析问题必须通过系统的推理才能得到解决，解答它们常常具有挑战性，通常需要锲而不舍地反复推理。可能需要找到一个推理系列，在这个系列中，所得的次结论被用作后来推理的前提。

案例　三个逻辑学家

三个逻辑学家走进酒吧，酒保问："每个人都要来杯啤酒吗？"

第一、第二个逻辑学家都说："我不知道。"第三个逻辑学家说："是的！"

这时酒保应该端上几杯啤酒？

分析：答案是三杯啤酒。酒保需要端来三杯啤酒，每个逻辑学家一杯。

为什么是三杯？思维严谨的逻辑学家发现，酒保的问题是："每个人都要来杯啤酒吗？"

第一个逻辑学家说"不知道"，因为他想给自己点杯啤酒，但不清楚剩下两个人要不要。如果他不想喝啤酒，回答"不"就好了。以此类推，第二个逻辑学家也想喝啤酒。

而第三个逻辑学家意识到，他的两个朋友都想喝啤酒，恰巧他也想喝啤酒，所以他回答了"是的！"表示三个人都想喝酒，所以酒保要端来三杯。

一、演绎分析

演绎分析指的是根据给出的信息直接推出确定性的结论。推理过程可能要求具有一定的洞察能力，要找到解决问题的路径需要对早先假设或发现的信息进行创造性的重组。

在很久很久以前，有个农夫带着他的山羊、狼和白菜要到另一个地方，在这个过程中，他要过一条河。可是，他的小船只能容下他和他的山羊、狼或白菜三者之一。假如农夫带着狼跟他先过河，那么留下的山羊就会将白菜吃掉。假如农夫带着白菜先过河，那么留下的狼就会将山羊吃掉，只有农夫在场的情况下，白菜和山羊才能与它们各自的掠食者相安无事地待着。

请问，农夫要怎样做才能把每件东西都带过河去呢？

分析：因为山羊怕狼，而且会吃白菜，所以先从山羊入手，那么问题就容易解决了。

农夫先带着山羊到对岸，然后独自回来。

农夫再把狼带到对岸，然后把山羊带回来。

农夫再把菜带到对岸，然后再独自回来。

最后再把山羊最终带到对岸，就可以了。

例1：当化学药剂VIANZONE添加到任何透明的含有氯化钠的溶液中，溶液会变浑浊；当化学药剂VIANZONE添加到含有硝酸钾的透明溶液中，溶液会变浑浊；但是化学药剂VIANZONE不会改变含有苯的溶液。在一个试验中，化学药剂VIANZONE被添加到一种透明溶液中，溶液仍然保持透明。

根据以上实验，可以推断出以下哪项为真？

Ⅰ.透明溶液含有硝酸钾。　　　　　　　Ⅱ.透明溶液含有氯化钠和苯。

Ⅲ.透明溶液不含有苯。　　　　　　　　Ⅳ.透明溶液不含有氯化钠。

分析：根据上文条件，可知：

化学药剂VIANZONE + 氯化钠→浑浊

化学药剂VIANZONE + 硝酸钾→浑浊

化学药剂VIANZONE + 苯 →透明

化学药剂VIANZONE + 一种透明溶液→透明

显然可知，该透明溶液不含有氯化钠（否则会变浑浊），也不含有硝酸钾（否则也会变浑浊），而含有苯是可能的。因此，答案选Ⅳ。

例2：遍布世界的果蝇只有1000至2000种，世界上没有什么地方的果蝇种类比夏威夷群岛上的更丰富，那里群集的果蝇有500多个品种。一类名叫窗翼的果蝇在夏威夷群岛就有106个不同的品种。目前，生存在夏威夷群岛上的所有果蝇品种都被认为是同一只或两只远古雌蝇的后代。

以下哪一项能从上文中推出？

Ⅰ.所有夏威夷的窗翼果蝇都被认为是同一只或两只远古雌果蝇的后代。

Ⅱ.窗翼果蝇只有在夏威夷群岛才能被发现。

Ⅲ.所有遍布世界的1000至2000种果蝇都被认为是同一只或两只雌蝇的后代。

分析：上文断定：

生存在夏威夷群岛上的所有果蝇品种都被认为是同一只或两只远古雌蝇的后代。

在夏威夷群岛有窗翼果蝇。

因此，所有夏威夷的窗翼果蝇都被认为是同一只或两只远古雌果蝇的后代。

例3：思考是人的大脑才具有的机能。计算机所做的事（如深蓝与国际象棋大师对弈）更接近于思考，而不同于动物（指人以外的动物，下同）的任何一种行为。但计算机不具有意志力，而有些动物具有意志力。

如果上述断定为真，则以下哪些陈述一定为真？

Ⅰ.具备意志力不一定要经过思考。

Ⅱ.动物的行为中不包括思考。

Ⅲ.思考不一定要具备意志力。

分析：上文断定：

第一：思考是人的大脑才具有的机能。说明计算机和动物都不能思考。

第二：计算机不具有意志力，而有些动物具有意志力。

	人	计算机	动物
思考	√	×	×
意志力		×	√

有的动物具有意志力，但动物都不能思考，显然Ⅰ是成立的。

思考是人的大脑才具有的机能，所以动物不能思考，即动物的行为中不包含思考，显然Ⅱ成立。

由上文，由于计算机所做的事只是接近于思考，而不是真正的思考，因此，不能根据计算机不具备意志力，就得出结论：思考不一定要具备意志力。所以，Ⅲ不能由上文推出。

例4：一台安装了签名识别软件（这种软件仅限于那些在文档中签名的人进入计算机）的电脑不仅通过分析诸如签名的形状而且通过分析诸如笔尖的压

力和签名的速度等特征来识别某人的签名。即使是最机灵的伪造者也不能复制该程序能分析的所有特征。

以下哪项结论能合逻辑地从上述陈述中推出？

Ⅰ.大多数银行已经使用了装备这种软件的计算机了。

Ⅱ.这种签名识别软件价值不凡，只有少量重要部门才使用。

Ⅲ.没有人可以只通过伪造签名的技巧而进入安装了这种软件的计算机。

分析：上文论述：只有在文档中签名的人才能进入计算机，而这种签名是不可能被复制的。

可见，签名是进入计算机的必要条件，而上文排除了他人复制签名的可能性，因此，显然可以得出：没有人可以只通过伪造签名的技巧而进入安装了这种软件的计算机。即Ⅲ正确。

例5："立春""春分""立夏""夏至""立秋""秋分""立冬""冬至"是我国二十四节气中的八个节气。"凉风""广莫风""明庶风""条风""清明风""景风""阊阖风""不周风"是八种节风。上述八个节气与八种节风之间一一对应。已知：

①"立秋"对应"凉风"；

②"冬至"对应"不周风""广莫风"之一；

③ 若"立夏"对应"清明风"，则"夏至"对应"条风"或者"立冬"对应"不周风"；

④ 若"立夏"不对应"清明风"或者"立春"不对应"条风"，则"冬至"对应"明庶风"。

根据上述信息，可以得出以下哪项？

Ⅰ."秋分"不对应"明庶风"。

Ⅱ."立冬"不对应"广莫风"。

Ⅲ."夏至"不对应"景风"。

分析：根据条件①②，列表如下：

立春	春分	立夏	夏至	立秋	秋分	立冬	冬至
				凉风			不周风/广莫风

由条件②，则"冬至"不对应"明庶风"，再由条件④推出，"立夏"对应"清明风"且"立春"对应"条风"：

立春	春分	立夏	夏至	立秋	秋分	立冬	冬至
条风		清明风		凉风			不周风/广莫风

又由条件③推出，"夏至"对应"条风"或者"立冬"对应"不周风"；根据前面推导已知，"立春"对应"条风"，那么，"夏至"不对应"条风"，从而推出，"立冬"对应"不周风"。

在根据条件②推出，"冬至"对应"广莫风"

立春	春分	立夏	夏至	立秋	秋分	立冬	冬至
条风		清明风		凉风		不周风	广莫风

由此可推出，Ⅱ项必然正确。

二、矛盾分析

矛盾分析是处理真假话问题的关键。真假话问题的基本形式是上文给出的若干陈述中，明确了真假的数量，从中推出结论。

真假话问题的思考方法主要分成三种：一是矛盾突破法，二是反对关系法，三是假设代入法。其中，假设代入法是难度比较高的题目，放到后面专门论述。反对关系法和矛盾突破法类似，若确定了上文陈述中有反对或下反对关系，就知道了它们不同真或不同假，就找到了解题突破口。这里重点介绍矛盾突破型的真假话问题，解答突破口是上文所给出的陈述中找出有互相矛盾的判断，从而必知其一真一假。

1.矛盾关系的种类

互相矛盾的命题常分为直言命题的矛盾关系、复合命题的矛盾关系两种：

① 直言命题的矛盾关系。根据对当关系，找出一对矛盾关系的直言命题。

② 复合命题的矛盾关系。根据复合命题的负命题，找出一对矛盾关系的复合命题。

2.解答步骤

第一步，确定矛盾。找出一对矛盾关系的命题，从而必知其一真一假。

第二步，绕开矛盾。根据已知条件从而可知剩余说法的真假。

第三步，推出答案。

注意：

逻辑矛盾与日常所说的矛盾不等同。

逻辑上的矛盾是原命题和负命题，就是数学里的原集和补集，是完全相反的两个命题；

日常语言中往往把说法不一致的命题都叫矛盾，范围除逻辑矛盾关系外，还包括反对关系等，比如A、E。

例1：桌子上有4个杯子，每个杯子上写着一句话。第一个杯子："所有的杯子中都有水果糖"；第二个杯子："本杯中有苹果"；第三个杯子："本杯中没有巧克力"；第四个杯子："有些杯子中没有水果糖"。

如果其中只有一句真话，那么以下哪项为真？

Ⅰ.所有的杯子中都有水果糖。

Ⅱ.所有的杯子中都没有水果糖。

Ⅲ.第三个杯子中有巧克力。

分析：上文中第一和第四个杯子上的话是矛盾的，两句话中必有一真一假。

因此，四句中的一句真话必在第一和第四之中，所以第二和第三个杯子上的话必为假。

由第三个杯子上的话"本杯中没有巧克力"是假，可知Ⅲ中所说"第三个杯子中有巧克力"为真。

例2：某高校新生入学后进行了专项体检。关于肝功能的检查情况有以下几种判断：①所有新生的肝功能都正常。②有些新生的肝功能正常。③有些新生的肝功能不正常。④李刚的肝功能正常。后来经过详细检查，发现以上断定中只有两个正确。

以下哪项能够从上文中必然推出？

Ⅰ.所有新生的肝功能都正常。

Ⅱ.李刚的肝功能正常。

Ⅲ.有些新生的肝功能不正常。

分析：直言命题的对当关系推理，其中：①为A判断，②为I判断，③为O判断，④为A判断。

①必定为假。否则，若①真，则②、④均为真，这与上文条件只有两个真矛盾。然后，由①假可推出③真。所以，答案为Ⅲ。

例3：某矿山发生了一起严重的安全事故。关于事故原因，甲乙丙丁四位负责人有如下断定：

甲：如果造成事故的直接原因是设备故障，那么肯定有人违反操作规程。

乙：确实有人违反操作规程，但造成事故的直接原因不是设备故障。

丙：造成事故的直接原因确实是设备故障，但并没有人违反操作规章。

丁：造成事故的直接原因是设备故障。

如果上述断定中只有一个人的断定为真，则以下断定都不可能为真，除了：

Ⅰ.甲的断定为真，有人违反了操作规程。

Ⅱ.甲的断定为真，但没有人违反操作规程。

Ⅲ.乙的断定为真。

分析：根据上述断定，列出如下条件关系式：

甲：设→违

乙：违∧¬设

丙：设∧¬违

丁：设

甲和丙的断定互相矛盾，其中必有一真一假。

又只有一人的断定为真，因此，乙和丁的断定为假。

由丁的断定假，可知：造成事故的直接原因不是设备故障。

由乙的断定假，可推知：或者没有人违反操作规程，或者造成事故的直接原因是设备故障。

由上述两个推断，¬设∧（¬违∨设），可推知：没有人违反操作规程。

这样，可得出结论：

第一，事实上造成事故的直接原因不是设备故障。

第二，事实上没有人违反操作规程。

因此，丙的断定为假，因而甲的断定为真。所以，Ⅱ项为真。

三、假设分析

假设的思维方法是一种推测性很强的思维方法，可以把一个未知条件假设成已知条件，从而使题目中隐蔽或复杂的数量关系，趋于明朗化和简单化。这种思维在解答应用题的实践中，具有很大的实用性。

案例　埃拉托色尼测量地球圆周

埃拉托色尼（约公元前276—约前194）生于北非城市塞里尼（今利比亚的沙哈特）。他兴趣广泛，博学多才，是古代仅次于亚里士多德的百科全书式的学者。埃拉托色尼的科学工作极为广泛，最为著名的成就是测定地球的大小，其方法完全是几何学的。

假定地球是一个球体，那么同一个时间在地球上不同的地方，太阳线与地平面的夹角是不一样的。只要测出这个夹角的差以及两地之间的距离，地球周长就可以计算出来。他听说在埃及的塞恩即今天的阿斯旺，夏至这天中午的太阳悬在头顶，物体没有影子，光线可以直射到井底，表明这时的太阳正好垂直塞恩的地面，埃拉托色尼意识到这可以帮助他测量地球的圆周。他测出了塞恩到亚历山大城的距离，又测出夏至正中午时亚历山大城垂直杆的杆长和影长，发现太阳光线有稍稍偏离，与垂直方向大约成7°角。剩下的就是几何问题了。假设地球是球状，那么它的圆周应是360°。如果两座城市成7°角（7/360的圆周），就是当时5000个希腊运动场的距离，因此地球圆周应该是25万个希腊运动场，约合4万千米。今天我们知道埃拉托色尼的测量误差仅仅在5%以内，即与实际只差100多千米。

逻辑分析问题通常是给出一组前提条件，通过比较复杂的推理步骤，得到某个确定的结果。逻辑分析过程中，常用的方法是假设代入法。

案例　聪明的哲学家

从前，一个孤岛上有一个奇怪的风俗：凡是漂流到这个岛上的外乡人都要作为祭品被杀掉，但允许被杀的人在临死前说一句话，然后由这个岛上的长老判定这句话是真的还是假的。如果说的是真话，则将这个外乡人在真理之神面前杀掉；如果说的是假话，则将他在错误之神面前杀掉。有一天，一位哲学家漂流到了这个岛上，他说了一句话，使得岛上的人没有办法杀掉他。

该哲学家必定说了哪一句话？

分析：哲学家说的话是："我将死在错误之神面前。"

假设"我将死在错误之神面前"是真话：一方面，根据题意，他应在真理之神面前杀掉；另一方面，按这句话本身是真话，他应在错误之神面前杀掉。这就形成了矛盾，使得岛上的人没有办法杀掉他。

假设"我将死在错误之神面前"是假话：一方面，根据题意，他应在错误之神面前杀掉；另一方面，按这句话本身是假话，推出他将死在真理之神面前。这就形成了矛盾，使得岛上的人没有办法杀掉他。

所以，无论何种情况，只要哲学家说了"我将死在错误之神面前"，岛上的人都没有办法杀掉他。

（一）方法介绍

所谓假设代入法，是指从一个命题的假设出发以求突破，即假设某个条件为真或为假，然后根据假设条件来推导，能推导出矛盾的即为假设错误，从而找到解答突破口，从中得出答案。假设既可以由上文入手，也可以由选项入手，还可以是推导过程中的假设。

先假设某个前提或选项为真或者为假，看能否从中推出矛盾。如果能推出矛盾，则原来的假设不成立，该假设的否定成立；如果不能推出矛盾，则该假设可能成立也可能不成立。

具体可分为归谬法和反证法两类方法。

1.归谬法

即假设一个命题为真，推导出逻辑矛盾，那么该命题必定是假的。

归谬法是演绎反驳中经常使用的一种逻辑方法。这种方法，是先假定被反驳一方的论题成立，然后以该论题合乎逻辑地导出荒谬的结论，再根据蕴涵命题推理的否定后件式，从而驳倒被反驳一方的论题，说明其论题不成立的一种间接反驳方法。其论证的过程是：

被反驳的论题：P

假设：P成立

推理：如果P，则Q

Q不成立

所以，P不成立。

2.反证法

即假设一个命题为假，推导出逻辑矛盾，那么该命题必定是真的。

论题：P

反论题：非P

证明：非P假

根据排中律，即可推定P真。

案例 假设法的逻辑应用

案例一：巧断凶手

某市发生了一起性质和影响都极其恶劣的凶杀案，当警察将四名犯罪嫌疑人追捕到之后，发现被绑架者已经被人杀死了。但审讯的时候，他们却都不肯承认是自己杀了人。

嫌疑人A说："人质是B杀的！"

嫌疑人B说："不，你诬赖我，那是C干的。"

嫌疑人C说："我根本就没有动手，B在说谎话！"

嫌疑人D说："当时我出去买东西了，根本没有在场，但我敢肯定是他们三个里面的一个杀了人！"

后来，警察经过多方查证之后，终于将真正的凶手找了出来，结果证明四个人中只有一个人没有在审讯的时候说谎话。

请问：你能从以上条件中找出谁是凶手，谁又没有说谎吗？

分析：这道题可以使用逐一假设的方法慢慢找出凶手。

假如B杀了人，那么A、C、D三人所说的都是真话，与题意明显不符。

假如C杀了人，那么B、D所说的都是真话，同样不符合题意。

假如A杀了人，则C、D二人说的都是真话，也不符合题意。

所以，只剩下一种可能：D杀了人，而且有三个人都在说谎话，只有C一人说了真话。

案例二：几只病猫

在一个偏僻的村里，共有50户人家，每户人家都有一只猫，50只猫中必然有病猫的存在。每个人有能力直接观察并判断别人的猫是否有病，但无法直接判断自己的猫是否有病，并规定每户人家观察一遍别人的猫需要一整个白天的时间。每户人家只有权利杀死自己的病猫，无权杀别人家的猫也无权帮助别人判断其猫是否有病。

第一天，无任何事情发生。

第二天，也没有任何事情发生。

第三天，响起一阵枪声。

请问：这个村里有几只病猫？

分析：首先，若是有一只病猫的话，当病猫主人检查了其余49只猫无病后，就会断定自己的猫是病猫，但是第一天无任何事情发生，所以并不是只有一只病猫。

其次，若是有两只病猫的话，那么两只病猫的主人看到其他49只猫中有1只病猫，就会在第一天将其杀死，但却没有。

再次，若是有三只病猫的话，三只病猫的主人会看到其他49只猫中有2只病猫，而其他人看来则有三只病猫。到了第二天，三只病猫的主人发现村里还是没有病猫被杀，就会意识到病猫的总数大于2，也就知道了自己家里存在着病猫，所以，在第三天的时候把病猫杀死了。

所以，这个村里总共存在着三只病猫。

（二）两种方式

对于解决逻辑推理类的选择题，假设代入法包括对题干条件的假设和对选项的假设代入两种方式。

1.选项假设法

对选项的假设代入。假设选项是正确或错误的，然后代入到题干中，进行验证。因为假设的选项要代入题干进行验证，因此选项假设法适用于选项简单而且明确的题目，一般只涉及单一元素。

（1）选项归谬：正向假设代入法

当问题问从题干可以推出什么，选项归谬就是排除法，排除不可能选项。当问题问下面哪个选项是错误的，选项归谬就是找出答案。

（2）选项反证：反向假设代入法

一般题干出现"一定会推出""不可能为假"等字眼时才可能使用这种方法。假设某个选项为假，即将选项否定后代入题干，如果出现矛盾，则该选项一定为真。

2.题干假设法

所谓题干假设法就是假设题干中的某一条件是真或假，然后代入到题干中，进行验证的方法。

（1）条件归谬：正向假设代入法

题干内部条件的归谬法。即设题干某个条件为真，若推出逻辑矛盾，则该条件为假。比如，假设甲真，可推出乙真，因为只有一真，所以，甲必假，从中可进一步推出某个结果。

（2）条件反证：反向假设代入法

假设题干某个条件为假，若推出逻辑矛盾，则该条件为真，从中可推出某个结果。

题干真假话的条件分析：分两种情况，一句话要么是真话，要么是假话；若假设其中一个情况成立，从中推出逻辑矛盾，则这个情况一定不成立；那么，另一个情况一定成立。比如，甲、乙、丙、丁四个人有两人说了真话，另两人说了假话，但事先我们并不知道是谁说了真话，谁说了假话。在这种情况下，可先假设某一句话为真，以此为起点，然后进行推论，如果推出矛盾，就说明这个假设不能成立。再假设另一句话为真，进行推论。直至假设某一句话为真，推不出矛盾来，即可找到正确结果。

（三）解答思路

对于逻辑推理类的选择题，有以下解答思路：

1. 当问题问的是必然推出，比如"以下哪项一定正确""下面哪项为真""从上述断定能推出以下哪项结论"等，选项确认和排除的策略如下：

（1）如何确认A是答案：

①（直接推理）根据已知条件，直接得到A是答案；

②（选项反证法）若A不是答案，将导致矛盾；

③（排除法）除A外，其余选项代入题干都出现矛盾。

（2）如何确认A不是答案

①（归谬法）若A是答案，将导致矛盾；

②（排除法）已经有比A更佳的答案。

2. 与必然推出相比较，当问题是必然推不出，选项确认和排除的策略如下：

问题	以下哪项一定正确？ 下面哪项为真？ 从上述断定能推出以下哪项结论？	以下哪项一定错误？ 以下哪项不可能真？ 从上述断定能推出以下哪项，除了？ 以下哪项如果为真，最能反驳上述观点？
如何确认A是答案	I.（直接推理）根据已知条件，直接得到A是答案； II.（选项反证法）若A不是答案，将导致矛盾； III.（选项归谬法/排除法）除A外，其余选项代入题干都出现矛盾	I.（直接推理）根据已知条件，直接得到A项错误，即为答案； II.（选项归谬法）若A项正确，将导致矛盾
如何确认A不是答案	I.（选项归谬法）若A是答案，将导致矛盾； II.（选项排除法）已经有比A更佳的答案	I.（直接推理）根据已知条件，直接得到A项正确； II.（选项反证法）若A错误，将导致矛盾

例1：大小行星悬浮在太阳系边缘，极易受附近星体引力作用的影响。据研究人员计算，有时这些力量会将彗星从奥尔特星云拖出。这样，它们更有可能靠近太阳。两位研究人员据此分别作出了以下两种有所不同的断定：一、木星的引力作用要么将它们推至更小的轨道，要么将它们逐出太阳系；二、木星的引力作用或者将它们推至更小的轨道，或者将它们逐出太阳系。

如果上述两种断定只有一种为真，可以推出以下哪项结论？

I.木星的引力作用将它们推至更小的轨道，并且将它们逐出太阳系。

II.木星的引力作用没有将它们推至更小的轨道，但是将它们逐出太阳系。

III.木星的引力作用将它们推至更小的轨道，但是没有将它们逐出太阳系。

分析：P表示"木星的引力作用将它们推至更小的轨道"，Q表示"木星的引力作用将它们逐出太阳系"，这样研究人员的断定可表示为以下两个：

断定（1）：要么P，要么Q

断定（2）：或者P，或者Q

假设（1）真，则可推出（2）真，而两个断定中只有一真，因此，必然是（1）假（2）真。

由（1）假得：P、Q两者都真，或两者都假。

由（2）真得：P、Q两者至少一个真（意味着，"P、Q两者都假"不成立）。

从而可推出：只能是"P、Q两者都真"这一种情况成立。因此，Ⅰ正确。

例2：一个密码破译员截获了一份完全由阿拉伯数字组成的敌方传递军事情报的密码，并且确悉密码中每个阿拉伯数字表示且只表示一个英文字母。

以下哪项最无助于破译这份密码？

Ⅰ.知道英语中元音字母出现的频率。

Ⅱ.知道英语中绝大多数军事专用词汇。

Ⅲ.知道密码中奇数数字相对于偶数数字的出现频率接近于英语中R相对E的出现频率。

分析：Ⅲ项无助于破译。因为如果确认Ⅲ项有利于破译，实际上就是推测密码中的偶数表示R而奇数表示E。如果这一推测成立，则这份密码破译后通篇只包含两个字母R和E，显然不能承载任何内容。

其余两项均有助于破译。其中，Ⅰ项有助于破译，因为这就有助于推测，如果密码中某些数字出现的频率接近已知的元音字母出现的频率，它们表示的英语字母就可能是元音字母。Ⅱ项有助于破译，因为这份密码传递的是军事情报。

例3：一对夫妻带着他们的一个孩子在路上碰到一个朋友。朋友问孩子："你是男孩还是女孩？"

朋友没听清孩子的回答。孩子的父母中某一个说，我孩子回答的是"我是男孩"，另一个接着说："这孩子撒谎，她是女孩。"这家人中男性从不说谎，而女性从来不连续说两句真话，也不连续说两句假话。

如果上述陈述为真，那么，以下哪项一定为真？

Ⅰ.父母俩第一个说话的是母亲。

Ⅱ.父母俩第一个说话的是父亲。

Ⅲ.孩子是男孩。

分析：假设父母俩第一个说话的是父亲，则第二个说话的是母亲。由于这家人中男性从不说谎，因此，由父亲说的话可推知，孩子的回答确实是"我是男孩"。如果孩子是男孩，则母亲连续说了两句假话；如果孩子是女孩，则母亲连续说了两句真话。可见，母亲的两句话要么都真，要么都假，这与上文的断定矛盾。

因此，假设不成立，即父母俩第一个说话的不是父亲，而是母亲，即Ⅰ项为真，Ⅱ项为假。因为父母俩第二个说话是父亲，又男性都说真话，因此事实上孩子是女孩，即Ⅲ项为假。

例4：甲说："乙说谎"；乙说"丙说谎"；丙说："甲和乙都说谎"。

请确定下面哪一个选项是真的：

Ⅰ.乙说谎　　　　　　　　　　Ⅱ.甲和乙都说谎

Ⅲ.甲和丙都说谎　　　　　　　Ⅳ.乙和丙都说谎

分析：用假设代入法推理。假设乙说谎，则甲说真话，丙也说真话。既然丙也说真话，那么确实甲和乙都说谎。这就存在了内在矛盾，故这种情况不可能。

从而知，乙只能说真话。这样可推出：甲说谎，丙也说谎。

例5：某会议海报在黑体、宋体、楷体、隶书、篆书和幼圆6种字体中选择3种进行编排设计。已知：

① 若黑体、楷体至少选择一种，则选择篆书而不选择幼圆；

② 若宋体、隶书至少选择一种，则选择黑体而不选择篆书。

根据上述信息，该会议海报选择的字体是：

Ⅰ.宋体、楷体、黑体。

Ⅱ.隶书、篆书、幼圆。

Ⅲ.黑体、楷体、篆书。

Ⅳ.楷体、隶书、幼圆。

分析：题干条件关系式为：

① 黑体∨楷体→篆书∧¬幼圆

② 宋体∨隶书→黑体∧¬篆书

上述②的逆否命题为：¬宋体∧¬隶书←¬黑体∨篆书 ③

联立①③得：黑体∨楷体→¬宋体∧¬隶书 ④

假设不选择黑体，由③知，也不选择宋体和隶书，由于要选择3种，那么剩下的楷书、篆书和幼圆都要选择，而又由①，选择楷书则不选择幼圆，这就存在了矛盾！

可见，假设错误，即必须选择黑体。

由①推知，选择篆书，不选择幼圆；

由④推知，不选择宋体，也不选择隶书；

因此，剩下的黑体、楷体必须选择。

所以，Ⅲ项为正确答案。

例6：甲、乙、丙、丁四人的血型各不相同。甲说："我是A型。"乙说："我是O型。"丙说："我是AB型。"丁说："我不是AB型。"四个人中只有一个人的话是假的。

以下哪项成立？

Ⅰ.甲的话假，可推出四个人的血型情况。

Ⅱ.乙的话假，可推出四个人的血型情况。

Ⅲ.丙的话假，可推出四个人的血型情况。

Ⅳ.丁的话假，可推出四个人的血型情况。

分析：可用假设代入法进行分析：

若甲说的是假话，其余为真话，则表明甲不是A型，乙是O，丙是AB，丁不是AB，不能确定四个人的血型情况。因此，Ⅰ不成立。

若乙说的是假话，其余为真话，则表明甲是A型，乙不是O，丙是AB，丁不是AB；由于四人的血型各不相同，这样，乙只能是B，丁只能是O，能确定四个人的血型情况。

若丙说的是假话，其余为真话，则表明甲是A型，乙是O，丙不是AB，丁不是AB，不能确定四个人的血型情况。因此，Ⅲ不成立。

若丁说的是假话，则表明丁是AB型，这与丙所说的相互矛盾，因此，Ⅳ不成立。

所以，只有选项Ⅱ成立。

		情况一		情况二		情况三		情况四	
甲	我是A型	×	非A	√	A	√	A	√	A
乙	我是O型	√	O	×	非O	√	O	√	O
丙	我是AB型	√	AB	√	AB	×	非AB	√	AB
丁	我不是AB型	√	非AB	√	非AB	√	非AB	×	AB

案例　黑帽子与白帽子

案例一

一群人开舞会，每人头上都戴着一顶帽子。帽子只有黑白两种，黑的至少有一顶。每个人都能看到其他人帽子的颜色，却看不到自己的。主持人先让大家看看别人头上戴的是什么帽子，然后关灯，如果有人认为自己戴的是黑帽子，就拍手。第一次关灯，没有声音。于是再开灯，大家再看一遍，关灯时仍然鸦雀无声。一直到第三次关灯，才有劈劈啪啪的拍手声响起。问有多少人戴着黑帽子？

分析：答案为3顶黑帽子。

设有x顶黑帽子。

若$x=1$，则戴黑帽子的人第一次就看到其他人都是白帽子，那么自己就肯定是黑帽子了，就会拍手。但第一次没人拍手，说明至少有两顶黑帽子。

若$x=2$，第一次开灯后没人拍手，说明黑帽子不止一顶，所以第二次如果有人看到别人只有一顶黑帽子的话，就能判断自己头上是黑帽子，就会拍手。但没人拍，说明至少有3顶黑帽子。

若$x=3$，由于前两次没人拍，所以至少有三顶黑帽子。第三次开灯后，有人拍手，说明拍手的人看到其他人只有两顶黑帽子，所以能判断自己头上是黑帽子。

案例二

有甲、乙、丙、丁、戊五个人，每个人头上戴一顶白帽子或者黑帽子，每个人显然只能看见别人头上帽子的颜色，而看不见自己头上帽子的颜色。并且，一个人戴白帽子当且仅当他说真话，戴黑帽子当且仅当他说假话。已知：

甲说：我看见三顶白帽子、一顶黑帽子。

乙说：我看见四顶黑帽子。

丙说：我看见一顶白帽子、三顶黑帽子。

戊说：我看见四顶白帽子。

请问他们戴的分别是什么帽子？

分析：先假设甲的话为真，则甲是白帽子，加起来共有四顶白帽子一顶黑帽子，于是乙和丙的话就是假的，于是乙和丙都是黑帽子，这与甲的话为真的结果（一顶黑帽子）矛盾，因此甲的话不可能为真，必定为假，甲戴黑帽子。

再假设乙的话为真，则他自己戴白帽子，共有一顶白帽子和四顶黑帽子；这样，由于丙看不见他自己所戴帽子的颜色，当他说"我看见一顶白帽子、三顶黑帽子"时，他所说的就是真话，于是他戴白帽子，这样，乙和丙都是戴白帽子，有两顶白帽子，与乙原来的话矛盾。所以，乙所说的只能是假话，乙戴黑帽子。

既然已经确定甲、乙都戴黑帽子，则戊所说的"我看见四顶白帽子"就是假话，戊也是黑帽子。

现假设丙的话为假，则他实际看见的都是黑帽子，他自己也是黑帽子，于是五个人都是黑帽子，这样，乙的话就是真话；但我们已经证明乙的话不可能为真，因此丙的话也不可能为假，于是丙和没有说话的丁戴白帽子。

最后结果是：甲、乙、戊说假话，戴黑帽子；丙、丁说真话，戴白帽子。

附录

科学分析测试

（说明：此处编排了50道分析题，都是五选一的选择题，建议做题时间为90分钟。）

1.地球的卫星，木星的卫星，以及土星的卫星，全都是行星系统的例证，其中卫星在一个比它大得多的星体引力场中运行。由此可见，在每一个这样的系统中，卫星都以一种椭圆轨道运行。

以上陈述可以合逻辑地推出下面哪一项陈述？

A.所有的天体都以椭圆轨道运行。

B.非椭圆轨道违背了天体力学的规律。

C.天王星这颗行星的卫星以椭圆轨道运行。

D.一个星体越大，它施加给另一个星体的引力就越大。

E.唯有椭圆轨道能够解释从地球上看到的月球的各种形状。

2.有些阔叶树是常绿植物，因此阔叶树都不生长在寒带地区。

以下哪项如果为真，最能反驳上述结论？

A.有些阔叶树不生长在寒带地区。

B.常绿植物都生长在寒带地区。

C.寒带的某些地区不生长常绿植物。

D.常绿植物都不生长在寒带地区。

E.常绿植物不都是阔叶树。

3.凡物质是可塑的，树木是可塑的，所以树木是物质。

以下哪个选项的结构与上述最为相近？

A.凡真理都是经过实践检验的，进化论是真理，所以进化论是经过实践检验的。

B.凡恒星是自身发光的，金星不是恒星，所以金星自身不发光。

C.凡公民必须遵守法律，我们是公民，所以我们必须遵守法律。

D.所有的坏人都攻击我，你攻击我，所以你是坏人。

E.凡鲸一定用肺呼吸，海豹可能是鲸，所以海豹可能用肺呼吸。

4.随着心脏病成为人类的第一杀手，人体血液中的胆固醇含量越来越引起人们的重视。一个人血液中的胆固醇含量越高，患致命的心脏病的风险也就越大。至少有三个因素会影响人的血液中胆固醇的含量，它们是抽烟、饮酒和运动。

如果上述断定为真，则以下哪项一定为真？

Ⅰ.某些生活方式的改变，会影响一个人患心脏病的风险。

Ⅱ.如果一个人的血液中胆固醇含量不高，那么他患致命的心脏病的风险也不高。

Ⅲ.血液中的胆固醇高含量是造成当今人类死亡的主要原因。

A.只有Ⅰ。

B.只有Ⅱ。

C.只有Ⅲ。

D.只有Ⅰ和Ⅲ。

E.Ⅰ、Ⅱ和Ⅲ。

5.没有脊索动物是导管动物，所有的翼龙都是导管动物，所以，没有翼龙属于类人猿家族。

以下哪项陈述是上述推理所必须假设的？

A.所有类人猿都是导管动物。

B.所有类人猿都是脊索动物。

C.没有类人猿是脊索动物。

D.没有脊索动物是翼龙。

E.有些类人猿属于导管动物，有些是脊索动物。

6.家用电炉有三个部件：加热器、恒温器和安全器。加热器只有两个设置：开和关。在正常工作的情况下，如果将加热器设置为开，则电炉运作加热功能；设置为关，则停止这一功能。当温度达到恒温器的温度旋钮所设定的读数时，加热器自动关闭。电炉中只有恒温器具有这一功能。只要温度一超出温度旋钮的最高读数，安全器自动关闭加热器。同样，电炉中只有安全器具有这一功能。当电炉启动时，三个部件同时工作，除非发生故障。

以上判定最能支持以下哪项结论？

A.一个电炉，如果它的恒温器和安全器都出现了故障，则它的温度一定会超出温度旋钮的最高读数。

B.一个电炉，如果其加热的温度超出了温度旋钮的设定读数但加热器并没有关闭，则安全器出现了故障。

C.一个电炉，如果加热器自动关闭，则恒温器一定工作正常。

D.一个电炉，如果其加热温度超出了温度旋钮的最高读数，则它的恒温器和安全器一定都出现了故障。

E.一个电炉，如果其加热的温度超出了温度旋钮的最高读数，则它的恒温器和安全器不一定都出现了故障，但至少其中某一个出现了故障。

7.专业人士预测：如果粮食价格保持稳定，那么蔬菜价格也保持稳定；如果食用油价格不稳，那么蔬菜价格也将出现波动。老李由此断定：粮食价格保持稳定，但是肉类食品价格将上涨。

根据上述专业人士的预测，以下哪项为真，最能对老李的观点提出质疑？

A.如果食用油价格出现波动，那么肉类食品价格不会上涨。

B.如果食用油价格稳定，那么肉类食品价格不会上涨。

C.如果肉类食品价格不上涨，那么食用油价格将会上涨。

D.如果食用油价格稳定，那么肉类食品价格将会上涨。

E.只有食用油价格稳定，肉类食品价格才不会上涨。

8.除非有两种以上稀有品种的水果，否则含香蕉的水果沙拉通常只是一道乏味的菜。这盆水果沙拉里面有香蕉，并且其中唯一奇特的水果是番石榴，所以，这道菜可能十分乏味。

以下哪项推理的结构与题干的推理最为类似？

A.通常40%的鹿会在冬季死亡，除非某个冬季异常温暖。在这个冬季，死去的鹿与往常一样，是40%，所以我认为这个冬季并非异常温暖。

B.除非拳王赛的卫冕被收买，否则，挑战者很难击倒对方而获胜。在这次拳王赛中，卫冕者已被收买，因此，挑战者很可能以击倒对方而获胜。

C.作者第一次写作的手稿通常不被出版商注意，除非他是名人。我的手稿可能不会引起出版商的注意，因为我是第一次写作，而且不是名人。

D.不会有很多人参加星期四的法庭辩论旁听，通常在审理离婚案时，参加旁听的人就非常少。而星期四开庭审理的正是离婚案。

E.死者的遗产通常要么分给仍然活着的配偶，要么分给仍然活着的子女。这个案子中没有仍然活着的配偶，因此，遗产可能分给仍然活着的子女。

9.并非任何战争都必然导致自然灾害，但不可能有不阻碍战争的自然灾害。

以下哪项与上述断定的含义最为接近？

A.有的战争可能不导致自然灾害，但任何自然灾害都可能阻碍战争。

B.有的战争可能不导致自然灾害，但任何自然灾害都必然阻碍战争。

C.有的战争可能不导致自然灾害，但有的自然灾害必然阻碍战争。

D.任何战争都不会导致自然灾害，但任何自然灾害都必然阻碍战争。

E.任何战争都可能不导致自然灾害，但有的自然灾害必然阻碍战争。

10.建筑历史学家丹尼斯教授对欧洲19世纪早期铺有木地板的房子进行了研究。结果发现较大的房间铺设的木板条比较小房间的木板条窄得多。丹尼斯教授认为，既然大房子的主人一般都比小房子的主人富有，那么，用窄木条铺地板很可能是当时地位的象征，用以表明房主的富有。

以下哪项如果为真，最能加强丹尼斯教授的观点？

A.欧洲19世纪晚期的大多数房子所铺设的木地板的宽度大致相同。

B.丹尼斯教授的学术地位得到了国际建筑历史学界的公认。

C.欧洲19世纪早期，木地板条的价格是以长度为标准计算的。

D.欧洲19世纪早期，有些大房子铺设的是比木地板昂贵得多的大理石。

E.在以欧洲19世纪市民生活为背景的小说《雾都十三夜》中，富商查理的别墅中铺设的就是有别于民间的细条胡桃木地板。

11.智能实验室开发了三个能简单回答问题的机器人，起名为天使、魔鬼、常人。天使从不说假话，魔鬼从不说真话，常人既说真话也说假话。他们被贴上A、B、C三个标记，但忘了标记和名字的对应。试验者希望通过他们对问题的回答来判断他们。三个机器人对问题"A是谁？"分别作了以下回答：A的答案是"我是常人"，B的答案是"A是魔鬼"，C的答案是"A是天使"。

上述陈述能推出哪项？

A.A是天使，B是魔鬼，C是常人。

B.A是天使，B是常人，C是魔鬼。

C.A是魔鬼，B是天使，C是常人。

D.A是常人，B是天使，C是魔鬼。

E.A是常人，B是魔鬼，C是天使。

12.除非护士职业内的低工资和高度紧张的工作条件问题得到解决，否则护士学校就不能吸引到比目前数量更多的有才干的申请者。如果护士学校有才干的申请者的数量不能超过目前的水平，那么，要么这种职业必须降低它的进入标准，要么很快就会出现护士紧缺的局面。然而，降低进入标准并不一定能解决护士的不足。很明显，不管是护士不足还是降低这个职业的进入标准，目前高质量的健康护理都不能维持下去。

下面哪一项可以从上述短文中合理地推出？

A.如果护士职业解决了低工资和高度紧张的工作条件问题，那么它吸引到的有才干的申请者的数量就比目前多。

B.如果有才干的护士学校的申请者的数量不能超过目前的水平，那么护士职业就不得不降低它的进入标准。

C.如果护士职业解决了低工资和高度紧张的工作条件问题，那么高质量的健康护理就可以维持下去。

D.如果护士职业不解决低工资和高度紧张的工作条件问题，那么很快就会出现护士紧缺的局面。

E.如果护士职业不解决低工资和高度紧张的工作条件问题，那么目前的高质量的健康护理就不能维持下去。

13.所有物质实体都是可见的，而任何可见的东西都没有神秘感。因此，精神世界不是物质实体。

以下哪项最可能是上述论证所假设的？

A.精神世界是不可见的。

B.有神秘感的东西都是不可见的。

C. 可见的东西都是物质实体。

D. 精神世界有时也是可见的。

E. 精神世界具有神秘感。

14. 当我们接受他人太多恩惠时，我们的自尊心就会受到伤害。如果你过分地帮助他人，就会让他觉得自己软弱无能。如果让他觉得自己软弱无能，就会使他陷入自卑的苦恼之中。一旦他陷入这种苦恼之中，他就会把自己苦恼的原因归罪于帮助他的人，反而对帮助他的人心生怨恨。

如果以上陈述为真，以下哪一个选项一定为真？

A. 你不要过分地帮助他人，或者使他陷入自卑的苦恼之中。

B. 如果他的自尊心受到伤害，他一定接受了别人太多的恩惠。

C. 如果不让他觉得自己软弱无能，就不要去帮助他。

D. 只有你过分地帮助他人，才会使他觉得自己软弱无能。

E. 如果你帮助别人的时候不让他觉得自己软弱无能，那么他就不会陷入自卑的苦恼之中。

15. 某地有一个村庄，村庄里住着骑士和无赖两种人，其中骑士总是讲真话，无赖总是讲假话。一天，一位了解这一情况的学者路过这个村庄，看见该村甲、乙两个人。他向甲提出了一个问题："你俩中有骑士吗？"甲回答说："没有。"学者听了甲的回答，想了一想，就正确地推出了甲和乙各是哪种人。

假设学者的推断是正确的，以下哪项是学者作出的判断？

A. 甲是骑士，乙是无赖。

B. 甲和乙都是骑士。

C. 甲和乙都是无赖。

D. 甲是无赖，乙是骑士。

E. 该村既没有骑士，也没有无赖。

16. 与西药相比，中药是安全的，因为中药的成分都是天然的。

下列陈述中，除哪项外，都反驳了上面论证的假设？

A. 多数天然的东西是安全的。

B. 断肠草是天然的，却能致人死命。

C. 有些天然的东西是不安全的。

D. 并非天然的东西都是安全的。

E. 中草药是天然的，但也有毒副作用。

17. 有关专家指出，月饼高糖、高热量，不仅不利于身体健康，甚至演变成了"健康杀手"，月饼要想成为一种健康食品，关键要从工艺和配料两方面进行改良，如果不能从工艺和配料方面进行改良，口味再好，也不能符合现代人对营养方面的需求。

由此不能推出的是：

A.只有从工艺和配料方面改良了月饼，才能符合现代人对营养方面的需求。

B.如果月饼符合了现代人对营养方面的需求，说明一定从工艺和配料方面进行了改良。

C.只要从工艺和配料方面改良了月饼，即使口味不好，也能符合现代人对营养方面的需求。

D.没有从工艺和配料方面改良月饼，却能符合现代人对营养方面需求的情况是不可能存在的。

E.除非从工艺和配料方面改良了月饼，否则不能符合现代人对营养方面的需求。

18.

2	5	A	b
第一张	第二张	第三张	第四张

上面四张卡片，一面为阿拉伯数字，一面为英文字母，主持人断定：如果一面为奇数，则另一面为元音字母。

为验证主持人的断定，必须翻动：

A.第1张和第3张。

B.第1张和第4张。

C.第2张和第3张。

D.第2张和第4张。

E.全部四张卡片。

19.有四个外表看起来没有分别的小球，它们的重量可能有所不同。取一个天平，将甲、乙归为一组，丙、丁归为另一组，分别放在天平的两边，天平是基本平衡的。将乙和丁对调一下，甲、丁一边明显地要比乙、丙一边重得多。可奇怪的是，我们在天平一边放上甲、丙，而另一边刚放上乙，还没有来得及放上丁时，天平就压向了乙一边。

请你判断，这四个球中由重到轻的顺序是什么？

A.丁、乙、甲、丙。

B.丁、乙、丙、甲。

C.乙、丙、丁、甲。

D.乙、甲、丁、丙。

E.乙、丁、甲、丙。

20.第一个事实：电视广告的效果越来越差。一项跟踪调查显示，在电视广告所推出的各种商品中，观众能够记住其品牌名称的商品的百分比逐年降低。

第二个事实：在一段连续插播的电视广告中，观众印象较深的是第一个和最后一个，而中间播出的广告留给观众的印象，一般地说要浅得多。

以下哪项，如果为真，最能使得第二个事实成为对第一个事实的合理解释？

A.在从电视广告里见过的商品中，一般电视观众能记住其品牌名称的大约还不到一半。

B.近年来，被允许在电视节目中连续插播广告的平均时间逐渐缩短。

C.近年来，人们花在看电视上的平均时间逐渐缩短。

D.近年来，一段连续播出的电视广告所占用的平均时间逐渐增加。

E.近年来，一段连续播出的电视广告中所出现的广告的平均数量逐渐增加。

21.对本届奥运会所有奖牌获得者进行了尿样化验，没有发现兴奋剂使用者。

如果以上陈述为假，则以下哪项一定为真？

Ⅰ.或者有的奖牌获得者没有化验尿样，或者在奖牌获得者中发现了兴奋剂使用者。

Ⅱ.虽然有的奖牌获得者没有化验尿样，但还是发现了兴奋剂使用者。

Ⅲ.如果对所有的奖牌获得者进行了尿样化验，则一定发现了兴奋剂使用者。

A.只有Ⅰ。

B.只有Ⅱ。

C.只有Ⅲ。

D.只有Ⅰ和Ⅲ。

E.只有Ⅱ和Ⅲ。

22.有两类恐怖故事：一类描写疯狂科学家的实验，一类讲述凶猛的怪兽。在关于怪兽的恐怖故事中，怪兽象征着主人公心理的混乱。关于疯狂科学家的恐怖故事则典型地表达了作者的感受：仅有科学知识不足以指导人类的探索活动。尽管有这些区别，这两类恐怖故事具有如下共同特点：它们描述了违反自然规律的现象；它们都想使读者产生恐惧感。

如果以上陈述为真，以下哪一项一定为真？

A.对怪兽的所有描写都描述了违反自然规律的现象。

B.某些运用了象征手法的故事描述了违反自然规律的现象。

C.大部分关于疯狂科学家的故事表达了作者反科学的观点。

D.任何种类的恐怖故事都描写了心理混乱的人物。

E. 在关于怪兽的恐怖故事中，也表达了作者的感受。

23. 一位外地游客问当地气象部门的负责人："很多人都说最近几天要刮台风，是真的吗？"气象部门负责人说："根据我们的观察，最近不必然刮台风。"游客说："那是不是最近肯定不会刮台风了？"该负责人说游客说得不对。

以下哪句话与气象部门负责人的意思最为接近？

A. 最近必然不刮台风。

B. 最近可能不刮台风。

C. 最近可能刮台风。

D. 最近不可能刮台风。

E. 最近不必然不刮台风。

24. 正常足月出生的婴儿在出生后所具有的某种本能反射到两个月大时就会消失。因为这个三个月大的婴儿还有这种本能的反射，所以这个婴儿不是足月出生的。

以下哪一项中的逻辑结构与上述论证中的最相似？

A. 因为二氧化碳可以使石灰水混浊，这种气体是氧气，所以它不会使石灰水混浊。

B. 因为没有猴子会说话，Suzy 是一只猴子，所以 Suzy 不可能会说话。

C. 因为人是社会性的动物，亨利是善于交际的，所以亨利是正常的。

D. 因为袋鼠肚子上有袋，这个动物肚子上没有袋，所以这个动物不是袋鼠。

E. 因为有些树每年都落叶，而这棵树至今还未落叶，所以它是不正常的。

25. 一个热力站由5个阀门控制对外送蒸汽，使用这些阀门必须遵守以下操作规则：

（1）如果开启1号阀，那么必须同时打开2号阀并且关闭5号阀。

（2）如果开启2号阀或者5号阀，则要关闭4号阀。

（3）不能同时关闭3号阀和4号阀。

现在要打开1号阀，同时要打开的阀门是哪两个？

A. 2号阀和4号阀。

B. 2号阀和3号阀。

C. 3号阀和5号阀。

D. 4号阀和5号阀。

E. 2号阀和5号阀。

26. 相互尊重是相互理解的基础，相互理解是相互信任的前提。在人与人的相互交往中，自重、自信也是非常重要的，没有一个人尊重不自重的人，没有一个人信任他所不尊重的人。

以上陈述可以推出以下哪项结论?

A.不自重的人也不被任何人信任。

B.相互信任才能相互尊重。

C.不自信的人也不自重。

D.不自信的人也不被任何人信任。

E.不自信的人也不受任何人尊重。

27.在某次思维训练课上，张老师提出"尚左数"这一概念的定义：在连续排列的一组数字中，如果一个数字左边的数字都比其大（或无数字），且其右边的数字都比其小（或无数字），则称这个数字为尚左数。

根据张老师的定义，在8、9、7、6、4、5、3、2这列数字中，以下哪项包含了该列数字中所有的尚左数?

A.4、5、7和9。

B.2、3、6和7。

C.3、6、7和8。

D.5、6、7和8。

E.2、3、6和8。

28.以下关于电脑故障的陈述中，只有一个是真的：

Ⅰ.显卡坏了。

Ⅱ.如果主板坏了，那么内存也一定出现了故障。

Ⅲ.主板或显卡坏了。

Ⅳ.主板坏了。

根据上述条件，可以推出以下哪项?

A.Ⅰ项为真，显卡坏了。

B.Ⅱ项为真。

C.Ⅲ项为真，主板或显卡坏了。

D.Ⅳ项为真，主板坏了。

E.推不出结果。

29.用地面雷达所拍下的流星的最近距离为220万英里，即流星托德地斯被拍下的最近距离。最近的流星照片是格斯泊拉，在仅仅1万英里远的距离被拍摄到。

下列哪一个可以从上面语句中正确推导出来?

A.托德地斯比格斯泊拉更可能与地球相撞。

B.托德地斯，不像格斯泊拉，仅仅最近被发现。

C.另一流星阿斯特地斯仅仅可以通过地面雷达拍摄下来。

D. 基于地面的雷达不能拍摄距地球220万英里以外的物体。

E. 格斯泊拉的照片不是由基于地面的雷达拍摄下来的。

30. 有人说："最高明的骗子，可能在某个时刻欺骗所有的人，也可能所有的时刻欺骗某些人，但不可能在所有的时刻欺骗所有的人。"

如果上述断定为真，而且世界上总有一些高明的骗子，那么下述哪项断定必定是假的？

A. 张三可能在某个时刻受骗。

B. 李四可能在任何时候都不受骗。

C. 骗人的人也可能在某个时刻受骗。

D. 不存在某一时刻所有的人都不会受骗。

E. 不存在某一时刻有人可能不受骗。

31、32题基于以下题干：

江海大学的校园美食节开幕了，某女生宿舍有5人积极报名参加此次活动，她们的姓名分别为金粲、木心、水仙、火珊、土润。举办方要求，每位报名者只做一道菜品参加评比，但需自备食材。限于条件，该宿舍所备食材仅有5种：金针菇、木耳、水蜜桃、火腿和土豆。要求每种食材只能有2人选用，每人又只能选用2种食材，并且每人所选食材名称的第一个字与自己的姓氏均不相同。已知：

(1) 如果金粲选水蜜桃，则水仙不选金针菇；

(2) 如果木心选金针菇或土豆，则她也须选木耳；

(3) 如果火珊选水蜜桃，则她也须选木耳和土豆；

(4) 如果木心选火腿，则火珊不选金针菇。

31. 根据上述信息，可以得出以下哪项？

A. 木心选用水蜜桃、土豆。

B. 水仙选用金针菇、火腿。

C. 土润选用金针菇、水蜜桃。

D. 火珊选用木耳、水蜜桃。

E. 金粲选用木耳、土豆。

32. 如果水仙选用土豆，则可以得出以下哪项？

A. 木心选用金针菇、水蜜桃。

B. 金粲选用木耳、火腿。

C. 火珊选用金针菇、土豆。

D. 水仙选用木耳、土豆。

E. 土润选用水蜜桃、火腿。

33.世界上最美丽的猫有一些是波斯猫。不过，人们必须承认，所有的波斯猫都是自负的，而自负的猫不可避免地令人讨厌。

如果以上陈述为真，基于此的以下哪项陈述不必然为真？

A.有些世界上最美丽的猫令人讨厌。

B.有些令人讨厌的猫是世界上最美丽的猫。

C.任何不令人讨厌的猫不是波斯猫。

D.有些自负的猫是世界上最美丽的猫。

E.有些令人讨厌的最美丽的猫不是波斯猫。

34.大嘴鲈鱼只在有鲦鱼出现的河中长有浮藻的水域里生活。漠亚河中没有大嘴鲈鱼。

从上述断定能得出以下哪项结论？

Ⅰ.鲦鱼只在长有浮藻的河中才能发现。

Ⅱ.漠亚河中既没有浮藻，又发现不了鲦鱼。

Ⅲ.如果在漠亚河中发现了鲦鱼，则其中肯定不会有浮藻。

A.只有Ⅰ。

B.只有Ⅱ。

C.只有Ⅲ。

D.只有Ⅰ和Ⅱ。

E.Ⅰ、Ⅱ和Ⅲ都不是。

35.植物每年春季发芽的时间都是由其生长所需要的日照和温度要求中的一个或两个要求决定的。特定的日期，日照是恒年不变的，所以每年植物的不同发芽时间的变化至少部分是温度的原因。

以下哪项论证中的推论方式与上述论证中的最相似？

A.在X地，医疗助理学员要么参加一个正式的训练课程，要么在一个医生的监督下工作一年。由于甲地的医生都不愿做监督人，所以甲地的医疗助理学员肯定都得参加正式的训练课程。

B.在C地，刮东风表示要下雨，刮西风表示要干旱，从不刮别的方向的风。由于现在乙地正在下雨，所以乙地一定在刮东风。

C.有些垃圾填埋厂只按垃圾的体积向垃圾公司收费，有些则只按垃圾的重量收费，其余的则按一个结合体积的重量公式收费。所以，如果某个填埋场在同一天对两批体积相同的垃圾收费不同的话，则这个填埋厂一定是按重量或参考重量来确定收费的。

D.根据客流量，超市可能需要一个、两个或者三个保安来防止偷窃。所以，如果哪一天超市管理者决定用三个保安，那么这天的客流量预计很大。

E.声音越大的呼叫越容易被听到，音调越高也越容易被听到，尤其是声音又大音调又高时就更容易被听到。所以，如果有人扯破嗓门喊还没被听到时，就应该提高音调。

36.某医学院学生小赵、小钱、小孙和小李在附属医院实习的第一天，分别给四位病人作出如下诊断：

病人甲：小赵诊断为疟疾，小钱诊断为流感。

病人乙：小钱诊断为胃炎，小孙诊断为胃溃疡。

病人丙：小孙诊断为痢疾，小李诊断为肠炎。

病人丁：小李诊断为肺结核，小赵诊断为支气管炎。

他们诊断之后，主治医师作了复诊，说："每位病人都有一种诊断是正确的。四位实习生中，有一位诊断全对，一位诊断全错，小孙不是全对的。"

这时候化验结果出来了，病人甲血液中发现了疟原虫，病人丙的大便中发现痢疾杆菌。

请问诊断全对的实习生是：

A.小赵。　　　　　B.小钱。

C.小孙。　　　　　D.小李。

E.无法判断。

37.一项研究发现：吸食过毒品（例如摇头丸）的女孩比没有这种行为的女孩患抑郁症的可能性高出2至3倍；酗酒的男孩比不喝酒的男孩患抑郁症的可能性高出5倍。另外，抑郁会使没有不良行为的孩子减少犯错误的冲动，却会让有过上述不良行为的孩子更加行为出格。

如果上述断定为真，则以下哪项一定为真？

A.行为出格的孩子容易抑郁，进而加重他们的出格行为。

B.酗酒的男孩比食用摇头丸的女孩患抑郁症的可能性高。

C.抑郁会让人失去生活的乐趣并导致行为出格。

D.没有坏习惯的孩子大多是家庭和谐快乐的。

E.患有抑郁症的孩子都伴随有不良的行为出格。

38.在微波炉清洁剂中加入漂白剂，就会释放出氯气；在浴盆清洁剂中加入漂白剂，也会释放出氯气；在排烟机清洁剂中加入漂白剂，没有释放出任何气体。现有一种未知类型的清洁剂，加入漂白剂后，没有释放出氯气。

根据上述实验，以下哪项关于这种未知类型的清洁剂的断定一定为真？

Ⅰ.它是排烟机清洁剂。

Ⅱ.它既不是微波炉清洁剂，也不是浴盆清洁剂。

Ⅲ.它要么是排烟机清洁剂，要么是微波炉清洁剂或浴盆清洁剂。

A. 仅Ⅰ。

B. 仅Ⅱ。

C. 仅Ⅲ。

D. 仅Ⅰ和Ⅱ。

E. Ⅰ、Ⅱ和Ⅲ。

39. 某些东方考古学家是美国斯坦福大学的毕业生。因此，某些美国斯坦福大学的毕业生对中国古代史很有研究。

为保证上述推断成立，以下哪项是必须假设的？

A. 某些东方考古学家专攻古印度史，对中国古代史没有太多的研究。

B. 某些对中国古代史很有研究的东方考古学家不是美国斯坦福大学毕业的。

C. 所有对中国古代史很有研究的人都是东方考古学家。

D. 所有的东方考古学家都是对中国古代史很有研究的人。

E. 某些东方考古学家对中国古代史很有研究。

40. 某大学对全体新生进行了体检，没有发现乙肝患者。

如果上述陈述为假，则以下哪项一定为真？

Ⅰ. 或者有的新生没有体检，或者在新生中发现了乙肝患者。

Ⅱ. 虽然有的新生没有参加体检，但还是发现了乙肝患者。

Ⅲ. 如果对所有的新生进行了体检，则一定发现了乙肝患者。

A. 仅Ⅰ。

B. 仅Ⅱ。

C. 仅Ⅲ。

D. 仅Ⅰ和Ⅲ。

E. 仅Ⅰ和Ⅱ。

41. 在某大学的某届校友会中，有10个会员是湖南籍的。毕业数年后这10个同学欢聚一堂，发现他们之间没有人给3个以上的同乡会员写过信，给3个同乡会员写过信的只有1人，仅给2个同乡会员写过信的只有3人，仅给1个同乡会员写过信的有6人，仅有一个会员收到了4个同乡会员的来信。

如果上述断定为真，以下各项关于这10个会员之间通信的断定中，哪项一定为真？

Ⅰ. 每人都给其他同乡会员写过信。

Ⅱ. 每人都收到其他同乡会员的来信。

Ⅲ. 至少有一个会员没给所收到的每封来信复信。

A. 只有Ⅰ。

B. 只有Ⅱ。

C. 只有Ⅲ。

D. 只有Ⅰ和Ⅲ。

E. Ⅰ、Ⅱ和Ⅱ。

42. 为防御电脑受病毒侵袭，研究人员开发了防御病毒、查杀病毒的程序，前者启动后能使程序运行免受病毒侵袭，后者启动后能迅速查杀电脑中可能存在的病毒。某台电脑上现有甲、乙、丙三种程序。已知：

（1）甲程序能查杀目前已知所有病毒；

（2）若乙程序不能防御已知的一号病毒，则丙程序也不能查杀该病毒；

（3）只有丙程序能防御已知一号病毒，电脑才能查杀目前已知的所有病毒；

（4）只有启动甲程序，才能启动丙程序。

根据上述信息可以得出以下哪项？

A. 只有启动丙程序，才能防御并查杀一号病毒。

B. 只有启动乙程序，才能防御并查杀一号病毒。

C. 如果启动丙程序，就能防御并查杀一号病毒。

D. 如果启动了乙程序，那么不必启动丙程序也能查杀一号病毒。

E. 如果启动了甲程序，那么不必启动乙程序也能查杀所有病毒。

43. 根据一个心理学理论，一个人想要快乐就必须和周围的人保持亲密的关系，但是世界上伟大的画家往往是在孤独中度过了他们的大部分时光，并且没有亲密的人际关系。所以，这种心理学理论的上述结论是不成立的。

以下哪项最可能是上述论证所假设的？

A. 该心理学理论是为了揭示内心体验与艺术成就的关系。

B. 有亲密人际关系的人几乎没有孤独的时候。

C. 孤独对于伟大的绘画艺术家来说是必需的。

D. 有些著名画家有亲密的人际关系。

E. 获得伟大成就的艺术家不可能不快乐。

44. 一个有效三段论的小项在结论中不周延，除非它在前提中周延。

以下哪项与上述断定含义相同？

A. 如果一个有效三段论的小项在前提中周延，那么它在结论中也周延。

B. 如果一个有效三段论的小项在前提中不周延，那么它在结论中周延。

C. 如果一个有效三段论的小项在结论中不周延，那么它在前提中周延。

D. 如果一个有效三段论的小项在结论中周延，那么它在前提中也周延。

E. 如果一个有效三段论的小项在结论中不周延，那么它在前提中也不周延。

45. 某地召开有关信息科技的小型学术研讨会。与会者中，4个是北方人，

3个是黑龙江人，1个是贵州人；3个是科学家，2个是工程师，1个是教授；以上提到的是全体与会者。

根据以上陈述，参加该研讨会的最少可能有几人？最多可能有几人？

A.最少可能有4人，最多可能有6人。

B.最少可能有5人，最多可能有11人。

C.最少可能有6人，最多可能有14人。

D.最少可能有8人，最多可能有10人。

E.最少可能有9人，最多可能有12人。

46.李医生：除非得了癌症，否则不会接受化疗。

赵经理：不会吧！我们单位的马大姐得了癌症，但是她没有接受化疗，而且已经康复了。

赵经理把李医生的话误解为：

A.接受化疗的都是得了癌症的病人。

B.所有得了癌症的人都得接受化疗。

C.只有得了癌症才会接受化疗。

D.没得癌症的人不接受化疗。

E.有些没得癌症的病人也许会接受化疗。

47.有些被公众认为是坏的行为往往有好的效果。只有产生好的效果，一个行为才是好的行为。因此，有些被公众认为是坏的行为其实是好的。

以下哪项最为恰当地概括了上述推理中存在的错误？

A.不当地假设：如果a是b的必要条件，则a也是b的充分条件。

B.不当地假设：如果a不是b的必要条件，则a是b的充分条件。

C.不当地假设：如果a是b的必要条件，则a不是b的充分条件。

D.不当地假设：任何两个断定之间都存在条件关系。

E.不当地假设：任何两个断定之间都不存在条件关系。

48.在一所公寓里有一人被杀害了，在现场共有甲、乙、丙三人。已知这三人中，一个是主犯，一个是从犯，一个与案件无关。警察从现场的人的口中得到下列证词：

（1）甲不是主犯；

（2）乙不是从犯；

（3）丙不是与案件无关的人。

这三条证词中，提到的名字都不是说话者本人，三条证词不一定分别出自三人之口，但至少有一条是与案件无关的人讲的。经过调查证实，只有与案件无关的人说了实话。

根据上述提供的信息，可推知主犯、从犯、与案件无关的人分别是谁？

A.甲是主犯，乙是从犯，丙是与案件无关的人。

B.甲是从犯，乙是与案件无关的人，丙是主犯。

C.甲是从犯，乙是主犯，丙是与案件无关的人。

D.甲是主犯，乙是与案件无关的人，丙是从犯。

E.甲是与案件无关的人，乙是从犯，丙是主犯。

49.在丈夫或妻子至少有一个是中国人的夫妻中，中国女性比中国男性多2万。

如果上述断定为真，则以下哪项一定为真？

Ⅰ.恰有2万中国女性嫁给了外国人。

Ⅱ.在和中国人结婚的外国人中，男性多于女性。

Ⅲ.在和中国人结婚的人中，男性多于女性。

A.只有Ⅰ。

B.只有Ⅱ。

C.只有Ⅲ。

D.只有Ⅱ和Ⅲ。

E.Ⅰ、Ⅱ和Ⅲ。

50.如果二氧化碳气体超量产生，就会在大气层中聚集，使全球气候出现令人讨厌的温室效应。在绿色植被覆盖的地方，特别是在森林中，通过光合作用，绿色植被吸收空气中的二氧化碳，放出氧气。因此，从这个意义上，绿色植被特别是森林的破坏，就意味着在"生产"二氧化碳。工厂中对由植物生成的燃料的耗用产生了大量的二氧化碳气体。这些燃料包括木材、煤和石油。

上述断定最能支持以下哪项结论？

A.如果地球上的绿色植被特别是森林受到严重破坏，将使全球气候不可避免地出现温室效应。

B.只要有效地保护好地球上的绿色植被特别是森林，那么，即便工厂超量耗用由植物生成的燃料，也不会使全球的气候出现温室效应。

C.如果各国工厂耗用的由植物生成的燃料超过了一定的限度，那就不可避免地使全球气候出现温室效应，除非全球的绿色植被特别是森林得到足够良好的保护。

D.只要各国工厂耗用的由植物生成的燃料控制在一定的限度内，就可使全球气候的温室效应避免出现。

E.如果全球气候出现了温室效应，则说明或者是全球的绿色植被没有得到有效的保护，或者各国的工厂耗用了超量的由植物生成的燃料。

答案与解析

（说明：以下答案与解析仅供参考。在规定时间内，答对45题以上推理能力为优，答对35~45题为良，答对25~35题为一般，答对25题以下则推理能力较弱。）

1. 答案：C

题干通过归纳概括得出结论：在行星系统中，卫星都以一种椭圆轨道运行。

天王星这颗行星的卫星也是卫星，由此显然可以推出：天王星这颗行星的卫星以椭圆轨道运行。即C项为正确答案。

2. 答案：B

题干为一个省略的三段论，注意本题是要反驳题干结论。负命题最能反驳，题干结论"阔叶树都不生长在寒带地区"的负命题是"有的阔叶树生长在寒带"。补充省略前提后的推理过程如下：

题干前提：有些阔叶树是常绿植物；

补充B项：常绿植物都生长在寒带地区；

得出结论：有的阔叶树生长在寒带。

因此就否定了题干所述的"阔叶树都不生长在寒带地区"这一结论。

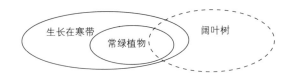

3. 答案：D

考查题干的三段论结构：

所有P（物质）都是M（可塑的）；

所有S（树木）是M（可塑的）；

所以，所有S（树木）都是P（物质）。

在三段论中，单称判断可近似作全称处理，于是

题干的结构是：PAM，SAM；所以，SAP。

A项的结构是：MAP，SaM；所以，SaP。

B项的结构是：MAP，SeM；所以，SeP。

C项的结构是：MAP，SAM；所以，SAP。

D项的结构是：PAM，SaM；所以，SaP。

E项是模态三段论，不属于直言三段论。

4. 答案：A

题干断定：第一，某些生活方式（抽烟、饮酒和运动）会影响胆固醇含量；

第二，胆固醇含量越高，患心脏病的风险也就越大。

从而可以看出，某些生活方式的改变会影响一个人患心脏病的风险，因此，Ⅰ项成立。

Ⅱ项不一定为真，题干只是说胆固醇含量越高，患心脏病的风险也就越大；但其否命题并不成立，即并不可必然得出：如果一个人的血液中胆固醇含量不高，那么他患致命的心脏病的风险也不高。

Ⅲ项超出了题干断定的范围，不一定为真。

5.答案：B

题干是个省略三段论，补充假设后构成有效的三段论推理：

题干前提一：没有脊索动物是导管动物，

题干前提二：所有的翼龙都是导管动物，

推出结论：没有翼龙属于脊索动物。

补充B项：所有类人猿都是脊索动物。

得出结论：没有翼龙属于类人猿家族。

补充其他选项都不能合乎逻辑地推出题干中的结论。

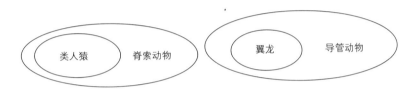

6.答案：D

根据题干的条件，一个电炉，如果其加热的温度超出了温度旋钮的最高读数，则说明当温度达到恒温器的温度旋钮所设定的读数时，加热器并未自动关闭，即恒温器出现了故障；同时也说明当温度超出温度旋钮的最高读数时，加热器并未自动关闭，即安全器出现了故障。也就是说，一个电炉，如果其加热的温度超出了温度旋钮的最高读数，则它的恒温器和安全器一定都出现了故障。因此，D项作为题干的结论成立。因为D项成立，所以E项不成立。

A项显然不成立。例如在加热器不工作的情况下，恒温器和安全器即使都出现故障，电炉的温度也不会超出温度旋钮的最高读数。

B项不成立。因为一个电炉，如果其加热的温度超出了温度旋钮的设定读数但加热器未关闭，只能说明恒温器出现故障，不能说明安全器出现故障。

C项不成立。因为一个电炉加热器自动关闭，可能是恒温器出现故障，但安全器工作正常。

7.答案：B

题干断定：

（1）粮食价格稳定 → 蔬菜价格稳定；

（2）¬食用油价格稳定 → ¬蔬菜价格稳定。

由此得出：粮食价格稳定 → 食用油价格稳定

补充B项：食用油价格稳定 → 肉类食品价格不会上涨

从而推出：粮食价格稳定 → 肉类食品价格不会上涨

这与老李的断定（粮食价格保持稳定，但是肉类食品价格将上涨）完全相反。

因此，B项有力地质疑了老李的观点。

8.答案：C

题干和选项C的结构都是：如果非p那么q；非p，所以q。

选项A的结构是：如果非p那么q；q，所以非p。

选项B的结构是：如果非p那么q；p，所以非q。

选项D的结构是：如果p那么q；p，所以q。

选项E的结构是：要么p要么q；非p，所以q。

9.答案：B

并非任何战争都必然导致自然灾害 = 有的战争可能不导致自然灾害

不可能有不阻碍战争的自然灾害 = 任何自然灾害都必然阻碍战争

10.答案：C

题干根据：大房间铺设的木板条比小房间窄得多；大房子的主人一般都比小房子的主人富有。得出结论：窄木条铺地板用以表明房主的富有。

如果C项为真，则由于当时木地板条的价格是以长度为标准计算的，因此，铺设相同面积的房间地面，窄木条要比宽木条昂贵，显示出房主的富有。这就有力地加强了丹尼斯的观点。假设C项不成立，即如果当时木地板条的价格不是以长度为标准计算的，而例如是以面积为标准计算的，那么，铺设相同面积的房间地面，窄木条并不比宽木条昂贵，这就无从显示房主的富有，丹尼斯的观点就难以成立。

假设其余各选项不成立，丹尼斯的观点仍然可以成立。因此，其余各项或者不加强丹尼斯的观点，或者对丹尼斯的观点有所加强，但力度不如C项。比如E项，是个例证，量比较小，支持力度不大。

11.答案：C

对问题"A是谁？"的回答。

假定A是天使，由于天使只说真话，因此，A是不可能回答"我是常人"的。因此，假设不成立，排除了选项A、B。

假定A是常人，A的回答没问题。此时B首先不可能是天使，因为天使的回答必须是"A是常人"；这样，B只能是魔鬼，C是天使。但既然C是天使，C的答案就只能是"A是常人"。所以，这一假定也不成立。

由此可知，A只能是魔鬼，由于B的答案是"A是魔鬼"，因此，B是天使，C是常人。

12.答案：E

题干的逻辑关系是：

（1）护士的低工资和高度紧张的工作条件问题得不到解决→护士学校就不能吸引到比目前数量更多的有才干的申请者。

（2）护士学校不能吸引到比目前数量更多的有才干的申请者→要么护士职业降低它的进入标准，要么很快出现护士紧缺的局面。

（3）护士不足或者降低这个职业的进入标准→目前高质量的健康护理都不能维持下去。

联立上述条件，根据从第一句话推到最后一句话，即可得知E项为正确答案。

13.答案：E

题干是个省略三段论，补充省略前提后构成有效的三段论推理：

题干前提一：所有物质实体都是可见的；

题干前提二：任何可见的东西都没有神秘感；

推出结论：所有物质实体都没有神秘感。

补充E项：精神世界具有神秘感。

得出结论：精神世界不是物质实体。

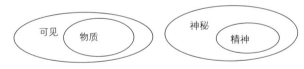

A项补充进题干论证：所有物质实体都是可见的，而任何可见的东西都没有神秘感，精神世界是不可见的，因此，精神世界不是物质实体。这样，第1、3、4句话构成一个标准的三段论，能够合理推出结论，但是第2句话（任何可见的东西都没有神秘感）的条件就显得多余，因此，不如E项合适。

其余选项补充入题干，均不能使题干论证成立。比如，B项仅重复并加强了题干给出的第二个前提，C项仅重复并加强了题干论述的第一个前提。

14.答案：A

题干断定：如果你过分地帮助他人，就会让他觉得自己软弱无能。如果让他觉得自己软弱无能，就会使他陷入自卑的苦恼之中。

从而可得出：如果你过分地帮助他人，就会使他陷入自卑的苦恼之中。

由于P→Q=¬P∨Q

因此，可得出结论：你不要过分地帮助他人，或者使他陷入自卑的苦恼之中。即A项为正确答案。

其余选项都不能必然被推出。

15.答案：D

假设甲是骑士，则事实上两人中有骑士，因而他的回答就是句假话，但骑士不会说假话，因此，假设不成立。由此可知，甲不是骑士，只能是无赖。

由于无赖只讲假话，因此甲的回答是句假话，即事实上两人中有骑士。因为甲不是骑士，因此，乙一定是骑士。所以，甲是无赖，乙是骑士。

因此，D项为正确答案。

16.答案：A

前提：中药的成分都是天然的。

假设：所有天然的东西都是安全的。

结论：中药是安全的。

因此，反驳上面论证的假设就必须说明，有些天然的东西是不安全的。

除A项外，其余选项都能反驳上面论证的假设。

17.答案：C

题干表明，"工艺和配料方面进行改良"是"符合现代人对营养方面的需求"的必要条件。

C项表明，"工艺和配料方面进行改良"是"符合现代人对营养方面的需求"的充分条件，不符合题干含义，因此，不能被题干推出。

其余选项均符合题意。

18.答案：D

主持人的断定：一面是奇数→另一面是元音字母

其负命题为：一面是奇数而另一面不是元音字母

5为奇数，A为元音字母，翻动5和b，即第二张和第四张。

翻动第二张，如果另一面不是元音字母，可验证主持人的断定错误。

翻动第四张，如果背面为奇数，可以验证主持人的断定错误。

若翻动第一张，由于一面已不是奇数了，不能推翻主持人的断定。

若翻动第三张，由于一面已是元音字母了，不能推翻主持人的断定。

19.答案：A

根据题意，可列出如下关系：

（1）甲＋乙＝丙＋丁

（2）甲＋丁＞乙＋丙

（3）乙＞甲＋丙

在不等式（2）的两边，分别减去等式（1）的两边，得：丁－乙＞乙－丁，即推出：

（4）丁＞乙

由（1）和（2）相加，得：甲＋乙＋甲＋丁＞丙＋丁＋乙＋丙，即推出：

（5）甲＞丙

再由（3）得：

（6）乙＞甲

综合（4）（5）（6）得：丁＞乙＞甲＞丙

20.答案：E

题干的事实二断定，在一段连续插播的电视广告中，观众印象较深的是第一个和最后一个，其余的则印象较浅；而E项断定，一个广告段中所包含的电视广告的平均数增加了。由这两个条件可推知，近年来，在观众所看到的电视广告中，印象较深的所占的比例逐渐减少，这就从一个角度合理地解释了，为什么在电视广告所推出的各种商品中，观众能够记住其品牌名称的商品的比重在下降。

其余各项都不能起到上述作用。其中，B和C项有利于说明，近年来人们看到的电视广告的数量逐渐减少，但不能说明，在人们所看过的电视广告中，为什么能记住的百分比逐年降低。D项断定，近年来，一段连续播出的电视广告所占用的平均时间逐渐增加，由此不能推出，一段连续播出的电视广告中所出现的广告的平均数量逐渐增加，因为完全可能少数几个广告所占的时间增加了，而人们在所看过的广告中能记住的百分比并不会降低。

21.答案：D

由于¬（P∧Q）＝¬P∨¬Q＝P→¬Q

按照本题问题要求，作如下推理：

并非"所有奖牌获得者进行了尿样化验，没有发现兴奋剂使用者"

＝或者有的奖牌获得者没有化验尿样，或者在奖牌获得者中发现了兴奋剂使用者。

＝如果对所有的奖牌获得者进行了尿样化验，则一定发现了兴奋剂使用者。

因此，Ⅰ和Ⅲ项正确。答案为D。

22.答案：B

题干陈述，讲述凶猛的怪兽的恐怖故事运用了象征的手法，而这些故事都描述了违反自然规律的现象，从而可得出结论：某些运用了象征手法的故事描述了违反自然规律的现象。因此，B项为正确答案。

其余选项从题干推不出。A项太过绝对，对怪兽的描写可以有一些是符合自然规律的现象；C项超出题干断定范围；D项也太过绝对，怪兽象征着主人公心理的混乱不代表任何种类的恐怖故事都描写了心理混乱的人物。

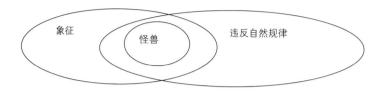

23.答案：B

并非必然P=可能非P

题干的断定"不必然刮台风"的意思就是说"可能不刮台风"。因此，B项正确。

24.答案：D

题干是一个直言三段论，其推理结构是：所有P都是M，S不是M；所以，S不是P。

题干推理式是：PAM，SeM，所以，SeP

诸选项中，只有D项的逻辑结构与题干相同，为正确答案。

其余选项推理结构均与题干不相似，逻辑结构分别为：

A项的推理结构是：MAP，SeM，所以，SeP

（二氧化碳可以使石灰水混浊，这种气体不是二氧化碳，所以它不会使石灰水混浊。）

B项的推理结构是：MEP，SaM，所以，SeP

C、E项不是三段论。

25.答案：B

由题干，可知以下推理关系：

① 1→2 ∧ ¬5

② 2∨5→¬4

③ ¬3↔4

联立以上条件，已知开1，则

由①可得：1→2 ∧ ¬5

由②可得：2→¬4

由③可得：¬4→3

因此，同时要打开的阀门是2号阀和3号阀，B正确。

26.答案：A

题干断定：

第一，没有一个人尊重不自重的人。这意味着：不自重的人都不受人尊重。

第二，没有一个人信任他所不尊重的人。这意味着：不受人尊重的人也不被人信任。

由此可推出：不自重的人也不被人信任。因此，A项正确。

27.答案：B

根据尚左数的定义，在8、9、7、6、4、5、3、2这列数字中，显然可看出：

8不是尚左数，因为其右边的9比其大。

9不是尚左数，因为其左边的8比其小。

7是尚左数，因为其左边的数字都比其大，且其右边的数字都比其小。

6是尚左数，因为其左边的数字都比其大，且其右边的数字都比其小。

4不是尚左数，因为其右边的5比其大。

5不是尚左数，因为其左边的4比其小。

3是尚左数，因为其左边的数字都比其大，且其右边的数字都比其小。

2是尚左数，因为其左边的数字都比其大，且其右边无数字。

因此，B项为正确答案。

28.答案：B

因为只有一个是真的，分析如下：

如果Ⅰ真，那么Ⅲ也真，与题意矛盾。所以，Ⅰ项为假，显卡没坏。

如果Ⅳ真，那么Ⅲ也真，与题意矛盾。所以，Ⅳ项为假，主板没坏。

既然主板和显卡都没坏，所以，Ⅲ项也为假。

因此，只能是Ⅱ项为真。

29.答案：E

题目陈述：地面雷达所拍下的流星最近距离为220万英里。但最近的流星照片格斯泊拉是在1万英里外拍摄到的。由此可必然得到结论：格斯泊拉的照片不是由地面雷达拍下的，所以E项正确。

30.答案：E

不可能在所有时刻欺骗所有的人

＝必然某一时刻不欺骗有的人。

即：存在某一时刻有人必然不受骗。

这与E项意思相反，因此，如果题干断定真，则E项必假。

其余选项都可能是真的：

最高明的骗子不可能在所有时刻欺骗所有的人，可知，A项可能是真的。

最高明的骗子，可能在某个时刻欺骗所有的人，可知，B项可能是真的；因为骗子也属于所有的人。

选项C显然可能是真的。

不存在某个时刻所有的人都必然不受骗 = 在所有的时刻有的人可能受骗。

显然D项可以从题干"最高明的骗子可能在所有的时刻欺骗某些人"中推出来。

31. 答案：C

题干条件罗列如下：

（题设）每种食材只能有2人选用。每人又只能选用2种食材，并且每人所选食材名称的第一个字与自己的姓氏均不相同。

(1) 金粲（水蜜桃）→水仙（¬金针菇）；

(2) 木心（金针菇∨土豆）→木心（木耳）；

(3) 火珊（水蜜桃）→火珊（木耳∧土豆）；

(4) 木心（火腿）→火珊（¬金针菇）。

根据(2)，因为木心不能选木耳，则木心不选金针菇和土豆，所以，木心选水蜜桃、火腿。

又由(3)，火珊不能选水蜜桃，否则她选了至少三种。

再由(4)，由上已知，木心选火腿，所以，火珊不选金针菇，从而推知，火珊选木耳、土豆。

	金针菇	木耳	水蜜桃	火腿	土豆
金粲	×（题设）		×（1）		
木心	×（2）	×（题设）	√（2）	√（2）	×（2）
水仙	√		×（题设）		
火珊	×（4）	√（4）	×（3）	×（题设）	√（4）
土润	√	×	√	×	×（题设）

再考虑，对金针菇而言，金粲、木心、火珊都没选用，因此，必然是水仙、土润选用。

水仙选金针菇，又由(1)推出，金粲不选水蜜桃。

对水蜜桃而言，除木心选用外，剩下选用的一人一定是土润。

从而可以必然推出C项，土润选用金针菇、水蜜桃。

32. 答案：B

如果水仙选用土豆，则土豆已有两人选，金粲就不能选。由于金粲不选金针菇、水蜜桃、土豆，因此，金粲选木耳、火腿，即可得出B项。

	金针菇	木耳	水蜜桃	火腿	土豆
金粲	×（题设）		×（1）		×
木心	×（2）	×（题设）	√（2）	√（2）	×（2）

	金针菇	木耳	水蜜桃	火腿	土豆
水仙	√	×	×（题设）	×	√
火珊	×（4）	√（4）	×（3）	×（题设）	√（4）
土润	√	×	√	×	×（题设）

33.答案：E

有些世界上最美丽的猫是波斯猫，并且所有的波斯猫都是自负的，可推出：有些最美丽的猫是自负的。再加上，自负的猫都令人讨厌，因此可推出：有些最美丽的猫令人讨厌。

因此，A项为真。从而可进一步推出B项为真。

所有波斯猫都是自负的，自负的猫都令人讨厌，可推出：波斯猫都令人讨厌，因此不令人讨厌的猫都不是波斯猫，C项正确。

从"有些最美丽的猫是自负的"可推出D项为真。

有些最美丽的猫是波斯猫，波斯猫都令人讨厌，所以有些令人讨厌的最美丽的猫是波斯猫，但是除了波斯猫以外是否还有其他的最美丽的猫令人讨厌不能确定，可见，E项不必然为真，因此，为正确答案。

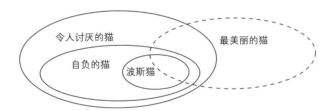

34.答案：E

题干断定：大嘴鲈鱼→鲦鱼∧浮藻

有鲦鱼出现和长有浮藻是大嘴鲈鱼出现的必要条件，由此推不出：（河中）长有浮藻是鲦鱼出现的必要条件。因此，Ⅰ不能由题干推出。

据题干断定的条件关系，由漠亚河中有大嘴鲈鱼，可推出漠亚河中既有浮藻，又有鲦鱼；但由漠亚河中没有大嘴鲈鱼，不能推出漠亚河中既没有浮藻，又发现不了鲦鱼。因此，选项Ⅱ不能从题干推出。

根据题干推理，鲦鱼和浮藻的关系是得不到的，选项Ⅲ显然不能从题干推出。

35.答案：C

题干论证方式为：P或Q，非P，或者Q。

这是相容选言推理的否定肯定式，在诸选项中，只有C项与此类似。

36.答案：A

通过列表类解题，步骤如下：

① 首先由题干知，病人甲血液中发现了疟原虫，病人丙的大便中发现了痢疾杆菌。

② 因为小孙诊断不全对，则乙没患胃溃疡。

③ 每位病人都有一种诊断是正确的。

既然甲患了疟疾，则甲没患流感；

既然乙没患胃溃疡，则乙患了胃炎；

既然丙患了痢疾，则丙没患肠炎。

④ 因为四位实习生中，有一位诊断全对，一位诊断全错；

而小钱、小孙的诊断都不全对也不全错，小赵已有一种诊断正确，小李已有一种诊断错误；因此，只能是小赵诊断全对，小李诊断全错。

	小赵	小钱	小孙	小李
甲	①疟疾	③流感		
乙		③胃炎	②胃溃疡	
丙			①痢疾	③肠炎
丁	④支气管炎			肺结核

37.答案：A

题干断定吸毒和酗酒这些出格行为易导致抑郁，又断定抑郁会使有不良行为的孩子更加行为出格。由此可必然推出，行为出格的孩子容易抑郁，进而加重他们的出格行为。因此，A项正确。其余选项都不能从题干必然推出。

38.答案：B

题干断定了四个条件：

（1）在微波炉清洁剂中加入漂白剂，会释放出氯气；

（2）在浴盆清洁剂中加入漂白剂，会释放出氯气；

（3）在排烟机清洁剂中加入漂白剂，没有释放出任何气体；

（4）一种未知类型的清洁剂，加入漂白剂后，没有释放出氯气。

由（1）和（4），可推出该清洁剂不是微波炉清洁剂；

由（2）和（4），可推出该清洁剂不是浴盆清洁剂。

因此，由题干可推出：该清洁剂既不是微波炉清洁剂，也不是浴盆清洁剂。这正是选项Ⅱ所断定的。其余复选项均不一定为真。

39.答案：D

题干是个省略三段论，补充省略前提后构成有效的三段论推理：

题干前提：某些东方考古学家是美国斯坦福大学的毕业生。

补充 D 项：所有的东方考古学家都是对中国古代史很有研究的人。

得出结论：某些美国斯坦福大学的毕业生对中国古代史很有研究。

补充其他选项都不能保证上述推埋成立。

40.答案：D

令：P= 某大学对全体新生进行了体检；Q= 没有发现乙肝患者。

则题干的意思就是 P∧Q

题干陈述为假，也就是 ¬P∨¬Q

即等价于：或者有的新生没有体检，或者在新生中发现了乙肝患者。因此，选项 I 正确。

选项 II 的逻辑意义是：¬P∧¬Q，与选项 I 不一致，显然不一定真。

选项 III 一定是真的，在 ¬P∨¬Q 成立的情况下，那么如果 P 成立，¬Q 就一定成立。

41.答案：D

题干断定：没有人给3个以上的同乡会员写过信，给3个同乡会员写过信的人只有1人，仅给2个同乡会员写过信的只有3人，仅给1个同乡会员写过信的有6人。

由于1+3+6=10，说明每人都给其他同乡会员写过信，I 一定为真。

II 从题干推不出来，不一定为真。

3×1+2×3+1×6=15，是个奇数，说明至少有一个是单向写信，也就是至少有一个会员没给所收到的每封来信复信，因此，III 一定为真。

所以，D 项为正确答案。

42.答案：C

题干断定：

（1）甲能查杀所有已知病毒；

（2）¬乙防御一号病毒→¬丙查杀一号病毒；

（3）丙防御一号病毒←查杀已知的所有病毒；

（4）启动甲←启动丙。

C 项，如果启动丙程序，由（4）可推出，启动丙→启动甲；又由（1）可知，能查杀已知的所有病毒，即可以查杀已知的一号病毒；再由（3）知，丙可以防御一号病毒，故得出：能防御并查杀一号病毒。因此，该项为正确答案。

其余选项都不能必然得出。比如E项，启动了甲程序，就可以查杀已知的所有病毒，并不意味着能查杀所有病毒，因为未知病毒是否能查杀是不知道的。

43.答案：E

心理学理论：要想快乐→有亲密的人际关系。

要说明这个理论不成立，就要找其反例，即找上述推理的负命题，为：

快乐∧没有亲密的人际关系

由选项E，最伟大的画家们是快乐的；加上题干所说，伟大的画家并没有亲密的人际关系；因此，心理学理论的负命题成立，即这种心理学理论一定是错误的。可见，E项是题干推理所必须假设的。

44.答案：D

本题考查对除非条件句的理解和假言命题的转换。

Q，除非P＝如果非P，则Q＝如果非Q，则P。所以：

一个有效三段论的小项在结论中不周延，除非它在前提中周延。

＝如果一个有效三段论的小项在结论中周延，那么它在前提中也周延。

因此，D项为正确答案。

45.答案：B

由于黑龙江人从属于北方人，因此，按地域分，4个是北方人，1个是贵州人，共5人。

而职业身份和地域身份可以重合，所以，最少可能就是5人。

最多就是职业身份和地域身份都不重合，可能人数为5+3+2+1=11人。

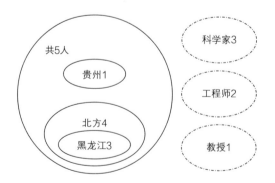

46.答案：B

李医生：癌症←接受化疗

赵经理：癌症∧¬接受化疗

赵经理的质疑对李医生的陈述并没有反驳作用，实际上，赵经理的质疑是下列命题的否命题：

癌症→接受化疗

即赵经理把李医生的话误解为：所有得了癌症的人都得接受化疗。

47.答案：A

题干推理为：有些被公众认为是坏的行为往往有好的效果。因此，有些被公众认为是坏的行为其实是好的（行为）。

在题干的推理中，要从前提得出结论，必须假设：好效果是好行为的充分条件。但题干仅断定：好效果是好行为的必要条件。

因此，题干推理的错误在于不当地假设：如果a是b的必要条件，则a也是b的充分条件。

48.答案：C

根据题意，三人中，一个是主犯，一个是从犯，一个与案件无关。而只有与案件无关的人说了实话，因此，这三条证词中至少有一条是与案件无关的人讲的真话。

由于证词中提到的名字都不是说话者本人，因此，这三条证词不可能只出自一人之口，所以，这三条证词中不可能都是与案件无关的人讲的。

下面先假设这三条证词中只有一条是与案件无关的人讲的真话，那么三句话就是一真两假。

假设（1）是真话，（2）、（3）是假话。由（1）真，可知甲不是主犯，则甲只能是从犯或与案件无关；而由（2）、（3）假，可知，乙是从犯，丙与案件无关。这就存在着内在的矛盾。

假设（2）是真话，（1）、（3）是假话。由（2）真，可知乙不是从犯，则乙只能是主犯或与案件无关；而由（1）、（3）假，可知，甲是主犯，丙与案件无关。这同样存在着内在的矛盾。

假设（3）是真话，（1）、（2）是假话，则三人全是罪犯，也存在着内在的矛盾。

因此，这说明三条证词中只能有两条是与案件无关的人讲的真话。

假设（1）是假话，（2）、（3）是真话，则（2）、（3）应出自与案件无关的人甲之口，但（1）是假话，又推出甲是主犯，这就存在了矛盾。

假设（2）是假话，（1）、（3）是真话，则（1）、（3）应出自与案件无关的人乙之口，但（2）是假话，又推出乙是从犯，这仍然存在矛盾。

假设（3）是假话，（1）、（2）是真话，则（1）、（2）应出自与案件无关的人丙之口，由此推知丙是与案件无关的人，甲是从犯，乙是主犯。

49.答案：D

丈夫或妻子至少有一个是中国人的夫妻有三种情况，列表如下：

丈夫（男性）	中国人P	中国人Q	外国人R
妻子（女性）	中国人P	外国人Q	中国人R

题干可表示为（P+R）-（P+Q）=2；即R-Q=2

Ⅰ可表示为R=2；这从题干推不出来。

Ⅱ可表示为R＞Q；这可以从题干必然推出。

Ⅲ可表示为P+R＞P+Q；这可以从题干必然推出。

50.答案：C

题干中做出了三个断定：

第一，工厂对由植物生成的燃料的耗用产生二氧化碳；

第二，绿色植被特别是森林吸收二氧化碳；

第三，如果二氧化碳超量产生，则会出现全球气候的温室效应。

从上述三个断定可以得出结论：如果工厂产生的二氧化碳超过了一定的限度，并且没有足够的绿色植被特别是森林吸收二氧化碳，那么二氧化碳就会超量，就会不可避免地使全球出现温室效应。这正是C项所断定的。

其余各项均不能从题干推出。比如E项，如果出现了温室效应，不一定是植被破坏或工厂耗用燃料造成的，也可能是有别的因素引起的（比如火山爆发等）。

参考文献

[1] 周建武.逻辑学导论——推理、论证与批判性思维.第2版.北京:清华大学出版社,2021.

[2] 周建武.科学推理——逻辑与科学思维方法.北京:化学工业出版社,2017.

[3] 周建武,武宏志.批判性思维——逻辑原理与方法.北京:清华大学出版社,2015.

[4] 周建武.全国硕士研究生招生考试管理类专业学位联考综合能力考前辅导教程:逻辑分册.北京:清华大学出版社,2018.

[5] 周建武.管理类专业学位联考综合能力考试逻辑真题分类精解.北京:中国人民大学出版社,2019.

[6] 周建武.管理类专业学位联考综合能力考试逻辑精选600题.北京:中国人民大学出版社,2019.

[7] 周建武.管理类专业学位联考综合能力考试逻辑习题归类精编.北京:中国人民大学出版社,2017.

[8] 周建武.MBA、MPA、MPAcc、MEM逻辑推理——高效思维训练与应试指导.北京:化学工业出版社,2018.

[9] 周建武.MBA、MPA、MPAcc、MEM逻辑题典——分类思维训练与专项题库.北京:化学工业出版社,2018.

[10] 周建武.MBA、MPA、MPAcc、MEM论证有效性分析——高效思维训练与应试指导.北京:化学工业出版社,2018.

[11] 周建武,武宏志.MBA、MPA、MPAcc、GCT逻辑推理——高效思维技法与训练指导.上海:复旦大学出版社,2007.

[12] 周建武.世上最经典的365道逻辑思维名题.第4版.北京:中国人民大学出版社,2016.

[13] 周建武.经典逻辑思维名题365道.北京:化学工业出版社,2016.

[14] 周建武.挑战最强大脑的思维游戏.北京:清华大学出版社,2014.

[15] 周建武.魔鬼逻辑学——揭露潜藏在历史与社会表象下的博弈法则.第3版.北京:中国人民大学出版社,2019.

[16] 陈向东.GMAT逻辑推理——分类思维训练及试题解析.杭州:浙江教育出版社,2015.

[17] 陈向东.GRE&LSAT分析推理捷进.北京:世界知识出版社,2002.

[18] 钱永强.GRE逻辑分析.北京:世界知识出版社,2000.

[19] 何向东.逻辑学教程.北京:高等教育出版社,2000.

[20] 熊明辉.逻辑学导论.上海:复旦大学出版社,2011.

[21] 王洪.法律逻辑学案例教程.北京:知识产权出版社,2005.

[22] [美]赫尔利.简明逻辑学导论.第10版.陈波,等译.北京:世界图书出版公司,2010.

[23] [美]柯匹,科恩.逻辑学导论.第11版.张建军,等译.北京:中国人民大学出版社,2007.

[24] Overton W F, Ward S L, Noveck I A, Black J, O'Brien D P. Form and content in the development of deductive reasoning. Developmental Psychology, 1987, 23(1): 22–30.

[25] Markovits H, Schleifer M, Fortier L. Development of elementary deductive reasoning in young children. Developmental Psychology, 1989, 25(5): 787–793.

[26] Goel V. Anatomy of deductive reasoning. Trends in Cognitive sciences, 2007, 11(10): 435-441.

[27] Ricardo Tavares da Silva. From effect to cause: Deductive reasoning. Kairos. Journal of Philosophy & Science,2019,22(1).

[28] P. Janelle McFeetors,Ralph T Mason. Learning deductive reasoning through games of logic. The Mathematics Teacher,2009,103(4).

[29] Schaeken Walter, De Vooght Gino,Vandierendonck Andr, d'Ydewalle Gery. Deductive Reasoning and Strategies. Taylor and Francis,1999.

[30] Willis F Overton. Reasoning, Necessity, and Logic.Taylor and Francis, 2013.

[31] Nisbett Richard E, Nisbett Richard E,Nisbett Richard E. Rules for Reasoning. Taylor and Francis, 2013.

[32] Osherson Daniel N. Logical Abilities in Children: Volume 3:Reasoning in Adolescence: Deductive Inference.Taylor and Francis, 2017.

[33] Bonnie L Risby. Connections:Activities for Deductive Thinking (Beginning, Grades 3-4).Taylor and Francis, 2021.

[34] Bonnie L Risby. Connections:Activities for Deductive Thinking (Introductory, Grades 2-4).Taylor and Francis, 2021.

[35] Whimbey Arthur, Whimbey Arthur, Lochhead Jack, Lochhead Jack, Narode Ronald. Problem Solving & Comprehension: A Short Course in Analytical Reasoning. Taylor and Francis, 2013.